"十四五"职业教育国家规划教材

高等职业教育建筑工程技术专业系列教材

总主编 /李 辉
执行总主编 /吴明军

U0587479

土力学与地基基础 (第4版)

主 编 肖 进
副主编 马时强
参 编 杨创奇 曾裕平
康景文 任中山

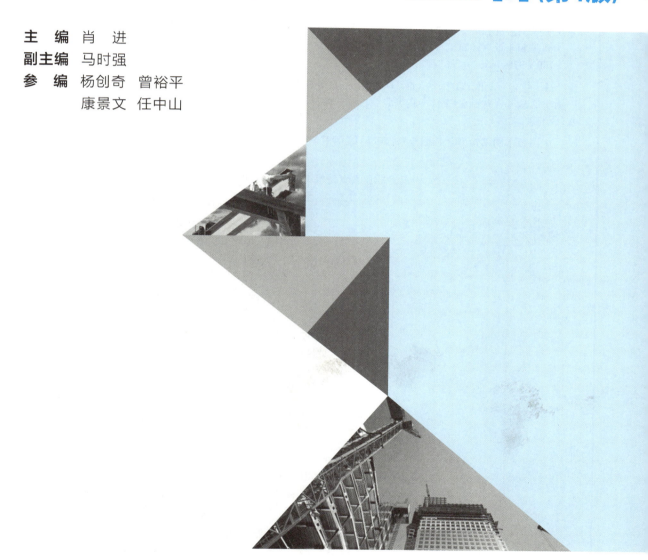

重庆大学出版社

内容提要

本书根据高等职业教育建筑工程技术专业的教学要求,按照国家最新颁布的《建筑地基基础设计规范》(GB 50007—2011)和其他新规范、新标准、新技术编写而成。

全书主要内容共有 10 个单元,包括土的物理性质与工程分类、地基中的应力、地基土的变形、土的抗剪强度、土压力与土坡稳定、工程地质勘察、浅基础与深基础、桩基础、地基处理、特殊土与区域性地基。为了理清教学思路和帮助学者学习,各章节均有思政元素、本章导读、本章小结、课后习题、典型工程与思政案例等内容。

本书既可作为高职高专院校建筑工程技术、市政交通与桥梁工程、铁路与隧道、水利与水电工程等相关专业的教学用书,也可作为从事建筑工程的技术人员的参考用书。

图书在版编目(CIP)数据

土力学与地基基础 / 肖进主编. -- 4 版. -- 重庆:
重庆大学出版社,2023.2(2025.8 重印)
高等职业教育建筑工程技术专业系列教材
ISBN 978-7-5624-7961-1

Ⅰ.①土⋯　Ⅱ.①肖⋯　Ⅲ.①土力学—高等职业教育
—教材②地基—基础(工程)—高等职业教育—教材
Ⅳ.①TU4

中国版本图书馆 CIP 数据核字(2023)第 009722 号

高等职业教育建筑工程技术专业系列教材
土力学与地基基础
(第 4 版)

主　编　肖　进
副主编　马时强
策划编辑:范春青　刘颖果

责任编辑:范春青　　版式设计:范春青
责任校对:刘志刚　　责任印制:赵　晟

*

重庆大学出版社出版发行
社址:重庆市沙坪坝区大学城西路 21 号
邮编:401331
电话:(023)88617190　88617185(中小学)
传真:(023)88617186　88617166
网址:http://www.cqup.com.cn
邮箱:fxk@cqup.com.cn(营销中心)
全国新华书店经销
重庆长虹印务有限公司印刷

*

开本:787mm×1092mm　1/16　印张:20.75　字数:519 千
2014 年 8 月第 1 版　2023 年 2 月第 4 版　2025 年 8 月第 8 次印刷(总第 17 次印刷)
印数:64 251—74 250
ISBN 978-7-5624-7961-1　定价:55.00 元

编委会名单

序 言

　　进入 21 世纪,高等职业教育建筑工程技术专业办学在全国呈现出点多面广的格局。如何培养面向企业、面向社会的建筑工程技术技能型人才,是广大建筑工程技术专业教育工作者一直在思考的问题。建筑工程技术专业作为教育部、住房和城乡建设部确定的国家技能型紧缺人才培养专业,也被许多示范高职院校选为探索构建"工作过程系统化的行动导向教学模式"课程体系建设的专业,这些都促进了该专业的教学改革和发展,其教育背景以及理念都发生了很大变化。

　　为了满足建筑工程技术专业职业教育改革和发展的需要,重庆大学出版社在历经多年深入高职高专院校调研基础上,组织编写了这套"高等职业教育建筑工程技术专业系列教材"。该系列教材由四川建筑职业技术学院吴泽教授担任顾问,住房和城乡建设职业教育教学指导委员会副主任委员李辉教授、四川建筑职业技术学院吴明军教授分别担任总主编和执行总主编,以国家级示范高职院校及建筑工程技术专业为国家级特色专业、省级特色专业的院校为编著主体,全国共 20 多所高职高专院校建筑工程技术专业骨干教师参与完成,极大地保障了教材的品质。

　　本系列教材精心设计专业课程体系,共包含两大模块:通用的"公共模块"和各具特色的"体系方向模块"。公共模块包含专业基础课程、公共专业课程、实训课程三个小模块;体系方向模块包括传统体系专业课程、教改体系专业课程两个小模块。各院校可根据自身教改和教学条件实际情况,选择组合各具特色的教学体系,即传统教学体系(公共模块+传统体系专业课)和教改教学体系(公共模块+教改体系专业课)。

　　本系列教材在编写过程中,力求突出以下特色:

　　(1)依据《职业教育专业教学标准》中"建筑工程技术专业教学标准(高等职业教育专

科)"和"实训导则"编写,紧贴当前高职教育的教学改革要求。

(2)教材编写以项目教学为主导,以职业能力培养为核心,适应高等职业教育教学改革的发展方向。

(3)教改教材的编写以实际工程项目或专门设计的教学项目为载体展开,突出"职业工作的真实过程和职业能力的形成过程",强调"理实"一体化。

(4)实训教材的编写突出职业教育实践性操作技能训练,强化本专业基本技能的实训力度,培养职业岗位需求的实际操作能力,为停课进行的实训专周教学服务。

(5)每本教材都有企业专家参与大纲审定、教材编写以及审稿等工作,确保教学内容更贴近建筑工程实际。

我们相信,本系列教材的出版将为高等职业教育建筑工程技术专业的教学改革和健康发展起到积极的促进作用!

住房和城乡建设职业教育教学指导委员会副主任委员

前　言

由于行业的快速发展,碳达峰碳中和目标要求、信息化与新技术的普及应用催发了第4版教材的诞生。本次修订融入党的二十大精神,以习近平新时代中国特色社会主义思想为指导:一是融入思政内容,满足课程思政的要求;二是坚持用最新标准规范修订教材;三是将积累的新成果融入教材;四是将建筑降碳知识、碳排放计算方法编进教材;五是将信息化手段融入教材编写与应用,满足数字化教材要求。

本书主要根据高等职业教育建筑工程技术专业的教学要求和新规范、新标准、新技术、新工艺等要求进行编写。编写时遵循由浅入深、循序渐进、层次分明、重点突出、理论联系实际的思路,融入建筑行业职业标准、建筑行业职业资格考试、最新技术规范、建筑领域"四新"技术等内容,充分反映国内外近年来关于土力学与地基基础的最新研究成果和发展水平,按照政治可靠、知识够用、理实一体、部分拓展的原则,力求更好、更高、更全地培养土建施工及其相关领域的高素质技术技能人才。

本书内容的选定以专业能力培养为导向,满足后续课程学习和职业发展为基本要求,主要选取了土的物理性质、地基应力、地基土的变形、土的抗剪强度、土压力与土坡稳定、工程地质勘察、浅基础、桩基础、地基处理、特殊土与区域性地基等基本内容。本教材学时按56学时考虑,其中理论50学时,试验6学时,1周课程设计。各单元建议分配学时为:绪论与单元1—单元5,为土力学基础部分,建议分配28学时,包括3次6学时土工试验;单元6—单元10为工程勘察、基础设计、地基处理等内容,建议分配28学时;1周课程设计可安排混凝土条形基础设计、桩基础设计或地基处理方案编写。鉴于各学校学生素质参差不齐,可根据本校实际情况,对部分拓展内容进行取舍,有条件的学校也可增加学时。

全书主要内容分为10个单元,包括三大体系:土力学部分、基础部分、地质与地基处理部分。

第一部分为土力学部分,包括单元 1—单元 5,主要介绍土的物理性质、地基应力、地基土的变形、土的抗剪强度、土压力与土坡稳定等相关内容;第二部分为基础部分,包括单元 7、单元 8,分别介绍了浅基础和桩基础的类型及适用条件、设计原则及其相关设计要求等内容;第三部分为地质与地基处理部分,主要包括单元 6、单元 9、单元 10,主要介绍了工程地质基本常识、工程地质勘察内容、验槽与基槽的处理,以及换土垫层、排水固结、密实法、化学加固、土工合成材料等常见地基处理和各种特殊土的基本知识、勘察要求、病害类型、工程设计与工程施工中的应对措施及主要的处理方法等内容。

本书的主要特色有:一是融入思政内容,注重政治立场、政治方向、政治标准。每个章节均融入了思政元素和思政案例,大力弘扬劳动光荣、技能宝贵、创造伟大的思想。二是坚持"实用为主、够用为度"的基本原则,并丰富其内涵。为突出实用性,本书以"提出问题,解决问题"的思路来强化课程知识体系的系统性、完整性。三是讲透基本概念与经典理论,突出重要原理在知识体系中的支撑作用。例如,考虑到有效应力原理是土力学的灵魂,因此单列一节进行介绍。在介绍经典理论时,更加注重对经典理论假设条件的强调,避免学生在工作中面对纷繁的现实条件而无所适从。四是特别注重趣味性。为激发学生学习兴趣,深刻理解土力学与地基基础的基本概念、原理,本书尽可能引入生活实例,引起学生思考和自学的兴趣。五是注重了知识的拓展。考虑到近年来高职高专土建类生源质量逐渐提高,部分高职院校已开始试点应用型本科,基于此,在实用的前提下,对理论部分的深浅进行了一定调整,以利于学生将来的可持续发展。六是注重知识的巩固,在本书编写中引入了足量的例题、习题、思考题、案例分析等内容来巩固知识。同时,为了满足多媒体教学需要,本书配套开发了微课视频、教学 PPT、课后习题参考答案、教案、习题库、思政案例、延伸阅读资料等数字资源,以方便教学。

本书是集体成果,作者包括高职院校一线教师,以及勘察设计研究院专业技术人员,他们政治立场坚定,熟悉教育教学规律,熟悉行业发展前沿知识与技术。本书由肖进担任主编,马时强担任副主编。编写人员分工如下:单元 1—单元 5 由四川建筑职业技术学院马时强编写;绪论与单元 6、单元 9、单元 10 由四川建筑职业技术学院肖进、任中山,中国建筑西南勘察设计研究院康景文编写;单元 7 由四川建筑职业技术学院曾裕平编写;单元 8 由四川建筑职业技术学院杨创奇编写。全书由肖进、马时强统稿定稿。

本书在编写过程中参考了国内外同行学者和同类教材的相关资料,在此表示深深的谢意!同时对为本书的出版付出艰辛劳动的编辑们表示衷心感谢!修订过程中我们广泛征求了一线师生和企业人员的意见,在一线教师和企业技术人员审读、试用后修改完善成稿,在此一并表达谢意!由于编者水平有限,书中难免有不妥之处,恳请读者批评指正。

编　者

目　录

绪　论

单元导读

- **基本要求**　通过本单元的学习,要求掌握土、土力学、地基、基础的基本概念;熟悉持力层、下卧层、软弱下卧层的概念,熟悉地基基础的重要性和地基基础设计的基本要求;熟悉本课程的内容和学习要求;了解天然地基与人工地基、地基基础的发展历史。
- **重点**　地基、基础的概念与分类。
- **难点**　地基基础设计的基本要求。
- **思政元素**　统讲本课程融入的思政内容,主要包括:(1)鲁班工匠精神;(2)质量与安全意识;(3)工程法规意识;(4)专业伦理意识;(5)工程创新意识。统讲建筑地基基础阶段减碳节能意识,主要包括:(1)低碳设计;(2)绿色施工;(3)能耗分析;(4)专项节能降碳减排方案。

交通强国、乡村振兴及新型城镇化战略的实施离不开基础设施建设,而基础设施建设必然始于地基基础建设,土力学与地基基础课程就直接服务于地基基础建设。因此在学习本课程之前,需要了解土力学与地基基础的基本概念、工程对地基基础的基本要求以及地基基础对工程的重要性。

一、土力学与地基基础的基本概念

1)土

土是岩石经过物理、化学、生物等风化作用的产物,是由矿物颗粒组成的集合体。土由三相组成,包括固体颗粒(土粒)、水和气体。土最主要的特征是具有散粒性、多孔性、复杂性与易变性,以及特殊自然地理条件形成的一些具有明显区域性的特殊性质。

2)土力学

土力学是利用力学原理,研究土的应力变形、强度、稳定和渗透性及其随时间变化规律的科学。土力学研究的对象是分散土,分散土与岩石、土壤既有联系又有区别。土力学是岩土力学的一个分支。

3)基础

建筑物的下部通常要埋入土层一定深度,使之坐落在较好的土层上。我们将埋入土层一定深度的建筑物下部的承重结构称为基础,它位于建筑物上部结构和地基之间,承受上部结构传来的荷载,并将荷载传递给下部的地基。因此,基础是将结构所承受的各种作用传递到地基上的结构组成部分,如图0.1所示。

基础都有一定的埋置深度(简称埋深),根据基础埋深、施工方式和受力机理的不同,可分为浅基础和深基础。对一般房屋的基础,若土质较好、埋深不大,宜采用敞开开挖基坑的方法。修筑基础后再回填侧面土而形成的基础称为浅基础,如独立基础、条形基础、筏板基础、箱形基础及壳体基础等。此类基础不考虑侧面土对基础侧面的摩阻力及其对地基承载力贡献。如果建筑物荷载较大或下部土层较软弱,则需要将基础埋置于较深处的好土层上,可采用挤压成孔或成槽的方法,然后浇筑混凝土或者采用挤压的方法将基础直接置于土中。此类基础称为深基础,如桩基础、沉井基础及地下连续墙基础等,其基础侧壁与天然土体直接接触,侧向土层对基础的制约作用非常明显,需要考虑其对承载力的贡献。

4)地基

当土层承受建筑物的荷载作用后,会使土层在一定范围内改变其原有的应力状态,产生附加应力和变形,该附加应力和变形随着深度的增加向周围土中扩散并逐渐减弱。土层中附加应力与变形所不能忽略的那部分地层或岩层被称为地基,换言之,地基是支撑基础的土层或岩层,如图0.1所示。

5)地基的范围及其分类

地基是有一定深度和范围的,当地基由两层及两层以上土层组成时,通常将直接与基础底面接触的土层称为持力层;在地基范围内,持力层以下的土层称为下卧层。当下卧层的承载力低于持力层的承载力时,称为软弱下卧层,如图0.1所示。

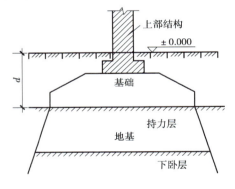

图0.1　地基与基础示意图

良好的地基应该具有较高的承载力和较低的压缩性,如果地基土较软弱,工程性质较差,需对地基进行人工加固处理后才能作为建筑物地基的,称为人工地基;未经加固处理直接利用天然土层作为地基的,称为天然地基。人工地基施工周期长、造价高,基础工程的造价一般占建筑物总造价的10% ~30%,因此,建筑物应尽量建造在良好的天然地基上,以减少基础部分的工程造价。

二、地基基础的基本要求

为了保证建筑物的安全和正常使用,地基与基础应满足以下基本要求:

①地基承载力要求:应使地基具有足够的承载力(不小于基础底面的压力),在荷载作用下地基不发生剪切破坏或失稳。

②地基变形要求:不使地基产生过大的沉降和不均匀沉降(小于建筑物的允许变形值),保证建筑的正常使用。

③基础结构要求:基础结构本身应具有足够的强度和刚度,在地基反力作用下不会发生强度破坏,并且具有改善地基沉降与不均匀沉降的能力。

三、地基与基础在工程中的重要性

高质量发展是全面建设社会主义现代化国家的首要任务,贯彻新发展理念,这个“新”即要在统筹发展和安全中推动建筑领域高质量发展。基础是建筑物的主要组成部分,应具有足够的强度、刚度和耐久性,以保证建筑物的安全和使用年限。而且由于地基与基础位于地面以下,属隐蔽工程,它的勘察、设计和施工质量的好坏直接影响建筑物的安全,一旦发生质量事故,其补救和处理往往比上部结构困难得多,有时甚至是不可弥补的。

从造价与施工工期来看,基础工程在建筑物中所占比例较大。一般的多层房屋建筑,其基础工程造价约占总造价的25%,工期占总工期的25%~30%。如需要人工处理地基或采用深基础,其造价和工期所占比例更大。

以下是几个地基与基础出现问题的案例:

1) 变形问题

(1) 意大利比萨斜塔

举世闻名的意大利比萨斜塔就是一个典型实例。因地基土层强度差,塔基的基础深度不够,再加上用大理石砌筑,塔身非常重(达1.42万t),500多年来比萨斜塔向南倾斜并以每年倾斜1 cm的速度增加,塔顶离开垂直线的水平距离已达5.27 m,比萨斜塔的倾斜归因于它的地基不均匀沉降,如图0.2所示。

图0.2　比萨斜塔　　　　　图0.3　虎丘塔

（2）苏州市虎丘塔

虎丘塔位于苏州市西北虎丘公园山顶，原名云岩寺塔，落成于宋太祖建隆二年（公元961年），距今已有一千多年的悠久历史。1980年6月虎丘塔现场调查发现，由于全塔向东北方向严重倾斜，不仅塔顶距离中心线已达2.31 m，而且底层塔身也发生不少裂缝，虎丘塔因此成为危险建筑而封闭、停止开放。虎丘塔地基为人工地基，由大块石组成，块石最大粒径达1 000 mm。人工块石填土层厚1～2 m，西南薄、东北厚，其下为粉质黏土，呈可塑至软塑状态，也是西南薄、东北厚。塔倾斜后，使东北部位应力集中，超过砖体抗压强度而压裂，如图0.3所示。

2）强度问题

（1）加拿大特朗斯康谷仓

1941年建成的加拿大特朗斯康谷仓，由于事前不了解基础下埋藏有厚达16 m的软黏土层，建成后初次储存谷物时就倒塌了，地基发生了整体滑动，建筑物失稳，好在谷仓整体性强，谷仓完好无损。事后在主体结构下做了70多个支承在基岩上的混凝土墩，用了388个500 kN的千斤顶，才将谷仓扶正，但其标高比原来降低了4 m，如图0.4所示。

图0.4　特朗斯康谷仓

（2）上海"楼倒倒"

2009年6月27日凌晨5点35分，位于上海市闵行区定浦河南岸在建工程"莲花河畔景苑"7号楼（一座高38 m、至少1万t的13层高楼），突然从三四米高处断裂，在10 s内向南侧整体倾倒，最终异常完整地平躺在两栋楼之间的空地上，连许多窗玻璃都没有震碎，导致一位正在安装铝合金窗的工人当场遇难。楼房倒塌时，整栋楼房连根拔起，主体结构基本完好，基础采用PHC桩（预应力高强混凝土管桩），如图0.5所示。

倒塌直接原因：紧贴7号楼北侧，在短时间内堆土过高，最高处达10 m，紧邻7号楼南侧地下车库基坑正在开挖，开挖深度至4.6 m，大楼两侧的压力差使土体产生水平位移，过大的水平压力超过了桩的抗压能力，导致地基发生剪切破坏，最终导致楼房倾倒。

倒塌间接原因：土方堆放不当，违反规定开挖基坑，管理、监理、安全措施不到位，围护桩施工不规范。

图 0.5　上海"楼倒倒"图片

3）渗透问题

1963 年,意大利 265 m 高的瓦昂拱坝上游托克山左岸发生了大规模的滑坡,滑坡体从大坝附近的上游扩展,长达 1 800 m,并横跨峡谷滑移 300 ~ 400 m,估计有 2 亿 ~ 3 亿 m^3 的岩块滑入水库,冲到对岸形成 100 ~ 150 m 高的岩堆,致使库水漫过坝顶,冲毁了下游的朗格罗尼镇,死亡约 2 500 人,但大坝却未遭破坏。

1998 年长江全流域特大洪水时,万里长江堤防经历了严峻的考验。一些地方的大堤垮塌,大堤地基发生严重管涌,洪水淹没了大片土地,使人民生命财产遭受巨大的损失。仅湖北省沿江段就查出 4 974 处险情,其中重点险情 540 处中,有 320 处属地基险情;溃口性险情 34 处中,除 3 处是涵闸险情外,其余都是地基和堤身的险情。

四、本课程的特点、任务与学习方法

1）特点

土力学与地基基础是一门理论性和实践性均较强的专业基础课程,它涉及工程地质学、土力学、建筑结构、建筑材料及建筑施工等众多学科领域,内容广泛,综合性强。学习时,应理论联系实际、熟悉概念、掌握原理、抓住重点,从而学会设计、计算与工程应用。

2）任务

通过本课程的学习,学生应完成以下学习任务:
①掌握地基土的物理性质与土力学的基本知识。
②能阅读与正确理解工程地质勘察报告。
③掌握浅基础与桩基础的基本知识。
④能进行一般房屋的地基基础方案设计。
⑤熟悉地基处理的基本方法。

3）学习方法

从土建专业的要求出发,学习本课程时应注意以下几方面内容:

①应该重视工程地质基本知识的学习,掌握土的物理性质指标,培养学生阅读和使用工程地质勘察资料的能力,能够在工程现场进行验槽。

②要紧紧抓住土的应力、变形、强度这几个核心问题,掌握土的自重应力和附加应力的计算、地基变形的计算及地基承载力的确定。

③应用已掌握的基本概念和原理并结合建筑结构理论和施工知识,能够熟练地进行浅基础和深基础的设计、挡土墙的设计、软弱土的地基处理及基坑围护设计等,从而提高学生分析和解决地基与基础方面的工程问题的能力。

五、地基与基础工程的发展概况

土力学与地基基础是土木工程领域的一个重要分支,是人类在长期的生产实践中发展起来的。它既是一项古老的工程技术,又是一门年轻的应用学科。早在几千年以前,我们的祖先就已在建筑活动中创造了自己的地基与基础工艺。例如,在我国西安半坡村新石器时代遗址的考古发掘中,就发现有土台和石础,这就是古代建筑的地基与基础形式;公元前2世纪修建的举世闻名的万里长城及后来修建的京杭大运河等,如果不处理好有关地基与基础问题,怎么能够穿越各种地质条件的广阔地区,而被誉为亘古奇观;遍布各地的巍巍高塔,宏伟壮丽的宫殿、寺院等都必须有坚固的地基与基础,才能历经千百年多次强震、强风暴的考验而留存至今。

18世纪欧洲工业革命开始以后,随着资本主义工业化的发展,城市建设、水利、道路等的兴建推动了土力学的发展。1773年法国的库仑(Coulomb)根据试验创立了著名的土的抗剪强度公式,提出了计算挡土墙土压力理论;1857年英国的朗肯(Rankine)通过不同假定,又提出了另一种计算挡土墙土压力理论;1885年法国的布辛奈斯克(Boussinesq)求得了弹性半空间在竖向集中力作用下应力和变形的理论解答等。这些古典的理论和方法,直到今天,仍在广泛应用。到了20世纪20年代,太沙基(Terzaghi)在归纳并发展了前人研究成果的基础上,分别发表了《建立在土的物理学基础的土力学》、《理论土力学》和《实用土力学》等专著,这些比较系统完整的科学著作的出现,带动了各国学者对本学科各方面进行研究和探索,并取得不断的进展。自从1936年在美国召开第一届国际土力学与基础工程会议起至今,已召开了数十次国际会议,提交了大量的论文、研究报告和技术资料。我国也从1962年开始定期召开全国性的土力学与基础工程学术研讨会,这标志着我国在土力学与基础工程领域的迅速发展又迈入了一个新的里程碑。

近年来,由于土木工程建设的需要,特别是计算机的应用和实验测试技术的提高,使得地基与基础工程,无论在设计理论方面,还是施工技术方面,都取得了迅猛的发展。例如:在地基处理方面,出现了强夯法、砂井堆载预压法和真空预压法、振冲法、深层搅拌法、高压喷射注浆法、加筋法及树根桩法等;在基础方面,出现了补偿性基础、桩箱基础、桩筏基础、沉井基础及地下连续墙基础等。

识拓展

古典案例:赵州桥,又名安济桥,坐落在石家庄东南约 40 km 赵县城南洨河之上,当地俗称为"大石桥",建于隋代大业元年至十一年(公元595—605年),由著名石匠李春修建,是世界上现存最早、保存最好的石拱桥,1991 年被美国土木工程学会命名为"国际土木工程历史古迹",标志着赵州桥与巴黎埃菲尔铁塔、巴拿马运河、埃及金字塔等世界著名景观齐名。该桥是一座单孔弧形敞肩石拱桥,大桥通体用巨大花岗岩石块组成,由 28 道独立石拱纵向并列砌筑而成,全长 64.4 m、宽 9 m、净跨 37.02 m。赵州桥最大的科学贡献,就在于它的"敞肩拱"的创造,即在大拱的两肩砌了 4 个并列的小孔,既增大了流水通道、节省石料、减轻桥身

图 0.6　世界最古老的敞肩石拱桥——赵州桥

重量,又有利于小拱对大拱的被动压力,增强了桥身的稳定性。而桥台则设置成既浅又小的普通矩形,厚度仅 1.529 m,由 5 层排石垒成,砌置于密实的粗砂层上,基底压力为 500~600 kPa,1 400 多年来沉降甚微(仅约几厘米),这就有力地保证了赵州桥在漫长的历史过程中,经受住无数次洪水的冲击、8 次大地震的摇撼以及车辆的重压,至今仍安然无恙,如图 0.6 所示。

思政案例

鲁班工匠精神

鲁班(前 507—前 444 年),生活在春秋末期到战国初期,出身于世代工匠的家庭,从小就跟随家人参加过许多土木建筑工程劳动,逐渐掌握了生产劳动的技能,积累了丰富的实践经验。公元前 450 年以后,他从鲁国来到楚国,帮助楚国制造兵器。他曾创制云梯,准备攻打宋国,但被墨子制止。墨子主张制造实用的生产工具,反对为战争制造武器,鲁班接受了这种思想。

鲁班很注意对客观事物的观察、研究,他受自然现象的启发,致力于发明创造。一次攀山时,手指被一棵小草划破,他摘下小草仔细察看,发现草叶两边全是排列均匀的小齿,于是就模仿草叶制成伐木的锯;他看到小鸟在天空中自由自在地飞翔,就用竹木削成飞鹤,借助风力在空中试飞。开始飞的时间较短,经过反复研究,不断改进,竟能在空中飞行很长时间。

鲁班一生注重实践,善于动脑,在建筑、机械等方面做出了巨大贡献。他能建造"宫室台榭",除了制作出攻城用的"云梯"、舟战用的"钩强",创制了"机关备制"的木马车,发明了曲尺、墨斗、刨子、凿子等各种木作工具,还发明了磨、碾、锁等设备。这些土木工具设备的发明里面,都包含着物理科学知识,让当时工匠们从原始繁重的劳动中解放出来,劳动效率成倍提高,土木工艺出现了崭新的面貌。鲁班还是一个很高明的机械发明家,他制造的锁,机关设在里面,外面不露痕迹,必须借助配合好的钥匙才能打开。由于成就突出,鲁班一直被建筑工匠们尊称为"祖师"。

鲁班被视为技艺高超的工匠化身、木工工程的开山鼻祖。2 000 多年来,人们为了表达对鲁班的热爱和敬仰,把古代劳动人民的集体创造和发明也都集中到他的身上。因此,有关他的发明和创造的故事,实际上是我国古代劳动人民发明创造的故事,鲁班的名字实际上已经成为古代劳动人民勤劳智慧的象征,体现的是实践精神、工程创新与精益求精的工匠精神。

单元小结

（1）由于地基与基础属于隐蔽工程，其勘察、设计和施工质量的好坏直接影响建筑物的安全，一旦发生质量事故，其补救和处理往往比上部结构困难得多，有时甚至是不可弥补的，因此，必须重视地基与基础在整个建筑物中的重要性。

PPT、教案、
题库（绪论）

（2）由于《土力学与地基基础》是一门理论性和实践性均较强的专业课，其内容广泛、综合性强，因此，要求学生应熟悉本课程各章节内容及正确的学习方法，才能不断提高其分析和解决地基与基础工程中存在的实际问题的能力。

（3）熟练掌握地基的概念及分类。如果根据基础下部的土层来划分，可分为持力层和下卧层（软弱下卧层）；如果根据地基是否经过人工加固处理来划分，可分为人工地基和天然地基。

（4）熟练掌握基础的概念及分类。根据基础埋置深度、采用的施工方法及施工机械来划分，可分为浅基础和深基础。

思考与练习

1. 土、土力学、地基与基础的概念分别是什么？
2. 地基包括哪些范围？何为持力层、下卧层、软弱下卧层？
3. 何为天然地基、人工地基、浅基础、深基础？
4. 简述地基与基础设计的基本要求。
5. 试列举出几例与地基基础有关的工程事故。

单元 1

土的工程分类

 单元导读

　　将土体作为一种力学材料，用力学的基本原理和土工测试技术来研究土的物理性质，以及所受外力发生变化时土的应力、变形、强度和渗透等特性及其规律，是土力学的根本任务。因此，首先讨论土这种力学材料的基本物理性质与工程分类便成为后续知识的基础。本单元将介绍土的生成和演变，土的物质组成及其结构与构造，土的物理性质及土的压实性和渗透性，并在此基础上介绍土的工程分类，为后续单元打下基础。

- **基本要求**　通过本单元学习，应能够绘制土颗粒的级配曲线，并能够评价土的工程性质；熟练掌握土的三相比例指标的定义和计算；熟悉黏性土和无黏性土的各自特点，它们各利用何种指标对其性质进行描述；了解土的成因以及土中矿物成分，土中水、土的结构对土的工程性质的影响；了解土的分类原则和如何进行分类。
- **重点**　土的物理性质及状态指标；黏性土和无黏性土的物理性质；土的压实性；土的工程分类。
- **难点**　土的三相比例指标定义及换算。
- **思政元素**　（1）专业认同感、专业自信心；（2）家国情怀、使命担当。

任务 1　认识土的成因

　　我们把地球最外层的坚硬固体物质称为地壳，其厚度一般为 30 ~ 60 km，人类生存与活动的范围仅限于地壳表层。在漫长的地质年代中，由于内动力地质作用和外动力地质作用，地壳表层的岩石经历风化、剥蚀、搬运、沉积等过程后，所形成的各种疏松沉积物，在土木工程领域统称为"土",如图 1.1 所示。这是土的狭义的概念,它比农业上所指的土壤(地表的有机土层)的范畴要广得多,而广义的概念是将整个岩石也包括在内的。一般来说,我们都使用土的狭义概念。

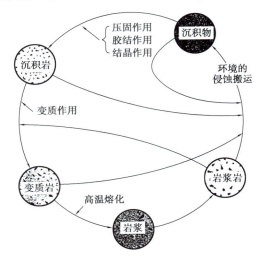

图 1.1 土与岩石相互转化的关系

从地质年代来讲,目前所见到的土大都是第四纪沉积层,一般都呈松散状态。第四纪是约 250 万年至今的相当长的时期。一般沉积年代越长,上覆土层质量越大,土压得越密实,由孔隙水中析出的化学胶结物也越多。因此,老土层比新土层的强度、变形模量要高,甚至由散粒体经过成岩作用又变成整体岩石,如砂土成为砂岩,黏土变成页岩等。第四纪早期沉积的和近期沉积的土,在工程性质上就有着相当大的区别。这种影响,对黏土尤为明显。

根据岩屑搬运和沉积的情况不同,沉积层分为以下几种类型:残积层、坡积层、洪积层、冲积层、海相沉积层和湖沼沉积层等。

1) 残积层

母岩经风化、剥蚀,未被搬运,残留在原地的岩石碎屑,称为残积层。其中较细碎屑已被风或雨水带走。残积层主要分布在岩石出露的地表,经受强烈风化作用的山区、丘陵地带与剥蚀平原。

残积层的组成物质为棱角状的碎石、角砾、砂粒和黏性土。残积层的裂隙多,无层次,平面分布和厚度不均匀。若以此作为建筑物地基,应当注意不均匀沉降和土坡稳定性问题。

2) 坡积层

坡积土是残积土经水流搬运,顺坡移动堆积而成的土,其成分与坡上的残积土基本一致。由于地形的不同,其厚度变化大,新近堆积的坡积土土质疏松、压缩性较高,若作为建筑物地基,应注意不均匀沉降和地基稳定性。

3) 洪积层

洪积土是山洪带来的碎屑物质在山沟的出口处堆积而成的土。山洪流出沟谷后,由于流速骤减,被搬运的粗碎屑物质首先大量堆积下来,离山渐远,洪积物的颗粒随之变细,其分布范围也逐渐扩大。其地貌特征呈现出靠山近处窄而陡,离山较远宽而缓,形如锥体,故称为洪积扇。山洪是周期性发生的,每次的大小不尽相同,堆积下来的物质也不一样,因此,洪积土常呈现不规则交错的层理。由于靠近山地的洪积土的颗粒较粗,地下水位埋藏较深,土的承载力一般较高,常为良好地基;离山较远地段较细的洪积土,土质软弱而承载力较低。另外,洪积层中往往存在黏性土夹层、局部尖灭和透镜体等产状。若以此作为建筑地基,应注意土层的尖灭和透镜体引起的不均匀沉降。为此,需要精心进行工程地质勘察,并针对具体情况作妥善处理。

4)冲积层

冲积层是由于河流的流水作用,将碎屑物质搬运堆积在它流经的区域内,随着从上游到下游水动力的不断减弱,搬运物质从粗到细逐渐沉积下来,一般在河流的上游及出山口沉积有粗粒的碎石土、砂土,在中游丘陵地带沉积有中粗粒的砂土和粉土,在下游平原三角洲地带沉积有最细的黏土。冲积土分布广泛,特别是冲积平原,常是城市发达、人口集中的地带。对于粗粒的碎石土、砂土,它们是良好的天然地基,但如果作为水工建筑物的地基,由于其透水性好会引起严重的坝下渗漏;而对于压缩性高的黏土,一般都需要处理地基。

5)海相沉积层

海相沉积层是由水流挟带到大海沉积起来的堆积物,其颗粒细,表层土质松软,工程性质较差。海相沉积层按分布地带不同,可分为以下四类。

①滨海沉积物。海水高潮与低潮之间的地区,称为滨海地区。此地区的沉积物主要为卵石、圆砾和砂土,有的地区存在黏性土夹层。

②大陆架浅海沉积物。海水的深度为 0~200 m、平均宽度 75 km 的地区,称为大陆架浅海区。此地区的沉积物主要是细砂、黏性土、淤泥和生物沉积物。离海岸越近,颗粒越粗;离海岸越远,沉积物的颗粒越细。此种沉积物具有层理构造,密度小,压缩性高。

③陆坡沉积物。浅海区与深海区的过渡带,称为陆坡地区或次深海区,水深可达 3 000 m。此地区的沉积物主要是有机质软泥。

④深海沉积物。海水深度超过 3 000 m 的地区,称为深海区。此地区的沉积物为有机质软泥。

6)湖沼沉积层

(1)湖沼沉积层

湖泊沉积物称为湖相沉积层。湖相沉积层由两部分组成:

①湖边沉积层:以粗颗粒土为主。

②湖心沉积层:为细颗粒土,包括黏土和淤泥,有时夹粉细砂薄层的带状黏土。通常湖心沉积层的强度低、压缩性高。

(2)沼泽积层

湖泊逐渐淤塞和陆地沼泽化,演变成沼泽。当然沉积物即沼泽土,主要由半腐烂的植物残余物一年年积累起来形成的泥炭组成。泥炭的含水率极高,透水性很小,压缩性很大,不宜作为永久建筑物的地基。

除了以上提到的几种沉积层类型,还有冰川的地质作用形成的冰碛层和有风的地质作用形成的风积层,因工程所见不多,故不赘述。

知识拓展

在漫长的地质历史进程中,岩土在不停地变化,或是缓慢地固结,或是逐渐地风化。浑浊的泥浆状的洪水来到江河下游,由于泥沙沉积固结,逐渐成为洪积土和沉积土,由液相变成固相;在漫长的地质年代过程中,它又被压缩、固化成为沉积岩;岩石暴露于地表,经过风雨冰霜的风化作用,通过"微风化—中风化—强风化"又变成残积土;其后在风、水、重力的作用下,被搬运沉积,经历一个循环。岩与土之间的互相转化,这何尝不是一个漫长的生命过程,从这个意义上讲,岩土是有生命的。

任务 2　认识土的组成及其结构与构造

土的组成及其
结构与构造

1.2.1　土的组成

土是一种松散的颗粒堆积物。它由固体颗粒、液体和气体三部分组成。土的固体颗粒一般由矿物质组成,有时含有胶结物和有机物,该部分构成土的骨架。土的液体部分是指水和溶解于水中的矿物质。空气和其他气体构成土的气体部分。土骨架间的孔隙相互连通,被液体和气体充满。土的三相组成决定了土的物理力学性质。

1)土的固体颗粒

土骨架对土的物理力学性质起决定性的作用。分析研究土的状态,就要研究固体颗粒的状态指标,即粒径的大小及其级配、固体颗粒的矿物成分、固体颗粒的形状。

（1）固体颗粒的大小与粒径级配

土中固体颗粒的大小及其含量,决定了土的物理力学性质。颗粒的大小通常用粒径表示。实际工程中常按粒径大小分组,粒径在某一范围之内的分为一组,称为粒组。粒组不同,其性质也不同,常用的粒组有砾石粒、砂粒、粉粒、黏粒、胶粒。以砾石和砂粒为主要组成成分的土称为粗粒土;以粉粒、黏粒和胶粒为主的土,称为细粒土。土的工程分类见 1.3 节。各粒组的具体划分和粒径范围见表 1.1。

表 1.1　土的粒组划分方法和各粒组土的特性

粒组统称	粒组划分		粒径范围 d/mm	主要特征
巨粒组	漂石（块石）		$d>200$	透水性大,无黏性,无毛细水,不易压缩
	卵石（碎石）		$200 \geqslant d>60$	透水性大,无黏性,无毛细水,不易压缩
粗粒组	砾粒	粗砾	$60 \geqslant d>20$	透水性大,无黏性,不能保持水分,毛细水上升高度很小,压缩性较小
		中砾	$20 \geqslant d>5$	
		细砾	$5 \geqslant d>2$	
	砂粒	粗砂	$2 \geqslant d>0.5$	易透水,无黏性,毛细水上升高度不大,饱和松细砂在振动荷载作用下会产生液化,一般压缩性较小,随颗粒减小,压缩性增大
		中砂	$0.5 \geqslant d>0.25$	
		细砂	$0.25 \geqslant d>0.075$	
细粒组	粉粒		$0.75 \geqslant d>0.005$	透水性小,湿时有微黏性,毛细管上升高度较大,有冻胀现象,饱和并很松时在振动荷载下会产生液化
	黏粒		$d \leqslant 0.005$	透水性差,湿时有黏性和可塑性,遇水膨胀,失水收缩,性质受含水量的影响较大,毛细水上升高度大

土中各粒组的相对含量称为土的粒径级配。土粒含量的具体含义是指一个粒组中的土粒质量与干土总质量之比,一般用百分比表示。土的粒径级配直接影响土的性质,如土的密实度、土的透水性、土的强度、土的压缩性等。要确定各粒组的相对含量,需要将各粒组分离开,再分别称其质量,这就是工程中常用的颗粒分析方法,实验室常用的有筛分法和密度计法。

筛分法适用于粒径大于 0.075 mm 的土。利用一套孔径大小不同的标准筛子,将称过质量的干土过筛,充分筛选,将留在各级筛上的土粒分别称重,然后计算小于某粒径的土粒含量。

密度计法适用于粒径小于 0.075 mm 的土。基本原理是颗粒在水中的下沉速度与粒径的平方成正比,粗颗粒下沉速度快,细颗粒下沉速度慢。根据下沉速度就可以将颗粒按粒径大小分组(详见土工试验书籍)。

当土中含有颗粒粒径大于 0.075 mm 和小于 0.075 mm 的土粒时,可以联合使用密度计法和筛分法。

工程中常用粒径级配曲线直接了解土的级配情况。曲线的横坐标为土颗粒粒径的对数,单位为 mm;纵坐标为小于某粒径土颗粒的累积含量,用百分比(%)表示,如图 1.2 所示。

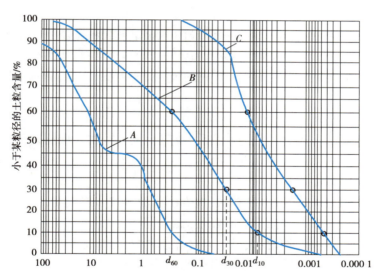

图 1.2 土的颗粒级配曲线
A,B,C—代表不同土样的级配曲线

颗粒级配曲线在土木、水利水电等工程中经常用到。从曲线中可直接求得各粒组的颗粒含量及粒径分布的均匀程度,进而估测土的工程性质。其中一些特征粒径可作为选择建筑材料的依据,并评价土的级配优劣。特征粒径有:

• d_{10}:土中小于此粒径的土的质量占总土质量的 10%,也称有效粒径。

• d_{30}:土中小于此粒径的土的质量占总土质量的 30%。

• d_{50}:土中小于此粒径的土的质量和大于此粒径的土的质量各占 50%,也称平均粒径,用来表示土的粗细。

• d_{60}：土中小于此粒径土的质量占总土质量的60%，也称限制粒径。

粒径分布的均匀程度由不均匀系数 C_u 表示：

$$C_u = d_{60}/d_{10} \qquad (1.1)$$

C_u 越大，土越不均匀，也即土中粗、细颗粒的大小越悬殊。

若土的颗粒级配曲线是连续的，C_u 越大，d_{60} 与 d_{10} 相距越远，则曲线越平缓，表示土中的粒组变化范围宽，土粒不均匀；反之，C_u 越小，d_{60} 与 d_{10} 相距越近，曲线越陡，表示土中的粒组变化范围窄，土粒均匀。工程中，把 $C_u > 5$ 的土称为不均匀土，$C_u \leq 5$ 的土称为均匀土。

若土的颗粒级配曲线不连续，在该曲线上出现水平段（如图1.2曲线 B 和 C 所示），水平段粒组范围不包含该粒组颗粒。这种土缺少中间某些粒径，粒径级配曲线呈台阶状，土的组成特征是颗粒粗的较粗、细的较细，在同样的压实条件下，密实度不如级配连续的土高，其他工程性质也较差。

土的粒径级配曲线的形状，尤其是确定其是否连续，可用曲率系数 C_c 反映：

$$C_c = \frac{d_{30}^2}{d_{60} \times d_{10}} \qquad (1.2)$$

若曲率系数过大，表示粒径分布曲线的台阶出现在 d_{10} 和 d_{30} 范围内；反之，若曲率系数过小，表示台阶出现在 d_{30} 和 d_{60} 范围内。经验表明，当级配连续时，C_c 的范围在 $1 \sim 3$。因此，当 $C_c < 1$ 或 $C_c > 3$ 时，均表示级配曲线不连续。

由上述可知，土的级配优劣可由土中土粒的不均匀系数和粒径分布曲线的形状曲率系数衡量。我国《土的工程分类标准》（GB/T 50145—2007）规定：对于纯净的砂、砾石，当实际工程中 C_u 大于或等于5且 C_c 为 $1 \sim 3$ 时，它的级配是良好的；不能同时满足上述条件时，它的级配是不良的。

（2）固体颗粒的成分

土中固体颗粒的成分绝大多数是矿物质，或有少量有机物。颗粒的矿物成分一般有两大类：一类是原生矿物，另一类是次生矿物。

（3）固体颗粒的形状

原生矿物的颗粒一般较粗，多呈粒状；次生矿物的颗粒一般较细，多呈片状或针状。土的颗粒越细、形状越扁平，其表面积与质量之比越大。

对于粗颗粒，比表面积没有很大意义。对于细颗粒，尤其是黏性土颗粒，比表面积的大小直接反映土颗粒与四周介质的相互作用，是反映黏性土性质特征的一个重要指标。

2）土的液体部分

如前所述，土中液体含量不同，土的性质就不同。土中的液体一部分以结晶水的形式存在于固体颗粒的内部，形成结合水；另一部分存在于土颗粒的孔隙中，形成自由水。

（1）结合水

在电场作用力范围内，水中的阳离子和极性分子被吸引在土颗粒周围，距离土颗粒越近，作用力越大；距离越远，作用力越小，直至不受电场力作用，通常称这一部分水为结合水。特点是包围在土颗粒四周，不传递静水压力，不能任意流动。由于土颗粒的电场有一定的作用范围，因此结合水有一定的厚度，其厚度首先与颗粒的黏土矿物成分有关。在三种黏土矿物中，由蒙脱石组成的土颗粒，尽管其单位质量的负电荷最多，但其比表面积较大，因而单位面积上的负电荷反而较少,结合水层较薄;而高岭石则相反,结合水层较厚。伊利石介于二者之间。其次,结合水的厚度还取决于水中阳离子的浓度和化学性质,如水中阳离子浓度越高,则靠近土颗粒表面的阳离子也越多,极性分子越少,结合水也就越薄。

（2）自由水

不受电场引力作用的水称为自由水。自由水又可分为毛细水和重力水。

毛细水分布在土颗粒间相互连通的弯曲孔道内。由于水分子与土颗粒之间的附着力和水、气界面上的表面张力,地下水将沿着这些孔道被吸引上来,而在地下水位以上形成一定高度的毛细管水带。它与土中孔隙的大小、形状、土颗粒的矿物成分以及水的性质有关。

毛细水的上升高度在粗粒土中很小,在细粒土中较大,在砾砂、粗砂层中的毛细水上升高度只有几厘米,在中砂、细砂层中能上升几十厘米,而在黏性土中可以上升至几米高。这种毛细水上升对于公路路基土的干湿状态及建筑物的防潮有重要影响。

在重力本身作用下的水称为重力水。重力水能在土体中自由流动,具有溶解能力,能传递水压力。

水是土的重要成分之一。一般认为水不能承受剪力,但能承受压力和一定的吸力。一般情况下,水的压缩量很小,可以忽略不计。

3) 土的气体部分

在非饱和土中,土颗粒间的孔隙由液体和气体充满。土中气一般以下面两种形式存在于土中:一种是四周被颗粒和水封闭的封闭气体,另一种是与大气相通的自由气体。

当土的饱和度较低、土中气体与大气相通时,土体在外力作用下,气体很快从孔隙中排出,则土的强度和稳定性提高。当土的饱和度较高、土中出现封闭气体时,土体在外力作用下,体积缩小;外力减小,则体积增大。因此,土中封闭气体增加了土的弹性。同时,土中封闭气体的存在还能阻塞土中的渗流通道,减小土的渗透性。

1.2.2 土的结构与构造

1) 土的结构

土的结构主要是指土体中土粒的排列与连接。土的结构有单粒结构、蜂窝结构和絮状结构(见图1.3),蜂窝结构和絮状结构又称海绵结构。

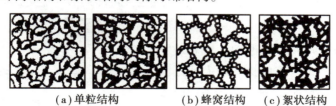

(a)单粒结构　　(b)蜂窝结构　　(c)絮状结构

图 1.3　土的结构类型

（1）单粒结构

单粒结构是无黏性土的基本组成形式,由较粗土粒砾石、砂粒在重力作用下沉积而成,如图1.3(a)所示。土粒排列成密实状态时,称为紧密的单粒结构,这种结构土的强度大,压缩性小,是良好的天然地基;反之当土粒排列疏松时,称为疏松的单粒结构,因其土的孔隙大、土粒骨架不稳定,未经处理,不宜做建筑物地基。因此,以单粒结构为基本结构特征的无黏性土的工程性质主要取决于土体的密实程度。

(2)蜂窝结构

蜂窝结构主要是由较细的土粒(粉粒)组成的结构形式。其形成机理为:当粉粒在水中下沉碰到已经沉积的土粒时,由于粒间引力大于其重力,而停留在接触面上不再下沉,逐渐形成链环状单元。很多这样的链环联结起来,便形成孔隙较大的蜂窝结构,如图1.3(b)所示。蜂窝结构是以粉粒为主的土所具有的结构形式。

(3)絮状结构

絮状结构是由黏粒集合体组成的结构形式。其形成机理为:黏粒能够在水中长期悬浮,不因重力而下沉,当悬浮液介质发生变化(如黏粒被带到电解质浓度较大的海水中),土粒表面的弱结合水厚度减薄,黏粒相互接近便凝聚成类似海绵絮状的集合体而下沉,并和已沉积的絮状集合体接触,形成孔隙较大的絮状结构,如图1.3(c)所示。絮状结构是黏性土的主要结构形式。

蜂窝结构和絮状结构的土中存在大量孔隙,压缩性高,抗剪强度低,但土粒间的联结强度会由于压密和胶结作用而逐渐得到加强,称为结构强度。天然条件下,任何一种土类的结构并不是单一的,往往呈现以某种结构为主、混杂各种结构的复合形式。此外,当土的结构受到破坏和扰动时,在改变了土粒排列的同时,也不同程度地破坏了土粒间的联结,从而影响土的工程性质。对于蜂窝和絮状结构的土,往往会大大降低其结构强度。其结构强度降低越显著,称之为结构性越强。一般采用灵敏度 S_t 来表征其结构性强弱,土的灵敏度越高,其结构性越强,受扰动后土的强度降低就越明显。

$$S_t = \frac{q_u}{q_0} \qquad (1.3)$$

式中 q_u ——原状土的无侧限抗压强度,即单轴受压的抗压强度;

  q_0 ——具有与原状土相同的密度和含水量并彻底破坏其结构的重塑土的无侧限抗压强度。

按灵敏度的大小,黏性土可分为:低灵敏 $S_t = 1 \sim 2$;中灵敏 $S_t = 2 \sim 4$;高灵敏 $S_t > 4$。

软黏土在重塑后甚至不能维持自己的形状,无侧限抗压强度几乎等于零,灵敏度很大。对于灵敏度大的土,在基坑开挖时须特别注意保护基槽,使其结构不受扰动。

2)土的构造

土的构造是指在同一土层剖面中,颗粒或颗粒集合体相互间的特征。土的构造最大特征就是成层性,即具有层理构造。这是由于不同阶段沉积土的物质成分、颗粒大小和颜色的不同,而使竖向呈现成层的性状。常见有水平层理和交错层理构造,带有夹层、尖灭和透镜体等(见图1.4)。土的构造的另一特征是土的裂隙性,

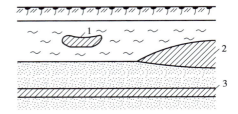

图1.4 土的层理构造
1—淤泥夹黏土透镜体;2—黏土尖灭层;
3—砂土夹黏土层

即裂隙构造。土中裂隙的存在会大大降低土体的强度和稳定性,对工程不利。此外,也应注意到土中有无腐殖质、贝壳、结核体等包裹物以及天然或人为的孔洞的存在,这些构造特征都会造成土的不均匀性,从而影响土的工程性质。

任务 3 测试土的物理性质指标

如前所述,土是三相体,是由土的固体颗粒、水和气体三相体组成,随着土中三相之间的质量与体积的比例关系的变化,土的疏密性、软硬性、干湿性等物理性质随之变化。为了定量了解土的这些物理性质,就需要研究土的三相比例指标。因此,所谓土的物理性质指标,就是表示土中三相比例关系的一些物理量。如图 1.5 所示为土的三相简图。

1.3.1 土的三相基本指标

土的物理性质指标中,土的天然密度、含水量和土粒的相对密度这三项指标是由实验室直接测定的,称为三相基本指标。其他物理性质指标可由这三项指标推算得到。

土的物理性质指标

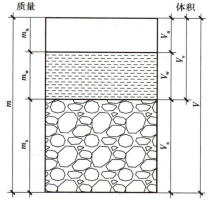

m_s——土粒质量;
m_w——土中水质量;
m_a——土中气体质量($m_a \approx 0$);
m——土的总质量, $m=m_s+m_w+m_a$;
V_s——土粒体积;
V_w——土中水的体积;
V_a——土中气体体积;
V_v——土中孔隙体积, $V_v=V_a+V_w$;
V——土的总体积, $V=V_a+V_w+V_s$;

土的物理性质指标试验

图 1.5 土的三相简图

1)土的天然密度 ρ 和天然重度 γ

单位体积天然土的质量,称为土的天然密度,简称土的密度,记为 ρ,单位为 g/cm³。天然密度表达式为

$$\rho = \frac{m}{V} \tag{1.4}$$

在计算土体自重时,常用到天然重度的概念,即 $\gamma=\rho g$,单位为 kN/m³。

密度的测定方法:黏性土用环刀法,环刀内径和高度为已知数,因此,土样的体积是已知的。如先称量空环刀的质量为 m_1,试样加环刀的质量为 m_2,则土的质量 $m=m_2-m_1$,则土的密度为: $\rho = \frac{m_2-m_1}{V}=\frac{m}{V}$。

砂和砾石等粗颗粒土不能用环刀法,可采用灌水法或灌砂法。根据试样的最大粒径确定试坑尺寸,参见《土工试验方法标准》,称出从试坑中挖出的试样质量 m,在试坑中铺上塑料薄膜,灌水或砂测量试坑的体积 V,得到土的密度 $\rho = \dfrac{m}{V}$。

天然状态下土的密度变化范围较大,黏性土和粉土为 1.8 ~ 2.0 g/cm³,砂性土为 1.6 ~ 2.0 g/cm³。

2) 土颗粒的相对密度 $d_s(G_s)$

土颗粒的密度与 4 ℃纯水的密度之比,称为土颗粒的相对密度,记为 d_s 或 G_s,是无量纲数值。

$$d_s = \frac{\dfrac{m_s}{V_s}}{\rho_w} = \frac{\rho_s}{\rho_w} \qquad (1.5)$$

式中 ρ_w——4 ℃纯水的密度,ρ_w = g/cm³。

4 ℃纯水的密度为已知条件,故测定土颗粒的相对密度,实质就是测定土颗粒的密度。粒径小于 5.0 mm 的土,常用比重瓶法测定。粒径大于 5.0 mm 的土,其中粒径大于 20 mm 的颗粒含量小于 10% 时,采用浮称法;粒径大于 5.0 mm 的土,其中粒径大于 20 mm 的颗粒含量大于等于 10% 时,采用虹吸筒法。具体方法可参见《土工试验方法标准》。

同一种土,其土粒相对密度变化范围很小,砂土为 2.65 ~ 2.69,粉土为 2.70 ~ 2.71,黏性土为 2.72 ~ 2.75。当无条件进行实验时,可参考同一地区、同一种土的多年实测积累的经验数据。

3) 土的含水量 w

土中水的质量和土颗粒质量的比值称为含水量,也称含水率,用百分数表示,记为 w。

$$w = \frac{m_w}{m_s} \times 100\% \qquad (1.6)$$

含水量的试验方法通常用烘干法,用天平称量湿土 m 克,放入烘干箱内,控制温度为 (105 ~ 110)℃,恒温 8 h 左右,称量干土质量为 m_s 克,计算土的含水量。

$$w = \frac{m - m_s}{m_s} \times 100\%$$

在野外没有烘干箱或需要快速测定含水量时,可采用酒精燃烧法或红外线烘干法。

天然土层的含水量变化范围很大,与土的种类、埋藏条件及所处的自然地理环境有关。一般砂土的含水量为 0% ~ 40%;黏性土大些,为 20% ~ 60%;淤泥土含水量更大。黏性土的工程性质很大程度上由其含水量决定,并随含水量的大小发生状态变化,含水量越大的土压缩性越大,强度越低。

1.3.2 导出指标

测出上述三个基本试验指标后,就可根据三相图计算出三相组成各自的体积和质量上的含量,根据其他相应指标的定义便可以导出其他的物理性质指标,即导出指标。

1) 反映土的松密程度的指标

(1)孔隙比 e

孔隙比是土中孔隙体积与固体土颗粒体积之比,以小数表示,记为 e。

$$e = \frac{V_v}{V_s} \tag{1.7}$$

孔隙比是评价土的密实程度的重要物理性质指标。

一般砂土的孔隙比为 0.5~1.0,黏性土和粉土为 0.5~1.2,淤泥土≥1.5。$e<0.6$ 的砂土为密实状态,是良好的地基;$1.0<e<1.5$ 的黏性土为软弱淤泥质地基。

(2)孔隙率 n

孔隙率是土中孔隙体积与总体积之比,即单位土体中孔隙所占的体积,用百分数表示,记为 n。

$$n = \frac{V_v}{V} \times 100\% \tag{1.8}$$

孔隙率也可用来表示同一种土的松密程度,其值随土形成过程中所受的压力、粒径级配和颗粒排列的状况而变化。一般粗粒土的孔隙率小,细粒土孔隙率大。例如,砂类土的孔隙率一般是 28%~35%,黏性土的孔隙率有时可高达 60%~70%。

2)反映土中含水程度的指标

饱和度是土中水的体积与孔隙总体积之比,记为 S_r,以百分数表示。

$$S_r = \frac{V_w}{V_v} \times 100\% \tag{1.9}$$

饱和度表示土孔隙内充水的程度,反映土的潮湿程度,如 $S_r = 0$ 时,土是完全干的;$S_r = 100\%$ 时,土是完全饱和的。

砂土与粉土以饱和度作为湿度划分的标准,分为稍湿($S_r \leq 50\%$)、很湿($50\% < S_r \leq 80\%$)与饱和($S_r > 80\%$)三种湿度状态。而对于天然黏性土,一般将 $S_r > 95\%$ 的视为完全饱和土。

3)几种特定状态下的密度和重度

(1)干密度 ρ_d 和干重度 γ_d

单位体积土中固体颗粒的质量,称为土的干密度,记为 ρ_d,单位为 g/cm³。

$$\rho_d = \frac{m_s}{V} \tag{1.10}$$

单位体积土中固体颗粒的重力,称为土的干重度,记为 γ_d,单位为 kN/m³。

$$\gamma_d = \frac{m_s g}{V} = \rho_d g \tag{1.11}$$

干密度反映了土的密实程度,工程上常用来作为填方工程中土体压实质量的检查标准。干密度越大,土体越密实,工程质量越好。

(2)饱和密度 ρ_{sat} 和饱和重度 γ_{sat}

土的孔隙中充满水时的单位体积质量,即为土的饱和密度,记为 ρ_{sat},单位为 g/cm³。一般土的饱和密度的范围为 1.8~2.3 g/cm³。

$$\rho_{sat} = \frac{m_s + V_v \rho_w}{V} \tag{1.12}$$

土中孔隙完全被水充满时,单位体积土所受的重力即为土的饱和重度,记为 γ_{sat}。

$$\gamma_{sat} = \frac{m_s g + V_v \rho_w g}{V} = \rho_{sat} g \tag{1.13}$$

（3）有效重度（浮重度）γ'

地下水位以下的土，扣除水浮力后单位体积土所受的重力称为土的有效重度（浮重度），记为 γ'，单位为 kN/m^3。

$$\gamma' = \frac{m_s g - V_s \rho_w g}{V} = \frac{m_s g - (V - V_v)\rho_w g}{V} = \gamma_{sat} - \gamma_w \tag{1.14}$$

式中　γ_w——水的重度，取 $\gamma_w = 10 \ kN/m^3$。

1.3.3　三相指标的换算

上面仅给出了导出指标的定义式，实际上都可以依据三个基本试验指标（土的密度 ρ、土粒相对密度 d_s、含水量 w）推导得出。

推导时，通常假定土体中土颗粒的体积 $V_s = 1$（也可假定其他两相体积为 1），根据各指标的定义可得到 $V_v = e$，$V = 1 + e$，$m_w = w m_s$，$m_s = \rho_w d_s$，$m = (1+w)\rho_s$，如图 1.6 所示。具体的换算公式可查阅表 1.2，建议初学者根据定义，按照上述思路进行推导，以加深对各指标基本概念的理解。

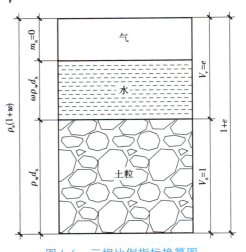

图 1.6　三相比例指标换算图

表 1.2　土的三相比例指标常用换算公式

导出指标	符　号	表达式	与试验指标的换算公式
干重度	γ_d	$\gamma_d = \dfrac{m_s g}{V} = \rho_d g$	$\gamma_d = \dfrac{\gamma}{1+w}$
饱和重度	γ_{sat}	$\gamma_{sat} = \dfrac{m_s g + V_v \rho_w g}{V} = \rho_{sat} g$	$\gamma_{sat} = \dfrac{\gamma(\rho_s g - \gamma_w)}{\gamma_s(1+w)} + \gamma_w$
有效重度	γ'	$\gamma' = \dfrac{m_s g - V_s \rho_w g}{V} = \gamma_{sat} - \gamma_w$	$\gamma' = \dfrac{\gamma_w(d_s-1)\gamma}{\rho_s(1+w)g}$
孔隙比	e	$e = \dfrac{V_v}{V_s}$	$e = \dfrac{\gamma_w d_s(1+w)}{\gamma} - 1$
孔隙率	n	$n = \dfrac{V_v}{V} \times 100\%$	$n = 1 - \dfrac{\gamma}{\rho_s g(1+w)}$
饱和度	S_r	$S_r = \dfrac{V_w}{V_v} \times 100\%$	$S_r = \dfrac{\gamma \rho_s g w}{\gamma_w[\rho_s g(1+w) - \gamma]}$

注：表中 g 为重力加速度，$g \approx 10 \ m/s^2$。

【例题 1.1】　某原状土样，经试验测得天然密度 $\rho = 1.67 \ g/cm^3$，含水量 $w = 12.9\%$，土粒相对密度 $G_s = 2.67$，求孔隙比 e、孔隙率 n 和饱和度 S_r。

【解】　以下给出两种方法：方法一根据三相比例图，按照各导出指标的定义进行推导；方法二直接套用换算公式。

方法一：

（1）设土的体积 $V = 1.0(\text{cm}^3)$

根据密度定义得：$m = \rho V = 1.67 \times 1 = 1.67(\text{g})$

（2）根据含水量定义得：$m_w = w m_s = 0.129 m_s$

从三相图可知：$m = m_a + m_w + m_s$

$m_a = 0$，$m_w + m_s = m$，即有 $0.129 m_s + m_s = 1.67$，从而可得

$$m_s = \frac{1.67}{1.129} = 1.48(\text{g})$$

$m_w = 1.67 - 1.48 = 0.19(\text{g})$

（3）根据土粒相对密度的定义表达式，即

$$G_s = \frac{\dfrac{m_s}{V_s}}{\rho_w} = \frac{\rho_s}{\rho_w}$$

已知 $G_s = 2.67$，$\rho_w = 1$，$\rho_s = 2.67 \times 1 = 2.67(\text{g/cm}^3)$

所以有 $V_s = \dfrac{m_s}{\rho_s} = \dfrac{1.48}{2.67} = 0.554(\text{cm}^3)$

（4）$V_w = \dfrac{m_w}{\rho_w} = \dfrac{0.190}{1.0} = 0.190(\text{cm}^3)$

（5）从三相可知：

$V = V_a + V_w + V_s = 1(\text{cm}^3)$

或　$V_a = 1 - V_w - V_s = 1 - 0.554 - 0.190 = 0.256(\text{cm}^3)$

所以有 $V_v = V - V_s = 1 - 0.554 = 0.446(\text{cm}^3)$

（6）根据孔隙比定义 $e = \dfrac{V_v}{V_s}$，得

$$e = \frac{V_a + V_w}{V_s} = \frac{0.256 + 0.19}{0.554} = 0.805$$

（7）根据孔隙度定义 $n = \dfrac{V_v}{V}$，得

$$n = \frac{V_a + V_w}{V} = \frac{0.256 + 0.19}{1} = 0.446 = 44.6\%$$

（8）根据饱和度定义 $S_r = \dfrac{V_w}{V_v}$，得

$$S_r = \frac{V_w}{V_a + V_w} = \frac{0.19}{0.256 + 0.19} = 0.426 = 42.6\%$$

方法二：

查表可知各项导出指标与基本指标的换算公式如下：

$$e = \frac{\gamma_w d_s (1 + w)}{\gamma} - 1 = \frac{10 \times 2.67 \times (1 + 0.129)}{16.7} - 1 = 0.805$$

$$n = 1 - \frac{\gamma}{\rho_s g(1+w)} = 1 - \frac{16.7}{2.67 \times 10 \times (1+0.129)} = 0.446 = 44.6\%$$

$$S_r = \frac{\gamma \rho_s g w}{\gamma_w [\rho_s g(1+w) - \gamma]} = \frac{16.7 \times 2.67 \times 10 \times 0.129}{10 \times [2.67 \times 10 \times (1+0.129) - 16.7]} = 0.428 = 42.8\%$$

注:方法二与方法一的偏差属于计算中四舍五入的累计误差。

知识拓展

土的导出指标较多,导出指标之间也存在相互换算的关系,但工程中常用的是由三项试验基本指标换算导出指标。上述例题中的两种方法各有优缺点:方法一无须记忆烦琐的换算公式,且基本概念清晰,但需要严密地推导,适合初学者;方法二简洁明了,直接带入基本指标,但需查找相应换算公式,记忆困难,适合在实际工程中运用。

初学者可能对部分指标代号的记忆有困难,下面给出其英文全称以便理解记忆。

V_v(Volume of voids)　　　　V_s(Volume of solids)　　　　V_a(Volume of air)

V_w(Volume of water)　　　　m_s(Mass of solids)　　　　S_r(Saturation)

γ_d(γ_{dry})　　　　　　　　　　G_s(Specific gravity)

任务4　测试土的物理状态指标

1.4.1　黏性土(细粒土)的物理状态指标

1)界限含水量

黏性土最主要的特征是它的稠度,稠度是指黏性土在某一含水量下的软硬程度和土体对外力引起的变形或破坏的抵抗能力。当土中含水量很低时,水被土颗粒表面的电荷吸着于颗粒表面,土中水为强结合水,土呈现固态或半固态。当土中含水量增加时,吸附在颗粒周围的水膜加厚,土粒周围除强结合水外还有弱结合水。弱结合水不能自由流动,但受力时可以变形,此时土体受外力作用可以被捏成任意形状,外力取消后仍保持改变后的形状,这种状态称为塑态。当土中含水量继续增加,土中除结合水外已有相当数量的水处于电场引力范围外时,土体不能承受剪应力,呈现流动状态。实质上,土的稠度就是反映土体的含水量。而黏性土的含水量又决定其工程性质。土从一种状态转变成另一种状态的界限含水量,称为稠度界限。因此,根据含水量和该土的稠度界限,可以定性判断其工程性质。工程上常用的稠度界限有液限和塑限。

液限指土从塑性状态转变为液性状态时的界限含水量,用 w_L 表示。

塑限指土从半固体状态转变为塑性状态时的界限含水量,用 w_p 表示。

我国采用锥式液限仪测定液限和塑限,如图1.7所示。测定时,将调成不同含水量的试样(制成3个不同含水量试样)先后分别装满盛样杯内,刮平杯口表面,将76 g重圆锥(锥角为30°)放在试样表面中心,使其在重力作用下徐徐沉入试样,测定圆锥仪在5 s时的入土深度。

在双对数坐标纸上绘出圆锥入土深度和含水量的关系直线,在直线上查得圆锥入土深度为 10 mm 所对应的含水量,即为液限。入土深度为 2 mm 所对应的含水量,即为塑限,取值至整数。

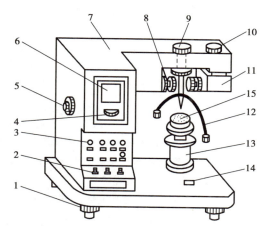

图 1.7 光电式液、塑限仪结构示意图

1—水平调节螺钉;2—控制开关;3—指示发光管;4—零线调节螺钉;5—反光镜调节螺钉;
6—屏幕;7—机壳;8—物镜调节螺钉;9—电磁装置;10—光源调节螺钉;
11—光源装置;12—圆锥仪;13—升降台;14—水平泡;15—盛样杯(内装试样)

2)塑性指数

液限与塑限的差值称为塑性指数,即

$$I_P = w_L - w_P \tag{1.15}$$

式中,w_L 和 w_P 用百分数表示,计算所得的塑性指数也应用百分数表示,但是习惯 I_P 不带百分号,如 $w_L = 35\%$、$w_P = 23\%$,$I_P = 35 - 23 = 12$。液限与塑限之差越大,说明土体处于可塑状态的含水量变化范围越大,也就是说,塑性指数的大小与土中结合水的含水量有直接关系。从土的颗粒大小来看,土粒越细,黏粒含量越高,其比表面积越大,则结合水越多,塑性指数也越大;从土的矿物成分讲,土中含蒙脱类越多,塑性指数也越大。此外,塑性指数还与水中离子浓度和成分有关。

表 1.3 黏性土按塑性指数分类

土的名称	塑性指数
黏土	$I_P > 17$
粉质黏土	$10 < I_P \leq 17$

可塑性是黏性土区别于砂性土的重要特征。由于塑性指数反映了土的塑性大小和影响黏性土特征的各种重要因素,因此,常用 I_P 作为黏性土的分类标准,见表 1.3。

3)液性指数

土的天然含水量与塑限之差再与塑性指数之比,称为土的液性指数,即

$$I_L = \frac{w - w_P}{I_P} = \frac{w - w_P}{w_L - w_P} \tag{1.16}$$

由式(1.16)可知,当天然含水量小于 w_P 时,I_L 小于 0,土体处于固体或半固体状态;当 w 大于 w_L 时,$I_L > 1$,天然土体处于流动状态;当 w 在 w_P 和 w_L 之间时,I_L 为 0～1,天然土体处于可塑状态。因此,可以利用液性指数 I_L 表示黏性土所处的天然状态。I_L 值越大,土体越软;I_L 值越小,土体越坚硬。

《建筑地基基础设计规范》(GB 50007—2011)按土的液性指数的大小将黏性土划分为坚硬、硬塑、可塑、软塑和流塑5种软硬状态,见表1.4。

表1.4　黏性土软硬状态

液性指数	$I_L \leq 0$	$0 < I_L \leq 0.25$	$0.25 < I_L \leq 0.75$	$0.75 < I_L \leq 1$	$I_L > 1$
状态	坚硬	硬塑	可塑	软塑	流塑

知识拓展

　　塑性指数越大,土的可塑性就越强。这好比用一块黏性土来塑像,这种土在塑像过程中不会因为吹风失水而很快变硬失去塑性,或者因为稍微多加点水又变得失去可塑性。反之,如果塑性指数小,则很容易因为风吹失水或者加水变稀而失去塑性,也即可塑性差。那么,可塑性的高低有何工程意义呢?一般而言,塑性指数大的黏性土往往具有明显的胀缩性,性质极不稳定,不宜作为工程填料和工程地基。但事物都具有两面性,塑性指数大的黏性土,因为土颗粒较细,黏塑性较高,遇水易软化,与水搅拌后较均匀,不易沉淀,所以在水下灌注桩墙施工中作为护壁泥浆配料是极佳的材料。

　　黏性土的塑性指数是由土性决定的,是黏性土的固有属性,与状态无关,常用于土的分类;液性指数是由当前的含水量决定的,表明黏性土软硬的一种状态。对于一种黏性土,前者是不变的,后者是随含水量而改变的。打个比喻,塑性指数如同人的姓,这是不改变的,而液性指数如同人的年龄,是"状态"的表述。

　　读者不妨思考:根据含水量的大小已可判断土的软硬状态,为何还要引入液性指数来表征黏性土的软硬状态呢?原因在于,通过含水量来判断软硬,只能针对同一种土,而不同土类之间便不能只用含水量的大小来判断软硬了。因此需引入液性指数,该指数的表达式中包含了各土样的自身的界限含水率,不同土样需要根据液性指数来判断其软硬状态。

1.4.2　无黏性土(粗粒土)的物理状态指标

　　砂土、碎石土统称为无黏性土。无黏性土的密实程度是影响其工程性质的重要指标。当其处于密实状态时,结构较稳定,压缩性小,强度较大,可作为建筑物的良好地基;而处于疏松状态时(特别对细、粉砂来说),稳定性差,压缩性大,强度偏低,属于软弱土。如果它位于地下水位以下,在动荷载作用下还可能由于超静孔隙水压力的产生而发生砂土液化。例如,我国海城1975年发生7.3级地震,震中以西25~60 km的下辽河平原发生强烈砂土液化,造成大面积喷砂冒水,许多道路、桥梁、工业设施、民用建筑遭受破坏。2008年汶川8级地震时,在德阳等地同样出现大量严重的砂土液化现象,液化震害对农田、公路、桥梁、建筑物及工厂、学校等造成较大影响。因此,弄清无黏性土的密实程度是评价其工程性质的前提。

1)砂土的密实度

　　砂土的密实度可用天然孔隙比衡量,当$e < 0.6$时,属密实砂土,强度高,压缩性小;当$e > 0.95$时,属松散状态,强度低,压缩性大。这种测定方法简单,但没有考虑土颗粒级配的影响。例如,同样孔隙比的砂土,当颗粒不均匀时较密实(级配良好),当颗粒均匀时较疏松(级配不良)。换言之,孔隙比用于同一级配的砂土密实度的判断,不适合用于不同级配砂土之间的密实度比较。

考虑土颗粒级配影响,通常采用砂土的相对密度 D_r 来划分砂土的密实度。

$$D_r = \frac{e_{max} - e}{e_{max} - e_{min}} \tag{1.17}$$

式中　D_r——砂土的相对密度;

　　　e_{max}——砂土的最大孔隙比,即最疏松状态的孔隙比。其测定方法是将疏松的风干土样通过长颈漏斗轻轻倒入容器,求其最小重度,进而换算得到最大孔隙比;

　　　e_{min}——砂土的最小孔隙比,即最密实状态的孔隙比。其测定方法是将疏松的风干土样分几次装入金属容器,并加以振动和锤击,直到密度不变为止,求其最大重度,进而换算得到最小孔隙比;

　　　e——砂土在天然状态下的孔隙比。

从上式可知,若砂土的天然孔隙比 e 接近于 e_{min},D_r 接近 1,土呈密实状态;当 e 接近 e_{max} 时,D_r 接近 0,土呈疏松状态。按照 D_r 的大小将砂土分成三种状态:$1 \geq D_r > 0.67$,密实;$0.67 \geq D_r > 0.33$,中密;$0.33 \geq D_r > 0$,松散。

相对密实度从理论上说是砂土的一种比较完善的密实度指标,反映了粒径级配、颗粒形状等因素,但由于测定 e_{max} 和 e_{min} 时因人而异,平行试验反映出误差大,因此在实际应用中有一定困难。此外,上述两种方法均需测得原状砂土的 e 值,但由于原状砂样难以取得(特别是地下水位以下的砂),这就在一定程度上限制了上述两种方法的应用。

因此,《建筑地基基础设计规范》(GB 50007—2011)和《岩土工程勘察规范》(GB 50021—2001,2009年版)用标准贯入试验锤击数来划分砂土的密实度,如表1.5所示。标准贯入试验是将质量为 63.5 kg 的重锤,从 76 cm 高处自由落下,测得将贯入器击入土中 30 cm 所需的锤击数来衡量砂土的密实度。

表 1.5　砂土的密实度

标准贯入试验锤击数 N	密实度
$N \leq 10$	松散
$10 < N \leq 15$	稍密
$15 < N \leq 30$	中密
$N > 30$	密实

2)碎石土的密实度

碎石土既不易获得原状土样,也难于将贯入器击入土中。对这类土,可根据《建筑地基基础设计规范》(GB 50007—2011)和《岩土工程勘察规范》(GB 50021—2001,2009 年版)要求,用重型动力触探击数来划分碎石土的密实度,见表1.6。

表 1.6　碎石土的密实度

重型圆锥动力触探锤击数 $N_{63.5}$	密实度	重型圆锥动力触探锤击数 $N_{63.5}$	密实度
$N_{63.5} \leq 5$	松散	$10 < N_{63.5} \leq 20$	中密
$5 < N_{63.5} \leq 10$	稍密	$N_{63.5} > 20$	密实

注:本表适用于平均粒径等于或小于 50 mm,且最大粒径小于 100 mm 的碎石土。对于平均粒径大于 50 mm 或最大粒径大于 100 mm 的碎石土,可用超重型动力触探或用野外观察鉴别。

任务5　测试土的渗透性

1.5.1　达西定律

土的渗透性(透水性)是指水流通过土中孔隙的难易程度。地下水的补给(流入)与排泄(流出)条件以及土中水的渗透速度都与土的渗透性有关。在考虑地基土的沉降速率和地下水的涌水量时,都需要了解土的渗透性指标。

土的渗透性与
达西定律

为了说明水在土中渗流时的一个重要规律,可进行如图1.8所示的砂土渗透试验。试验时将土样装在长度为 l 的圆柱形容器中,水从土样上端注入并保持水头不变。由于土样两端存在着水头差 h,故水在土样中产生渗流。试验证明,水在土中的渗透速度与水头差 h 成正比,而与水流过土样的距离 l 成反比,也即

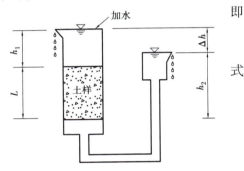

图1.8　砂土渗透试验示意图

$$v = k\frac{h}{l} = ki \qquad (1.18)$$

式中　v——水在土中的渗透速度,mm/s。它不是地下水在孔隙中流动的实际速度,而是在单位时间(s)内流过土的单位截面积(mm^2)的水量(mm^3);

i——水力梯度,或称水力坡降,$i = h/l$,即土中两点的水头差 h 与水流过的距离 l 的比值;

k——土的渗透系数,mm/s,表示土的透水性质的常数。

在式(1.18)中,当 $i = 1$ 时,$k = v$,即土的渗透系数的数值等于水力梯度为1时的地下水的渗透速度。k 值的大小反映了土透水性的强弱。

式(1.18)是达西(H. Darcy)根据砂土的渗透试验得出的,故称为达西定律,或称为直线渗透定律。土的渗透系数可以通过室内渗透试验或现场抽水试验来测定。各种土的渗透系数变化范围如表1.7所示。

表1.7　各种土的渗透系数参考值

土的名称	渗透系数/$(cm \cdot s^{-1})$	土的名称	渗透系数/$(cm \cdot s^{-1})$
致密黏土	$<10^{-7}$	粉砂、细砂	$10^{-2} \sim 10^{-4}$
粉质黏土	$10^{-6} \sim 10^{-7}$	中砂	$10^{-1} \sim 10^{-2}$
粉土、裂隙黏土	$10^{-4} \sim 10^{-6}$	粗砂、砾石	$10^{2} \sim 10^{-1}$

知识拓展

达西定律 $v = ki$，欧姆定律 $I = U/R$，二者的物理机理却有类似之处：i 与 U（水力梯度与电压）都是一种"势"；$\frac{1}{k}$ 与 R（渗透系数的倒数与电阻）是一种阻；v 与 I（水流速与电流）是一种"流"，即"流"正比于"势"，反比于"阻"。

天然土体在竖直方向往往具有成层分布的特点。针对成层土中水在竖直方向和水平方向流动时土体的渗透系数计算问题，引入水平等效渗透系数 k_h 与垂直等效渗透系数 k_v。$k_h = \dfrac{\sum H_i k_i}{\sum H_i}$，$k_v = \dfrac{\sum H_i}{\sum \dfrac{H_i}{k_i}}$（公式推导略去），其中 H_i 为各土层厚度，k_i 为各土层渗透系数。通过算例可以发现，对于渗透系数差别很大的多层土，前者数量级往往由渗透系数最大的那层土控制；而后者基本上由渗透系数最小的那层土控制。例如，如果 N 层土中，有一层极薄的完全不透水层（例如塑料膜），则垂直方向的水便无法渗透，等效垂直渗透系数 k_v 也就为 0，而在水平方向就可以忽略了。形象地讲，k_h 似乎是各级官员开会，由"官"大的说了算；k_v 却似联合国安理会常任理事国开会，实行一票否决制。

1.5.2　动水力及渗流破坏

地下水的渗流对土单位体积内的骨架所产生的力称为动水力，或称为渗透力。它是一种体积力，单位为 kN/m^3。动水力可按下式计算：

$$j = \gamma_w i \tag{1.19}$$

式中　j——动水力，kN/m^3；

　　　γ_w——水的重度；

　　　i——水力梯度。

当渗透水流自下而上运动时，动水力方向与重力方向相反，土粒间的压力将减少。当动水力等于或大于土的有效重度 γ' 时，土粒间的压力被抵消，于是土粒处于悬浮状态，土粒随水流动，这种现象称为流土。

动水力等于土的有效重度时的水力梯度称为临界水力梯度 i_{cr}，$i_{cr} = \gamma'/\gamma_w$。土的有效重度 γ' 一般为 $8 \sim 12$ kN/m^3，因此 i_{cr} 可近似地取 1。

在地下水位以下开挖基坑时（如从基坑中直接抽水），将导致地下水从下向上流动而产生向上的动水力。当水力梯度大于临界值时，就会出现流土现象。这种现象在细砂、粉砂、粉土中较常发生，给施工带来很大的困难，严重的还将影响邻近建筑物地基的稳定。如果水自上而下渗流，动水力使土粒间应力（即有效应力）增加，从而使土密实。

防治流土的原则及措施如下：

①沿基坑四周设置连续的截水帷幕，阻止地下水流入基坑内。

②减小或平衡动水力，例如将板桩打入坑底一定深度，增加地下水从坑外流入坑内的渗

流路线,减小水力梯度,从而减小动水力。也可采取人工降低地下水位及水下开挖的方法。

③使动水力方向向下,例如采用井点降低地下水位时,地下水向下渗流,使动水力方向向下,增大土粒间的压力,从而有效地制止流土现象的发生。

④冻结法。对于重要工程,若流土较严重,可考虑采用冷冻方法使地下水结冰,然后开挖。

当土中渗流的水力梯度小于临界水力梯度时,虽不致诱发流土现象,但土中细小颗粒仍有可能穿过粗颗粒之间的孔隙被渗流挟带而去,时间长了,在土层中将形成管状空洞,这种现象称为管涌或潜蚀。流土和管涌是土的两种主要的渗透破坏形式。其中,流土的渗流方向是向上的,而管涌是沿着渗流方向发生的,不一定向上;流土一般发生在地表,也可能发生在两层土之间,而管涌可以发生在渗流逸出处,也可能发生在土体内部;不管黏性土还是粗粒土都可能发生流土,而管涌不会发生在黏性土中。我国工程界常将砂土的流土称为流沙,而将黏土的流土称为突涌。准确地讲,流沙的内涵更广一些,不限于流土。

任务6 掌握土的工程分类

地基土的合理分类具有重要的工程实际意义。自然界土的成分、结构及性质千变万化,表现的工程性质也各不相同。如果能把工程性质接近的一些土归在同一类,那么就可以大致判断这类土的工程特性,评价这类土作为建筑物地基或建筑材料的适用性及结合其他物理性质指标确定该地基的承载力。对于无黏性土,同等密实度条件下,颗粒级配对其工程性质起着决定性作用,因此颗粒级配是无黏性土工程分类的依据和标准;而对于黏性土,由于它与水作用十分明显,土粒的比表面积和矿物成分在很大程度上决定这种土的工程性质,而体现土的比表面积和矿物成分的指标主要有液限和塑性指数,所以液限和塑性指数是对黏性土进行分类的主要依据。

土的工程分类

《建筑地基基础设计规范》(GB 50007—2011)中关于土的分类原则,对粗颗粒土,考虑了其结构和颗粒级配;对细颗粒土,考虑了土的塑性和成因,并且给出了岩石的分类标准。该规范将天然土分为岩石、碎石土、砂类土、粉土、黏性土和人工填土6大类。

1)岩石

岩石是颗粒间牢固联结,呈整体或具有节理裂隙的岩体。它作为建筑场地和建筑地基可按下列原则分类:

①按成因不同,可分为岩浆岩、沉积岩、变质岩。

②按岩石的坚硬程度(即岩块的饱和单轴抗压强度 f_{rk}),可分为坚硬岩、较硬岩、较软岩、软岩和极软岩 5 类,如表 1.8 所示。

表 1.8 按岩石坚硬程度划分

坚硬程度类别	坚硬岩	较硬岩	较软岩	软 岩	极软岩
饱和单轴抗压强度标准值 f_{rk}/MPa	$f_{rk}>60$	$60 \geq f_{rk}>30$	$30 \geq f_{rk}>15$	$15 \geq f_{rk}>5$	$f_{rk} \leq 5$

③按岩体完整程度,可划分为完整、较完整、较破碎、破碎和极破碎 5 类,如表 1.9 所示。

表 1.9 **按岩体完整程度划分**

完整程度等级	完 整	较完整	较破碎	破 碎	极破碎
完整性指数	>0.75	0.75 ~ 0.55	0.55 ~ 0.35	0.35 ~ 0.15	<0.15

注:完整性指数为岩体纵波波速与岩块纵波波速之比的平方。选定岩体、岩块测定波速时应有代表性。

④按风化程度,可分为未风化、微风化、中风化、强风化和全风化 5 种。其中,微风化或未风化的坚硬岩石为最优良地基,强风化或全风化的软岩石为不良地基。

2)碎石类土

粒径大于 2 mm 的颗粒含量超过全部质量 50% 的土称为碎石土。根据颗粒形状和粒组含量,碎石土又可细分为漂石、块石、卵石、碎石、圆砾和角砾 6 种,如表 1.10 所示。

表 1.10 **碎石土分类**

土的名称	颗粒形状	粒组含量
漂石	圆形及亚圆形为主	粒径大于 200 mm 的颗粒含量超过全部质量 50%
块石	棱角形为主	
卵石	圆形及亚圆形为主	粒径大于 20 mm 的颗粒含量超过全部质量 50%
碎石	棱角形为主	
圆砾	圆形及亚圆形为主	粒径大于 2 mm 的颗粒含量超过全部质量 50%
角砾	棱角形为主	

注:分类时应根据粒组含量栏从上到下以优先符合者确定。

常见的碎石类土,强度高、压缩性低、透水性好,为优良地基。

3)砂类土

粒径大于 2 mm 的颗粒含量不超过全部质量的 50%,且粒径大于 0.075 mm 的颗粒含量超过全部质量 50% 的土,称为砂类土。砂类土根据粒组含量的不同,又细分为砾砂、粗砂、中砂、细砂和粉砂 5 种,如表 1.11 所示。

表 1.11 **砂土分类**

土的名称	粒组含量
砾砂	粒径大于 2 mm 的颗粒含量占全部质量的 25% ~50%
粗砂	粒径大于 0.5 mm 的颗粒含量超过全部质量的 50%
中砂	粒径大于 0.25 mm 的颗粒含量超过全部质量的 50%
细砂	粒径大于 0.075 mm 的颗粒含量超过全部质量的 85%
粉砂	粒径大于 0.075 mm 的颗粒含量超过全部质量的 50%

注:分类时应根据粒组含量栏从上到下以最先符合者确定。

砂土的密实度标准如表 1.5 所示。其中,密实与中密状态的砾砂、粗砂、中砂为优良地基;稍密状态的砾砂、粗砂、中砂为良好地基;密实状态的细砂、粉砂为良好地基;饱和疏松状态的细砂、粉砂为不良地基。

4)粉土

粒径大于 0.075 mm 的颗粒含量不超过全部质量的 50%,且塑性指数 $I_P \leq 10$ 的土,称为粉土。粉土的性质介于砂类土和黏性土之间,粉土的密实度一般用天然孔隙比来衡量,如表 1.12 所示。其中,密实的粉土为良好地基;饱和稍密的粉土在振动荷载作用下,易产生液化,为不良地基。

表 1.12　粉土的密实度标准

天然孔隙比 e	$e>0.90$	$0.75 \leq e<0.90$	$e<0.75$
密实度	稍密	中密	密实

5)黏性土

表 1.13　黏性土的分类标准

塑性指数 I_P	土的名称
$I_P>17$	黏土
$10<I_P \leq 17$	粉质黏土

注:塑性指数由相应于 76 g 圆锥体沉入土样中深度为 10 mm 时测定的液限计算而得。

塑性指数 $I_P>10$,且粒径大于 0.075 mm 的颗粒含量不超过全部质量 50% 的土,称为黏性土。黏性土又可细分为黏土和粉质黏土(亚黏土)两种,如表 1.13 所示。

黏性土的工程性质与其密实度和含水量的大小密切相关。密实硬塑的黏性土为优良地基,疏松流塑状态的黏性土为软弱地基。

6)人工填土

由人类活动堆填形成的各类堆积物,称为人工填土。人工填土按其组成物质可细分为 4 种,如表 1.14 所示。

表 1.14　人工填土按组成物质分类

组成物质	土的名称
碎石土、砂土、粉土、黏性土等	素填土
建筑垃圾、工业废料、生活垃圾等	杂填土
水力冲刷泥沙的形成物	冲填土
经过压实或夯填的素填土	压实填土

通常人工填土的工程性质不良,强度低,压缩性大且不均匀。压实填土相对较好,杂填土工程性质最差。

除了上述 6 大类岩土,自然界中还分布着许多具有特殊性质的土,如淤泥、淤泥质土、红黏土、湿陷性黄土、膨胀土、冻土等。它们的性质与上述 6 大类岩土不同,需要区别对待。

①淤泥和淤泥质土。这类土在静水或缓慢的流水环境中沉积,并经生物化学作用形成。其中,天然含水量大于液限、天然孔隙比大于或等于 1.5 的黏性土称为淤泥;天然含水量大

于液限,而天然孔隙比小于1.5但大于1.0的黏性土或粉土,称为淤泥质土。这类土压缩性高、强度低、透水性差,是不良地基。

②膨胀土。黏粒成分主要由亲水矿物组成,同时具有显著的吸水膨胀和失水收缩变形特性,自由膨胀率大于或等于40%的黏性土,称为膨胀土。这类土虽然强度高,压缩性低;但遇水膨胀隆起,失水收缩下沉,会引起地基的不均匀沉降,对建筑物危害极大。

③红黏土和次生红黏土。红黏土为碳酸盐岩系的岩石经红土化作用形成的高塑性黏土,其液限一般大于50%。红黏土经再搬运后仍保留其基本特征,但液限大于45%的土为次生红黏土。

以上3类特殊土均属于黏性土的范畴。

【例题1.2】　有一砂土试样,经筛析后各粒组含量的百分数如表1.15所示。试确定砂土的名称。

表1.15　土样筛分试验结果

粒组/mm	<0.075	0.075~0.1	0.1~0.25	0.25~0.5	0.5~1.0	>1.0
含量/%	8.0	15.0	42.0	24.0	9.0	2.0

【解】　由表1.15数据和表1.11的标准可知:

粒径$d>0.075$ mm的颗粒含量占92%(>85%),可定义为细砂;

粒径$d>0.075$ mm的颗粒含量占92%(>50%),可定义为粉砂;

但根据表1.9的注解,应根据粒径由大到小,以先符合者确定,所以该砂土应定名为细砂。

土力学发展过程中涌现出的著名学者

实施科教兴国战略必须坚持科技是第一生产力、人才是第一资源、创新是第一动力,深入实施科教兴国战略、人才强国战略、创新驱动发展战略,开辟发展新领域新赛道,不断塑造发展新动能新优势。以下是土力学发展过程中涌现出的著名学者,他们是岩土领域科教兴国的典范。

1. 陈宗基(1922—1991)

福建安溪人。1954年在国际上率先开辟土的流变学研究,接着又率先进行岩石流变学研究。在国际上最早创立了土流变学。由于长江三峡等水利水电工程的需要,他又深入研究岩石流变学,并成功用于多项工程。可见,陈宗基的理论研究,是"从实践中来,再到实践中去"。

2. 黄文熙(1909—2001)

江苏吴江人。我国土力学奠基人之一,中国科学院学部委员(院士)。1939年在国内大学中首先开设土力学课程,建立土力学试验室。在砂土液化、黏性土固结、弹塑性本构关系、水力劈裂等土力学前沿均有重大建树。

3. 卢肇钧(1917—2007)

福建福州人,中国科学院院士。1941 年毕业于清华大学土木工程系,1948 年获美国哈佛大学工程研究院土力学科学硕士,1948—1950 年为美国麻省理工学院土力学博士研究生。1950 年毅然离美回国,长期在铁道科学研究院从事土力学研究,是铁路路基土工技术主要开拓者之一。

4. 潘季驯(1521—1595)

浙江湖州人。发明"束水冲沙法",巧妙地解决了沙水存留的问题,深刻地影响了此后几百年治理黄河水患的主要思路,为中国古代的黄河治理事业作出巨大贡献。

单元小结

(1)土是由固体的矿物颗粒、液态的水和孔隙中的气体所组成。矿物成分及固体颗粒大小不同,土的性质将发生变化,颗粒级配曲线是评价无黏性土颗粒组成和工程性质的重要手段;细颗粒土与水的相互作用很明显,相互间存在电分子的引力,从而在土粒表面形成结合水膜,这是导致黏性土和无黏性土土性具有本质区别的主要原因。除了颗粒大小对土性的影响外,土的三相在体

PPT、教案、题库(单元1)

积和质量上所占份额的不同也会导致土性的差异。所以,分析土的三相比例关系会给土性分析提供具体定量标准,而且三相草图运算是最基础的运算之一。

(2)密实度是无黏性土的主要物理特征,直接影响它的工程性质。无黏性土的这种特性是由其具有的单粒结构决定的。相对密度是划分无黏性土密实度的主要指标。黏性土由于含水量的不同,可能会处于固态、半固态、可塑状态及流动状态。黏性土的液限、塑限和缩限 3 个界限含水量均可由试验测定。

(3)要充分认识到黏性土的两个重要物理特征指标(塑性指数 I_P 和液性指数 I_L)的物理含义及其影响因素。塑性指数表示土处于可塑状态的含水量的变化范围。塑性指数的大小与土中结合水尤其是弱结合水的可能含量有关,即与土的颗粒组成、土粒的矿物成分及土中水的离子成分和浓度等因素有关。液性指数反映土的软硬程度,它是划分黏性土物理状态的依据,液性指数还是确定黏性土地基承载力的重要指标。

(4)尽管地基土分类的方法很多,具体规定也各不相同,但需要明确,粗颗粒土的粒径大小对其力学特性起着决定性作用。因此,对这类土分类,需要考虑颗粒级配的因素;对于具有黏性和塑性的细颗粒土,主要应考虑塑性指标(液限、塑限和塑性指数)的影响。土的工程分类的目的在于评价地基土的工程特性,为地基处理或土质改造或基础设计提供依据,所以分类本身是手段而不是目的。

思考与练习

1. 某工程地基土层,取原状土 72 cm³,测得湿土质量为 128 g,烘干后的质量为 121 g,土粒相对密度为 2.70,试计算土样的含水量、天然密度、饱和重度、干重度、浮重度、孔隙比、孔隙率及饱和度。

2. 已知一黏性土样,土粒相对密度 $G_s = 2.70$,天然重度 $\gamma = 17.5$ kN/m³,含水率为 35%,试问该土样是否饱和,饱和度是多少?

3. 一土样,颗粒分析结果如表 1.16 所示,试确定该土样的名称。

表 1.16　习题 1.3

粒径/mm	2~0.5	0.5~0.25	0.25~0.075	0.075~0.005	0.005~0.001	<0.001
粒组含量/%	5.6	17.5	27.4	24.0	15.5	10.0

4. 某完全饱和的土样,含水率为 30%,液限为 29%,塑限为 17%,试按塑性指数定名,并确定其状态。

5. 试证明以下关系式:

(1) $\gamma_d = \dfrac{G_s}{1+e}\gamma_w$;

(2) $S_r = \dfrac{wG_s}{n}(1-n)$。

6. 某砂性土样密度为 1.75 g/cm³,含水率为 10.5%,土粒相对密度为 2.68,试验测得最小孔隙比为 0.46,最大孔隙比为 0.941,试求该砂土样的相对密实度 D_r。

7. 设有 1 m³ 的石块,孔隙比 $e=0$,打碎后孔隙比 $e=0.5$,再打碎后孔隙比 $e=0.6$,求第一次与第二次打碎后的体积。

单元 2

计算地基应力

单元导读

　　世间尚无空中楼阁,建筑物均需建于地基土之上,而建筑物修建在地基之上是否安全适用,我们需要关注地基是否因此破坏、是否产生过大沉降等问题。为解答这些问题,我们都需要首先弄清楚地基中应力的分布情况。基于此,本单元将讨论土的自重应力、基底压力、地基中的附加应力以及土力学中极为重要的有效应力原理等问题。

- **基本要求**　通过本单元的学习,应掌握:半无限土体内部自重应力的计算;基础底面压力的简化计算方法;利用弹性力学理论计算几种简单荷载作用下半无限土体内部的竖向附加应力大小;有效应力的基本原理和应用。
- **重点**　地基自重应力及附加应力的计算方法;有效应力原理。
- **难点**　利用角点法计算地基附加应力;有效应力原理的应用。
- **思政元素**　探索未知,追求真理,勇攀科学高峰的精神。

任务 1　认识地基应力

　　地基土中应力指土体在自身重力、建筑物和构筑物荷载,以及其他因素(如土中水的渗流、地震、人工降水、基坑开挖等)作用下,土中产生的应力。土中应力过大时,会使土体因强度不够发生破坏,甚至使土体发生滑动失去稳定。此外,土中应力的增加会引起土体变形,使建筑物发生沉降、倾斜以及水平位移。因此,土中应力计算是地基沉降计算和地基稳定性分析的基础,也是分析地基固结过程的重要依据。

　　为分析问题的方便,按土中应力产生的原因,可分为自重应力与附加应力,前者是由于土受到重力作用而产生的,而后者是由于受到建筑物、基坑开挖、人工降水等外部作用而产生的。由于产生的条件不同,其分布规律和计算方法也有所不同。对于建筑物地基而言,由于地基土在水平方向及深度方向相对于建筑物基础的尺寸可以认为是无限延伸的,因此在土中附加应力的简化分析时,可将荷载看作作用在半无限空间体的表面,并假定地基土是均匀的、各向同性的弹性体,采用弹性力学的有关理论进行计算。这虽与地基土的实际性质不完全一致(如土的颗粒松散、黏性土具有明显塑性变形等),但工程上认为其误差一般都能满足要求。

由于土是散粒体,一般不能承受拉力,在土中出现拉应力的情况很少。因此规定法向应力以压应力为正,拉应力为负,与一般固体力学中符号的规定相反。剪应力的正负号规定是:当剪应力作用面上的法向应力方向与坐标轴的正方向一致时,则剪应力的方向与坐标轴正方向一致时为正,反之为负;若剪应力作用面上的法向应力方向与坐标轴正方向相反时,则剪应力的方向与坐标轴正方向相反时为正,反之为负。

地基中的典型应力状态一般有以下 3 种类型。

(1)三维应力状态(空间应力状态)

局部荷载作用下,地基中的应力状态均属于三维应力状态。三维应力状态是建筑物地基中最普遍的一种应力状态,例如独立柱基础下,地基中各点应力就是典型的三维空间应力状态。

(2)二维应变状态(平面应变状态)

由于土不能切成薄片受力,故土中二维问题往往都是平面应变问题而不是平面应力问题。当建筑物基础一个方向的尺寸比另一个方向的尺寸大得多,且每个横截面上的应力大小和分布形式均一样时,在地基中引起的应力状态即可简化为二维应变状态,堤坝、水闸或挡土墙下地基中的应力状态即属于这一类问题。

(3)侧限应力状态

侧限应力状态是指侧向应变为零的一种应力状态,地基在自重作用下的应力状态即属于此种应力状态。由于把地基视为半无限弹性体,因此同一深度处的土单元受力条件均相同,土体不能发生侧向变形,只能发生竖直向的变形。又由于任何竖直面都是对称面,故在任何竖直面和水平面都不会有剪应力存在。又因为土的强度是土骨架的抗剪强度,因此,在侧限应力状态下,土是不会破坏的,比如地基仅在自重作用下是不会破坏的。

任务 2 理解有效应力的原理

1923 年,太沙基提出了土力学中最重要的理论——有效应力原理,才建立起量化的分析计算方法。紧接着他总结了前人关于土的性状的研究成果,结合他创建的单向固结理论,于 1925 年发表了《建立在土的物理学基础的土力学》的著作。人们把该书的出版看成土力学学科的诞生,可见这一理论在土力学中的重要地位。

太沙基与有效应力原理

饱和土的有效应力原理表达式为:

$$\sigma = \sigma' + u \tag{2.1}$$

式中　σ——总应力;

σ'——有效应力,通过土粒承受和传递,作用在土骨架上的粒间应力;

u——孔隙水压力。

上式说明,饱和土中的总应力 σ 由土颗粒骨架和孔隙水两者共同分担,即总应力 σ 等于土骨架承担的有效应力 σ' 与孔隙水承担的孔隙水压力 u 之和。本书不对该公式进行详细推导,有兴趣的读者可以参考《岩土工程 50 讲——岩坛漫话》(李广信著)第 14 讲相关内容。土颗粒间的有效应力作用会引起土颗粒的位移,使孔隙体积改变,土体发生压缩变形。同时,有效应力的大小也影响土的抗剪强度。因此,关于该原理,需从以下几点来认识:

①所谓有效应力 σ',实际上是一个虚拟的物理量,它是土颗粒间接触点力的竖向分量的总和除以土体的总面积,它比颗粒间实际接触应力要小得多。

②土的有效应力等于总应力减去孔隙水压力。

③土的有效应力控制了土体的变形及强度。这意味着引起土的体积压缩和抗剪强度发生变化的原因,并不是作用在土体上的总应力,而是总应力与孔隙水压力之间的差值——有效应力。孔隙水压力本身并不能使土发生变形和强度的变化。这时因为水压力各方向相等,均衡地作用于每个土颗粒周围,因而不会使土颗粒移动,导致孔隙体积变化。它除了使土颗粒受到浮力外,只能使土颗粒本身受到静水压力,而固体颗粒的压缩模量很大,本身的压缩可以忽略不计。另外,水不能承受剪应力,因此孔隙水压力自身的变化也不会引起土的抗剪强度的变化。但是应当注意,当总应力保持常数时,孔隙水压发生变化将直接引起有效应力发生变化,从而使土体的体积和强度发生变化。因此,在后续章节中,我们经常通过有效应力原理来计算有效应力进而讨论土体的强度和变形问题。

知识拓展

为什么在两个物体的表面涂抹润滑油就能减小摩擦?相反使用清洁剂将润滑油洗去便增加了摩擦呢?将一块土扔进海里,随着土块下沉,水压不断增加,增大的水压是否会将土块压碎呢?为什么我们经常听说过度抽取地下水会引起地表沉降呢?同样两个刚被抽干的池塘,一个池塘里灌满水,另一个池塘回填与水同样重的砂土,一段时间后,为什么前者池塘底部的淤泥没什么变化,而后者底部的淤泥会被压缩变形呢?在车辆轮胎和鞋底上刻槽防滑的原理到底是什么呢?

以上问题的回答,就需要从有效应力原理中寻求答案。问题一,在两物体之间涂抹润滑油,物体表面上便形成一层油膜,在压力作用下,产生一定的孔隙水压(油压),根据有效应力原理,总应力不变,孔隙水压增大,有效应力减小,因为油(水)没有抗剪强度,不能提供摩擦力,只有固体颗粒间的有效应力能提供摩擦力,因为有效应力减小了,所以摩擦力也就减小,从而起到润滑的作用。问题二,恰好相反,除去润滑油,相当于减小孔隙水压(油压),增加有效应力,进而增加摩擦力。问题三,土块扔进海里,随深度增加,水压不断增加,但海水同时进入到土体孔隙中,所以土体中的孔隙水压随之增加,而作用在土骨架上的有效应力为零,所以土体不会被压碎(当然在水的作用下崩解是另一回事)。但若在土体外包一层塑料薄膜,再扔进海里,由于土体里面的孔隙水压力没有增加,水压力全部作用在土骨架上(有效应力),土块很快被压碎。问题四,池塘里装满水,作用在淤泥上的总压力是孔隙水压,而有效应力为零,但是砂土堆在上面,则作用在淤泥上的总压力是有效应力,所以后者淤泥会被压缩。问题五,车辆轮胎及鞋底的刻槽是为了增加排水通道,便于雨天路面泥水的排除,因为泥水排走了,孔隙水压就减小了,而总应力不便的情况下,有效应力就增加了,有效应力(鞋底或轮胎与地面固体颗粒的接触应力)增加带来摩擦力的增加,进而起到防滑的功能。

通过以上例子,希望读者对有效应力原理有一定认识,以便对后续知识的正确理解。

任务 3 计算土的自重应力

2.3.1 基本计算公式

如图 2.1 所示,假定土体为均质的半无限弹性体,地基土重度为 γ。土体在自身重力作用下,其任一竖直切面上均无剪应力存在($\tau = 0$),即为侧限应力状态。取高度为 z,截面积 $A = 1$ 的土柱为隔离体,假定土柱体重力为 F_w,底面上的应力大小为 σ_{sz},则由 z 方向力的平衡条件可得 $\sigma_{sz}A = F_w = \gamma z A$。于是,可得土中自重应力计算公式为

$$\sigma_{sz} = \gamma z \qquad (2.2)$$

可以看出,自重应力随深度呈线性增加,为三角形分布。

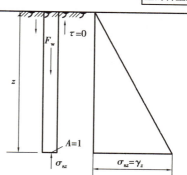

图 2.1 土中的自重应力

2.3.2 成层土体及有地下水存在时的计算公式

1)成层土体的计算公式

地基土往往是成层的,不同的土层具有不同的重度。设各土层厚度及重度分别为 h_i 和 $\gamma_i (i = 1, 2, \cdots, n)$。则根据与式(2.2)类似的推导,可得在第 n 层土的底面上自重应力的计算公式为:

$$\sigma_{sz} = \gamma_1 h_1 + \gamma_2 h_2 + \cdots + \gamma_n h_n = \sum_{i=1}^{n} \gamma_i h_i \qquad (2.3)$$

图 2.2 给出了两层土的情况,由于每层土的重度 γ_i 值不同,故自重应力沿深度的分布呈折线形状。

2)有地下水存在时的计算公式

当有地下水存在时,计算地下水位以下的自重应力,应根据土的性质首先确定是否需要考虑水的浮力作用。对于砂性土一般应考虑浮力作用,而黏性土则根据其物理状态而定。一般认为,当水下黏性土的液性指数 $I_L \geq 1$ 时,土处于流动状态,土颗粒间有大量自由水存在,土体受到水的浮力作用;当其液性指数 $I_L < 0$ 时,土处于固体或半固体状态,土中自由水受到颗粒间结合水膜的阻碍而不能传递静水压力,此时土体便不受水的浮力作用;而当 $0 < I_L < 1$ 时,土处于塑性状态,此时很难确定土颗粒是否受到水的浮力作用,在实践中一般按最不利状态来考虑。

如果地下水位以下的土受到水的浮力作用,则水下部分土的自重应力按有效应力考虑,为简化计算,则水下部分土的重度按有效重度(浮重度)γ' 计算,其计算方法类似于成层土的情况(见图 2.3)。如果地下水以下埋藏有不透水层(如岩层或只含结合水的坚硬黏土层),此时由于不透水层中不存在水的浮力作用(或者说由于不透水层中没有孔隙水压力,所以其

有效应力就是上覆土层的全部总应力），因此不透水层顶面及以下的自重应力应按上覆土层的水土总重计算。这样，上覆土层与不透水层交界面处上下的自重应力将发生突变。

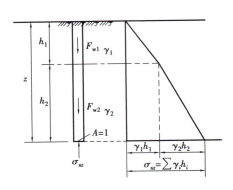 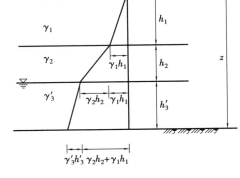

图 2.2　成层土的自重应力分布　　　　图 2.3　有地下水存在时土中自重应力分布

2.3.3　水平向自重应力的计算

土体在重力作用下，在竖直和水平方向均有应力分量。这与在桶里装满水，水对桶底有压力，同时对桶壁也有压力的道理一样。我们试想：在地面挖一个大坑，如果没有任何支撑作用，则坑壁会向临空方向位移甚至垮塌。为了防止位移垮塌，需在坑壁上水平方向施加支撑力，假设在某支撑力的作用下使得坑壁没有水平位移，那么此时的水平支撑力便是土体在重力作用下的水平应力分量。

将土体抽象成完全弹性体侧限应力状态，根据弹性理论可得到水平方向自重应力：

$$\sigma_{sx} = \sigma_{sy} = \frac{\mu}{1-\mu}\sigma_{sz} = K_0\sigma_{sz} \tag{2.4}$$

式中　K_0——土的静止侧压力系数或静止土压力系数，$K_0 = \frac{\mu}{1-\mu}$，μ 为泊松比。

根据土的种类和密度不同而不同，K_0 可通过试验来确定。此外，由于它与土的一些物理或力学指标存在着较好的相关关系，故也可通过这些指标来间接获得，后续土压力理论章节将有进一步讨论。

【例题 2.1】　如图 2.4 所示，土层的物理性质指标为：第一层土为细砂 $\gamma_1 = 19 \text{ kN/m}^3$，$\gamma_s = 25.9 \text{ kN/m}^3$，$w = 18\%$；第二层为黏土，$\gamma_2 = 16.8 \text{ kN/m}^3$，$\gamma_s = 26.8 \text{ kN/m}^3$，$w = 50\%$，$w_L = 48\%$，$w_p = 25\%$，并有地下水存在。试计算图中自重应力。

【解】　第一层土为细砂，地下水位以下的细砂要考虑浮力作用，其有效重度 γ' 为

$$\gamma' = \frac{(\gamma_s - \gamma_w)\gamma}{\gamma_s(1+w)} = \frac{(25.9-9.81)\times 19}{25.9\times(1+0.18)} = 10(\text{kN/m}^3)$$

第二层为黏土层，其液性指数 $I_L = \frac{w-w_p}{w_L-w_p} = \frac{50-25}{48-25} = 1.09 > 1$，故可认为该黏土层受到水的浮力作用，其有效重度

$$\gamma' = \frac{(26.8-9.81)\times 16.8}{26.8\times(1+0.5)} = 7.1(\text{kN/m}^3)$$

a 点:$z = 0$,$\sigma_{sz} = \gamma z = 0$。

b 点:$z = 2$ m,$\sigma_{sz} = \gamma z = 19 \times 2 = 38 (\text{kPa})$。

c 点:$z = 5$ m,$\sigma_{sz} = \sum \gamma_i h_i = 19 \times 2 + 10 \times 3 = 68 (\text{kPa})$。

d 点:$z = 9$ m,$\sigma_{sz} = 19 \times 2 + 10 \times 3 + 7.1 \times 4 = 96.4 (\text{kPa})$。

土层中的自重应力 σ_{sz} 分布如图 2.4 所示。

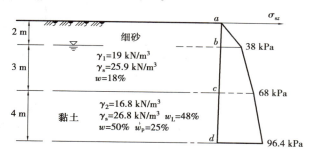

图 2.4 例题 2.1 图

任务 4 计算基底压力

外加荷载与上部结构和基础所受的全部重力都是通过基础传给地基的,作用于基础底面传至地基的单位面积压力称为基底压力。由于基底压力作用于基础与地基的接触面,故也称为接触压力。其反作用力即地基对基础的作用力,称为地基反力(基底反力)。因此,在计算地基中的附加应力以及确定基础结构时,都必须研究基底压力的计算方法和分布规律。

基底压力与基底附加压力

试验和理论都证明,基底压力的分布与多种因素有关,如基础的形状、平面尺寸、刚度、埋深、基础上作用荷载的大小及性质、地基土的性质等。如图 2.5(a)所示,若一个基础的抗弯刚度 $EI = 0$,则这种基础相当于绝对柔性基础,基础底面的压力分布图形将与基础上作用的荷载分布图形相同,此时基础底面的沉降呈现中央大而边缘小的情形,属极端情况。实际工程中可以把柔性较大(刚度较小)、能适应地基变形的基础看作柔性基础,例如,如果近似假定土坝或路堤本身不传递剪应力,则由其自身重力引起的基底压力分布就与其断面形状相同,为梯形分布,如图 2.5(b)所示。

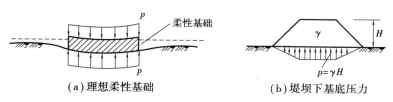

(a)理想柔性基础   (b)堤坝下基底压力

图 2.5 柔性基础底面的压力分布特征

一些刚度很大($EI = \infty$)、不能适应地基变形的基础,可以视为刚性基础。例如,采用大块混凝土实体结构的桥梁墩台基础,属另一极端情况。由于刚性基础不会发生挠曲变形,所以在中心荷载作用下,基底各点的沉降是相同的,这时基底压力分布为马鞍形分布,即呈现中央小而边缘大(按弹性理论的解答,边缘应力为无穷大)的情形,如图2.6(a)所示。随着作用荷载的增大,基础边缘应力也相应增大,该处地基土将首先产生塑性变形,边缘应力不再增加,而中央部分则继续增大,从而使基底压力重新分布,呈抛物线分布,如图2.6(b)所示。

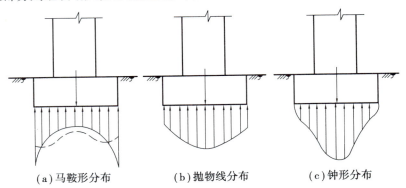

$$(a)马鞍形分布 \qquad (b)抛物线分布 \qquad (c)钟形分布$$

图 2.6 刚性基础底面的压力分布特征

如果作用荷载继续增大,则基底压力会继续发展为钟形分布,如图2.6(c)所示。这表明,刚性基础底面的压力分布形状同荷载大小有关。实际工程中,许多基础的刚度一般均处于上述两种极端情况之间,称为弹性基础。对于有限刚度基础(弹性基础)底面的压力分布,可根据基础的实际刚度及土的性质,用弹性地基上梁和板的数值计算方法进行计算,具体可参阅有关文献。

总之,精确地确定基底压力是一个相当复杂的问题。目前在工程实践中,一般将基底压力分布近似按直线变化考虑,根据材料力学公式进行简化计算。下面将分别从中心荷载和偏心荷载两方面来讨论基底压力的简化计算。

1)中心荷载作用

当荷载作用在基础形心处时[见图2.7(a)],基底压力 p 按材料力学中的中心受压公式计算,即

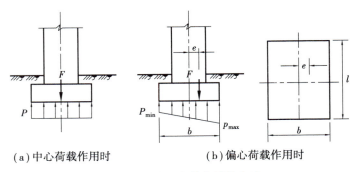

$$(a)中心荷载作用时 \qquad (b)偏心荷载作用时$$

图 2.7 基底压力简化计算方法

$$p = \frac{F}{A} \tag{2.5}$$

式中　F——作用在基础底面中心的竖直荷载,包括上部结构传至基础顶面的竖向力设计值和基础自重设计值及其回填土重标准值,kN;

　　　A——基础底面积。

对于荷载沿长度方向均匀分布的条形基础,沿长度方向截取一单位长度进行基底压力的计算。

2)偏心荷载作用

矩形基础受偏心荷载作用时[见图2.7(b)],基底压力 p 按材料力学中的偏心受压公式计算,即

$$\begin{cases} p_{\max} = \dfrac{F}{A} + \dfrac{M}{W} = \dfrac{F}{A}\left(1 + \dfrac{6e}{b}\right) \\ p_{\min} = \dfrac{F}{A} - \dfrac{M}{W} = \dfrac{F}{A}\left(1 - \dfrac{6e}{b}\right) \end{cases} \tag{2.6}$$

式中 F,M——作用在基础底面的竖直合力及力矩,该力矩是上部结构直接传来的弯矩、水平力对基础底面的力矩以及竖直荷载偏心引起的力矩的代数和;

e——荷载偏心距,$e = \dfrac{M}{F}$;

W——基础底面的抗弯矩截面系数,对矩形基础 $W = \dfrac{lb^2}{6}$,其中 b 为力矩作用方向的基础尺寸。

由式(2.6)可知,根据荷载偏心距 e 的大小,基底压力分布可能会出现下述3种情况:

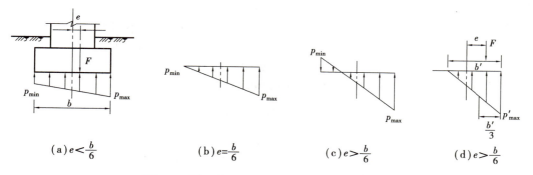

$(a)e < \dfrac{b}{6}$ $\qquad$ $(b)e = \dfrac{b}{6}$ $\qquad$ $(c)e > \dfrac{b}{6}$ $\qquad$ $(d)e > \dfrac{b}{6}$

图2.8　偏心荷载时基底压力分布的几种情况

①当 $e < \dfrac{b}{6}$ 时,$p_{\min} > 0$,基底压力呈梯形分布,如图2.8(a)所示。

②当 $e = \dfrac{b}{6}$ 时,$p_{\min} = 0$,基底压力呈三角形分布,如图2.8(b)所示。

③当 $e > \dfrac{b}{6}$ 时,$p_{\min} < 0$,表明距偏心荷载较远的基底边缘压力为负值,即会产生拉应力,如图2.8(c)所示,但由于基底与地基土之间是不能承受拉应力的,此时产生拉应力部分的基底将与地基土脱离,而使基底压力重新分布。

如图2.8(d)所示,假定重新分布后的基底最大压力为 $p'_{\max}$,则根据新的平衡条件可得

$$p'_{\max} = \frac{2F}{3\left(\dfrac{b}{2} - e\right)l} \tag{2.7}$$

实际上,这在工程上是不允许的,需进行设计调整,如调整基础尺寸或偏心距。

【例题2.2】 已知基底面积 $b \times l = 2$ m $\times 3$ m，基底中心处的偏心力矩为 $M = 147$ kN/m，竖向力合力 $F = 490$ kN，求基底压力。

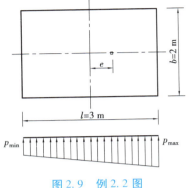

图 2.9 例 2.2 图

【解】 $e = \dfrac{M}{F} = \dfrac{147}{490} = 0.3$（m）$< \dfrac{b}{6} = 0.5$（m），故基底压力呈梯形分布。

$$\begin{array}{c} p_{max} \\ p_{min} \end{array} = \frac{F}{A}\left(1 \pm \frac{6e}{b}\right) = \frac{490}{6} \times \left(1 \pm \frac{6 \times 0.3}{3}\right) = \begin{array}{c} 130.67(\text{kN/m}^2) \\ 32.67(\text{kN/m}^2) \end{array}$$

基底压力分布图如图 2.9 所示。本例需注意：一般在表示基础尺寸时，b 为短边，l 为长边，但在上述计算公式中，b 是特指力矩作用方向的尺寸，事实上，力矩作用方向常为长度方向，因此本例中的 l 是指公式中的 b。

任务5 计算基底附加压力

建筑物建造前，地基中的自重应力已经存在。基底附加压力是作用在基础底面的压力与基础底面处原来的土中自重应力之差。它是引起地基土内附加应力及其变形的直接因素（当然还有其他因素引起地基土中附加应力的改变，如人工降水、地基土的干湿和温度变化、地震等外部的作用）。实际上，一般浅基础总是置于天然地面下一定的深度，该处原有的自重应力由于基坑开挖而卸除。因此，将建筑物建造后的基底压力扣除基底标高处原有的土的自重应力后，才是基底平面处新增加于地基的基底附加压力。如图 2.10 所示，基底平均附加压力为：

地基附加应力

$$p_0 = p - \sigma_{sz} = p - \gamma_0 d \tag{2.8}$$

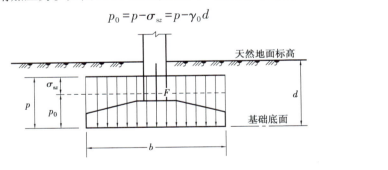

图 2.10 基底平均附加压力计算图

式中 p——基底平均接触压力；

σ_{sz}——土中自重应力，基底处 $\sigma_{sz} = \gamma_0 d$；

γ_0——基础底面标高以上天然土层的加权平均重度，有 $\gamma_0 = (\gamma_1 h_1 + \gamma_2 h_2 + \cdots)/(h_1 + h_2 + \cdots)$，其中，地下水位下的重度取有效重度；

d——基础埋深，从天然地面算起，对于有一定厚度的新填土，应从原天然地面起算。

计算出基底附加压力后，即可将它看作作用在弹性半空间表面上的局部荷载，再根据弹性理论算得地基土中的附加应力。需要指出，由于一方面基础本身埋深不大，另一方面基坑开挖的尺寸要比基础底面尺寸大一些,因此,对于一般浅基础而言,这种假定所造成的误差可以忽略不计。下面将分别介绍几种常用的不同基底附加压力条件下(附加压力的形状和分布情况)的地基附加应力计算。

任务 6　计算竖向集中力作用下的地基应力

首先讨论在竖向集中荷载作用下土中附加应力的计算。需要指出,集中荷载只是在理论意义上存在,实际中的基底附加压力都是具有一定形状的分布荷载。但集中荷载作用下应力分布的解答在地基附加应力计算中是一个最基本的公式。利用这一解答,通过叠加原理或者积分的方法可以得到各种分布荷载作用下土中应力的计算公式。

1885 年法国学者布辛奈斯克(J. Boussinesq)用弹性理论推出在半空间弹性体表面上作用竖向集中力 F 时,在弹性体内任意点 M 所引起的应力的解析解。若以 F 作用点为原点,以 F 的作用线为 Z 轴,建立起三轴坐标系($OXYZ$),则 M 点坐标为(x, y, z)(见图 2.11)。

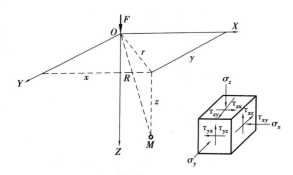

图 2.11　竖向集中荷载作用下土中的应力

布辛奈斯克得出 M 点的 σ 与 τ 的 6 个应力分量表达式,以及 3 个位移分量表达式,其中对沉降计算意义最大的是竖向法向应力分量 σ_z。σ_z 的表达式为:

$$\sigma_z = \frac{3Fz^3}{2\pi R^5} \tag{2.9}$$

式中　R——M 点至坐标原点 O 的距离,$R = \sqrt{x^2 + y^2 + z^2} = \sqrt{r^2 + z^2}$;

　　　r——M 点在半空间表面的投影点至坐标原点 O 的距离。

利用几何关系 $R^2 = r^2 + z^2$,式(2.9)可改写为:

$$\sigma_z = \frac{3Fz^3}{2\pi R^5} = \frac{3}{2\pi} \frac{1}{\left[1 + \left(\frac{r}{z}\right)^2\right]^{\frac{5}{2}}} \frac{F}{z^2} = \alpha \frac{F}{z^2} \tag{2.10}$$

式中　α——集中力作用下的地基竖向附加应力系数,$\alpha = f(r/z)$,由上式计算较为烦琐,故列表 2.1 以便查阅。

表2.1　集中力作用下的竖向附加应力系数 α

r/z	α	r/z	α	r/z	α	r/z	α	r/z	α
0.00	0.477 5	0.50	0.273 3	1.00	0.084 4	1.50	0.025 1	2.00	0.008 5
0.05	0.474 5	0.55	0.246 6	1.05	0.074 4	1.55	0.022 4	2.20	0.005 8
0.10	0.465 7	0.60	0.221 4	1.10	0.065 8	1.60	0.020 0	2.40	0.004 0
0.15	0.451 6	0.65	0.197 8	1.15	0.058 1	1.65	0.017 9	2.60	0.002 9
0.20	0.432 9	0.70	0.176 2	1.20	0.051 3	1.70	0.016 0	2.80	0.002 1
0.25	0.410 3	0.75	0.156 5	1.25	0.045 4	1.75	0.014 4	3.00	0.001 5
0.30	0.384 9	0.80	0.138 6	1.30	0.040 2	1.80	0.012 9	3.50	0.000 7
0.35	0.357 7	0.85	0.122 6	1.35	0.035 7	1.85	0.011 6	4.00	0.000 4
0.40	0.329 4	0.90	0.108 3	1.40	0.031 7	1.90	0.010 5	4.50	0.000 2
0.45	0.301 1	0.95	0.095 6	1.45	0.028 2	1.95	0.009 5	5.00	0.000 1

【例题2.3】　在半无限土体表面作用一集中力 $F=200\ kN$,计算底面深度 $z=3\ m$ 处水平面上的竖向法向应力 σ_z 分布,以及距 F 作用点 $r=1\ m$ 处竖直面上的竖向法向应力 σ_z 分布。

【解】　欲计算 $z=3\ m$ 处水平面上的竖向法向应力 σ_z 在水平方向的分布情况,需在该水平面上分别距离 F 作用线选取一系列点,求其 σ_z,并绘图找出其规律。分别取不同的 r 值来查得(或计算)应力分布系数 α,如表2.2所示。

表2.2　 $z=3\ m$ 处水平面上竖向应力 σ_z 的值

r/m	0	1	2	3	4	5
r/z	0	0.33	0.67	1	1.33	1.67
α	0.478	0.369	0.189	0.084	0.038	0.017
σ_z/kPa	10.6	8.2	4.2	1.9	0.8	0.4

欲计算距 F 作用点 $r=1\ m$ 处竖直面上的竖向法向应力 σ_z 分布情况,需在竖直方向上选取一系列距 $F\ 1\ m$ 的点,求其 σ_z,并绘图找出其规律。分别取不同 z 值来查得(或计算)应力分布系数 α,如表2.3所示。

表2.3　 $r=1\ m$ 处竖直面上竖向应力 σ_z 的值

z/m	0	1	2	3	4	5	6
r/z	∞	1	0.5	0.33	0.25	0.20	0.17
α	0	0.084	0.273	0.369	0.410	0.433	0.444
σ_z/kPa	0	16.8	13.7	8.2	5.1	3.5	2.5

$z=3\ m$ 处水平面上的竖向法向应力 σ_z 分布,以及距 F 作用点 $r=1\ m$ 处竖直面上的竖向法向应力 σ_z 分布如图2.12所示。

集中荷载产生的竖向附加应力 σ_z 在地基中的分布存在如下规律:

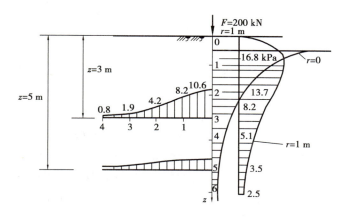

图 2.12　竖向集中力作用下土中应力分布

（1）在集中力 F 作用线上

在 F 作用线上，$r=0$。当 $z=0$ 时，$\sigma_z \to \infty$；随着深度 z 的增加，σ_z 逐渐减小，其分布如图 2.12 中 $r=0$ 线。

（2）在 $r>0$ 的竖直线上

在 $r>0$ 的竖直线上，$z=0$ 时，$\sigma_z=0$；随着 z 的增加，σ_z 从零逐渐增加，至一定深度后又随着 z 的增大逐渐减小，其分布如图 2.12 中 $r=1$ 线。

（3）在 z 为常数的平面上

在 z 为常数的平面上，σ_z 在集中力作用线上最大，并随着 r 的增加而逐渐减小。随着深度 z 增加，这一分布趋势保持不变，但 σ_z 随 r 增加而降低的速率变缓，如图 2.12 中 $z=3$ m 和 $z=5$ m 线。

若在剖面图上将 σ_z 相等的点连接起来，可得到如图 2.13 所示的 σ_z 等值线。若在空间将等值点连接起来，则成泡状，所以图 2.13 也称为应力泡。

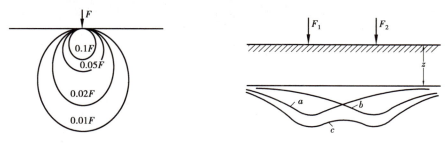

图 2.13　σ_z 的等值线（应力泡）　　　　图 2.14　多个集中力作用下土中应力的叠加

当地基表面有多个集中力时，可分别计算出各集中力在地基中引起的附加应力，然后根据弹性理论的应力叠加原理求出地基中附加应力的总和。图 2.14 中曲线 a 表示集中力 F_1 在深度 z 处水平线上引起的应力分布，曲线 b 表示集中力 F_2 在同一水平线上引起的应力分布，把曲线 a 和曲线 b 引起的应力进行相加，即可得到该水平线上总的应力分布（曲线 c）。

在工程实践中，当基础底面较大、形状不规则或荷载分布较复杂时，可将基底划分为若干个小面积，把小面积上的荷载当成集中力，然后利用式(2.10)计算附加应力。分析表明，如果小面积的最大边长小于计算应力点深度的1/3,则用此法求得的应力值与精确值相比, 其误差不超过5%。

任务7 计算矩形面积上作用均布荷载时土中竖向应力

工程实践中,荷载往往是通过一定面积的基础传给地基的。如果基础底面的形状及荷载分布情况可以用某一函数来表示时,则可应用积分方法解得相应土中应力。下面首先讨论矩形面积下作用均布荷载时土中竖向应力计算的问题。

为求得矩形面积上作用均布荷载时土中任意点的竖向应力,可先利用角点法求得矩形角点下某深度处的竖向应力,然后根据叠加原理进行应力叠加则可以得到该深度任意位置的竖向应力。

2.7.1 角点处土中竖向应力 σ_z 的计算

图 2.15 表示在弹性半空间地基表面 $l \times b$ 面积上作用有均布荷载 p 的情况。为了计算矩形面积角点 O 下某深度处 M 点的竖向应力值 σ_z,可在基底范围内取微元面积 $\mathrm{d}A = \mathrm{d}x\mathrm{d}y$,作用在微元面积上的分布荷载可以用集中力 $\mathrm{d}F$ 表示,即有 $\mathrm{d}F = p\mathrm{d}x\mathrm{d}y$。集中力 $\mathrm{d}F$ 在土中 M 点处引起的竖向附加应力 $\mathrm{d}\sigma_z$ 为

$$\mathrm{d}\sigma_z = \frac{3pz^3}{2\pi(x^2+y^2+z^2)^{5/2}}\mathrm{d}x\mathrm{d}y$$

则在矩形面积均布荷载 p 作用下,土中 M 点的竖向应力 σ_z 可以通过在基底面积范围内进行积分求得,即

$$\sigma_z = \iint_A \mathrm{d}\sigma_z = \frac{3z^3}{2\pi}p\int_0^l\int_0^b \frac{1}{(x^2+y^2+z^2)^{5/2}}\mathrm{d}x\mathrm{d}y = \alpha_a p \qquad (2.11)$$

式中, $\alpha_a = \frac{1}{2\pi}\left[\frac{mn(1+n^2+2m^2)}{(m^2+n^2)(1+m^2)\sqrt{1+m^2+n^2}}+\arctan\frac{n}{m\sqrt{1+m^2+n^2}}\right]$ 称为角点应力系数,是 $n = l/b$ 和 $m = z/b$ 的函数,可通过其表达式计算得到,也可以通过表 2.4 查得。应当注意:l 为矩形面积的长边, b 为矩形面积的短边。

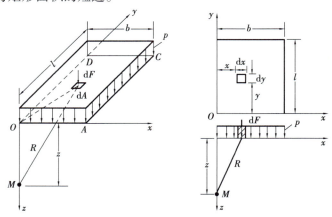

图 2.15 矩形面积均布荷载作用下角点处竖向应力 σ_z 计算模型

表2.4 矩形面积上作用均布荷载,角点下竖向应力系数 α_a 值

$m = \dfrac{z}{b}$	$n = \dfrac{l}{b}$									
	1.0	1.2	1.4	1.6	1.8	2.0	3.0	4.0	5.0	10.0
0	0.250	0.250	0.250	0.250	0.250	0.250	0.250	0.250	0.250	0.250
0.2	0.249	0.249	0.249	0.249	0.249	0.249	0.249	0.249	0.249	0.249
0.4	0.240	0.242	0.243	0.243	0.244	0.244	0.244	0.244	0.244	0.244
0.6	0.223	0.228	0.230	0.232	0.232	0.233	0.234	0.234	0.234	0.234
0.8	0.200	0.208	0.212	0.215	0.217	0.218	0.220	0.220	0.220	0.220
1.0	0.175	0.185	0.191	0.196	0.198	0.200	0.203	0.204	0.204	0.205
1.2	0.152	0.163	0.171	0.176	0.179	0.182	0.187	0.188	0.189	0.189
1.4	0.131	0.142	0.151	0.157	0.164	0.164	0.171	0.173	0.174	0.174
1.6	0.112	0.124	0.133	0.140	0.145	0.148	0.157	0.159	0.160	0.160
1.8	0.097	0.108	0.117	0.124	0.129	0.133	0.143	0.146	0.147	0.148
2.0	0.084	0.095	0.103	0.110	0.116	0.120	0.131	0.135	0.136	0.137
2.5	0.060	0.069	0.077	0.083	0.089	0.093	0.106	0.111	0.114	0.115
3.0	0.045	0.052	0.058	0.064	0.069	0.073	0.087	0.093	0.096	0.099
4.0	0.027	0.032	0.036	0.040	0.044	0.048	0.060	0.067	0.071	0.076
5.0	0.018	0.021	0.024	0.027	0.030	0.033	0.044	0.050	0.055	0.061
7.0	0.010	0.011	0.013	0.015	0.016	0.018	0.025	0.031	0.035	0.043
9.0	0.006	0.007	0.008	0.009	0.010	0.011	0.016	0.020	0.024	0.032
10.0	0.005	0.006	0.007	0.007	0.008	0.009	0.013	0.017	0.020	0.028

2.7.2 土中任意点的竖向应力 σ_z 的计算

对于均布矩形荷载下的附加应力计算点不位于角点时,可通过作辅助线把荷载面分成若干个矩形面积,而使计算点正好位于这些矩形面积的角点之下,这样就可以利用式(2.11)及力的叠加原理来求解,此方法称为角点法。下面分4种情况(见图2.16,计算点在图中 O 点以下任意深度处),说明角点法的具体应用。

(1) O 点在荷载面边缘

过 O 点作辅助线 Oe,将荷载面分成 I、II 两块,由叠加原理有

$$\sigma_z = (\alpha_{aI} + \alpha_{aII})p_0$$

式中 α_{aI},α_{aII}——按两块小矩形 I、II 两块计算,由 $(l_I/b_I, z/b_I)$、$(l_{II}/b_{II}, z/b_{II})$ 查得的角点附加应力系数。

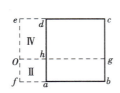 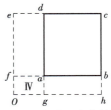

（a）O点在荷载面边缘　（b）O点在荷载面内　（c）O点在荷载面连续外侧　（d）O点在荷载面角点外侧

图 2.16　以角点法计算任意点 O 点下的地基附加应力

（2）O 点在荷载面内

作两条辅助线，将荷载面分成Ⅰ，Ⅱ，Ⅲ，Ⅳ共 4 块面积，于是有

$$\sigma_z = (\alpha_{aⅠ} + \alpha_{aⅡ} + \alpha_{aⅢ} + \alpha_{aⅣ})p_0$$

如果 O 点位于荷载面中心，则 $\sigma_z = 4\alpha_{aⅠ}p_0$，此即为利用角点法求基底中心下 σ_z 的解，也可直接查中点附加应力系数表，此不赘述。

（3）O 点在荷载面边缘外侧

此时荷载面 $abcd$ 可看成由Ⅰ（$Ofbg$）与Ⅱ（$Ofah$）之差和Ⅲ（$Oecg$）与Ⅳ（$Oedh$）之差合成的，所以

$$\sigma_z = (\alpha_{aⅠ} - \alpha_{aⅡ} + \alpha_{aⅢ} - \alpha_{aⅣ})p_0$$

（4）O 点在荷载面角点外侧

把荷载面看成Ⅰ（$Ohce$）-Ⅱ（$Ohbf$）-Ⅲ（$Ogde$）+Ⅳ（$Ogaf$），则

$$\sigma_z = (\alpha_{aⅠ} - \alpha_{aⅡ} - \alpha_{aⅢ} + \alpha_{aⅣ})p_0$$

【例题 2.4】　如图 2.17 所示，在一长度为 $l=6$ m、宽度 $b=4$ m 的矩形面积基础上作用大小为 $p=100$ kN/m^2 的均布荷载。试计算：

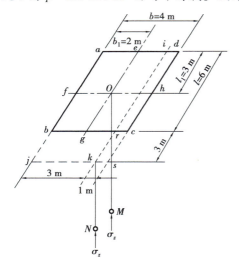

图 2.17　例 2.4 图

（1）矩形基础 O 下深度 $z=8$ m 处 M 点竖向应力 σ_z 值。

（2）矩形基础外 k 点下深度 $z=6$ m 处 N 点竖向应力 σ_z 值。

【解】　（1）将矩形面积 $abcd$ 通过中心点 O 划分成 4 个相等的小矩形面积（$afOe$、$Ofbg$、$eOhd$ 及 $Ogch$），此时 M 点位于 4 个小矩形面积的角点下，可按角点法进行计算。

考虑矩形面积 $afOe$，已知 $l_1/b_1 = 3/2 = 1.5$，$z/b_1 = 8/2 = 4$，由表 2.4 查得应力系数 $\alpha_a = 0.038$；故得 $\sigma_z = 4\sigma_{z,afOe} = 4 \times 0.038 \times 100 = 15.2$（kPa）。

（2）k 点位于荷载面边缘外侧，故有

$$\sigma_z = (\alpha_{a,ajki} - \alpha_{a,bjkr} + \alpha_{a,iksd} - \alpha_{a,rksc})p_0$$

附加应力系数计算结果列于表 2.5 中，而 N 点的竖向应力为

$$\sigma_z = (0.131 - 0.084 + 0.051 - 0.035) \times 100 = 0.063 \times 100 = 6.3（kPa）$$

荷载作用面积	$\dfrac{l}{b}=n$	$\dfrac{z}{b}=m$	α_a
$ajki$	$\dfrac{9}{3}=3$	$\dfrac{6}{3}=2$	0.131
$iksd$	$\dfrac{9}{1}=9$	$\dfrac{6}{1}=6$	0.051
$bjkr$	$\dfrac{3}{3}=1$	$\dfrac{6}{3}=2$	0.084
$rksc$	$\dfrac{3}{1}=3$	$\dfrac{6}{1}=6$	0.035

任务 8　计算条形荷载作用下土中竖向应力

2.8.1　线荷载作用下土中竖向应力计算

如图 2.18 所示,在弹性半空间地基上表面无限长直线上作用有竖向均布线荷载 p,计算地基土中任一点 M 处的附加应力,可通过布西奈斯克公式在线荷载分布方向上进行积分来计算土中任一点 M 的应力。具体求解时,在线荷载上取微分长度 $\mathrm{d}y$,可以将作用在上面的荷载 $p\mathrm{d}y$ 看成集中力,它在地基 M 点处引起的附加应力为 $\mathrm{d}\sigma_z=\dfrac{3pz^3}{2\pi R^5}\mathrm{d}y$,则

$$\sigma_z=\frac{3z^3}{2\pi}p\int_{-\infty}^{\infty}\frac{\mathrm{d}y}{(x^2+y^2+z^2)^{5/2}}=\frac{2pz^3}{\pi(x^2+z^2)^2} \qquad (2.12)$$

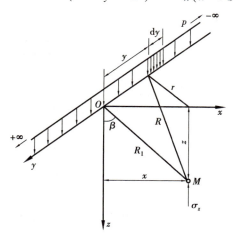

图 2.18　均布线荷载作用时土中应力计算

虽然线荷载只在理论意义上存在,但可以把它看成条形面积在宽度趋于 0 时的特殊情况。以线荷载为基础,通过积分即可推导出条形面积上作用有各种荷载时地基土中附加

应力的计算公式。

2.8.2 条形均布荷载作用下土中竖向应力计算

如图 2.18 所示,在土体表面宽度为 b 的条形面积上作用均布荷载 p,计算土中任一点 $M(x,z)$ 的竖向应力 σ_z。为此,在条形荷载的宽度方向上取微分宽度 $d\xi$,将其上作用的荷载 $dp = pd\xi$ 视为线荷载,dp 在 M 点处引起的竖向附加应力为 $d\sigma_z$。利用式(2.12),在荷载分布宽度范围 b 内进行积分,即可求得整个条形荷载在 M 点处引起的附加应力 σ_z 为

$$\sigma_z = \int_0^b d\sigma_z = \int_0^b \frac{2z^3 p}{\pi\left[\,(x-\xi)^2\,\right]^2} d\xi$$

$$= \frac{p}{\pi}\left[\arctan\frac{n}{m} - \arctan\frac{n-1}{m} + \frac{mn}{m^2+n^2} - \frac{m(n-1)}{m^2+(n-1)^2}\right] = \alpha_u p \quad (2.13)$$

式中 α_u——应力系数,它是 $n = x/b$ 和 $m = z/b$ 的函数,可从表 2.6 中查得。

表 2.6　均布条形荷载应力系数 α_u 值

$n = \dfrac{x}{b}$	$m = \dfrac{z}{b}$											
	0.0	0.2	0.4	0.6	0.8	1.0	1.2	1.4	2.0	3.0	4.0	6.0
0	0.500	0.498	0.489	0.468	0.440	0.409	0.375	0.345	0.275	0.198	0.153	0.104
0.25	1.000	0.937	0.797	0.679	0.586	0.510	0.450	0.400	0.298	0.206	0.156	0.105
0.50	1.000	0.977	0.881	0.755	0.642	0.550	0.477	0.420	0.306	0.208	0.158	0.106
0.75	1.000	0.937	0.797	0.679	0.586	0.510	0.450	0.400	0.298	0.206	0.156	0.105
1.00	0.500	0.498	0.489	0.468	0.440	0.409	0.375	0.345	0.275	0.198	0.153	0.104
1.25	0.000	0.059	0.173	0.243	0.276	0.288	0.287	0.279	0.242	0.186	0.147	0.102
1.50	0.000	0.011	0.056	0.111	0.155	0.185	0.202	0.210	0.205	0.171	0.140	0.100
2.00	0.000	0.001	0.010	0.026	0.048	0.071	0.091	0.107	0.134	0.136	0.122	0.094

限于篇幅,本章只对矩形和条形面积上作用均布荷载下土中竖向应力 σ_z 的计算做了介绍,实践中可能遇到矩形、条形以及圆形面积上作用均布荷载、三角形分布荷载以及梯形分布荷载等情况,读者有兴趣可参见其他相关书籍。

任务 9　总结附加应力的分布规律

在基底附加压力的作用下,地基中将产生附加应力。地基附加应力的分布情况可从图 2.19 附加应力等值线图中得到一些规律。所谓等值线,就是地基中具有相同附加应力数值的点的连线(类似于地形等高线)。

①σ_z 的分布范围相当大,它不仅分布在荷载面积之内,而且还分布到荷载面积以外,这就是所谓的附加应力扩散现象。

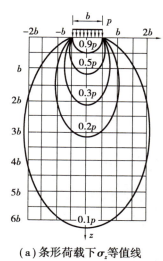

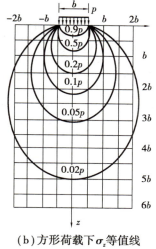

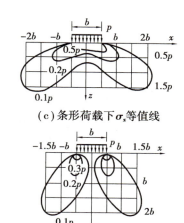

（a）条形荷载下σ_z等值线　　（b）方形荷载下σ_z等值线

（c）条形荷载下σ_x等值线

（d）条形荷载下τ_{xz}等值线

图 2.19　附加应力等值线

②在离基础底面（地基表面）不同深度z处的各个水平面上，以基底中心点下轴线处的σ_z为最大；离开中心轴线越远的点，σ_z越小。

③在荷载分布范围内任意点竖直线上的σ_z值，随着深度增大而逐渐减小。

④方形荷载所引起的σ_z，其影响深度要比条形荷载小得多。例如，在方形荷载中心下$z=2b$处，$\sigma_z \approx 0.1p_0$，而在条形荷载下$\sigma_z = 0.1p_0$等值线约在中心下$z=6b$处通过。这一等值线反映了附加应力在地基中的影响范围。在后面某些章节中还会提到地基主要受力层这一概念，它指的是基础底面至$\sigma_z = 0.2p_0$深度处（对于条形荷载，该深度约为$3b$，方形荷载约为$1.5b$）的这部分土层。建筑物荷载主要由地基的主要受力层承担，且地基沉降的绝大部分是由这部分土层的压缩所形成的。

⑤当两个或多个荷载距离较近时，扩散到同一区域的竖向附加应力会彼此叠加起来，使该区域的附加应力比单个荷载作用时明显增大。这就是所谓的附加应力叠加现象。

由条形荷载下的σ_x和τ_{xz}的等值线图可见，σ_x的影响范围较浅，所以基础下地基土的侧向变形主要发生于浅层；而τ_{xz}的最大值出现于荷载边缘，所以位于基础边缘下的土容易发生剪切破坏。

由上述分布规律可知，当地面上作用有大面积荷载（或地下水位大范围下降）时，附加应力随深度增大而衰减的速率将变缓，其影响深度将会相当大，因此往往会引起可观的地面沉降。当岩层或坚硬土层上可压缩土层的厚度小于或等于荷载面积宽度的一半时，荷载面积下的σ_z几乎不扩散，此时可认为荷载面中心点下的σ_z不随深度变化。

唯物论——岩土工程的基础

恩格斯在《自然辩证法》中说:"唯物主义的自然观不过是对自然界本来面目的朴素的了解,不附加任何外来的成分。"

在岩土工程中对自然界岩土分布的"朴素的了解"就需要勘察,对岩土性质的了解就需要试验,对自然规律的了解就要在实践中观察和监测。

成功的岩土工程师都是坚定的唯物主义者。黄文熙先生的一生都致力于土工实验室的建设,他培养的研究生都必须完成大量的土工试验。他指出,"实验资料是永存的"。

刘建航院士在上海地铁施工中总结的:"理论导向,实测定量;经验判断,检测验证",就是强调从实践中来,到实践中去。鉴于岩土材料的复杂性和变异性,在岩土工程中强调现场勘察、科学试验和工程实践的唯物主义思想方法与工作方法就具有更大的意义。

恩格斯也指出:"在理论自然科学中也不能虚构一些联系放到事实中去,而是要从事实中发现这些联系,并且在发现之后,要尽可能地用经验去证明。"在土力学理论方面,这种虚构联系和在虚构基础上建立理论的作风应当避免出现。例如,各种关于水土关系的"理论",各种企图推翻土的有效应力原理的"新理论"等。

单元小结

地基土中的应力分为两大类:一类是没有外来作用情况下,土体自重所产生的自重应力;另一类是由于建筑物自重等原因所产生的地基附加应力。前者的计算比较简单,后者将其抽象成空间半无限体表面作用荷载后无限体内部的竖向应力计算问题,针对后者,我们从最基本的集中荷载入手,结合角点法解决了矩形和条形均布荷载作用下地基中竖向附加应力分布问题,为后续解决地基稳定性、地基沉降问题打下基础。

PPT、教案、题库(单元2)

思考与练习

1. 如图 2.20 所示,已知地表下 1 m 处有地下水位存在,地下水位以上砂土层的重度为 $\gamma = 17.5$ kN/m³,地下水位以下砂土层饱和重度为 $\gamma_{sat} = 19$ kN/m³;黏土层饱和重度为 $\gamma_{sat} = 19.2$ kN/m³,含水量 $w = 22\%$,液限 $w_L = 48\%$,塑限 $w_p = 24\%$。(1)根据液性指数的大小判断是否应考虑黏土层中水的浮力的影响;(2)计算地基中的自重应力并绘出其分布图。

2. 如图 2.21 所示基础,已知基础底面宽度 $b = 4$ m,长度 $l = 10$ m。作用在基础底面中心处的竖直荷载 $F = 4\,200$ kN,弯矩 $M = 1\,800$ kN·m。试计算基础底面的压力分布。

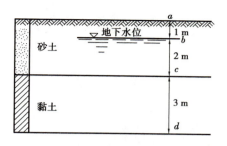

图 2.20　习题 1 图

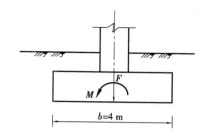

图 2.21　习题 2 图

3. 如图 2.22 所示,矩形面积 $ABCD$ 的宽度为 5 m,长度为 10 m,其上作用均布荷载 $p = 150$ kPa,试用角点法计算 G 点下深度 6 m 处 M 点的竖向应力 σ_z 值。

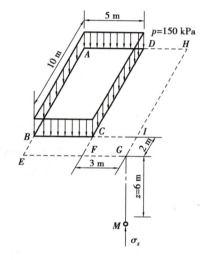

图 2.22　习题 3 图

单元 3

计算地基土的变形

单元导读

　　由于土具有压缩性,因而地基承受建筑物基础荷载后,必然会产生一定的沉降。沉降值的大小一方面取决于建筑物荷载的大小和分布,另一方面取决于地基土层的类型、分布、各土层厚度及其压缩性。进行地基设计时,必须根据建筑物的情况和勘探试验资料,计算基础可能发生的沉降,并设法将其控制在建筑物所容许的范围以内。当不满足设计要求时,就必须从上部结构、基础与地基三方面作出合理的调整。本单元主要介绍土的压缩性、地基最终沉降量计算、饱和土的单向渗流固结理论。

- **基本要求**　通过本单元学习,应掌握利用固结仪确定土的压缩性和压缩性指标;会用分层总和法和规范法计算土的沉降;掌握固结沉降的概念和一维固结理论及边界条件对固结沉降解的影响;会一维固结沉降的计算。

- **重点**　通过试验获得土的压缩性指标;地基最终沉降量计算方法;地基沉降随时间变化规律。

- **难点**　分层总和法计算地基沉降量计算;太沙基一维渗流固结理论。

- **思政元素**　科学思想与工匠精神。

任务 1　分析地基土变形的原因

　　地基中的土体在荷载作用下会产生变形,在竖直方向的变形称为沉降。沉降的大小取决于建筑物的质量与分布、地基土层的种类、各土层的厚度及土的压缩性等。

　　土体的变形或沉降主要由以下三方面原因引起:

①固体颗粒自身的压缩或变形。

②土中孔隙水(有时还包括封闭气体)的压缩。

③土中孔隙体积的减小，即土中孔隙水和气体被排出。

试验表明：对于饱和土来说，固体颗粒和孔隙水的压缩量很小。在一般压力作用下，固体颗粒和孔隙水的压缩量与土的总压缩量之比非常小，完全可以忽略不计。由此可以假定，饱和土的体积压缩是由孔隙的减小引起的。由于假定水为不可压缩，因此饱和土的体积压缩量就等于孔隙水的排出量。

在荷载作用下，土体的沉降通常可分为以下三部分：

①瞬时沉降：施加荷载后，土体在很短的时间内产生的沉降。一般认为，瞬时沉降是土骨架在荷载作用下产生的弹性变形，通常根据弹性理论公式来对其进行估算。

②主固结沉降：它是由于饱和黏性土在荷载作用下产生的超静孔隙水压力逐渐消散，孔隙水排出，孔隙体积减小而产生的，一般会持续较长的一段时间。其总沉降可根据压缩曲线采用分层总和法进行计算，对其沉降的发展过程需根据固结理论计算。

③次固结沉降：指超静孔隙水压力完全消散，主固结沉降完成后的那部分沉降。通常认为次固结沉降是由于土颗粒之间的蠕变及重新排列而产生的。对不同的土类，次固结沉降在总沉降量中所占的比例不同。有机质土、高压缩性黏土的次固结沉降量较大，而大多数土类次固结沉降量很小。

土体完成压缩过程所需的时间与土的透水性有很大关系。无黏性土因透水性较大，其压缩变形可在短时间内趋于稳定；而透水性小的饱和黏性土，其压缩稳定所需的时间则可长达几个月、几年甚至几十年。土的压缩随时间而增长的过程，称为土的固结。对于饱和黏性土来说，土的固结问题是十分重要的。

对地基和基础的沉降，特别是在建筑物基础不同部位之间，由于荷载不同或土层压缩性不同会引起不均匀沉降(沉降差)。沉降差过大会影响建筑物的安全和正常使用。例如，比萨斜塔和一些房屋墙体开裂就是由地基不均匀沉降引起的。

为了保证建筑物的安全与正常使用，设计时必须计算和估计基础可能发生的沉降量和沉降差，并设法将其控制在容许范围内。必要时还需采取相应的工程措施，以确保建筑物的安全和正常使用。

本章主要讨论两个问题：其一，地基土在附加应力作用下的总沉降问题；其二，地基沉降与时间的关系问题，即地基土的固结问题。

任务 2　测试土的压缩指标

欲计算获得地基土的总沉降量，需弄清两方面问题：其一，作用在地基土上的附加应力，这在上一章已经得以解决；其二，地基土抵抗变形的固有属性，即压缩指标。前者属外因，后者属内因。

土的压缩性

土的压缩性指标可通过室内试验或原位试验来测定。由于试验条件及应力条件都将引起压缩指标的改变，为使试验结果更接近工程实际，试验时应力求试验条件与土的天然状态及其在外荷作用下的实际应力条件相适应。

土的压缩试验

3.2.1　压缩试验和压缩曲线

在一般工程中,常用不允许土样产生侧向变形(侧限条件)的室内压缩试验(又称侧限压缩试验或固结试验)来测定土的压缩性指标,其试验条件虽未能完全符合土的实际工作情况,但操作简便,试验时间短,故有其实用价值。

室内压缩试验是用侧限压缩仪(又称固结仪)进行的,如图 3.1(a)所示。试验时,用金属环刀切取保持天然结构的原状土样,并置于圆筒形压缩容器[见图 3.1(b)]的刚性护环内,土样上、下各垫有一块透水石,使土样受压后土中水可以自由地从上、下两面排出。由于金属环刀和刚性护环的限制,土样在压力作用下只可能发生竖向压缩,而无侧向变形(土样横截面面积不变)。土样在天然状态下或经人工饱和后,进行逐级加压固结,求出在各级压力作用下土样压缩稳定后的孔隙比,便可绘制土的压缩曲线。

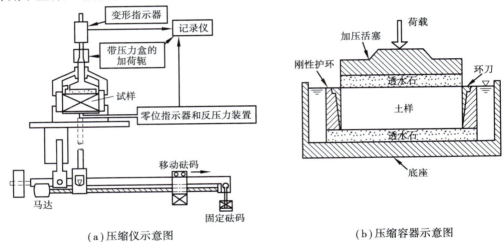

(a)压缩仪示意图　　　　　　　　　　　　　　　(b)压缩容器示意图

图 3.1　压缩仪及压缩容器示意图

根据压缩试验数据,可以得到在每一级荷载作用下竖向变形量 Δh 随时间 t 的变化过程[见图 3.2(a)]及所施加荷载 p 与变形稳定后竖向变形量 Δh 的关系曲线[见图 3.2(b)]。由此可以得到孔隙比与所施加荷载之间的关系,即压缩曲线,如图 3.3 所示。

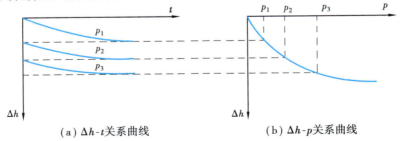

(a)Δh-t关系曲线　　　　　　　　　　(b)Δh-p关系曲线

图 3.2　压缩试验资料整理

压缩曲线可按两种方式绘制:一种是 e-p 曲线,如图 3.3(a)所示;另一种是 e-$\log p$ 曲线,如图 3.3(b)所示。

设施加 Δp 前试件的高度为 H_1,孔隙比为 e_1;施加 Δp 后试件的压缩变形量为 s,如图 3.4 所示。施加 Δp 前试件中的土粒体积 V_{s1} 和施加 Δp 后试件中土粒体积 V_{s2} 分别为

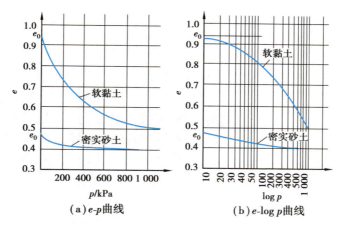

图 3.3 压缩试验所得的压缩曲线

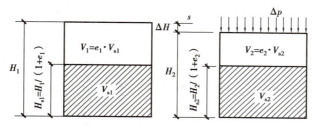

图 3.4 土体压缩示意图

$$V_{s1} = \frac{1}{1 + e_1} H_1 A_1 \tag{3.1}$$

$$V_{s2} = \frac{1}{1 + e_2} (H_1 - s) A_2 \tag{3.2}$$

由于侧向应变为零,$A_1 = A_2$,土粒体积不变,即 $V_{s1} = V_{s2}$,因此

$$\frac{H_1}{1 + e_1} = \frac{H_1 - s}{1 + e_2} \tag{3.3}$$

所以

$$e_2 = e_1 - \frac{s}{H_1}(1 + e_1) \tag{3.4}$$

式中 e_1——土体的天然孔隙比,可根据原状土体的实验室三相基本比例指标计算得到。

这样,只要测定土样在各级压力 Δp 作用下的稳定压缩量 s,就可以按式(3.4)计算出相应的孔隙比 e_2,从而绘制 $e\text{-}p$ 或 $e\text{-}\log p$ 曲线。如果已知 $e\text{-}p$ 曲线或 $e\text{-}\log p$ 曲线,就可以根据它们来计算在荷载作用下土样的变形。不同种类的土,其压缩曲线的形状有很大区别,曲线越陡说明土的压缩性越高。

采用直角坐标系绘制 $e\text{-}p$ 曲线时,压力 p 按 50,100,200,400 kPa 四级加荷;采用半对数直角坐标系绘制 $e\text{-}\log p$ 曲线,压力等级宜为 12.5,25,50,100,200,400,800,1 600,3 200 kPa。

3.2.2 压缩系数

由图 3.3(a)可见,密实砂土的 $e\text{-}p$ 曲线比较平缓,而压缩性较大的软黏土的 $e\text{-}p$ 曲线则较陡,这表明压缩性不同的土,其 $e\text{-}p$ 曲线的形状是不一样的。曲线越陡,说明随着压力的增加,土孔隙比的减小越显著,土的压缩性越高。土的压缩性可用图 3.5 中割线 M_1、M_2 的斜

率来表示,即

$$a = \tan \alpha = \frac{\Delta e}{\Delta p} = \frac{e_1 - e_2}{p_2 - p_1} \tag{3.5}$$

式中 a ——土的压缩系数,单位为 $\mathrm{MPa}^{-1}(\mathrm{m}^2/\mathrm{MN})$。

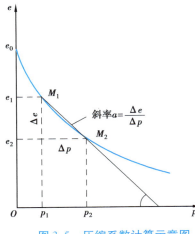

图 3.5 压缩系数计算示意图

显然,a 越大,土的压缩性越高。由于地基土在自重应力作用下的变形通常已经稳定,只有附加应力(应力增量 Δp)才会产生新的地基沉降,所以式(3.5)中 p_1 一般是指地基计算深度处土的自重应力 σ_{sz}。p_2 为地基计算深度处的总应力,即自重应力 σ_{sz} 与附加应力 σ_z 之和,而 e_1,e_2 则分别为 e-p 曲线上相应于 p_1,p_2 的孔隙比。

不同类别与处于不同状态的土,其压缩性可能相差较大。为了便于比较,通常采用由 $p_1 = 100\ \mathrm{kPa}$ 和 $p_2 = 200\ \mathrm{kPa}$ 求出的压缩系数 a_{1-2} 来评价土的压缩性的高低。

- 当 $a_{1-2} < 0.1\ \mathrm{MPa}^{-1}$ 时,属低压缩性土;
- 当 $0.1 \leq a_{1-2} < 0.5\ \mathrm{MPa}^{-1}$ 时,属中压缩性土;
- 当 $a_{1-2} \geq 0.5\ \mathrm{MPa}^{-1}$ 时,属高压缩性土。

3.2.3 压缩模量(侧限压缩模量)

在完全侧限条件下,土体竖向附加压力与相应的应变增量之比为土的压缩模量,用 E_s 表示。E_s 可以根据压缩试验通过 e-p 曲线求得。

如图 3.4 所示,在附加压力 Δp 作用下,土体产生竖向变形量 ΔH,则竖向增量为 $\Delta H/H_1$。因此

$$E_s = \frac{\Delta p}{\Delta H/H_1} \tag{3.6}$$

由式(3.4)可知

$$S = \Delta H = \frac{e_1 - e_2}{1 + e_1} H_1 \tag{3.7}$$

将式(3.7)代入式(3.6)得

$$E_s = \frac{(1 + e_1)\Delta p}{e_1 - e_2} = \frac{1 + e_1}{a} \tag{3.8}$$

式(3.8)反映了 E_s 与 a 之间的换算关系,在实际计算时可根据压缩试验所得数据直接进行计算。需要注意的是:E_s 与 a 一样,在不同竖向压力条件下的值不同,E_s 越小,表示土的压缩性越高。

任务 3 计算地基变形

3.3.1 概述

如前所述,地基沉降变形主要由三部分组成:瞬时沉降、主固结沉降和次固结沉降。其

地基变形计算

中瞬时沉降一般按弹性体考虑,即土体在受竖向荷载后向四周挤出变形,由于饱和土体中的水来不及排除,故总体积不发生变化。除在饱和软黏土地基上施加荷载(尤其如临时或活荷载占很大比重的仓库、油罐和受风荷载的高耸建筑物等情况),瞬时沉降占总沉降相当大的部分,应当予以估算外,瞬时沉降一般不予考虑。另外,次固结沉降对某些土(如软黏土)是比较明显的,需要根据其次固结曲线单独计算。而对于大多数土体,根据室内压缩试验得到的压缩曲线而计算的沉降,实际已经包含了主固结沉降和次固结沉降。

此外,我们必须认识到:对于土体这种复杂的材料,目前我们还不能寄希望于某种理论计算能够非常完美地预测出地基土的沉降变形量。在实际应用中,我们一般会选用能够反映地基变形主要矛盾并具有一定实用价值的理论公式进行计算,然后采用实际观测积累得到相应的经验系数予以修正的思路来预测地基土的最终沉降量。本节主要介绍分层总和法和基于分层总和法思想和应力面积法思想的规范法(《建筑地基基础设计规范》)。

3.3.2 分层总和法计算地基沉降

1)基本假定

①认为基底附加压力 p_0 是作用于地表的局部荷载。

②假定地基为弹性半无限体,地基中的附加应力按第 2 章所述计算。

③土层压缩时不发生侧向变形。

④只计算竖向附加应力作用下产生的竖向压缩变形,不计剪应力的影响。

根据上述假定,地基中土层的受力状态与压缩试验中土样的受力状态相同,所以可以采用压缩试验得到的压缩性指标来计算土层压缩量。上述假定比较符合基础中心点下土体的受力状态,所以分层总和法一般只用于计算基底中心点的沉降。

2)基本公式

利用压缩试验成果计算地基沉降,实际上就是在已知 e-p 曲线的情况下,根据附加应力 Δp 来计算土层的竖向变形量 ΔH,也就是土层的沉降量 s。

由式(3.6)、式(3.7)和式(3.8)可得到各土层的沉降量计算公式的两种表达形式:

$$s_i = \frac{e_{1i} - e_{2i}}{1 + e_{1i}} h_i \tag{3.9}$$

$$s_i = \frac{\overline{\sigma}_{zi}}{E_{si}} h_i \tag{3.10}$$

式中 $\overline{\sigma}_{zi}$ ——第 i 层土的平均附加应力,kPa;

       E_{si} ——第 i 层土的侧限压缩模量,kPa;

       h_i ——第 i 层土的计算厚度;

       e_{1i} ——第 i 层土的原始孔隙比;

       e_{2i} ——第 i 层土压缩稳定时的孔隙比。

3)分层总和法计算原理与步骤

(1)原理

由于地基土层往往不是由单一土层组成,各土层的压缩性能不一样,在建筑的荷载作用下在压缩土层中所产生的附加应力的分布沿深度方向也非直线分布,为了计算地基最终沉降量 s,首先必须分层,然后分层计算每一薄层的沉降量 s_i,再将各层的沉降量总和起来,即得地基表面的最终沉降量 s。

$$s = \sum_{i=1}^{n} s_i \qquad (3.11)$$

（2）步骤和方法

①分层。为了地基沉降量计算比较精确，除每一薄层的厚度 $h_i \leq 0.4b$ 外，基础底面附加应力数值大、变化大，分层厚度应小些，尽量使每一薄层的附加应力的分布线接近于直线。地下水位处，层与层接触面处都要作为分层点。

②计算地基土的自重应力，并按一定比例绘制自重应力分布图（自重应力从地面算起）。

③计算基础底面接触压力。

④计算基础底面附加应力。基础底面附加压力 p_0 等于基础底面接触压力减去基础埋深 d 以内土所产生的自重应力 γd，即

$$p_0 = p - \gamma d$$

⑤计算地基中的附加应力，并按与自重应力同一比例绘制附加应力的分布图形。附加应力从基底面算起。按基础中心点下土柱所受的附加应力计算地基最终沉降量。

⑥确定压缩土层最终计算深度 z_n。因地基土层中附加应力的分布是随着深度增大而减小，超过某一深度后，其下的土层压缩变形是很小，可忽略不计，此深度称为压缩土层最终计算深度 z_n。一般土根据 $\sigma_z = 0.2\sigma_s$ 条件确定，软土由 $\sigma_z = 0.1\sigma_s$ 确定。

⑦计算每一薄层的沉降量 s_i。由式（3.9）或式（3.10）得

$$s_i = \left(\frac{e_{1i} - e_{2i}}{1 + e_{1i}}\right) h_i$$

$$s_i = \frac{\overline{\sigma_{zi}}}{E_{si}} h_i$$

⑧计算地基最终沉降量。

$$s = \sum_{i=1}^{n} s_i \qquad (3.12)$$

【例题3.1】 设有一矩形（8 m×6 m）混凝土基础，埋置深度为 2 m，基础垂直荷载（包括基础自重）为 9 600 kN，地基为细砂和饱和黏土层，有关地质资料、荷载和基础平剖图如图 3.6 所示。试用分层总和法求算基础平均沉降。

【解】 按地质剖面，把基底以下土层分成若干薄层。基底以下细砂层厚 4.4 m，可以分成两层，每层厚 2.2 m，以下的饱和黏土层按 2.4 m（0.4b = 0.4×6）分层。

（1）计算各薄层顶、底面的自重应力 σ_s

细砂天然重度 $\gamma = 20$ kN/m³，则

$\sigma_{s0} = 2×20 = 40$（kPa）　　　$\sigma_{s1} = 40 + 2.2×20 = 84$（kPa）　　　$\sigma_{s2} = 84 + 2.2×20 = 128$（kPa）

$\sigma_{s3} = 128 + 2.4×18.5 = 172.4$（kPa）　　　$\sigma_{s4} = 172.4 + 2.4×18.5 = 216.8$（kPa）

（2）计算基础中心垂直轴线的附加应力 σ_z，并确定压缩层底位置

①计算基底附加压力 p_0。

$$p_0 = \frac{9\ 600 - 20 × 2 × 6 × 8}{6 × 8} = 160\text{（kPa）}$$

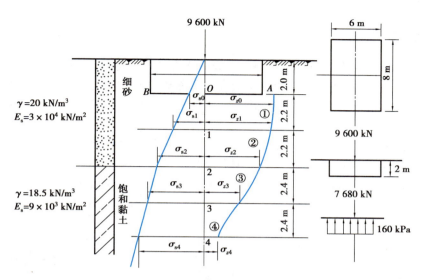

图 3.6　地基、基础及荷载情况

②计算基础中心垂直轴线上的 σ_z，并确定压缩计算深度。计算结果如表 3.1 所示。

表 3.1　压缩层计算深度的确定

位　置	z_i/m	z_i/b	L/b	α_{ai}	$\sigma_{zi}=4\alpha_{ai}p_0/kPa$
0	0	0	4/3	0.250 0	160
1	2.2	2.2/3	4/3	0.225 0	144
2	4.4	4.4/3	4/3	0.142 2	91
3	6.8	6.8/3	4/3	0.844	54
4	9.2	9.2/3	4/3	0.054 7	35

由表 3.1 可知，压缩计算深度取在第 4 层底面上合适。

(3)计算垂直线上各分层的平均附加应力

根据 $\overline{\sigma}_{zi}=\dfrac{\sigma_{z(i-1)}+\sigma_{zi}}{2}$ 可求得第 i 层土平均附加应力，如表 3.2 所示。

(4)计算各土层的变形 s_i 和总沉降 s，如表 3.2 所示。

表 3.2　各土层沉降量计算

位　置	$\overline{\sigma}_{zi}/kPa$	E_{si}/kPa	H_i/m	s_i/m
1	152	3×10^4	2.2	0.011 147
2	117.5	3×10^4	2.2	0.008 617
3	72.7	0.9×10^4	2.4	0.019 387
4	44.7	0.9×10^4	2.4	0.011 92
$\sum s_i$				0.051 07

由表 3.2 可知，总沉降量为 0.051 m。

3.3.3 规范法计算地基沉降

《建筑地基基础设计规范》(GB 50007—2011)所推荐的地基最终沉降量计算方法是另一种形式的分层总和法,它也采用侧限条件下的压缩性指标,并运用了平均附加应力系数计算;还规定了地基沉降计算深度标准,提出了地基的沉降计算经验系数,使得计算成果接近于实测值。

规范所采用的平均附加应力系数,其概念为:首先假设地基是均质的,即所假定的土在侧限条件下的压缩模量不随深度而变,则从基底至地基任意深度范围内的压缩量为(见图3.7)

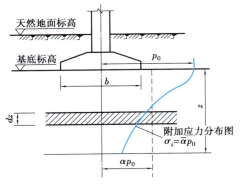

图 3.7 平均附加应力系数的原理

$$s = \int_0^z \varepsilon \mathrm{d}z = \frac{1}{E_s}\int_0^z \sigma_z \mathrm{d}z = \frac{A}{E_s} \qquad (3.13)$$

式中 ε ——土的侧限压缩应变,$\varepsilon = \sigma_z/E_s$;

   A —— 深度 z 范围内的附加应力分布图所包围的面积,$A = \int_0^z \sigma_z \mathrm{d}z$。

因为附加应力 σ_z 可以根据基底应力与附加应力系数计算,所以 A 还可以表示为

$$A = \int_0^z \sigma_z \mathrm{d}z = p_0 \int_0^z \alpha \mathrm{d}z = p_0 z \overline{\alpha} \qquad (3.14)$$

式中 p_0 ——基底的附加压力;

   α ——附加应力系数;

   $\overline{\alpha}$ ——深度 z 范围内的竖向平均附加应力系数。

将式(3.14)代入式(3.13),则地基最终沉降量可以表示为

$$s = \frac{p_0 z \overline{\alpha}}{E_s} \qquad (3.15)$$

式(3.15)是用平均附加应力系数表达的从基底到任意深度 z 范围内地基沉降量的计算公式。由地基在垂直方向分层的特点,结合分层总和的思想,可得成层地基中第 i 层土沉降量的计算公式(图3.8)为

$$\Delta s_i = \frac{\Delta A_i}{E_{si}} = \frac{A_i - A_{i-1}}{E_{si}} = \frac{p_0}{E_{si}}(z_i \overline{\alpha}_i - z_{i-1} \overline{\alpha}_{i-1}) \qquad (3.16)$$

式中 A_i, A_{i-1} —— z_i 和 z_{i-1} 范围内的附加应力面积;

   $\overline{\alpha}_i, \overline{\alpha}_{i-1}$ ——与 z_i 和 z_{i-1} 对应的竖向平均附加应力系数。

规范用符号 z_n 表示地基沉降计算深度,并规定 z_n 应满足下列条件:由该深度处向上取按表3.3规定的计算厚度 Δz(见图3.8)所得的计算沉降量 Δs_n 不大于 z_n 范围内总的计算沉降量的2.5%,即应满足(包括考虑相邻荷载的影响):

$$\Delta s_n \leq 0.025 \sum_{i=1}^{n} \Delta s_i \qquad (3.17)$$

表 3.3 计算厚度 Δz 值

b/m	$b \leq 2$	$2 < b \leq 4$	$4 < b \leq 8$	$8 < b$
$\Delta z/\mathrm{m}$	0.3	0.6	0.8	1.0

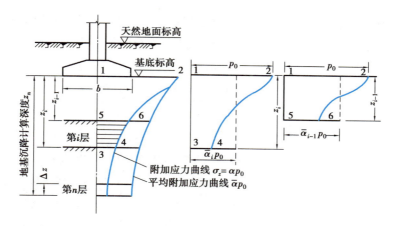

图 3.8 规范法计算地基沉降示意图

在按式（3.17）所确定的沉降计算深度下如有软弱土层时，尚应向下继续计算，直至软弱土层中所取规定厚度 Δz 的计算沉降量满足式（3.17）为止。

当无相邻荷载影响，基础宽度在 $1 \sim 50$ m 范围内时，基础中点的地基沉降计算深度也可按简化公式（3.18）计算，即

$$z_n = b(2.5 - 0.04 \ln b) \qquad (3.18)$$

式中 b——基础宽度。

在沉降计算深度范围内有基岩存在时，取基岩表面为计算深度。

为了提高计算准确度，计算所得的地基最终沉降量尚需乘以一个沉降计算经验系数 Ψ_s。Ψ_s 按式（3.19）确定，即

$$\Psi_s = s_\infty / s \qquad (3.19)$$

式中 s_∞——利用地基观测资料推算的最终沉降量。

因此，各地区宜按实测资料指定适合于本地区各种地基情况的 Ψ_s 值；无实测资料时，可采用规范提供的数值，如表 3.4 所示。

表 3.4 沉降计算经验系数 Ψ_s

地基附加压力	$\overline{E}_s$/MPa				
	2.5	4.0	7.0	15.0	20.0
$P_0 \geq f_k$	1.4	1.3	1.0	0.4	0.2
$P_0 \leq 0.75 f_k$	1.1	1.0	0.7	0.4	0.2

注：$\overline{E}_s$ 为沉降计算深度范围内压缩模量的当量值，其计算公式为 $\overline{E}_s = \dfrac{\sum A_i}{\sum \dfrac{A_i}{E_{si}}}$。式中，$A_i = p_0(z_i \overline{\alpha}_i - z_{i-1} \overline{\alpha}_{i-1})$。

综上所述，规范推荐的地基最终沉降量 s_∞（单位为 mm）的计算公式为

$$s_\infty = \Psi_s s = \Psi_s \frac{p_0}{E_{si}} \sum (z_i \overline{\alpha}_i - z_{i-1} \overline{\alpha}_{i-1}) \qquad (3.20)$$

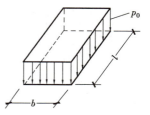

规范中提供了各种荷载形式下地基中的平均附加应力系数表,计算时可根据要求查表计算,查表方法与附加应力系数相同。下面仅给出均布的矩形荷载角点下(b 为荷载面宽度)的地基平均竖向应力系数表,如表 3.5 所示。

表 3.5　均布的矩形荷载角点下的平均附加应力系数 $\bar{\alpha}$

z/b	l/b												
	1.0	1.2	1.4	1.6	1.8	2.0	2.4	2.8	3.2	3.6	4.0	5.0	10.0
0.0	0.250 0	0.250 0	0.250 0	0.250 0	0.250 0	0.250 0	0.250 0	0.250 0	0.250 0	0.250 0	0.250 0	0.250 0	0.250 0
0.2	0.249 6	0.249 7	0.249 7	0.249 8	0.249 8	0.249 8	0.249 8	0.249 8	0.249 8	0.249 8	0.249 8	0.249 8	0.249 8
0.4	0.247 4	0.247 9	0.248 1	0.248 3	0.248 3	0.248 4	0.248 5	0.248 5	0.248 5	0.248 5	0.248 5	0.248 5	0.248 5
0.6	0.242 3	0.243 7	0.244 4	0.244 8	0.245 1	0.245 4	0.245 4	0.245 5	0.245 5	0.245 5	0.245 5	0.245 5	0.245 6
0.8	0.234 6	0.237 2	0.238 7	0.239 5	0.240 0	0.240 3	0.240 7	0.240 8	0.240 9	0.240 9	0.241 0	0.241 0	0.241 0
1.0	0.225 2	0.229 1	0.231 3	0.232 6	0.233 5	0.234 0	0.234 6	0.234 9	0.235 1	0.235 2	0.235 2	0.235 3	0.235 3
1.2	0.214 9	0.219 9	0.222 9	0.224 8	0.226 0	0.226 8	0.227 8	0.228 2	0.228 5	0.228 6	0.228 7	0.228 8	0.228 9
1.4	0.204 3	0.210 2	0.214 0	0.216 4	0.219 0	0.219 1	0.220 4	0.221 1	0.221 5	0.221 7	0.221 8	0.222 0	0.222 1
1.6	0.193 9	0.200 6	0.204 9	0.207 9	0.209 9	0.211 3	0.213 0	0.213 8	0.214 3	0.214 6	0.214 8	0.215 0	0.215 2
1.8	0.184 0	0.191 2	0.196 0	0.199 4	0.201 8	0.203 4	0.205 5	0.206 6	0.207 3	0.207 7	0.207 9	0.208 2	0.208 4
2.0	0.174 6	0.182 2	0.187 5	0.191 2	0.193 8	0.195 8	0.198 2	0.199 6	0.200 4	0.200 9	0.201 2	0.201 5	0.201 8
2.2	0.165 9	0.173 7	0.179 3	0.183 3	0.186 2	0.188 3	0.191 1	0.192 7	0.193 7	0.194 3	0.194 7	0.195 2	0.195 5
2.4	0.157 8	0.165 7	0.171 5	0.175 7	0.178 9	0.181 2	0.184 3	0.186 2	0.187 3	0.188 0	0.188 5	0.189 0	0.189 5
2.6	0.150 3	0.158 3	0.164 2	0.168 6	0.171 9	0.174 5	0.177 9	0.179 9	0.181 2	0.182 0	0.182 5	0.183 2	0.183 8
2.8	0.143 3	0.151 4	0.157 4	0.161 9	0.165 4	0.168 0	0.171 7	0.173 9	0.175 3	0.176 2	0.176 9	0.177 7	0.178 4
3.0	0.136 9	0.144 9	0.151 0	0.155 6	0.159 2	0.161 9	0.165 8	0.168 2	0.169 8	0.170 8	0.171 5	0.172 5	0.173 3
3.2	0.131 0	0.139 0	0.145 0	0.149 7	0.153 3	0.156 2	0.160 2	0.162 8	0.164 5	0.165 7	0.166 4	0.167 5	0.168 5
3.4	0.125 6	0.133 3	0.139 4	0.144 1	0.147 8	0.150 8	0.155 0	0.157 7	0.159 5	0.160 7	0.161 6	0.162 8	0.163 9
3.6	0.120 5	0.128 2	0.134 2	0.138 9	0.142 7	0.145 6	0.150 0	0.152 8	0.154 8	0.156 1	0.157 0	0.158 3	0.159 5
3.8	0.115 8	0.123 4	0.129 3	0.134 0	0.137 8	0.140 8	0.145 2	0.148 2	0.150 2	0.151 6	0.152 6	0.154 1	0.155 4
4.0	0.111 4	0.118 9	0.124 8	0.129 4	0.133 2	0.136 2	0.140 8	0.143 8	0.145 9	0.147 4	0.148 5	0.150 0	0.151 6
4.2	0.107 3	0.114 7	0.120 5	0.125 1	0.128 9	0.131 9	0.136 5	0.139 6	0.141 8	0.143 4	0.144 5	0.146 2	0.147 9
4.4	0.103 5	0.110 7	0.116 4	0.121 0	0.124 8	0.127 9	0.132 5	0.135 7	0.137 9	0.139 6	0.140 7	0.142 5	0.144 4
4.6	0.100 0	0.107 0	0.112 7	0.117 2	0.120 9	0.124 0	0.128 7	0.131 9	0.134 2	0.135 9	0.137 1	0.139 0	0.141 0
4.8	0.096 7	0.103 6	0.109 1	0.113 6	0.117 3	0.120 4	0.125 0	0.128 3	0.130 7	0.132 4	0.133 7	0.135 7	0.137 9
5.0	0.093 5	0.100 3	0.105 7	0.110 2	0.113 9	0.116 9	0.121 6	0.124 9	0.127 3	0.129 1	0.130 4	0.132 5	0.131 8
6.0	0.080 5	0.086 6	0.091 6	0.095 7	0.099 1	0.102 1	0.106 7	0.110 1	0.112 6	0.114 6	0.116 1	0.118 5	0.121 6
7.0	0.070 5	0.076 1	0.080 6	0.084 4	0.087 7	0.090 4	0.094 9	0.098 2	0.100 8	0.102 8	0.104 4	0.107 1	0.110 9

续表

z/b	l/b												
	1.0	1.2	1.4	1.6	1.8	2.0	2.4	2.8	3.2	3.6	4.0	5.0	10.0
8.0	0.062 7	0.067 8	0.072 0	0.075 5	0.078 5	0.081 1	0.085 3	0.088 6	0.091 2	0.093 2	0.094 8	0.097 6	0.102 0
10.0	0.051 4	0.055 6	0.059 2	0.062 2	0.064 9	0.067 2	0.071 0	0.073 9	0.076 3	0.078 3	0.079 9	0.082 9	0.088 0
12.0	0.043 5	0.047 1	0.050 2	0.052 9	0.055 2	0.057 3	0.060 6	0.063 4	0.065 6	0.067 4	0.069 0	0.071 9	0.077 4
16.0	0.032 2	0.036 1	0.038 5	0.040 7	0.042 5	0.044 2	0.046 9	0.049 2	0.051 1	0.052 7	0.054 0	0.056 7	0.062 5
20.0	0.026 9	0.029 2	0.031 2	0.033 0	0.034 5	0.035 9	0.038 3	0.040 2	0.041 8	0.043 2	0.044 4	0.046 8	0.052 4

识拓展

应力历史对地基沉降的影响

　　金属弹簧无论之前加载大小和次数怎样,只要施加的压力一样,其变形量就一样,而土体这种材料则不同,土体历史上承受的应力,对目前土的压缩性高低是有影响的。例如,某场地历史上最高地面远高于目前地面,则该场地的土呈超压密状态,其压缩性比通常情况更低。因此,将地基土按历史上曾受到过的最大压力与目前所受的土的自重压力相比较,可分为以下三种类型:①正常固结土:土层历史上所经受的最大压力,等于现有覆盖土的自重压力。大多数建筑场地的土层均属于正常固结土。②超固结土:该土层历史上曾经受过大于现有覆盖土重的前期固结压力。这可能是因为水流冲刷、冰川作用及人类活动等原因,已将沉积于目前土体之上的先前的土体搬运走了。③欠固结土:土层目前还没有达到完全固结,土层实际固结压力(有效应力)小于土层自重压力。这主要是指新近沉积的黏性土或人工填土,这种土的沉降就比较大。本书只针对主流的正常固结土来讲解沉降计算,而对超固结土和欠固结土的沉降计算,可参考其他相关书籍。

任务 4　计算地基土的固结度

　　任务3介绍了地基最终沉降量的计算,最终沉降量是指在上部荷载产生的附加应力作用下,地基土体发生压缩达到稳定的沉降量。但是对于不同的地基土体,要达到压缩稳定的时间长短不同。对于砂土和碎石土地基,因压缩性较小、透水性较大,一般在施工完成时,地基的变形已基本稳定;对于黏性土,特别是饱和黏土地基,因压缩大、透水性小,其地基土的固结变形常要延续数年,甚至几十年才能完成。地基土的压缩性越大,透水性越小,则完成固结(也就是压缩稳定)的时间越长。对于这类固结很慢的地基,在设计时不仅要计算基础的最终沉降量,有时还需知道地基沉降过程,预计建筑物在施工期间和使用期间的地基沉降量(即地基沉降与时间的关系),以便预留建筑物有关部分之间的净空,组织施工顺序,控制施工进度,以及作为采取必要措施的依据。

地基沉降与
时间的关系

饱和土体在荷载作用下，土孔隙中的自由水随着时间推移缓慢渗出，土的体积逐渐减小的过程，称为土的渗透固结。

3.4.1 太沙基一维固结理论

一维固结又称单向固结，是指土体在荷载作用下产生的变形与孔隙水的流动仅发生在一个方向上的固结问题。严格的一维固结只发生在室内有侧限的固结试验中，在实际工程中并不存在，但在大面积均布荷载作用下的固结，可近似为一维固结问题。

1) 固结模型和基本假设

太沙基(1924 年)建立了如图 3.9 所示的模型。在图 3.9 中，整体代表一个土单元，弹簧代表骨架，水代表孔隙水，活塞上的小孔代表土的渗透性，活塞与筒壁之间无摩擦。

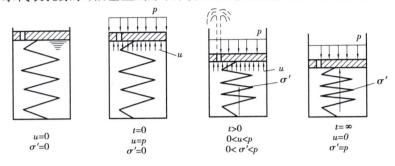

图 3.9　土体固结的弹簧活塞模型

在外荷载 p 刚施加的瞬间，水还来不及从小孔中排出，弹簧未被压缩，荷载 p 全部由孔隙水承担，水中产生超静孔隙水压力 u，此时，$u=p$。随着时间的推移，水不断从小孔中向外排出，超静孔隙水压力逐渐减小，弹簧逐步受到压缩，弹簧所承担的力逐渐增大。弹簧中的应力代表土骨架所受的力，即土体中的有效应力 σ'，在这一阶段 $u+\sigma'=p$。有效应力与超静孔隙水压力之和称为总应力 σ。当水中超静孔隙水压力减小到 0，水不再从小孔中挤出，全部外荷载由弹簧承担，即有效应力 $\sigma'=p$。在整个过程中，总应力 σ、有效应力 σ' 和超静孔隙水压力 u 之间的关系为

$$u + \sigma' = \sigma \tag{3.21}$$

太沙基采用这一物理模型，并做出如下假设：

①土体是饱和的。

②土体是均质的。

③土颗粒与孔隙水在固结过程中不可压缩。

④土中水的渗流服从达西定律。

⑤在固结过程中，土的渗透系数 k 是常数。

⑥在固结过程中，土的压缩系数 a 是常数。

⑦外部荷载是一次瞬时施加的。

⑧土体的固结变形是小变形。

⑨土中水的渗流与土体变形只发生在一个方向。

在以上假设的基础上，太沙基建立了一维渗流固结理论。

2)固结方程

根据上述物理模型与基本假定,考虑最简单的情况。图 3.10 表示了一个饱和的黏性土层,厚度为 H,已在自重作用下完成了固结。设在它上面受到连续均布荷载 p 的作用,因此,由它所引起的附加应力 σ_z 沿深度为均匀分布,并等于 p。饱和黏土层下面是不可压缩的不透水层,在固结过程中,土中水只能向上面透水砂层排走。ad 表示任意时间 t 时,土中有效应力 σ' 或超静孔隙水压力 u 沿深度的变化曲线,它将随着时间而改变它的位置,结果是有效应力面积增加而超静孔隙水压力面积减小,如图中的虚线所示。

取土体中距排水面某一深度处的土单元体 $\mathrm{d}x\mathrm{d}y\mathrm{d}z$,如图 3.10 所示。由于土骨架对孔隙水的渗透有阻碍作用,因此除了在荷载施加的瞬间及固结完成时刻以外,在固结过程中土单元的上下表面处的超静孔隙水压力是不同的。因此,超静孔隙水压力是时间和深度的函数,即 $u=u(z,t)$。在固结过程中,单元体 $\mathrm{d}x\mathrm{d}y\mathrm{d}z$ 在 $\mathrm{d}t$ 时间内沿竖向排出的水量等于单元体在 $\mathrm{d}t$ 时间内竖向压缩量。

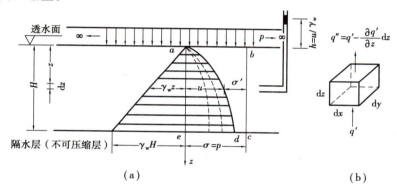

图 3.10 土体单元的固结

单元体在 $\mathrm{d}t$ 时间内排水量 $\mathrm{d}Q$ 表达式为

$$\mathrm{d}Q = \frac{\partial v}{\partial z}\mathrm{d}z\mathrm{d}x\mathrm{d}y\mathrm{d}t \tag{3.22}$$

根据达西定律,有

$$v = ki = \frac{k\partial u}{\gamma_w \partial z} \tag{3.23}$$

式中 v——水在土体中的渗流速度,m/s;

i——水力梯度;

k——渗透系数,m/s;

u——超静孔隙水压力,kPa;

γ_w——水的重度,kN/m³。

将式(3.23)代入式(3.22),得

$$\mathrm{d}Q = \frac{k\partial^2 u}{\gamma_w \partial z^2}\mathrm{d}z\mathrm{d}x\mathrm{d}y\mathrm{d}t \tag{3.24}$$

单元体在 $\mathrm{d}t$ 时间内的压缩量,即土中孔隙体积的变化量 $\mathrm{d}V$ 表达式为

$$\mathrm{d}V = \frac{\partial}{\partial t}\left(\frac{e}{1+e_0}\right)\mathrm{d}x\mathrm{d}y\mathrm{d}z\mathrm{d}t \tag{3.25}$$

式中 e——t 时刻土体的孔隙比;

　　　　e_0——土体初始孔隙比。

土体孔隙比的改变与土体受到的有效应力有关,根据压缩曲线(压缩系数定义)得

$$\frac{\partial e}{\partial \sigma'} = -a \qquad (3.26)$$

式中 a——土体的竖向压缩系数;

　　　　σ'——土中有效应力。

将式(3.26)代入式(3.25),并结合有效应力原理,有

$$\sigma' + u = \sigma$$

得

$$\mathrm{d}V = \frac{a}{1 + e_0} \frac{\partial u}{\partial t} \mathrm{d}x\mathrm{d}y\mathrm{d}z\mathrm{d}t \qquad (3.27)$$

因为 $\mathrm{d}Q = \mathrm{d}V$,根据式(3.24)与式(3.27)可得

$$\frac{a}{1 + e_0} \frac{\partial u}{\partial t} \mathrm{d}x\mathrm{d}y\mathrm{d}z\mathrm{d}t = \frac{k\partial^2 u}{\gamma_w \partial z^2} \mathrm{d}z\mathrm{d}x\mathrm{d}y\mathrm{d}t$$

$$\frac{k(1 + e_0)}{\gamma_w a} \frac{\partial^2 u}{\partial z^2} = \frac{\partial u}{\partial t} \qquad (3.28)$$

定义 $C_v = \frac{k(1+e_0)}{a\gamma_w} = \frac{k}{m_v \cdot \gamma_w}$,则式(3.28)可写成

$$C_v \cdot \frac{\partial^2 u}{\partial z^2} = \frac{\partial u}{\partial t} \qquad (3.29)$$

式中 C_v——固结系数,m^2/s。

式(3.29)称为太沙基一维固结方程。该方程属二阶偏微分方程,运用一定的求解方法结合初始条件和边界条件进行求解,得到任一点任一时刻的超静孔隙水压力 $u(z,t)$ 成为问题的关键。

3) 固结方程的解

根据给定的边界条件和初始条件,可以求解微分方程式(3.29),从而得到超静孔隙水压力随时间沿深度的变化规律。

图 3.10 所示土层厚度为 H,固结系数为 C_v,排水条件为单面排水,表面作用瞬时施加的大面积均布荷载 p。

如图 3.10(a)所示的边界条件(可压缩层顶底面排水条件)和初始条件(开始固结时的附加应力分布情况)如下

边界条件为
$$z = 0, u = 0 (t > 0)$$
$$z = H, \frac{\partial u}{\partial z} = 0 (t > 0)$$

初始条件为
$$t = 0, u = p (0 \leq z \leq H)$$
$$t = \infty, u = 0 (0 \leq z \leq H)$$

采用分离变量法求解式(3.29)。令

$$u = F(z)G(t) \tag{3.30}$$

将式(3.30)代入式(3.29),可得

$$C_v F''(z) G(t) = F(z) G'(t)$$

即

$$\frac{F''(z)}{F(z)} = \frac{G'(t)}{C_v G(t)}$$

因此

$$\frac{F''(z)}{F(z)} = \frac{G'(t)}{C_v G(t)} = 常数$$

令该常数为$-A^2$,可得

$$F(z) = C_1 \cos Az + C_2 \sin Az \tag{3.31}$$

$$G(t) = C_3 \exp(-A^2 C_v t) \tag{3.32}$$

把式(3.31)与式(3.32)代入式(3.30),得

$$u = (C_1 \cos Az + C_2 \sin Az)C_3 \exp(-A^2 C_v t) = (C_4 \cos Az + C_5 \sin Az)\exp(-A^2 C_v t) \tag{3.33}$$

根据边界条件和初始条件可得

$$u = \frac{4p}{\pi} \sum_{m=1}^{\infty} \frac{1}{m} \sin\frac{m\pi z}{2H} \exp\left(\frac{-m^2 \pi^2 T_v}{4}\right) \tag{3.34}$$

式中　　m——正整数,且$m = 1, 3, 5, \cdots$;

H——最长排水距离,当土层为单面排水时,H等于土层厚度,当土层上下双面排水时,H取一半土层厚度;

T_v——时间因数,且$T_v = \dfrac{C_v t}{H^2}$。

根据式(3.34)可以计算图3.10中任一点任一时刻的超静孔隙水压力$u(z,t)$。因为固结的本质是超静孔隙水压力向有效应力转化的过程,所以已知某点某时刻的超静孔隙水压力,也就知道了该点该时刻的固结程度。基于此,可引入以下固结度的概念。

4) 固结度

在某一荷载作用下经过时间t后土体固结过程完成的程度称为固结度,通常用U表示。土体在固结过程中完成的固结变形和土体抗剪强度增长均与固结度有关。从本质上讲,土的固结度是超静孔隙水压力向有效应力转化的程度。针对土体中某点而言,固结度可表示为

$$U = \frac{\sigma'}{\sigma} = \frac{\sigma - u}{\sigma} = 1 - \frac{u}{\sigma} \tag{3.35}$$

式中　　σ——在一定荷载作用下,土体中某点总应力,kPa;

σ'——土体中某点有效应力,kPa;

u——土体中某点超静孔隙水压力,kPa。

在实际应用中,我们更关心的是土层的平均固结度,而不是某一点的固结度。而平均固结度的宏观表现是某一时刻固结沉降量占最终沉降量的比值,但其本质是某一时刻总有效

应力占最终有效应力的比值。基于此,下面给出平均固结度的定义及推导过程。地基土层在某一荷载作用下,经过时间 t 后所产生的固结沉降量 s_{ct} 与该土层固结完成时最终固结沉降量 s_c 之比称为平均固结度,也称地基固结度,即

$$U_t = \frac{s_{ct}}{s_c} \quad\quad\quad (3.36)$$

在压缩应力、土层性质和排水条件等已定的情况下,U_t 仅是时间 t 的函数。对于竖向排水情况,由于固结沉降与有效应力成正比,所以某一时刻有效应力图的面积和最终有效应力图的面积之比即为竖向排水的平均固结度 U_{zt}(图 3.10)。

$$U_{zt} = \frac{\text{应力面积 } abdc}{\text{应力面积 } abec} = \frac{\text{应力面积 } abec - \text{应力面积 } aed}{\text{应力面积 } abec} = 1 - \frac{\int_0^H u_{zt}\mathrm{d}z}{\int_0^H \sigma_z\mathrm{d}z} \quad (3.37)$$

由此可见,地基的固结度也就是土体中超静孔隙水压力向有效应力转化过程的完成程度。

将式(3.34)解得的孔隙水压力沿土层深度的分布函数代入式(3.37),经积分可求得图 3.10 所示条件下土层固结度为

$$U_t = 1 - \frac{8}{\pi^2}\sum_{m=1}^{\infty}\frac{1}{m^2}\mathrm{e}^{\frac{-\pi^2 m^2 T_v}{4}} \quad (m = 1,3,5,\cdots) \quad (3.38)$$

由于式(3.38)中级数收敛很快,故当 T_v 值较大(如 $T_v \geq 0.16$)时,可只取其第一项,其精度已满足工程要求。则上式可简化为

$$U_t = 1 - \frac{8}{\pi^2}\mathrm{e}^{-\pi^2 T_v/4} = f(T_v) \quad\quad (3.39)$$

由此可见,固结度 U_t 仅为时间因数 T_v 的函数。当土性指标 k,e,a 和土层厚度 H 已知时,针对某一具体的排水条件和边界条件,即可求得 U_t-t 关系。

根据式(3.39),在压缩应力分布及排水条件相同的情况下,两个土质相同(即 C_v 相同)而厚度不同的土层,要达到相同的固结度,其时间因数 T_v 应相等,即

$$T_v = \frac{C_v}{H_1^2}t_1 = \frac{C_v}{H_2^2}t_2$$

$$\frac{t_1}{t_2} = \frac{H_1^2}{H_2^2} \quad\quad\quad (3.40)$$

式(3.40)表明,土质相同而厚度不同的两土层,当压缩应力分布和排水条件都相同时,达到同一固结度所需时间之比等于两土层最长排水距离的平方之比。因而对于同一地基情况,若将单面排水改为双面排水,要达到相同的固结度,所需历时应减少为原来的 1/4。

以上讨论限于饱和黏性土层中附加应力沿深度均匀分布的情况,它相当于地基已在自重作用下固结完成,而基础面积很大,压缩土层较薄(即 $\frac{H}{b} \leq 0.5$)的情况。但实际上遇到的情况要比这个复杂得多。为了使计算不致过分复杂,按照饱和黏性土层内实际应力的分布情况(由附加应力和自重应力之和,或由两种应力单独构成)和排水条件可近似而又足够准

确地分为 5 种,如图 3.11 所示。

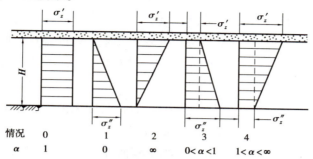

情况 0   1   2   3   4
α   1   0   ∞   0<α<1   1<α<∞

图 3.11　5 种简化附加应力分布图

情况 0:相当于上述的最简单情况;

情况 1:相当于大面积新沉积或新填的土层由于自重应力而产生固结的情况;

情况 2:相当于地基在自重应力作用下已经完成固结,而基础底面积较小,压缩层很厚,在土层底面处的附加应力已经接近零的情况;

情况 3:相当于地基在自重应力作用下还未固结,就在上面修建建筑物的情况;

情况 4:与情况 2 相似,但在压缩土层底面的附加应力远大于零的情况。

如图 3.11 所示,其中 α 为反映附加应力分布形态的参数,定义为透水面上的附加应力 σ_z' 与不透水面上附加应力 σ_z'' 之比,即 $\alpha = \dfrac{\sigma_z'}{\sigma_z''}$。因此,对不同的附加应力分布,$\alpha$ 值不同,式(3.29)的解也不尽相同,所求得的土层平均固结度也就不一样。因此,土层的平均固结度与土层中附加应力的分布形态有关。显然,只要给定附加应力的分布形态,都可以按照上述思路求解平均固结度 U_{zt}。为了使用的方便,已将各种附加应力呈直线分布(即不同 α 值)情况下土层的平均固结度与时间因数之间的关系绘制成曲线,如图 3.12 所示。

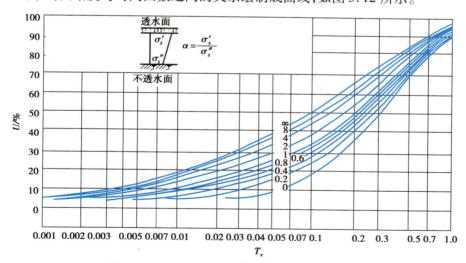

图 3.12　平均固结度 U 与时间因数 T_v 关系曲线

利用图 3.12 和式(3.37),可以解决下列两类沉降计算问题。

①已知土层的最终沉降量 s_c,求某一固结时刻 t 已完成的沉降 s_{ct}。对于这类问题,首先

根据土层的 k,a,e,H 和给定的 t，算出土层平均固结系数 C_v 和时间因数 T_v，然后利用图 3.12 中的曲线查出相应的固结度 U，再由式(3.37)求得 s_{ct}。

②已知土层的最终沉降量 s_c，求土层产生某一沉降量 s_{ct} 所需的时间 t。对于这类问题，首先求出土层平均固结度 $U = s_{ct}/s_c$，然后从图 3.12 中的曲线查得相应的时间因数 T_v，再按式 $t = H^2 T_v/C_v$ 求出所需的时间。

以上所述均为单面排水情况。若土层为双面排水，则无论土层中附加应力分布为哪一种情况，只要是线性分布，均可按情况0(即 $\alpha = 1$)计算。这是根据叠加原理而得到的结论，具体论证过程不再赘述，可参考有关文献。但对双面排水情况，时间因数中的排水距离应取土层厚度的一半。

5) 固结系数的试验确定

由式(3.38)可知，当土层厚度确定后，某一时刻土层的固结度由固结系数决定，土的固结系数越大，土体固结越快。因此，正确测定固结系数对估计固结速率有重要意义。固结系数的表达式为

$$C_v = \frac{k(1 + e_0)}{\gamma_w a} \tag{3.41}$$

由于式(3.41)中的参数不易确定，特别是 a 不是定值，所以采用式(3.41)计算固结系数，难以得到满意的结果。因此，常采用试验方法测定固结系数，一般是通过压缩试验，绘制在一定压力下的时间—压缩量曲线，再结合理论公式来确定固结系数 C_v。有关的方法很多，例如时间平方根拟合法与时间对数拟合法，读者可以参见《土工试验方法标准》。

【例题 3.2】 某厚度为 10 m 的饱和黏土层，在大面积荷载 $p_0 = 120$ kPa 作用下，设该土层的初始孔隙比 $e = 1$，压缩系数 $a = 0.3$ MPa^{-1}，渗透系数 $k = 1.8$ cm/年，对黏土层在单面排水和双面排水条件下分别求:(1)加荷历时一年的沉降量;(2)沉降量达 156 mm 所需的时间。

【解】 (1)求 $t = 1$ 年时的沉降量

由于黏土层中附加应力沿深度是均布的，故有 $\sigma_1 = p_0 = 120$ kPa。

黏土层的最终固结沉降量:

$$s = \frac{a\sigma_z}{1 + e}H = \frac{0.000\,3 \times 120}{1 + 1} \times 10\,000 = 180\,(\text{mm})$$

黏土层的竖向固结系数:

$$C_v = \frac{k(1 + e_0)}{a\gamma_w} = \frac{1.8 \times (1 + 1)}{0.000\,3 \times 0.1} = 1.2 \times 10^5\,(\text{cm}^2/\text{年})$$

对于单面排水条件下:

竖向固结时间因数: $T_v = \dfrac{C_v t}{H^2} = \dfrac{1.2 \times 10^5 \times 1}{1\,000 \times 1\,000} = 0.12$

查图 3.12 得 $U_z = 0.39$，则 $t = 1$ 年时的沉降量为 $s_t = U_z \cdot s = 0.39 \times 180 = 70.2$ (mm)。

在双面排水的情况下:

时间因数 $T_v = \dfrac{1.2 \times 10^5 \times 1}{500 \times 500} = 0.48$

查图 3.12 得 $U_z = 0.75$，则 $t = 1$ 年时的沉降量 $s_t = 0.75 \times 180 = 135$（mm）。

(2)求沉降量达 156 mm 所需的时间

平均固结度 $\qquad\qquad U = \dfrac{s_t}{s} = \dfrac{156}{180} = 0.87$

由图 3.12 可查得 $T_v = 0.76$，在单向排水条件下 $t = \dfrac{T_v H^2}{C_v} = \dfrac{0.76 \times 1\,000^2}{1.2 \times 10^5} = 6.3$（年）

在双向排水条件下 $t = \dfrac{0.76 \times 500^2}{1.2 \times 10^5} = 1.6$（年）。

6)讨论

实践表明：用单向固结理论计算的饱和土的固结情况与饱和土样压缩试验所得的固结情况大致接近，但与实测结果相比，却有较大出入，如上海地区的实测资料表明，实测的沉降速度远比计算结果要快，这说明前者是由于单向固结理论的假设与试验条件基本一致；而后者则是除了理论本身还存在一些问题外，还没有考虑许多实际复杂因素的影响（如上海地区土的横向渗透系数远大于竖向渗透系数），因而计算结果与实测结果有较大的出入。

总之，在很多情况下，尤其是对于饱和软土，应用单向固结理论是有其局限性的。从理论本身来看，只有当建筑物基础的面积很大，可压缩性土层的厚度很小（如小于等于基础宽度的一半），而下面为坚硬并不透水的岩层时，才接近单向固结的条件。在多数情况下，当土层受到局部荷载时，孔隙水的渗流实际属于二维或三维问题。二维固结和三维固结常称为多维固结。为了求解多维固结问题，Rendulic（1935）首先将太沙基一维固结方程推广至多维条件，得到 Terzaghi-Rendulic 扩散方程。Biot（1940）从连续介质基本方程出发得到 Biot 固结理论，他考虑了孔隙水压力消散与土骨架变形之间的耦合作用。关于这两种理论，读者可以参阅高等土力学相关章节。

知 识拓展

关于地基沉降与时间的关系问题，本节内容考虑太沙基一维渗流固结理论的前后完整性，故对其中比较简单的附加应力不随深度变化的情况给出了推导。因为涉及偏微分方程求解的数学难点，可能会对一些读者的阅读造成一定困难，但这并不影响该理论的应用。对于理论的应用，主要解决前面提到的两类工程问题：其一是已知时间求沉降量；其二是已知沉降量求时间。问题的解决需要注意排水条件和附加应力的分布情况，然后根据排水条件和应力分布情况，结合已知条件查表得到相应的固结度或时间因数，进一步根据固结度或时间因数的定义使问题得以解决。

我国土力学及岩土工程教育与教学发展历程

我国大学中的土力学课程教学大约始于 20 世纪 30 年代末期。最早在国内大学开设土力学课程的是黄文熙先生和茅以升先生,他们是我国土力学课程的开拓者。而在 20 世纪 30 年代,土力学在国际上尚属新兴学科。

黄文熙先生于 1937 年在美国密执安大学获得博士学位以后,应当时中央大学邀请回国任教。因学校内迁,1937 年末才辗转到达重庆,任中央大学水利系教授和系主任,并开设了土力学课程,建立土力学实验室。这是国内首次在大学建立土工实验室。

茅以升先生于 1938—1941 年,在唐山工学院开设土力学课程,并在全校作"挡土墙上的应力"学术报告。

此后,陈梁生先生于 1948 年在清华大学、俞调梅先生于 20 世纪四五十年代分别在上海交通大学和同济大学,曾国熙先生于 1953 年在浙江大学、冯国栋先生于 20 世纪 50 年代在武汉大学分别开设了土力学课程。

我国最早的中文版土力学教材,是西南联大时期阎振兴先生编写的《土壤力学》;1953 年,丘宝勤先生编撰出版了《实用土壤力学》;1957 年,陈梁生和陈仲颐编写出版了《土力学与地基基础》;20 世纪 60 年代初,俞调梅先生出版了《土质学与土力学》。

全面恢复高考后,全国重整土力学教学队伍,恢复和调整课程体系,进入了一个蓬勃发展的时期。计算机技术的快速发展,使非线性计算成为可能,相应地促进了土的本构关系模型和现代测试技术的发展。有关土力学的理论和试验、从技术到研究范围、从分析方法到加固处理措施都出现了很大变化。由于大规模经济建设的全面开展,地基基础新技术不断被引进和创造,基础工程课程的内容得到了很大的扩展,像环境岩土工程这样的选修课也在不同学校被开设,我国土力学及岩土工程教育日益深入与发展。

单元小结

（1）地基工程要求满足地基的变形条件,即地基内土层变形引起的沉降量不超过上部结构的容许值。为了解决该问题,必须先计算出地基中的应力状态,然后依据土的变形规律、参数与力学原理按照地基系统实际工作的条件进行计算分析,得到地基的最终变形量或变形过程;再将它们和在长期建设经验基础上得到的容许变形进行比较,倘若变形量不能满足工程要求,可从地基、基础、上部结构,甚至施工方法等方面入手,提出减小地基沉降或减小地基沉降影响的经济且可行的途径与措施。

PPT、教案、题库（单元3）

（2）从原则上讲,地基变形量的计算应包括地基中的黏性土层与无黏性土层,但固结过程的计算应主要对黏性土进行,而把固结过程很短的无黏性土层只视为黏性土的排水边界来处理。地基的变形量用分层总和法计算(规范法只是为了减少分层总数且不降低计算精度而根据附加应力的竖向分布情况通过积分引入平均附加应力系数来计算各分层的平均附加应力,其基本思想仍是分层总和法)。地基的固结过程,对于饱和土可以一维渗流固结理论为基础,并考虑土层的排水条件(单面或双面排水)、附加应力沿土层的分布图形(矩形、三角形、倒三角形、梯形、倒梯形)等不同情况,以及土的压缩、固结土性参数的变化来计算。一般需要回答"地基经过某一时刻会发生多大的固结变形"和"地基发生某一固结变形量需要多长时间"这两类问题。回答前者就是已知时间因数查表得到固结度,进而得到该时刻的固结变形量;回答后者就是已知固结度查表得到时间因数,进而得到所需时间。

思考与练习

1. 某工程钻孔 3 号的土样 3-1 粉质黏土和 3-2 淤泥质黏土的压缩试验数据列于表 3.6,试绘制压缩曲线,并计算 $a_{1\text{-}2}$ 并评价其压缩性。

表 3.6 习题 1 表

垂直压力/kPa		0	50	100	200	300	400
孔隙比	土样 3-1	0.866	0.799	0.770	0.736	0.721	0.714
	土样 3-2	1.085	0.960	0.890	0.803	0.748	0.707

2. 设某基础的底面积为 5 m×10 m,埋深为 2 m,中心垂直荷载为 12 500 kN(包括基础自重),地基的土层分布及有关指标如图 3.13 所示。试利用分层总和法计算地基总沉降。

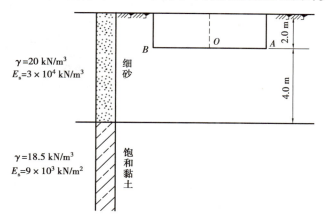

$\gamma = 20 \text{ kN/m}^3$
$E_s = 3 \times 10^4 \text{ kN/m}^3$
细砂

$\gamma = 18.5 \text{ kN/m}^3$
$E_s = 9 \times 10^3 \text{ kN/m}^2$
饱和黏土

2.0 m
4.0 m

图 3.13 习题 2 图

3. 有一 H 厚的饱和黏性土层,双面排水,加荷两年后固结度达到 90%。若该土层是单面排水,则达到同样的固结度 90%,需要多少时间?

4. 设有一砾砂层,厚 2.8 m,其下为厚 1.6 m 的饱和黏土层,再下面为透水的卵石夹砂(假定不可压缩),各土层的有关指标如图 3.14 所示。现有一条形基础,宽 2 m、埋深 2 m,埋于砾砂层中,中心荷载为 300 kN/m,并且假定为一次加上。

试求:(1)总沉降量;(2)下沉 1/2 总沉降量时所需的时间。

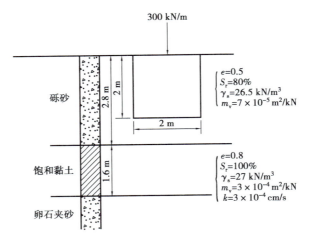

图 3.14　习题 4 图

单元 4
评价地基承载力

单元导读

　　本单元主要介绍土的抗剪强度的基本概念与极限平衡条件、土的抗剪强度试验方法、不同排水条件时剪切试验成果、地基临塑荷载及极限承载力等知识。

- **基本要求**　通过本单元学习,应掌握确定土的抗剪强度的方法,排水和不排水强度的意义和区别;掌握确定土的抗剪强度指标及其影响因素的方法,会运用莫尔库仑强度准则判定一点应力状态;熟悉地基临塑荷载及极限承载力等概念;掌握获得地基承载力的方法。

- **重点**　库仑定律的物理意义;直剪试验测定土的抗剪强度指标;不同排水条件下测定土的抗剪强度指标的方法;剪切试验的其他方法;地基承载力确定方法;地基变形和破坏的类型;地基临塑荷载及临界荷载确定地基承载力。

- **难点**　土中一点应力的极限平衡条件;按理论公式确定地基承载力。

- **思政元素**　守纪律,讲规矩。

　　建筑物地基的破坏绝大多数属于剪切破坏,土体抵抗剪切破坏的极限能力即为土的抗剪强度。抗剪强度是土的重要力学性质之一,实际工程中的地基承载力、挡土墙的土压力以及土坡稳定等都受土的抗剪强度所控制。因此,研究土的抗剪强度及其变化规律对于工程设计、施工、管理等都具有非常重要的意义。

任务 1　认识土的强度

　　土体的破坏通常都是剪切破坏。之所以会产生剪切破坏,是因为土是由碎散的颗粒组成的,颗粒间的摩擦力是其强度的主要部分,所以它的强度和破坏都是由剪切力控制的,这与连续介质的固体不同。土的强度通常是指土体抵抗剪切破坏的能力。土的抗剪强度是土的重要力学指标之一，建筑物地基、各种结构物的地基（包括路基、坝、塔、桥等）、挡土墙、地下结构的土压力及各类结构（如堤坝、路基、路堑、基坑等）的边坡和自然边坡的稳定性等均由土的抗剪强度控制。就土木工程中各种土的边坡稳定性分析而言，土的抗剪强度是最重要的计算参数。能否正确地确定土的抗剪强度，往往是设计和工程成败的关键所在。

土体的强度通常是指在某种破坏状态时的某一点上由各种作用引起的组合应力中的最大广义剪应力。例如，在平面应变情况下的稳定分析中，若某点的剪应力达到其抗剪强度（其破坏定义为产生滑动破坏面），在剪切面两侧的土体将产生相对位移且产生滑动破坏，该剪切面也称为滑动面或破坏面。随着荷载的继续增加，土体中的剪应力达到抗剪强度的区域也越来越大，最后各滑动面连成整体，土体发生整体剪切破坏而丧失稳定性。图4.1给出了土体失稳的两个例子。

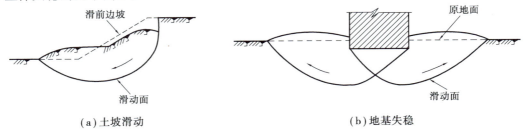

（a）土坡滑动　　　　　　　　　（b）地基失稳

图4.1　土体失稳破坏

任务 2　判断土的应力状态

4.2.1　土的破坏准则

所谓破坏准则，就是如果满足其应力状态就会产生破坏的条件公式。换句话说，就是抗剪强度（破坏时滑动面上的最大剪应力）的表达式。土的抗剪强度取决于很多因素，但为了实际应用的方便，土力学中应用最多的抗剪强度是具有两个参数的莫尔-库仑破坏准则。

土的抗剪强度
与极限平衡状态

由于土是离散颗粒的集合体，故土与其他工程材料相比具有很大的不同，我们可以认为土质材料最初就是已经被破碎了的散粒。与其他材料相比，土体基本粒子间的黏聚力很小，它主要依靠土颗粒间的摩擦力承受荷载，所以土的变形与破坏主要受"摩擦法则"的控制。土的抗拉强度非常小（仅限于具有黏聚力的黏土），而且在长期荷载作用下是不稳定的，具有不断减少的特性，因此工程中不考虑土的抗拉强度。因为土的强度主要是由于土颗粒之间的摩擦力引起的，因此可以认为土的破坏准则就是式（4.1）表示的摩擦准则。

$$F = \mu N \qquad (4.1)$$

式中　F——摩擦力；

　　　N——作用于土粒间的法向力；

　　　μ——摩擦系数。

把式（4.1）的两边同除以横截面面积 A 得到应力，若设 $F/A = \tau_f$，$N/A = \sigma$，$\mu = \tan \varphi$，可得下式：

$$\tau_{\mathrm{f}} = \sigma \tan \varphi \tag{4.2}$$

式中　τ_{f}——抗剪强度；

　　　σ——破坏面（滑动面）上的垂直压应力；

　　　φ——内摩擦角。

如果考虑 $\sigma = 0$ 时的黏结力对抗剪强度的有利影响，则有比式（4.2）更一般的表达式：

$$\tau_{\mathrm{f}} = c + \sigma \tan \varphi \tag{4.3}$$

式中　c——黏聚力。

因为式（4.2）、式（4.3）是库仑提出的摩擦准则，所以以库仑的名字命名为库仑公式。从公式的形式可以看出，土颗粒之间的垂直压应力 σ 越大，土的强度就越高。如大家所熟知的，放在手上的一把干砂，只要轻轻一吹，就可以飞扬起来（干砂处于散粒状，其强度为零）；而位于地下 10 m 深的砂层则可以作为桩的持力层（强度较高）。因此，即使是同样的土，在不同的深度其抗剪强度也不同。式（4.2）、式（4.3）是由总应力表达的抗剪强度公式。

后来，由于有效应力原理的发展，人们认识到只有有效应力的变化才能引起强度的变化，因此库仑公式（4.3）用有效应力的概念可表示为

$$\tau_{\mathrm{f}} = \sigma' \tan \varphi' + c' = (\sigma - u) \tan \varphi' \tag{4.4}$$

由此可知，土的抗剪强度有两种表达方式，土的 c 和 φ 统称为土的总应力强度指标，直接应用这些指标进行土体稳定性分析的方法称为总应力法；而 c' 和 φ' 统称为土的有效应力强度指标，应用这些指标进行土体稳定性分析的方法称为有效应力法。那么，土有没有固有的抗剪强度指标呢？当然是有的，那就是土的有效强度指标。用有效应力表示的有效强度指标是土的固有性质，不随排水条件而变化。这是有效指标最大优点，但用于工程计算时需要已知土层中的有效应力，在一般情况下是比较困难的，因此应用就受到了限制。在工程计算中，用总应力指标计算比较容易实现，因此在实际工程中总应力指标的应用比较广泛。

库仑强度准则公式中的 c 和 φ 值，虽然具有一定表观的物理意义，即黏聚力和摩擦角，但最好把 c 和 φ 值理解为破坏试验结果整理后的两个数学参数。因为即使是同一种土样，其 c 和 φ 值也并非常数，它们会因试验方法和试验条件（如固结与排水条件）等的不同而发生变化。但如前所述，在一定试验条件下获得的有效强度指标是常数。

另外应该指出，许多土类的抗剪强度并非都呈线性，而是随着应力水平的增大而逐渐呈现非线性。莫尔 1910 年指出，当法向应力范围较大时，抗剪强度线往往呈曲线形状。这一现象可用图 4.2 来说明。由于土的 σ-τ_{f} 关系是曲线而非直线，其上各点的抗剪强度指标 c 和 φ 并非恒定值，而应由该点的切线性质决定，此时就不能用库仑公式来概括土的抗剪强度特性。通常把试验所得的不同形状的抗剪强度线统称为抗剪强度包线。而库仑公式仅是抗剪强度包线的一种线性表达式。因其是最常用于表达抗剪强度包线的，所以经常也把库仑公式的线性表达式称为抗剪强度包线。

4.2.2　莫尔-库仑破坏准则

莫尔继续进行库仑的研究工作，提出材料的破坏是剪切破坏理论，认为在破裂面上，法向应力与抗剪强度之间存在函数关系

$$\tau_\mathrm{f} = f(\sigma)$$

这一函数所定义的曲线如图 4.2 所示,它就是抗剪强度包线,也称为莫尔破坏包线。

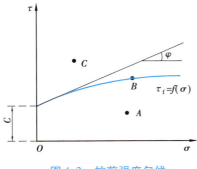

图 4.2 抗剪强度包线

土样一点的应力状态由若干个面的法向应力和剪应力来表征,如果某一个面上的法向应力 σ 和剪切应力 τ 所代表的点落在图 4.2 的坐标系中破坏包线下面,如 A 点,表明在该法向应力 σ 作用下,该截面上的剪应力 τ 小于土的抗剪强度 τ_f,土体不会沿该截面发生剪切破坏。如果该点正好落在强度包线上,如 B 点,表明剪应力等于抗剪强度,土体单元处于临界破坏状态。如果该点落在强度包线以上的区域,如 C 点,表明土体已经破坏。实际上,这种应力状态是不会存在的,因为剪应力 τ 增加到 τ_f 时,就不可能再继续增加了。此处仅用于判断土体在该应力状态下是否破坏的依据。

土单元体中只要有一个截面发生了剪切破坏,该单元体就进入破坏状态。这种状态称为极限平衡状态。实验表明,一般土体在应力变化范围不大时,莫尔破坏包线可以用库仑公式(4.2)、式(4.3)和式(4.4)表示,即土的抗剪强度与法向应力呈线性函数关系。这种以库仑公式作为抗剪强度公式,根据剪应力是否达到抗剪强度作为破坏标准的理论就是莫尔-库仑破坏理论。另外需要指出的是,通常应力状态和土体抗剪切破坏的能力是随空间的位置而变化的,所以土体强度一般是指空间某一点的强度。

4.2.3　土中一点应力的极限平衡条件

如前所述,当土中某点任一方向的剪应力 τ 达到土的抗剪强度 τ_f 时,称该点处于极限平衡状态。因此,若已知土体的抗剪强度 τ_f,则只要求得土中某点各个面上的剪应力 τ 和法向应力 σ,即可判断土体该点所处的状态。

由材料力学知识可知,当已知某点的主应力或相互垂直的面上的应力,则该点任一截面上的应力就已知了。因为主应力不因为坐标改变而变化,故常用一点的主应力来表达一点的应力情况。下面以平面问题为例,阐述通过强度包线和用莫尔应力圆表达的一点应力情况来判断一点应力状态的过程。

从土体中任取一单元体,如图 4.3 所示。设作用在该单元体上的大、小主应力分别为 σ_1 和 σ_3,根据材料力学可知,与大主应力 σ_1 作用面成 α 角的斜面上的正应力 σ_α 和 τ_α 可由主应力表示为

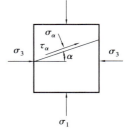

$$\sigma_\alpha = \frac{\sigma_1 + \sigma_3}{2} + \frac{\sigma_1 - \sigma_3}{2}\cos 2\alpha \qquad (4.5)$$

$$\tau_\alpha = \frac{\sigma_1 - \sigma_3}{2}\sin 2\alpha \qquad (4.6)$$

图 4.3　一点的应力状态

上述应力间的关系也可用应力圆(莫尔圆)表示。

将上两式变为
$$\begin{cases} \sigma - \dfrac{1}{2}(\sigma_1 + \sigma_3) = \dfrac{1}{2}(\sigma_1 - \sigma_3)\cos 2\alpha \\[2mm] \tau = \dfrac{1}{2}(\sigma_1 - \sigma_3)\sin 2\alpha \end{cases}$$

取两式平方和,即得应力圆的公式:

$$\left(\sigma - \frac{\sigma_1 + \sigma_3}{2}\right)^2 + \tau^2 = \left(\frac{\sigma_1 - \sigma_3}{2}\right)^2 \tag{4.7}$$

表示为纵、横坐标分别为 τ 及 σ 的圆,圆心为 $\left(\dfrac{\sigma_1 + \sigma_3}{2}, 0\right)$,圆半径等于 $\dfrac{\sigma_1 - \sigma_3}{2}$。

将式(4.7)的函数图形与库仑强度包线共同绘制在 $\sigma\text{-}\tau$ 坐标系下,便可很直观地判断某点的应力状态,如图 4.4 所示。

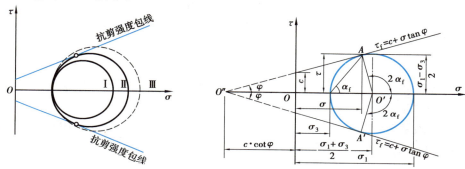

图 4.4　莫尔圆与抗剪强度包线的关系　　图 4.5　极限平衡状态时的莫尔圆与强度包线

应力圆上任一点坐标 (σ, τ) 代表该点某一方向截面上的应力,因此一个应力圆把一点的各个方向上的应力全部表示出来了。当应力圆(图 4.4 圆Ⅰ)处于强度包线(库仑强度线)的下方时,说明该点在各方向的应力均在强度包线的下方,小于抗剪强度,不会发生破坏;当应力圆(图 4.4 圆Ⅱ)有一点正好与强度包线相切,说明土中这一点有一截面(它与大主应力 σ_1 作用截面的夹角为 $45° + \dfrac{\varphi}{2}$),该截面上的剪应力正好等于其抗剪强度,该截面处于破坏的临界状态,该应力圆称为极限应力圆,该点所处的应力状态称为极限应力状态;对于应力圆Ⅲ(与强度包线相割),实际上是不存在的,否则一部分圆弧将处于强度包线之上,这意味着这部分圆弧所代表的截面上的剪应力将超过抗剪强度,这在实际中是不可能发生的事情,但对判断给定的应力情况处于怎样的应力状态是有实际意义的。

根据前面所述,判断一点的应力是否达到了极限平衡条件(即破坏的临界状态),主要看这点的应力圆是否与强度包线(即库仑公式表达的强度线)相切。也就是说,在图 4.4 中,应力圆与强度包线相切,表明土体在该点处于极限平衡状态。以上方法是在已知一点应力情况(主应力已知)条件下,通过作图直观判断该点的应力状态(破坏、极限平衡还是稳定)。下面讨论处于极限平衡条件下的主应力之间有何关系,进而通过解析法判断一点的应力状态。由图 4.5 可知,处于极限平衡条件下土体的抗剪强度指标与大小主应力之间的关系如下:

$$\sin \varphi = \frac{O'A}{O''O'} = \frac{\dfrac{1}{2}(\sigma_1 - \sigma_3)}{c \cdot \cot \varphi + \dfrac{1}{2}(\sigma_1 + \sigma_3)} = \frac{\sigma_1 - \sigma_3}{\sigma_1 + \sigma_3 + 2c \cdot \cot \varphi} \tag{4.8}$$

利用三角函数关系转换后可得

$$\sigma_1 = \sigma_3 \tan^2\left(45° + \frac{\varphi}{2}\right) + 2c \tan\left(45° + \frac{\varphi}{2}\right) \tag{4.9}$$

或

$$\sigma_3 = \sigma_1 \tan^2\left(45° - \frac{\varphi}{2}\right) - 2c \tan\left(45° - \frac{\varphi}{2}\right) \tag{4.10}$$

以上三式等价,均表示土单元体达到破坏的临界状态时大、小主应力应满足的关系,这就是莫尔-库仑理论的破坏准则,也是土体达到极限平衡状态的条件,故也称之为极限平衡条件。已知主应力 σ_1,σ_3,由图4.5可知,当 σ_1 一定时,σ_3 越小,土越接近破坏;反之,当 σ_3 一定时,σ_1 越大,土越接近破坏。第5章朗肯土压力理论,就是该破坏准则的经典应用。

由图4.5中的几何关系,可以得到破坏面与大主应力 σ_1 作用面间的夹角 α_f 的关系式为

$$\varphi + 90° = 2\alpha_f$$

所以

$$\alpha_f = \frac{1}{2}(\varphi + 90°) = \frac{\varphi}{2} + 45° \tag{4.11}$$

有了破坏面与大主应力 σ_1 作用面间的夹角 α_f,就可利用式(4.5)或式(4.6)计算出破坏面上的法向应力 σ_α 和剪应力 τ_α。

根据极限平衡状态下大小主应力之间的关系(即式(4.9)和式(4.10)),可以得到以下结论,并用于土体应力状态的判断。

①由实测最小主应力 σ_3 及公式 $\sigma_1 = \sigma_3 \tan^2\left(45° + \frac{\varphi}{2}\right) + 2c \cdot \tan\left(45° + \frac{\varphi}{2}\right)$ 可推求土体处于极限状态时,所能承受的最大主应力 σ_{1f}(若实际最大主应力中 σ_1)。

②同理,由实测 σ_1 及公式 $\sigma_3 = \sigma_1 \tan^2\left(45° - \frac{\varphi}{2}\right) - 2c \cdot \tan\left(45° - \frac{\varphi}{2}\right)$ 可推求土体处于极限平衡状态时所能承受的最小主应力 σ_{3f}(若实测最小主应力为 σ_3)。

③应力状态判断:
- 当 $\sigma_{1f} > \sigma_1$ 或 $\sigma_{3f} < \sigma_3$ 时,土体处于稳定平衡;
- 当 $\sigma_{1f} = \sigma_1$ 或 $\sigma_{3f} = \sigma_3$ 时,土体处于极限平衡;
- 当 $\sigma_{1f} < \sigma_1$ 或 $\sigma_{3f} > \sigma_3$ 时,土体处于失稳状态。

【例题4.1】 地基中某一单元土体上的大主应力 $\sigma_1 = 420$ kPa,小主应力 $\sigma_3 = 180$ kPa。通过试验测得该土样的抗剪强度指标 $c = 18$ kPa,$\varphi = 20°$。试问:(1)该单元土体处于何种状态?(2)是否会沿剪应力最大的面发生破坏?

【解】 (1)单元体所处状态的判别

设达到极限平衡状态时所需小主应力为 σ_{3f},则由式(4.10)得

$$\sigma_{3f} = \sigma_1 \tan^2\left(45° - \frac{\varphi}{2}\right) - 2c \tan\left(45° - \frac{\varphi}{2}\right)$$

$$= 420 \times \tan^2\left(45° - \frac{20°}{2}\right) - 2 \times 18 \times \tan\left(45° - \frac{20°}{2}\right)$$

$$= 180.7(\text{kPa}) > \sigma_3 = 180(\text{kPa})$$

因为 σ_{3f} 大于该单元土体的实际小主应力 σ_3,极限应力圆半径将小于实际应力圆半径,

，土体处于剪切破坏状态。

若设达到极限平衡状态时的大主应力为 σ_{1f}，则由式（4.9）可得

$$\sigma_{1f} = \sigma_3 \tan^2\left(45° + \frac{\varphi}{2}\right) + 2c \tan\left(45° + \frac{\varphi}{2}\right)$$

$$= 180 \tan^2\left(45° + \frac{20°}{2}\right) + 2 \times 18 \times \tan\left(45° + \frac{20°}{2}\right)$$

$$= 419(\text{kPa}) < \sigma_1 = 420(\text{kPa})$$

按照将极限应力圆半径与实际应力圆半径相比较的判断方式同样可得出上述结论。

（2）判断是否沿剪应力最大的面发生剪切破坏

由式（4.6）可知，当 $\alpha = 45°$ 时，剪应力最大，即 $\tau_{max} = \frac{1}{2}(\sigma_1 - \sigma_3)$。

对于本题，$\tau_{max} = \frac{1}{2}(\sigma_1 - \sigma_3) = \frac{1}{2}(420 - 180) = 120(\text{kPa})$。

剪应力最大面上的正应力：

$$\sigma = \frac{\sigma_1 + \sigma_3}{2} + \frac{\sigma_1 - \sigma_3}{2}\cos 2\alpha$$

$$= \frac{1}{2} \times (420 + 180) + \frac{1}{2} \times (420 - 180)\cos 90°$$

$$= 300(\text{kPa})$$

剪应力最大面上的抗剪强度：

$$\tau_f = \sigma \tan \varphi + c = 300 \times \tan 20° + 18 = 127(\text{kPa})$$

因为在剪应力最大面上 $\tau_f > \tau_{max}$，所以剪应力最大的面上不会发生剪切破坏。事实上，剪切破坏发生在与大主应力作用面夹角为 $\frac{\varphi}{2} + 45°$ 的斜面上，而非与大主应力作用面夹角为 $45°$ 的剪应力最大的斜面上。剪应力大的斜面上的抗剪强度更大，所以不在那个面上破坏。

任务 3　测定土的抗剪强度

土的抗剪强度是决定建筑物地基和土工结构稳定的关键因素，因而正确测定土的抗剪强度指标对工程实践具有重要的意义。经过数十年的不断发展，目前已有多种类型的仪器、设备可用于测定土的抗剪强度指标。土的剪切试验可分为室内试验和现场试验。室内试验的特点是边界条件比较明确，且容易控制，但室内试验要求必须从现场采取试样，在取样的过程中不可避免地引起应力释放和土的结构扰动。为弥补室内试验的不足，可在现场进行原位试验。原位试验的优点是试验直接在现场原位置进行，不需取样，因而能够很好地反映土的结构和构造特性。对无法进行或很难进行室内试验的土，如粗粒土、极软黏土及岩土接触面等，可进行原位试验，以取得必要的力学指标。总之，每种试验仪器都有一定的适用性和局限性，在试验方法和成果整理等方面也有各自不同的做法。

土的抗剪强度
的测定方法

土的直剪试验

4.3.1 直接剪切试验

直剪试验是测定土的抗剪强度指标的室内试验方法之一,它可直接测出给定剪切面上土的抗剪强度。它所使用的仪器称为直接剪切仪或直剪仪,分为应变控制式和应力控制式两种。前者对试样采用等速剪应变测定相应的剪应力,后者则是对试样分级施加剪应力测定相应的剪切位移。我国普遍采用应变控制式直剪仪,其结构构造如图4.6所示,其受力状态如图4.7所示。仪器由固定的上盒和可移动的下盒构成,

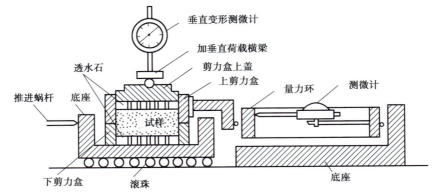

图4.6　应变式直剪仪构造示意图

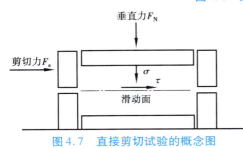

图4.7　直接剪切试验的概念图

试样置于上、下盒之间的盒内。试样上、下各放一块透水石以利于试样排水。试验时,首先由加荷架对试样施加竖向压力 F_N,水平推力 F_s 则由等速前进的轮轴施加于下盒,使试样在沿上、下盒水平接触面产生剪切位移,如图4.7所示。总剪力 F_s(即水平推力)由量力环测定,剪切变形由百分表测定。在施加每一种法向应力后($\sigma = \dfrac{F_N}{A}$,A 为试件面积),逐级增加剪切面上的剪应力 τ($\tau = \dfrac{F_s}{A}$),直至试件破坏。将试验结果绘制成剪应力 τ 和剪应变 γ 的关系曲线,如图4.8所示。一般由曲线的峰值作为该法向应力 σ 下相应的抗剪强度 τ_f,必要时也可取终值作为抗剪强度。

采用几种不同的法向应力,测出相应的几个抗剪强度 τ_f。在 σ-τ_f 坐标上绘制 σ-τ_f 曲线,即为土的抗剪强度曲线,也就是莫尔库仑破坏包线,如图4.9所示。

直剪仪具有构造简单、操作简便的特点,并符合某些特定条件,至今仍是实验室常用的一种试验仪器。但该试验也存在如下缺点:

①剪切过程中试样内的剪应变和剪应力分布不均匀。试样剪破时,靠近剪力盒边缘应变最大,而试样中间部位的应变相对小得多。此外,剪切面附近的应变又大于试样顶部和底部的应变。基于同样的原因,试样中的剪应力也是很不均匀的。

②剪切面被人为地限制在上、下盒的接触面上,而该平面并非是试样抗剪最弱的剪切面。

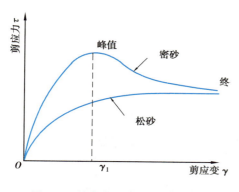

图 4.8 剪应力-剪应变关系曲线

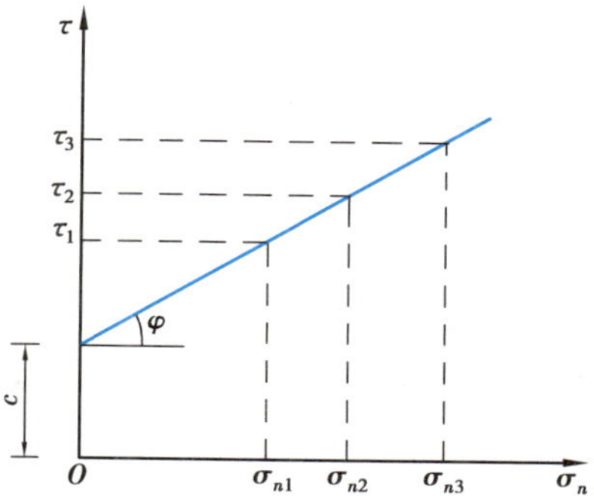

图 4.9 直剪试验结果

③剪切过程中试样面积逐渐减小,且垂直荷载发生偏心;但计算抗剪强度时,却按受剪面积不变和剪应力均匀分布计算。

④不能严格控制排水条件,因而不能量测试样中的孔隙水压力。

4.3.2 三轴剪切试验

土工三轴仪是一种能较好地测定土的抗剪强度的试验设备。与直剪仪相比,三轴仪试样中的应力相对比较均匀和明确。三轴仪也分为应变控制和应力控制两种,但目前由计算机和传感器等组成的自动化控制系统可同时具有应变控制和应力控制两种功能。如图 4.10 所示为三轴仪的简图,如图 4.11 所示为三轴仪的照片。三轴仪的核心部分是压力室,它是由一个金属活塞、底座和透明有机玻璃圆筒组成的封闭容器;轴向加压系统用以对试样施加轴向附加压力,并可控制轴向应变的速率;周围压力系统则通过液体(通常是水)对试样施加围压;试样为圆柱形,并用橡皮膜包裹起来,以使试样中的孔隙水与膜外液体(水)完全隔开。试样中的孔隙水通过其底部的透水面与孔隙水压力量测系统连通,并由孔隙水压力阀门控制。

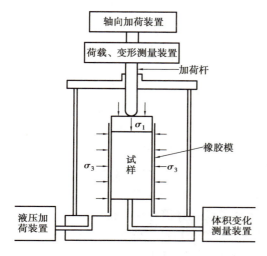

图 4.10 三轴压缩试验机简图

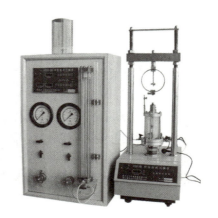

图 4.11 三轴压缩试验机照片

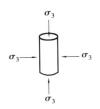
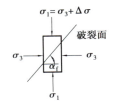
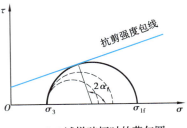

（a）试样受围压作用　　（b）破坏时试样上的主应力　　　　　（c）试样破坏时的莫尔圆

图 4.12　三轴压缩试验原理

试验时，先打开围压系统阀门，使试样在各向受到的围压达 σ_3，并维持不变[见图 4.12（a）]，然后由轴压系统通过活塞对试样施加轴向附加压力 $\Delta\sigma$（$\Delta\sigma = \sigma_1 - \sigma_3$ 称为偏应力）。试验过程中，$\Delta\sigma$ 不断增大而 σ_3 维持不变，试样的轴向应力（大主应力）σ_1（$\sigma_1 = \sigma_3 + \Delta\sigma$）也不断增大，其应力莫尔圆亦逐渐扩大至极限应力圆，试样最终被剪破[见图 4.12（b）]。极限应力圆可由试样剪破时的 σ_{1f} 和 σ_3 作出[见图 4.12（c）中实线圆]。破坏点的确定方法为：量测相应的轴向变 ε_1，点绘 $\Delta\sigma$-ε_1 关系曲线，以偏应力 σ_1-σ_3 的峰值为破坏点（见图 4.13）；无峰值时，取某一轴向应变（如 $\varepsilon_1 = 15\%$）对应的偏应力值作为破坏点。

在给定的围压 σ_3 作用下，一个试样的试验只能得到一个极限应力圆。同种土样至少需要 3 个以上试样在不同的 σ_3 作用下进行试验，方能得到一组极限应力圆。由于这些试样均被剪破，绘极限应力圆的公切线即为该土样的抗剪强度包线。它通常呈直线状，其与横坐标的夹角即为土的内摩擦角 φ，与纵坐标的截距即为土的黏聚力 c（见图 4.14）。

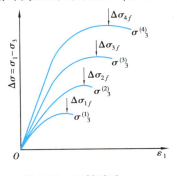

图 4.13　三轴试验 $\Delta\sigma$-ε_1

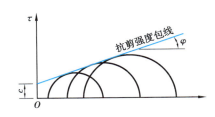

图 4.14　三轴试验的强度破坏包线

三轴压缩试验可根据工程实际情况的不同，采用不同的排水条件进行试验。在试验中，既能令试样沿轴向压缩，也能令其沿轴向伸长。通过试验，还可测定试样的应力、应变、体积应变、孔隙水压力变化和静止测压力系数等。如试样的轴向应变可根据其顶部刚性试样帽的轴向位移量和起始高度算得，试样的侧向应变可根据其体积变化量和轴向应变间接算得，那么对饱和试样而言，试样在试验过程中的排水量即为其体积变化量。排水量可通过打开量水管阀门，让试样中的水排入量水管，并由量水管中水位的变化算出。在不排水条件下，如要测定试样中的孔隙水压力，可关闭排水阀，打开孔隙水压力阀门，对试样施加轴向压力后，由于试样中孔隙水压力增加而迫使零位指示器中水银面下降，此时可用调压筒施反向压力，调整零位指示器的水银面始终保持原来的位置，从孔隙水压力表中即可读出孔隙水压力值。

三轴压缩试验可供在复杂应力条件下研究土的抗剪强度特性之用，其突出优点如下：

①试验中能严格控制试样的排水条件,准确测定试样在剪切过程中孔隙水压力的变化,从而可定量获得土中有效应力的变化情况。

②与直剪试验相比,试样中的应力状态相对较为明确和均匀,不硬性指定破裂面位置。

③除抗剪强度指标外,还可测定如土的灵敏度、侧压力系数、孔隙水压力系数等力学指标。

但三轴压缩试验也存在试样制备和试验操作比较复杂、试样中的应力与应变仍然不均匀的缺点。由于试样上、下端的侧向变形分别受到刚性试样帽和底座的限制,而在试样的中间部分却不受约束,因此当试样接近破坏时,试样常被挤压成鼓形。此外,目前所谓的"三轴试验",一般都是在轴对称的应力应变条件下进行的。许多研究报告表明,土的抗剪强度受到应力状态的影响。在实际工程中,油罐和圆形建筑物地基的应力分布属于轴对称应力状态,而路堤、土坝和长条形建筑物地基的应力分布属于平面应变状态($\varepsilon_2 = 0$),一般方形和矩形建筑物地基的应力分布则属于三向应力状态($\sigma_1 \neq \sigma_2 \neq \sigma_3$)。有人曾利用特制的仪器进行 3 种不同应力状态下的强度试验,发现同种土在不同应力状态下的强度指标并不相同。例如,对砂土进行的许多对比试验表明,平面应变的砂土的 φ 值比轴对称应力状态下要高出约 3°。因而,三轴压缩试验结果不能全面反映主应力(σ_2)的影响。若想获得更合理的抗剪强度参数,须采用真三轴仪或扭剪仪,其试样可在 3 个互不相同的主应力($\sigma_1 \neq \sigma_2 \neq \sigma_3$)作用下进行试验。

4.3.3　无侧限抗压强度试验

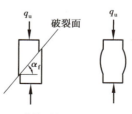

土的无侧限抗压强度试验

无侧限抗压强度试验是三轴压缩试验中 $\sigma_3 = 0$ 时的特殊情况。试验时,将圆柱形试样置于如图 4.15 所示的无侧限压缩仪中,对试样不加周围压力,仅对它施加垂直轴向压力 σ_1[见图 4.16(a)],剪切破坏时试样所承受的轴向压力称为无侧限抗压强度。由于试样在试验过程中在侧向不受任何限制,故称无侧限抗压强度试验。无黏性土在无侧限条件下试样难以成型,故该试验主要用于黏性土,尤其适用于饱和软黏土。

图 4.15　无侧限压缩仪照片

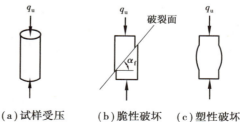

(a)试样受压　　(b)脆性破坏　　(c)塑性破坏

图 4.16　无侧限抗压强度试验原理

无侧限抗压强度试验中,试样破坏时的判别标准类似三轴压缩试验。坚硬黏土的 $\sigma_1 = \varepsilon_1$ 关系曲线常出现 σ_1 的峰值破坏点(脆性破坏),此时的 σ_{1f} 即为 q_u;而软黏土的破坏常呈现为塑流变形,σ_1-ε_1 关系曲线常无峰值破坏点(塑性破坏),此时可取轴向应变 $\varepsilon_1 = 15\%$ 处的轴向应力值作为 q_u。无侧限抗压强度 q_u 相当于三轴压缩试验中试样在 $\sigma_3 = 0$ 条件下破坏时的大主应力 σ_{1f},故由式(4.9)可得

$$q_u = 2c \tan\left(45° + \frac{\varphi}{2}\right) \tag{4.12}$$

式中 q_u——无侧限抗压强度,kPa。

无侧限抗压强度试验结果只能做出一个极限应力圆($\sigma_{1f} = q_u$,$\sigma_3 = 0$),因此,对一般黏性土难以作出破坏包线。试验中若能测得试样的破裂角 α_f[见图4.16(b)],则理论上可根据式(4.11),由 $\alpha_f = 45° + \frac{\varphi}{2}$ 推算出黏性土的内摩擦角 φ,再由式(4.12)推得土的黏聚力 c。但一般 α_f 不易量测,要么因为土的不均匀性导致破裂面形状不规则;要么由于软黏土的塑流

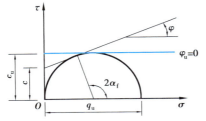

图4.17 无侧限抗压强度试验的强度包线

变形而不出现明显的破裂面,只是被挤压成鼓形[见图4.16(c)]。而对于饱和软黏土,在不固结不排水条件下进行剪切试验,可认为 $\varphi = 0$,其抗剪强度包线与 σ 轴平行。因而,由无侧限抗压强度试验所得的极限应力圆的水平切线,即为饱和软黏土的不排水抗剪强度包线。

如图4.17所示,其不排水抗剪强度 c_u 为

$$c_u = \frac{q_u}{2} \tag{4.13}$$

4.3.4 十字板剪切试验

在土的抗剪强度现场原位测试方法中,最常用的是十字板剪切试验。它无须钻孔取得原状土样,使土少受扰动,试验时土的排水条件、受力状态等与实际条件十分接近,因而特别适用于难以取样和高灵敏度的饱和软黏土。

十字板剪切仪的构造如图4.18所示,其主要部件为十字板头、轴杆、施加扭力设备和测力装置。近年来已有用自动记录显示和数据处理的微机代替旧有测力装置的新仪器问世。十字板剪切试验的工作原理是将十字板头插入土中待测的土层标高处,然后在地面上对轴杆施加扭转力矩,带动十字板旋转。十字板头的四翼矩形片旋转时与土体间形成圆柱体表面形状的剪切面,如图4.19所示。通过测力设备测出最大扭转力矩 M,据此可推算出土的抗剪强度。

土体剪切破坏时,其抗扭力矩由圆柱体侧面和上、下表面土的抗剪强度产生的抗扭力矩两部分构成。

(1)圆柱体侧面上的抗扭力矩 M_1

$$M_1 = \left(\pi GDH \cdot \frac{D}{2}\right)\tau_f \tag{4.14}$$

式中 D——十字板的宽度,即圆柱体的直径,m;

H——十字板的高度, m;

τ_f——土的抗剪强度, kPa。

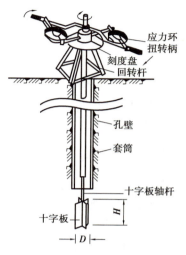

图 4.18 十字板剪力仪

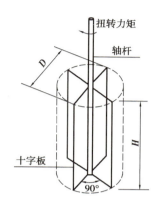

图 4.19 十字板剪切原理

（2）圆柱体上、下表面上的抗扭力矩 M_2

$$M_2 = \left(2 \times \frac{\pi D^2}{4} \times \frac{D}{3} \right) \tau_f \tag{4.15}$$

式中 $D/3$——力臂值, 由剪力合力作用在距圆心 2/3 的圆半径处所得。

应该指出, 实际上为简化起见, 式（4.14）和式（4.15）的推导中假设了土的强度为各向相同, 即剪切破坏时圆柱体侧面和上、下表面土的抗剪强度相等。由土体剪切破坏时所量测的最大扭矩, 应与圆柱体侧面和上、下表面产生的抗扭力矩相等, 可得

$$M = M_1 + M_2 = \left(\frac{\pi H D^2}{2} + \frac{\pi D^3}{6} \right) \tau_f \tag{4.16}$$

于是, 由十字板原位测定的土的抗剪强度 τ_f 为

$$\tau_f = \frac{2M}{\pi D^2 \left(H + \dfrac{D}{3} \right)} \tag{4.17}$$

对饱和软黏土来说, 与室内无侧限抗压强度试验一样, 十字板剪切试验所得成果即为不排水抗剪强度 c_u, 且主要反映土体垂直面上的强度。由于天然土层的抗剪强度是非等向的, 水平面上的固结压力往往大于侧向固结压力, 因而水平面上的抗剪强度略大于垂直面上的抗剪强度。十字板剪切试验结果理论上应与无侧限抗压强度试验相当（甚至略小）, 但事实上十字板剪切试验结果往往比无侧限抗压强度值偏高, 这可能与土样扰动较少有关。除土的各向异性外, 土的成层性, 十字板的尺寸、形状、高径比、旋转速率等因素对十字板剪切试验结果均有影响。此外, 十字板剪切面上的应力条件十分复杂, 例如有人曾利用衍射成像技术, 发现十字板周围土体存在因受剪影响使颗粒重新定向排列的区域, 这表明十字板剪切不

是简单沿着一个面产生,而是存在着一个具有一定厚度的剪切区域。因此,十字板剪切的 c_u 值与原状土室内的不排水剪切试验结果有一定的差别。

任务 4　测试不同排水条件下土的抗剪强度

4.4.1　不同排水条件时的剪切试验方法

土的抗剪强度与试验时的排水条件密切相关,根据土体现场受剪的排水条件,有三种特定的试验方法可供选择,即三轴剪切试验中的不固结不排水剪、固结不排水剪和固结排水剪,对应直剪试验中的快剪、固结快剪和慢剪。

(1)不固结不排水剪(UU)

不固结不排水剪简称不排水剪,在三轴剪切试验中自始至终不让试样排水固结,即施加周围压力 σ_3 和随后施加轴向应力增量 $\Delta\sigma$ 直至土样剪损的整个过程都关闭排水阀,使土样的含水量不变。

用直剪仪进行快剪(Q)时,在土样的上、下面与透水石之间用不透水薄膜隔开,施加预定的垂直压力后,立即施加水平剪力,并在 3~5 min 内将土样剪损。

(2)固结不排水剪(CU)

固结不排水剪是在三轴试验中使试样先在 σ_3 作用下完全排水固结,即让试样中的孔隙水压力 $u_1=0$。然后关闭排水阀门,再施加轴向应力增量 $\Delta\sigma_1$,使试样在不排水条件下剪切破坏。

用直剪仪进行固结快剪(CQ)时,剪前使试样在垂直荷载下充分固结,剪切时速率较快,尽量使土样在剪切过程中不再排水。

(3)固结排水剪(CD)

固结排水剪简称排水剪,三轴试验时先使试样在 σ_3 作用下排水固结,再让试样在能充分排水的情况下,缓慢施加轴向压力增量,直至剪破,即整个试验过程中试样的孔隙水压力始终为零。

用直剪仪进行慢剪试验(S)时,施加垂直压力 σ 后待试样固结稳定,再以缓慢的速率施加水平剪切力,直至试样剪破。

按上述三种特定试验方法进行试验所得的成果,均可用总应力强度指标来表示,其表示方法是在 c,φ 符号右下角分别标以表示不同排水条件的符号,如表 4.1 所示。

表 4.1　剪切试验成果表达

直接剪切		三轴剪切	
试验方法	成果表达	试验方法	成果表达
快剪	c_q,φ_q	不排水剪	c_u,φ_u
固结快剪	c_{cq},φ_{cq}	固结不排水剪	c_{cu},φ_{cu}
慢剪	c_s,φ_s	排水剪	c_d,φ_d

4.4.2　抗剪强度指标的选用

如前所述,土的抗剪强度指标随试验方法、排水条件的不同而不同,因而在实际工程中应该尽可能根据现场条件决定室内试验方法,以获得合适的抗剪强度指标。

一般认为,由三轴固结不排水试验确定的有效应力强度参数 c' 和 φ' 宜用于分析地基的长期稳定性,例如土坡的长期稳定分析,估计挡土结构物的长期土压力,位于软土地基上结构物的地基长期稳定分析等。而对于饱和软黏土的短期稳定问题,则宜采用不排水剪的强度指标。但在进行不排水剪试验时,宜在土的有效自重压力下预固结,以避免试验得出的指标过低,使之更符合实际情况。

一般工程问题多采用总应力分析法,其测试方法和指标的选用大致如表 4.2 所示。

表 4.2　地基土抗剪强度指标的选择

试验方法	适用条件
不排水剪或快剪	地基土的透水性和排水条件不良,建筑物施工速度较快
排水剪或慢剪	地基土的透水性好,排水条件较佳,建筑物加荷速率较慢
固结不排水剪或固结快剪	建筑物竣工较久后荷载又突然增大(如房屋增层),或地基条件介于上述两种情况之间

任务 5　评价地基承载力

地基承载力是指地基土单位面积上所能承受荷载的能力,以 kPa 计,一般用地基承载力特征值来表述。《建筑地基基础设计规范》(GB 50007—2011)规定,地基承载力的特征值是指由载荷试验测定的地基土压力变形曲线线性变形段内规定的变形所对应的压力值,其最大值为比例界限值。一般认为地基承载力可分为允许承载力和极限承载力。允许承载力是指地基土允许承受荷载的能力,极限承载力是地基土发生剪切破坏而失去整体稳定时的基底最小压力。确定地

地基承载力的确定方法

基承载力的方法有载荷试验法、理论计算法、规范查表法、经验估算法等许多种。单一一种方法估算出的地基承载力的值为承载力的基本值,基本值经标准数理统计后可得地基承载力的标准值,经过对承载力标准值进行修正则得到承载力设计值。在工程设计中为了保证地基土不发生剪切破坏而失去稳定,同时也为使建筑物不致因基础产生过大的沉降和差异沉降而影响其正常使用,必须限制建筑物基础底面的压力,使其不得超过地基的承载力设计值。因此,确定地基承载力是工程实践中迫切需要解决的问题。

4.5.1　地基的破坏模式

我们可以通过现场载荷试验或室内模型试验来研究地基承载力。现场载荷试验是在要测定的地基上放置一块模拟基础的载荷板。载荷板的尺寸较实际基础为小,一般为 $0.25 \sim 1.0 \, \text{m}^2$。然后在载荷板上逐级施加荷载,同时测定在各级荷载下载荷板的沉降量及周围土的位移情况,直到地基土破坏失稳为止。通过试验可以得到载荷板在各级压力 p 的作用下

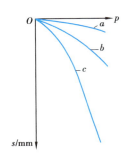

图 4.20 *p-s* 曲线

a—整体剪切破坏;*b*—局部剪切破坏;
c—刺入剪切破坏

其相应的稳定沉降量,绘得 *p-s* 曲线如图 4.20 所示。

4.5.2 地基变形破坏形式

1)地基破坏的形式

根据试验研究,地基变形有以下三种破坏形式。

(1)整体剪切破坏

如图 4.21(a)所示为整体剪切破坏的特征。当基础上荷载较小时,基础下形成一个三角形压密区,随同基础压入土中,这时 *p-s* 曲线呈直线关系(见图 4.20 中曲线 *a*)。随着荷载增加,压密区向两侧挤压,土中产生塑性区,塑性区先在基础边缘产生,然后逐步向侧面向下扩展。这时基础的沉降增长率较前一阶段增大,故 *p-s* 曲线呈曲线状。当荷载达到最大值后,土中形成连续滑动面,并延伸到地面,土从基础两侧挤出并隆起,基础沉降急剧增加,整个地基失稳破坏。这时 *p-s* 曲线上出现明显的转折点,其相应的荷载称为极限荷载 p_u,如图 4.21(d)所示。整体剪切破坏常发生在浅埋基础下的密砂或硬黏土等坚实地基中。

(2)局部剪切破坏

如图 4.21(b)所示为局部剪切破坏的特征。随着荷载的增加,塑性变形区同样从基础底面边缘处开始发展,但仅仅局限于地基一定范围内,土体中形成一定的滑动面,但并不延伸至地表面,如图 4.21(b)中虚线所示。地基失稳时,基础两侧地面微微隆起,没有出现明显的裂缝。其在相应的 *p-s* 曲线中,直线拐点 *a* 不像整体剪切破坏那么明显,曲线转折点 *b* 后的沉降速率虽然较前一阶段为大,但不如整体剪切破坏那样急剧增加。当基础有一定埋深,且地基为一般黏性土或具有一定压缩性的砂土时,地基可能会出现局部剪切破坏。

(3)冲切破坏

冲切破坏也称刺入破坏。这种破坏形式常发生在饱和软黏土、松散的粉土、细砂等地基中。其破坏特征是在基础下没有明显的连续滑动面,随着荷载的增加,基础随着土层发生压缩变形而下沉,当荷载继续增加,基础周围附近土体发生竖向剪切破坏,使基础刺入土中,如图 4.21(c)所示。刺入剪切破坏的 *p-s* 曲线如图 4.20 中曲线 *c* 所示,没有明显的转折点、比例界限及极限荷载,这种破坏形式发生在松砂及软土中。总之,冲切破坏以显著的基础沉降为主要特征。

地基的剪切破坏形式,除了与地基土的性质有关外,还同基础埋置深度、加荷速度等因素有关。如在密砂地基中,一般常发生整体剪切破坏,但当基础埋置深时,在很大荷载作用下密砂就会产生压缩变形,而产生刺入剪切破坏;在软黏土中,当加荷速度较慢时会产生压缩变形而产生刺入剪切破坏,但当加荷很快时,由于土体不能产生压缩变形,就可能发生整体剪切破坏。

2)地基变形的三个阶段

根据现场载荷试验,地基从加荷到产生破坏一般经过三个阶段。

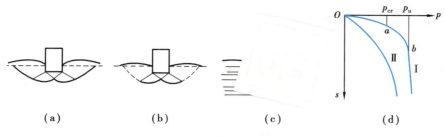

图 4.21　地基破坏形式

（1）压密阶段（或称直线变形阶段）

相当于 p-s 曲线上的 oa 段。在这一阶段，p-s 曲线接近于直线，土中各点的剪应力均小于土的抗剪强度，土体处于弹性平衡状态［见图 4.22（a）］。载荷板的沉降主要是由土的压密变形引起的。把 p-s 曲线上相应于 a 点的荷载称为比例界限 p_{cr}，也称临塑荷载。

（2）剪切阶段

相当于 p-s 曲线上的 ab 段。此阶段 p-s 曲线已不再保持线性关系，沉降的增长率 $\Delta s / \Delta p$ 随荷载的增大而增加。地基土中局部范围内的剪应力达到土的抗剪强度，土体发生剪切破坏，这些区域也称塑性区。随着荷载的继续增加，土中塑性区的范围也逐步扩大［见图 4.22（b）］，直到土中形成连续的滑动面，由载荷板两侧挤出而破坏。因此，剪切阶段也是地基中塑性区的发生与发展阶段。相应于 p-s 曲线上 b 点的荷载称为极限荷载 p_{u}。

（3）破坏阶段

相当于 p-s 曲线上的 bc 段。当荷载超过极限荷载后，载荷板急剧下沉，即使不增加荷载，沉降也将继续发展［见图 4.22（c）］，因此，p-s 曲线陡直下降。在这一阶段，由于土中塑性区范围的不断扩展，最后在土中形成连续滑动面，土从载荷板四周挤出隆起，地基土失稳而破坏。

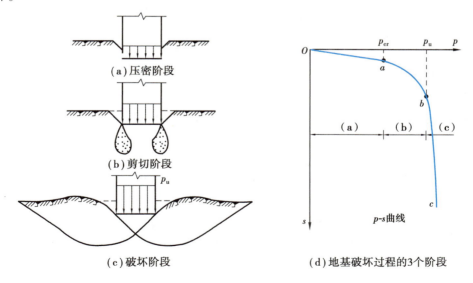

（a）压密阶段

（b）剪切阶段

（c）破坏阶段

（d）地基破坏过程的3个阶段

p-s曲线

图 4.22　地基的破坏过程

4.5.3 地基临塑荷载和临界荷载

1)地基的临塑荷载

（1）定义

临塑荷载 p_{cr} 是地基变形的第一、二阶段的分界荷载，即地基中刚开始出现塑性变形区时相应的基底压力。此时塑性区开展的最大深度 $z_{max}=0$（z 从基底计起）。如图 4.23 所示为在荷载 p（大于 p_{cr}）作用下土体中塑性区开展示意图。现以浅埋条形基础为例，介绍在竖向均匀荷载作用下 p_{cr} 的计算方法。

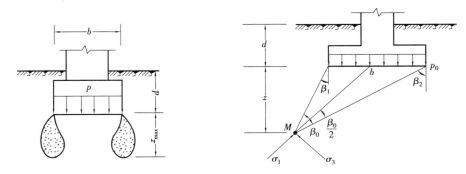

图 4.23　条形均布荷载作用下地基中的主应力和塑性区

（2）临塑荷载的计算公式

条形基础在均布荷载作用下，当基础埋深为 d，宽度为 b，侧压力系数为 1，由建筑物荷载引起的基底压力为 p（kPa）。假设地基的天然重度为 γ，则基础底面的附加压力应该是 $p_0 = p - \gamma d$，地基中任意深度 z 处一点 M，它的最大、最小主应力为

$$\sigma_1 = \frac{p - \gamma d}{\pi}(\beta_0 + \sin \beta_0) + \gamma(d + z)$$

$$\sigma_3 = \frac{p - \gamma d}{\pi}(\beta_0 - \sin \beta_0) + \gamma(d + z) \tag{4.18}$$

式中　p——基底压力，kPa；

　　　β_0——M 点至基础边缘两连线的夹角。

当地基内 M 点达到极限平衡状态时，大、小主应力应满足下列关系式

$$\frac{1}{2}(\sigma_1 - \sigma_3) = \left[\frac{1}{2}(\sigma_1 + \sigma_3) + c \cdot \cot \varphi\right] \sin \varphi \tag{4.19}$$

将式（4.18）代入式（4.19）中，整理后可得出轮廓界限方程式为

$$z = \frac{p - \gamma d}{\pi \gamma}\left(\frac{\sin \beta_0}{\sin \varphi} - \beta_0\right) - \frac{c}{\gamma \cdot \tan \varphi} - d \tag{4.20}$$

当基础埋深 d、荷载 p 和土的 γ, c, φ 已知，就可应用公式（4.20）得出塑性区的边界线，如图 4.23 所示。

为了计算塑性变形区最大深度 z_{max}，令 $\dfrac{\mathrm{d}z}{\mathrm{d}\beta_0} = 0$ 得出

$$z_{max} = \frac{p - \gamma d}{\pi \gamma}\left(\cot\varphi - \frac{\pi}{2} + \varphi\right) - \frac{c}{\gamma\tan\varphi} - d \qquad (4.21)$$

当 $z_{max} = 0$ 时即得临塑荷载 p_{cr} 的计算公式

$$P_{cr} = \frac{\pi(\gamma d + c\cdot\cot\varphi)}{\cot\varphi - \frac{\pi}{2} + \varphi} + \gamma d = N_q\gamma d + N_c c \qquad (4.22)$$

式中　d——基础的埋置深度，m；

γ——基底平面以上土的重度，kN/m²；

c——土的黏聚力，kPa；

φ——土的内摩擦角(°)，计算时化为弧度，即乘以 $\pi/180$；

N_q, N_c——承载力系数，$N_c = \frac{\pi\cot\varphi}{\cot\varphi - \frac{\pi}{2} + \varphi}$，$N_q = \frac{\cot\varphi + \frac{\pi}{2} + \varphi}{\cot\varphi - \frac{\pi}{2} + \varphi}$。

2) 地基的临界荷载

大量工程实践表明，用 p_{cr} 作为地基承载力设计值是比较保守和不经济的。即使地基中出现一定范围的塑性区，也不致危及建筑物的安全和正常使用。工程中允许塑性区发展到一定范围，这个范围的大小是与建筑物的重要性、荷载性质以及土的特征等因素有关的。一般中心受压基础可取 $z_{max} = b/4$，偏心受压基础可取 $z_{max} = b/3$，与此相应的地基承载力用 $p_{\frac{1}{3}}$，$p_{\frac{1}{4}}$ 表示，称为临界荷载，这时的荷载

$$p_{\frac{1}{4}} = \frac{\pi\left(\gamma d + c\cdot\cot\varphi + \frac{1}{4}\gamma b\right)}{\cot\varphi - \frac{\pi}{2} + \varphi} + \gamma d = cN_c + \gamma dN_q + \gamma bN_{\frac{1}{4}} \qquad (4.23)$$

$$p_{\frac{1}{3}} = \frac{\pi\left(\gamma d + c\cdot\cot\varphi + \frac{1}{3}\gamma b\right)}{\cot\varphi - \frac{\pi}{2} + \varphi} + \gamma d = cN_c + \gamma dN_q + \gamma bN_{\frac{1}{3}} \qquad (4.24)$$

式中

$$N_{\frac{1}{4}} = \frac{\frac{\pi}{4}}{\cot\varphi - \frac{\pi}{2} + \varphi} \qquad (4.25)$$

$$N_{\frac{1}{3}} = \frac{\frac{\pi}{3}}{\cot\varphi - \frac{\pi}{2} + \varphi} \qquad (4.26)$$

式(4.24)与式(4.25)中，与 d 同项的 γ 是基底以上土层的加权平均重度；与 b 同项的 γ 是基底以下持力层的重度。另外，如地基中存在地下水时，则位于水位以下的地基土取浮重度 γ' 值计算。其余的符号意义同前。

上述临塑荷载与临界荷载计算公式均由条形基础均布荷载推导得来。

4.5.4 地基承载力的确定方法

极限荷载即地基变形第二阶段与第三阶段的分界点相对应的荷载,是地基达到完全剪切破坏时的最小压力。极限荷载除以安全系数可作为地基的承载力设计值。

极限承载力的理论推导目前只能针对整体剪切破坏模式进行。确定极限承载力的计算公式可归纳为两大类:一类是假定滑动面法,先假定在极限荷载作用时土中滑动面的形状,然后根据滑动土体的静力平衡条件求解;另一类是理论解,根据塑性平衡理论导出在已知边界条件下,滑动面的数学方程式来求解。

由于假定不同,计算极限荷载的公式的形式也各不相同。但不论哪种公式,都可写成如下基本形式:$p_u = \frac{1}{2}\gamma b N_\gamma + N_q q + N_c c$。下面介绍在平面问题中浅基础应用较多的太沙基与汉森公式。

(1)太沙基公式

太沙基利用塑性理论推导了条形浅基础在铅直中心荷载作用下,地基极限荷载的理论公式。本公式是属于假定滑动面(如图4.24所示分成3个区)求极限荷载的方法。其假定为:

①基底面粗糙,Ⅰ区在基底面下的三角形弹性楔体处于弹性压密状态,它在地基破坏时随基础一同下沉。楔体与基底面的夹角为φ。

②Ⅱ区(辐射受剪区)的下部近似为对数螺旋曲线。Ⅲ区(朗肯被动区)下部为一斜直线,其与水平面夹角为($45° - \varphi/2$),塑性区(Ⅱ与Ⅲ)的地基同时达到极限平衡。

③基础两侧的土重视为"边载荷"$q = \gamma d$,不考虑这部分土的抗剪强度。Ⅲ区的自重抵消了上举作用力,并通过Ⅱ、Ⅰ区阻止基础的下沉。

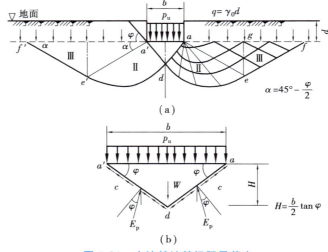

图4.24 太沙基地基极限承载力

根据对弹性楔体(基底下的三角形土楔体)的静力平衡条件分析,经过一系列的推导,整理得出如下公式

$$p_u = \frac{1}{2}\gamma b N_\gamma + N_c c + N_q q \tag{4.27}$$

式中 p_u——地基极限承载力,kPa;

φ——土的内摩擦角;

c——基底以下土的黏聚力,kPa;

q——基底以上土体荷载,kPa,且 $q=\gamma_0 d$(γ_0 为基底以上土层的加权平均重度,d 为基础埋深);

γ——基底以下土的重度,kN/m³;

N_γ,N_c,N_q——太沙基地基承载力系数,它们是土的内摩擦角的函数,可由图 4.25 中的曲线(实线)确定。

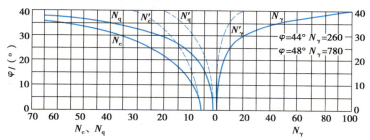

图 4.25   太沙基地基承载力系数

上述太沙基极限承载力公式适用于地基土较密实,发生整体剪切破坏的情况。对于压缩性较大的松散土体,地基可能发生局部剪切破坏。

太沙基根据经验,将式(4.28)改为

$$p_u = \frac{1}{2}\gamma b N_\gamma' + q N_q' + \frac{2}{3}c N_c' \tag{4.28}$$

式中的 N_γ',N_c',N_q' 可根据内摩擦角 φ,从图 4.25 中的虚线查得。

如果不是条形基础,而是置于密实或坚硬土地基中的方形基础或圆形基础,太沙基建议按修正后的公式计算地基极限承载力,即

圆形基础 $$p_u = 0.6\gamma R N_\gamma + \gamma_0 d N_q + 1.2c N_c \tag{4.29}$$

方形基础 $$p_u = 0.4\gamma b N_\gamma + \gamma_0 d N_q + 1.2c N_c \tag{4.30}$$

式中 R——圆形基础的半径,m;

b——方形基础的宽度,m。

对于矩形基础,可在方形基础($b/l=1.0$)和条形基础之间进行内插。

(2)汉森公式

汉森公式是一个半经验公式,它适用于倾斜荷载作用下,不同基础形状和埋置深度的极限荷载的计算。汉森公式考虑了基础形状、埋置深度、倾斜荷载、地面倾斜及基础底面倾斜等因素的影响(见图 4.26)。

图 4.26   地面倾斜与基础倾斜

每种修正均需在承载力系数 N_γ,N_c,N_q 上乘以相应的修正系数,修正后的汉森极限承载力公式为

$$p_u = \frac{1}{2}\gamma b N_\gamma s_\gamma d_\gamma i_\gamma g_\gamma b_\gamma + \gamma_0 d N_q s_q d_q i_q g_q b_q + c N_c s_c d_c i_c g_c b_c \tag{4.31}$$

式中 N_γ, N_q, N_c ——地基承载力系数,且 $N_q = \tan^2\left(45° + \dfrac{\varphi}{2}\right)\exp(\pi \tan \varphi)$,

$\qquad\qquad N_c = (N_q - 1)\cot \varphi$, $N_\gamma = 1.8(N_q - 1)\cot \varphi$;

$\qquad s_\gamma, s_q, s_c$ ——基础形状修正系数;

$\qquad d_\gamma, d_q, d_c$ ——考虑埋深范围内土强度的深度修正系数;

$\qquad i_\gamma, i_q, i_c$ ——荷载倾斜修正系数;

$\qquad g_\gamma, g_q, g_c$ ——地面倾斜修正系数;

$\qquad b_\gamma, b_q, b_c$ ——基础底面倾斜修正系数。

以上系数的计算公式如表 4.3 所示。

表 4.3 汉森承载力公式中的修正系数

形状修正系数	深度修正系数	荷载倾斜修正系数	地面倾斜修正系数	基底倾斜修正系数
$s_c = 1 + \dfrac{N_q b}{N_c l}$	$d_c = 1 + 0.4\dfrac{d}{b}$	$i_c = i_q - \dfrac{1 - i_q}{N_q - 1}$	$g_c = 1 - \beta/14.7°$	$b_c = 1 - \overline{\eta}/14.7°$
$s_q = 1 + \dfrac{b}{l}\tan \varphi$	$d_q = 1 + 2\tan \varphi$ $(1 - \sin \varphi)^2\dfrac{d}{b}$	$i_q = \left(1 - \dfrac{0.5 P_h}{p_v + A_f c \cot \varphi}\right)^5$	$g_q = (1 - 0.5\tan \beta)^5$	$b_q = \exp(-2\overline{\eta}\tan \varphi)$
$s_\gamma = 1 - 0.4\dfrac{b}{l}$	$d_\gamma = 1.0$	$i_\gamma = \left(1 - \dfrac{0.7 P_h}{p_v + A_f c \cot \varphi}\right)^5$	$q_\gamma = (1 - 0.5\tan \beta)^5$	$b_\gamma = \exp(-2\overline{\eta}\tan \varphi)$

表中符号:

A_f ——基础的有效接触面积 $A_f = b' \cdot l'$;

b' ——基础的有效宽度, $b' = b - 2e_b$;

l' ——基础的有效长度, $l' = l - 2e_l$;

d ——基础的埋置深度;

e_b, e_l ——在基础宽度和长度方向的荷载偏心距;

b ——基础的宽度;

l ——基础的长度;

c ——地基土的黏聚力;

φ ——地基土的内摩擦角;

p_h ——平行于基底的荷载分量;

p_v ——垂直于基底的荷载分量;

β ——地面倾角;

η ——基底倾角。

以上介绍了两种典型的极限承载力理论计算公式,另外的魏锡克公式、斯凯普顿公式、梅耶霍夫公式等,都有其各自适用的范围。在实际应用中,根据行业的特点,这些理论在相应的规范中有所应用。当然,这里只是谈到了获得地基承载力极限值的理论公式方法,实际中还可以采用原位测试以及经验等方法来获得。

思政案例

一盘散沙的启示——中国凝聚力

通过本单元学习,我们知道土体的强度由内摩擦力和内黏聚力两部分组成。其中内摩擦力取决于外部压力和固有属性(内摩擦角),内黏聚力也是土体的固有属性(源于土体内部的物理化学作用)。试想,如何用一盘松散的干沙构筑一座城堡呢?最简单的方法把干沙倒入模具压实,从库仑公式可知,施加的压力越大,强度就越大,那么沙土就应该越不容易散开。但事实上,仅仅对沙土进行压实,模具里的干沙能够完美成型吗?不能!那怎么办?可以尝试加一点水,少量的水在土颗粒之间起到基质吸力的作用,增加了内黏聚力。内摩擦角和内黏聚力是土体强度的内因,外部压力是其强度的外因,而内因是事物发展的根本原因,外因是事物发展的条件。因此,为了提高散沙的强度,首先应提高其内黏聚力。

在中国,孙中山先生曾无奈地说:"中国虽四万万之众,实等于一盘散沙"。当时的旧中国军阀割据、战乱频发、山河破碎、民不聊生,但在这些外部压力下,为什么孙中山带领的国民党没能成功解救中国呢?这就如同干沙盖沙堡一样,光施加压力,缺乏黏聚力这个内因,散沙难以形成强度。但是中国共产党却做到了,为什么只有中国共产党可以救中国?因为中国共产党在马克思主义理论的引领和共产主义理想感召下,形成了伟大建党精神这一内因,把曾被人视为"一盘散沙"的中国各族人民团结和凝聚成万众一心的不可战胜的力量,解救了旧中国,并带领中国人民在实现伟大复兴的路上不断前行。

单元小结

(1)土的强度是抗剪强度,抗剪强度指标是内摩擦角和内黏聚力。二者虽为土体强度的内在固有指标,但受排水条件影响很大,故实际运用中存在固结排水、不固结不排水、固结不排水等多种指标,具体选用何种指标需由实际工程情况决定。没有具体工程条件的强度指标是毫无实际用处的。

PPT、教案、题库(单元4)

(2)土的经典强度理论是莫尔库仑强度理论,利用该理论可判断土中一点的应力状态。

(3)为获得抗剪强度指标,可选用室内试验(直接剪切、三轴试验、无侧限抗压试验等)、现场原位测试(十字板剪切试验、现场直剪试验等)方法。

(4)地基的承载力分为地基的极限承载力和地基的容许承载力。在极限承载力时,地基已濒于破坏,它只有在除以要求的安全系数后才能用于设计;而在容许承载力时,地基既不发生滑动破坏,又不发生过大的沉降变形,它可以直接作为设计的依据。

(5)通过理论公式(例如太沙基公式、汉森公式等),计算得到地基的极限承载力,然后将其除以要求的安全系数可得到相应的容许承载力来作为设计值。也可通过现场载荷试验得到地基承载力(极限值和容许值),还可以通过经验方法获得地基承载力。实际工作中,根据行业不同,按相应行业规范得到地基承载力作为设计依据即可。

思考与练习

1. 已知某黏性土的 $c = 0$，$\varphi = 35°$，对该土取样做试验。

（1）如果施加的大小主应力分别为 400 kPa 和 120 kPa，该试样破坏吗？为什么？

（2）如果施加的小主应力不变，你认为能否将大主应力加到 500 kPa？为什么？

2. 假设黏性土地基内某点的大主应力为 48 kPa，小主应力为 200 kPa，土的内摩擦角 $\varphi = 18°$，黏聚力 $c = 35$ kPa。试判断该点所处的状态。

3. 对横截面 32.2 cm^2 的粉质黏土样进行直接剪切试验得到以下成果，试求：（1）黏聚力 c；（2）内摩擦角 φ。

法向荷载/kN	1.0	0.5	0.25
破坏时的剪力/kN	0.47	0.32	0.235

4. 某条形基础宽度 $b = 3$ m，埋置深度 $d = 2$ m，地下水位位于地表下 2 m。基础底面以上为粉质黏土，重度为 18 kN/m^3；基础底面以下为透水黏土层，$\gamma = 19.8$ kN/m^3，$c = 15$ kPa，$\varphi = 24°$。试求：地基的临塑荷载 p_{cr} 及临界荷载 $p_{1/4}$。

5. 某一条形基础宽为 1 m，埋深为 $d = 1.0$ m，承受竖向均布荷载 250 kPa，基底以上土的重度为 18.5 kN/m^3，地下水在基底处饱和重度为 20 kN/m^3，地基土强度指标 $c = 10$ kPa，$\varphi = 25°$。试用太沙基极限承载力公式（安全系数 $K = 2$）来判断地基是否稳定。

单元 5
计算土压力与评价土坡稳定

单元导读

本单元主要介绍主动土压力、被动土压力、静止土压力及其三种土压力的计算方法;介绍了挡土墙类型与特征,及其设计与计算;介绍了土坡稳定性分析与基坑支护常识。

● **基本要求** 通过本单元学习,应掌握:土压力的概念及静止土压力、主动土压力和被动土压力发生的条件;朗肯土压力和库伦土压力理论的基本假定和计算方法;无黏性土土坡稳定分析;用瑞典圆弧法和条分法对黏性土坡进行稳定性分析;常见的围护结构的构造与适用条件。

● **重点** 静止土压力、主动土压力、被动土压力的形成条件;朗肯和库仑土压力理论;无黏性土土坡的稳定性分析法;黏性土的圆弧稳定分析法;毕肖普等其他常用分析方法;常见围护结构的构造措施。

● **难点** 有超载、成层土、有地下水情况的土压力计算;黏性土坡的稳定性分析;常见基坑围护结构的适用条件。

● **思政元素** 人与自然协同进化;"绿水青山就是金山银山"生态观。

任务 1 认识土压力

挡土结构物是土木、水利、建筑、交通等工程中的一种常见的构筑物,其作用是支挡土体的侧向移动,保证结构物或土体的稳定性。例如,道路工程中在路堑段用来支挡两侧人工开挖边坡而修筑的挡土墙和用来支挡路堤稳定的挡土墙,桥梁工程中连接路堤的桥台、港口、码头及基坑工程中的支护结

土压力的分类及
静止土压力计算

构物(见图 5.1)。此外,高层建筑物地下室、隧道和地铁工程中的衬砌及涵洞和输油管道等地下结构物也是一类典型的挡土结构物。

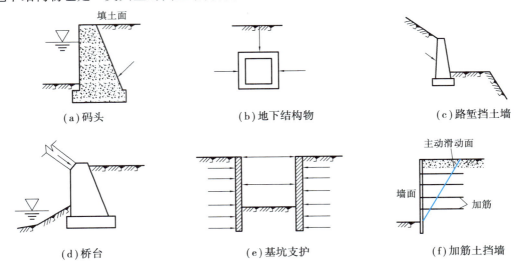

(a)码头　　　　　　　(b)地下结构物　　　　　　(c)路堑挡土墙

(d)桥台　　　　　　　(e)基坑支护　　　　　　(f)加筋土挡墙

图 5.1　各种形式的挡土结构物

各类挡土结构物在支挡土体的同时必然会受到土体的侧向压力的作用,此即所谓土压力问题。土压力的计算是挡土结构物断面设计和稳定验算的主要依据,而形成土压力的主要荷载一般包括土体自身重力引起的侧向压力,水压力,影响区范围内的构筑物荷载、施工荷载、交通荷载等。在某些特定的条件下,还需要计算在地震荷载作用下挡土墙上可能引起的侧向压力,即动土压力。挡土结构物按其刚度和位移方式可以分为刚性挡土墙和柔性挡土墙两大类,前者如由砖、石或混凝土所构筑的断面较大的挡土墙,对于这类挡土墙,由于其刚性较大,在侧向土压力作用下仅能发生整体平移或转动,墙身的挠曲变形可以忽略;而后者如结构断面尺寸较小的钢筋混凝土桩、地下连续墙或各种材料的板桩等,由于其刚度较小,在侧向土压力作用下会发生明显的挠曲变形。本章将重点讨论针对刚性挡土墙的古典土压力理论,对于柔性挡土墙则只作简要说明。

一般而言,土压力的大小及其分布规律同挡土结构物的侧向位移的方向、大小,土的性质,挡土结构物的高度等因素有关。根据挡土结构物侧向位移的方向和大小,土压力可分为 3 种类型。

(1)静止土压力

如图 5.2(a)所示,若刚性的挡土墙保持原来位置静止不动,则作用在挡土墙上的土压力称为静止土压力。作用在单位长度挡土墙上静止土压力的合力用 E_0(kN/m)表示,静止土压力强度用 p_0(kPa)表示。

(2)主动土压力

如图 5.2(b)所示,若挡土墙在墙后填土压力作用下背离填土方向移动,这时作用在墙上的土压力将由静止土压力逐渐减小,当墙后土体达到极限平衡状态,并出现连续滑动面而使土体下滑时,土压力减到最小值,称为主动土压力。主动土压力合力和强度分别用 E_a(kN/m)和 p_a(kPa)表示。

（3）被动土压力

如图 5.2（c）所示,若挡土墙在外力作用下向填土方向移动,这时作用在墙上的土压力将由静止土压力逐渐增大,一直到土体达到极限平衡状态,并出现连续滑动面,墙后土体将向上挤出隆起,这时土压力增至最大值,称为被动土压力。被动土压力合力和强度分别用 E_p（kN/m）和 p_p（kPa）表示。

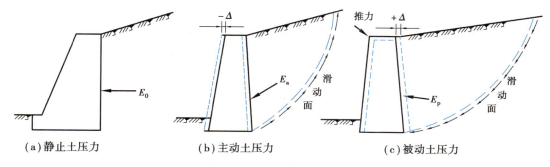

图 5.2　土压力的 3 种类型

可见,在挡土墙高度和填土条件相同的情况下,上述 3 种土压力之间有如下关系:$E_a < E_0 < E_p$。

在影响土压力大小及其分布的诸因素中,挡土结构物的位移是其中的关键因素之一。图 5.3 给出了土压力与挡土结构物水平位移之间的关系。可以看出,挡土结构物要达到被动土压力所需的位移远大于导致主动土压力所需的位移。根据大量试验观测和研究,可给出砂土和黏土中产生主动和被动土压力所需的墙顶水平位移参考值,如表 5.1 所示。

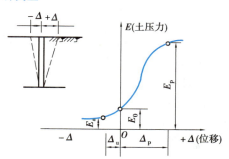

图 5.3　土压力与挡土墙位移关系

表 5.1　产生主动和被动土压力所需的墙顶水平位移

土　类	应力状态	运动形式	所需位移（H 表示挡土墙高度）
砂　土	主动	平行于墙体	$0.001H$
	主动	绕墙趾转动	$0.001H$
	被动	平行于墙体	$0.05H$
	被动	绕墙趾转动	$>0.1H$
黏　土	主动	平行于墙体	$0.004H$
	主动	绕墙趾转动	$0.004H$

事实上,挡墙背后土压力是挡土结构物、土及地基三者相互作用的结果,实际工程中大部分情况均介于上述 3 种极限平衡状态之间,土压力值的实际大小也介于上述 3 种土

压力之间。目前,根据土的实际的应力-应变关系,利用数值计算的手段,可以较为精确地确定挡土墙位移与土压力大小之间的定量关系,这对于一些重要的工程建筑物是十分必要的。

任务 2　计算静止土压力

如前所述,计算静止土压力时,可假定挡土墙后填土处于弹性平衡状态。这时,由于挡土墙静止不动,土体无侧向位移,故土体表面下任意深度 z 处的静止土压力,可按半无限体水平向自重应力的计算公式计算,即

$$p_0 = K_0 \sigma_{sz} = K_0 \gamma z \tag{5.1}$$

式中　K_0——侧压力系数或静止土压力系数;

　　　γ——土的重度。

可见,静止土压力沿挡土墙高度呈三角形分布[见图 5.4(a)]。关于静止土压力系数 K_0,理论上有 $K_0 = \dfrac{\mu}{1-\mu}$,μ 为土的泊松比。实际应用中,K_0 可由三轴仪等室内试验测定,也可用原位试验测得。K_0 的参考值:砂土为 $0.34 \sim 0.45$;黏性土为 $0.5 \sim 0.7$。在缺乏试验资料时,还可用经验公式来估算,即

对于砂性土　　　　　$K_0 = 1 - \sin \varphi'$

对于黏性土　　　　　$K_0 = 0.95 - \sin \varphi'$

对于超固结黏性土　　$K_0 = (OCR)^m \cdot (1 - \sin \varphi')$

式中　φ'——土的有效内摩擦角;

　　　OCR——土的超固结比;

　　　m——经验系数,一般可取 $0.4 \sim 0.5$。

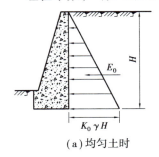
（a）均匀土时

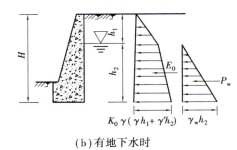
（b）有地下水时

图 5.4　静止土压力的分布

研究表明,黏性土的 K_0 值随塑性指数 I_p 的增大而增大,Alpan(1967)给出的估算公式为 $K_0 = 0.19 + 0.233 \log I_p$。此外,$K_0$ 值与超固结比 OCR 也有着密切的关系,对于 OCR 较大的土,K_0 值甚至可以大于 1.0。

由式(5.1)可知,作用在单位长度挡土墙上的静止土压力合力为

$$E_0 = \frac{1}{2} K_0 \gamma H^2 \tag{5.2}$$

式中　H——挡土墙高度。

对于成层土或有超载的情况,第 n 层土底面处静止土压力分布大小可按式(5.3)计算,即

$$p_0 = K_{0n}\left(\sum_{i=1}^{n} \gamma_i h_i + q\right) \tag{5.3}$$

式中　γ_i——计算点以上第 i 层土的重度($i=1,2,3,\cdots,n$);

　　　h_i——计算点以上第 i 层土的厚度;

　　　K_{0n}——第 n 层土的静止土压力系数;

　　　q——填土面上的均布荷载。

当挡土墙后填土有地下水存在时,对于透水性较好的砂性土应采用有效重度 γ' 计算,同时考虑作用于挡土墙上的静水压力 p_w,如图5.4(b)所示。

【**例题5.1**】　如图5.5所示,挡土墙后作用有无限均布荷载 $q=20$ kPa,填土的物理力学指标为 $\gamma=18$ kN/m³,$\gamma_{sat}=19$ kN/m³,$c=0$,$\varphi=30°$。试计算作用在挡土墙上的静止土压力分布。

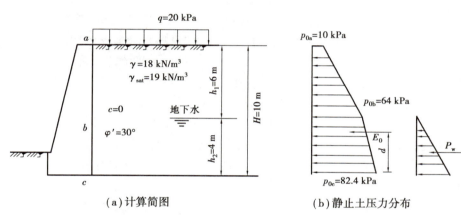

(a)计算简图　　　　　　　　　(b)静止土压力分布

图5.5　例5.1图

【**解**】　静止土压力系数　$K_0 = 1-\sin\varphi' = 1-\sin 30° = 0.5$

土中各点静止土压力值分别为

a 点:$p_{0a} = K_{0q} = 0.5\times20 = 10(\text{kPa})$

b 点:$p_{0b} = K_0(q+\gamma h_1) = 0.5\times(20+18\times6) = 64(\text{kPa})$

c 点:$p_{0c} = K_0(q+\gamma h_1+\gamma' h_2) = 0.5\times[20+18\times6+(19-9.81)\times4] = 82.4(\text{kPa})$

于是可得静止土压力合力为

$$E_0 = \frac{1}{2}(p_{0a}+p_{0b})h_1 + \frac{1}{2}(p_{0b}+p_{0c})h_2 = \frac{1}{2}(10+64)\times6 + \frac{1}{2}(64+82.4)\times4 = 514.8(\text{kN/m})$$

静止土压力 E_0 的作用点距墙底的距离 d 为

$$d = \frac{1}{E_0}\left[p_{0a}h_1\left(\frac{h_1}{2}+h_2\right) + \frac{1}{2}(p_{0b}-p_{0a})h_1\left(h_2+\frac{h_1}{3}\right) + p_{0b}\times\frac{h_2^2}{2} + \frac{1}{2}(p_{0c}-p_{0b})\frac{h_2^2}{3}\right]$$

$$= \frac{1}{514.8}\left[6\times10\times7 + \frac{1}{2}\times54\times6\times\left(4+\frac{3}{6}\right) + 64\times\frac{4^2}{2} + \frac{1}{2}(82.4-64)\times\frac{4^2}{3}\right] = 3.79(\text{m})$$

此外,作用在墙上的静水压力合力 p_w 为

$$p_w = \frac{1}{2}\gamma_w h_2^2 = \frac{1}{2}\times9.81\times4^2 = 78.5(\text{kN/m})$$

任务 3　学习朗肯土压力理论

朗肯土压力计算

5.3.1　基本原理和假定

朗肯土压力理论是土压力计算中的两个著名的古典土压力理论之一。由于其概念明确、方法简单,至今仍被广泛使用。

英国学者朗肯(Rankine W J M,1857 年)研究了半无限弹性土体处于极限平衡状态时的应力情况。如图 5.6(a)所示,假想在半无限土体中一竖直截面 AB 处有一挡土墙,在深度 z 处取一微单元土体 Ⅰ,则作用在其上的法向应力为 σ_z 和 σ_x。由于 AB 面上无剪应力存在,故 σ_z 和 σ_x 均为主应力。当土体处于弹性平衡状态时有 $\sigma_z = \gamma z$,$\sigma_x = K_0 \gamma z$,其应力圆如图 5.6(b)中的圆 O_1,远离土的抗剪强度包线。假设挡土墙产生一定的转动,则单元土体 Ⅱ 在竖向法向应力 σ_z 不变的条件下,其水平向法向应力 σ_x 逐渐减小,直到土体达到极限平衡状态,此时的应力圆将与抗剪强度包线相切,如图 5.6(b)中的应力圆 O_2,σ_z 和 $\sigma_x = K_a \gamma z$(其中,K_a 为主动土压力系数)分别为最大及最小主应力,为朗肯主动状态。此时,土体中产生的两组滑动面与水平面成 $\alpha_f = (45° + \varphi/2)$ 夹角,如图 5.6(c)所示。另一方面,单元土体 Ⅲ 在 σ_z 不变的条件下,水平向法向应力 σ_x 不断增大,直到土体达到极限平衡状态,此时的应力圆为图 5.6(b)中的圆 O_3,它也与土的抗剪强度包线相切,但此时 σ_z 为最小主应力,$\sigma_x = K_p \gamma z$(其中,K_p 为被动土压力系数)为最大主应力,为朗肯被动状态,而土体中产生的两组滑动面与水平面成 $a_f = (45° - \varphi/2)$ 夹角,如图 5.6(c)所示。

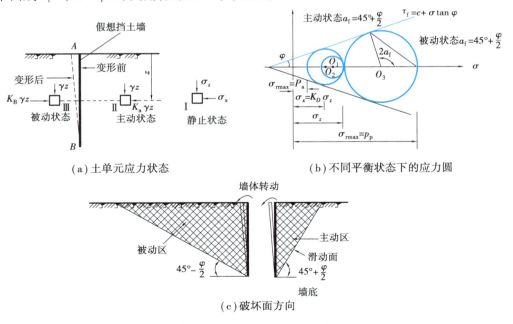

(a)土单元应力状态　　　　(b)不同平衡状态下的应力圆

(c)破坏面方向

图 5.6　朗肯主动及被动状态

朗肯认为,当挡土墙墙背直立、光滑,墙后填土表面水平并无限延伸时,作用在挡土墙墙背上的土压力相当于半无限土体中当土体达到上述极限平衡状态时的应力情况。这样就可以利用上述两种极限平衡状态时的最大和最小主应力的相互关系来计算作用在挡土墙上的主动土压力或被动土压力。下面分别给予介绍。

5.3.2 朗肯主动土压力计算

如图 5.7(a)所示,挡土墙墙背直立、光滑,填土面为水平。墙背 AB 在填土压力作用下背离填土移动至 $A'B'$,使墙后土体达到主动极限平衡状态。对于墙后土体深度 z 处的单元体,其竖向应力 $\sigma = \gamma z$ 是最大主应力 σ_1,而水平应力 σ_x 是最小主应力 σ_3,也即要计算的主动土压力 p_a。

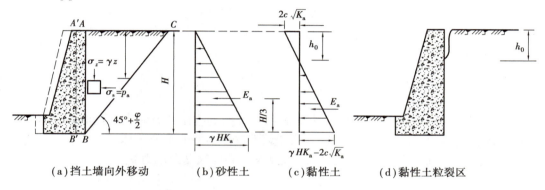

(a)挡土墙向外移动   (b)砂性土   (c)黏性土   (d)黏性土粒裂区

图 5.7 朗肯主动土压力计算

由土体极限平衡理论公式可知,大小主应力应满足下述关系:

黏性土
$$\sigma_3 = \sigma_1 \tan^2\left(45° - \frac{\varphi}{2}\right) - 2c \cdot \tan\left(45° - \frac{\varphi}{2}\right) \tag{5.4}$$

砂性土
$$\sigma_3 = \sigma_1 \tan^2\left(45° - \frac{\varphi}{2}\right) \tag{5.5}$$

将 $\sigma_3 = p_a$ 和 $\sigma_1 = \gamma z$ 代入式(5.4)和式(5.5),即可得朗肯主动土压力计算公式为

黏性土
$$p_a = \gamma z \tan^2\left(45° - \frac{\varphi}{2}\right) - 2c \cdot \tan\left(45° - \frac{\varphi}{2}\right) = \gamma z K_a - 2c\sqrt{K_a} \tag{5.6}$$

砂性土
$$p_a = \gamma z \tan^2\left(45° - \frac{\varphi}{2}\right) = \gamma z K_a \tag{5.7}$$

式中　γ——土的重度,kN/m^3;

c, φ——土的黏聚力(kPa)及内摩擦角(°);

z——计算点处的深度,m;

K_a——朗肯主动土压力系数,$K_a = \tan^2\left(45° - \frac{\varphi}{2}\right)$。

可以看出,主动土压力 p_a 沿深度 z 呈直线分布,如图 5.7(b),(c)所示。作用在单位长度挡土墙上的主动土压力合力 E_a 即为 p_a 分布图形的面积,其作用点位置位于分布图形的形心处。对于砂性土有

$$E_a = \frac{1}{2}\gamma K_a H^2 \tag{5.8}$$

合力 E_a 作用在距挡土墙底面 $\dfrac{1}{3}H$ 处。

对于黏性土,当 $z=0$ 时,由式(5.6)知 $p_a=-2c\sqrt{k_a}$,表明该处出现拉应力。令式(5.6)中的 $p_a=0$,即可求得拉应力区的高度为

$$h_0=\frac{2c}{\gamma}\frac{1}{\sqrt{K_a}} \tag{5.9}$$

事实上,由于填土与墙背之间不可能承受拉应力,因此在拉应力区范围内将出现裂缝[见图5.7(d)]。一般在计算墙背上的主动土压力时不考虑拉力区的作用,则此时的主动土压力合力为

$$E_a=\frac{1}{2}(H-h_0)(\gamma HK_a-2c\sqrt{K_a}) \tag{5.10}$$

合力 E_a 作用于距挡土墙底面 $\dfrac{1}{3}(H-h_0)$ 处。

5.3.3 朗肯被动土压力计算

如图 5.8 所示,挡土墙墙背竖直,填土面水平。挡土墙在外力作用下推向填土,使挡土墙后土体达到被动极限平衡状态。此时,对于墙背深度 z 处的单元土体,其竖向应力 $\sigma_z=\gamma z$ 是最小主应力 σ_3;而水平应力 σ_x 是最大主应力 σ_1,亦即被动土压力 p_p。

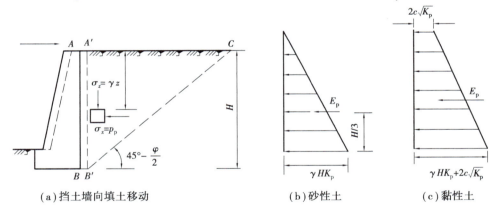

(a)挡土墙向填土移动　　　　(b)砂性土　　　　(c)黏性土

图 5.8　朗肯被动土压力

将 $\sigma_1=p_p$,$\sigma_3=\gamma z$ 代入土体极限平衡理论公式,即得朗肯被动土压力计算公式为

黏性土　　　$$p_p=\gamma z\tan^2\left(45°+\frac{\varphi}{2}\right)+2c\cdot\tan\left(45°+\frac{\varphi}{2}\right)=\gamma zK_p+2c\sqrt{K_p} \tag{5.11}$$

砂性土　　　　　　　　$$p_p=\gamma z\tan^2\left(45°+\frac{\varphi}{2}\right)=\gamma zK_p \tag{5.12}$$

式中　K_p——朗肯被动土压力系数,且 $K_p=\tan^2\left(45°+\dfrac{\varphi}{2}\right)$。

可以看出,被动土压力 p_p 沿深度 z 呈直线分布,如图5.8(b),(c)所示。作用在墙背上单位长度的被动土压力合力 E_p 可由 p_p 的分布图形面积求得。

此外,由三角函数关系可得:$K_p=1/K_a$。

5.3.4　几种典型情况下的朗肯土压力

1）填土表面有超载作用

如图 5.9 所示,当挡土墙后填土表面有连续均布荷载 q 的超载作用时,相当于在深度 z 处的竖向应力增加 q 的作用。此时,只要将式(5.6)和式(5.7)中的 γz 用 $(q+\gamma z)$ 代替,即可得到填土表面有超载作用时的主动土压力计算公式,即

黏性土 $$p_a = (\gamma z + q)K_a - 2c\sqrt{K_a} \tag{5.13}$$
砂性土 $$p_a = (\gamma z + q)K_a \tag{5.14}$$

2）成层填土中的朗肯土压力

当挡土墙后填土为成层土时,仍可按式(5.6)和式(5.7)计算主动土压力。但应注意在土层分界面上,由于两层土的抗剪强度指标 φ 不同,土压力系数也不同,使土压力的分布有突变。如图 5.10 所示,各点的土压力分别为

a 点 $$p_{a1} = -2c_1\sqrt{K_{a1}}$$
b 点上(在第 1 层土中) $$p'_{a2} = \gamma_1 h_1 K_{a1} - 2c_1\sqrt{K_{a1}}$$
b 点下(在第 2 层土中) $$p''_{a2} = \gamma_1 h_1 K_{a2} - 2c_2\sqrt{K_{a2}}$$
c 点 $$p_{a3} = (\gamma_1 h_1 + \gamma_2 h_2)K_{a2} - 2c_2\sqrt{K_{a2}}$$

式中　$K_{a1} = \tan^2\left(45° - \dfrac{\varphi_1}{2}\right)$, $K_{a2} = \tan^2\left(45° - \dfrac{\varphi_2}{2}\right)$。

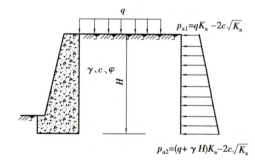

图 5.9　填土表面有超载作用时的主动土压力

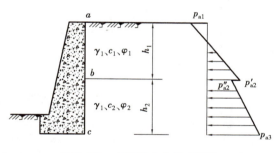

图 5.10　成层填土中的土压力

【例题 5.2】　如图 5.11 所示,挡土墙高度为 7 m,墙背垂直光滑,填土顶面水平并作用有连续均布荷载 $q = 15$ kPa。填土为黏性土,其主要物理力学指标为 $\gamma = 17$ kN/m³, $c = 15$ kPa, $\varphi = 20°$。试求主动土压力大小及其分布。

【解】　填土表面处的主动土压力值为

$$p_a = (\gamma z + q)\tan^2\left(45° - \frac{\varphi}{2}\right) - 2c \cdot \tan\left(45° - \frac{\varphi}{2}\right)$$

$$= (17 \times 0 + 15) \times \tan^2\left(45° - \frac{20°}{2}\right) - 2 \times 15 \times \tan\left(45° - \frac{20°}{2}\right)$$

$$= 15 \times 0.49 - 2 \times 15 \times 0.7 = -13.65 \text{ kPa}$$

由 $p_a = 0$ 可求出临界深度 h_0,即

$$p_a = (\gamma h_0 + q)\tan^2\left(45° - \frac{\varphi}{2}\right) - 2c \cdot \tan\left(45° - \frac{\varphi}{2}\right)$$

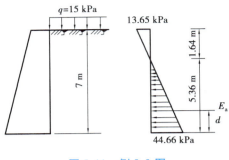

图 5.11　例 5.2 图

令 $p_a=0$，有 $(17h_0+15)\times0.49-2\times15\times0.7=0$，故得 $h_0=1.64$ m。

墙底处主动土压力值为

$$p_a=(17\times7+15)\times0.49-2\times15\times0.7=65.66-21=44.66(\mathrm{kPa})$$

主动土压力分布如图 5.11 所示。

主动土压力合力 E_a 为土压力分布图形的面积，即

$$E_a=\frac{1}{2}\times(7-1.64)\times44.66=119.69(\mathrm{kN/m})$$

合力作用点距墙底距离为 $d=\dfrac{1}{3}\times(7-1.64)=1.79(\mathrm{m})$。

【例题 5.3】　如图 5.12 所示，挡土墙墙后填土为两层砂土，其物理力学指标分别为 $\gamma_1=18$ kN/m³，$c_1=0$，$\varphi_1=30°$，$\gamma_2=20$ kN/m³，$c_2=0$，$\varphi_2=35°$，填土面上作用均布荷载 $q=20$ kPa。试用朗肯土压力公式计算挡土墙上的主动土压力分布及其合力。

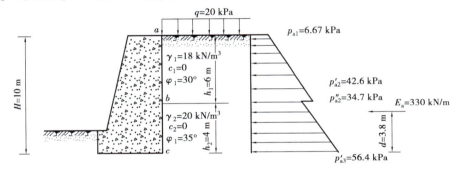

图 5.12　例 5.3 图

【解】　由 $\varphi_1=30°$ 和 $\varphi_2=35°$，可求得两层土的朗肯主动土压力系数分别为：$K_{a1}=0.333$，$K_{a2}=0.271$。

于是可得挡土墙上各点的主动土压力值分别为

a 点　　　　　　　　$p_{a1}=qK_{a1}=20\times0.333=6.67(\mathrm{kPa})$

b 点上（在第 1 层土中）　$p'_{a2}=(\gamma_1h_1+q)K_{a1}=(18\times6+20)\times0.333=42.6(\mathrm{kPa})$

b 点下（在第 2 层土中）　$p''_{a2}=(\gamma_1h_1+q)K_{a2}=(18\times6+20)\times0.271=34.7(\mathrm{kPa})$

c 点　$p_{a3}=(\gamma_1h_1+\gamma_2h_2+q)K_{a2}=(18\times6+20\times4+20)\times0.271=56.4(\mathrm{kPa})$

主动土压力分布如图 5.12 所示。由分布图可求得主动土压力合力 E_a 及其作用点位置。

$$E_a=\left(6.67\times6+\frac{1}{2}\times35.93\times6\right)+\left(34.7\times4+\frac{1}{2}\times21.7\times4\right)$$
$$=(40.0+107.79)+(138.8+43.4)=330(\mathrm{kN/m})$$

合力 E_a 作用点距墙底距离为

$$d=\frac{1}{330}\times\left(40\times7+107.79\times6+138.8\times2+43.4\times\frac{4}{3}\right)=3.8(\mathrm{m})$$

3）挡土墙后填土中有地下水存在

挡土墙后填土常会有地下水存在，此时挡土墙除承受侧向土压力作用之外，还受到水压

力的作用。对地下水位以下部分的土压力,应考虑水的浮力作用,一般有"水土分算"和"水土合算"两种基本思路。对砂性土或粉土,可按水土分算的原则进行,即先分别计算土压力和水压力,然后再将两者叠加;而对于黏性土,则可根据现场情况和工程经验,按水土分算或水土合算进行。下面简单介绍水土分算或水土合算的基本方法。

(1)水土分算法

采用有效重度 γ' 计算土压力,并同时计算静水压力,然后将两者叠加。对于黏性土和砂性土,土压力分别为

$$p_a = \gamma' z K_a' - 2c' \sqrt{K_a'} \tag{5.15}$$
$$p_a = \gamma' z K_a' \tag{5.16}$$

式中　γ'——土的有效重度;

K_a'——按有效应力强度指标计算的主动压力系数,$K_a' = \tan^2\left(45° - \dfrac{\varphi'}{2}\right)$;

z——计算点处的深度,m;

c'——有效黏聚力,kPa;

φ'——有效内摩擦角。

在工程应用中,为简化起见,式(5.15)和式(5.16)中的有效应力强度指标 c' 和 φ' 常用总应力强度指标 c 和 φ 代替。

(2)水土合算法

对于地下水位以下的黏性土,可用土的饱和重度 γ_{sat} 计算总的水土压力,即

$$p_a = \gamma_{sat} z K_a - 2c \sqrt{K_a} \tag{5.17}$$

式中　γ_{sat}——土的饱和重度;

k_a——按总应力强度指标计算的主动土压力系数,$K_a = \tan^2\left(45° - \dfrac{\varphi}{2}\right)$。

【例题 5.4】　如图 5.13 所示,挡土墙高度 $H = 10$ m,填土为砂土,墙后有地下水位存在,填土的物理力学性质指标如图所示。试计算挡土墙上的主动土压力及水压力的分布及其合力。

【解】　填土为砂土,按水土分算原则进行。主动土压力系数为

$$K_a = \tan^2\left(45° - \frac{\varphi}{2}\right) = \tan^2\left(45° - \frac{30°}{2}\right) = 0.333$$

于是可得挡土墙上各点的主动土压力分别为

a 点　　$p_{a1} = \gamma_1 z K_a = 0$

b 点　　$p_{a2} = \gamma_1 h_1 K_a = 18 \times 6 \times 0.333 = 36.0 (\text{kPa})$

由于水下土的 φ 值与水上土的 φ 值相同,故在 b 点处的主动土压力无突变现象。

c 点　　$p_{a3} = (\gamma_1 h_1 + \gamma' h_2) K_a = (18 \times 6 + 9 \times 4) \times 0.333 = 48.0 (\text{kPa})$

主动土压力分布如图 5.13 所示,同时可求得其合力 E_a 为

$$E_a = \frac{1}{2} \times 36 \times 6 + 36 \times 4 + \frac{1}{2} \times (48 - 36) \times 4 = 108 + 144 + 24 = 276 (\text{kN/m})$$

合力 E_a 作用点距墙底距离 d 为

$$d = \frac{1}{276} \times \left(108 \times 6 + 144 \times 2 + 24 \times \frac{4}{3}\right) = 3.5 (\text{m})$$

此外,c 点水压力为

$$p_w = \gamma_w h_2 = 9.8 \times 4 = 39.2 \, (\text{kPa})$$

作用在墙上的水压力合力 E_w 为

$$E_w = \frac{1}{2} \times 39.2 \times 4 = 78.4 \, (\text{kN/m})$$

水压力合力 E_w 作用在距墙底 $\dfrac{h_2}{3} = \dfrac{4 \text{ m}}{3} = 1.33$ m 处。

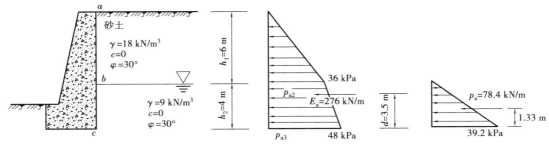

图 5.13　例 5.4 图

任务 4　学习库仑土压力理论

5.4.1　基本原理和假定

库仑在 1776 年提出的土压力理论也是著名的古典土压力理论之一。由于其计算原理比较简明、适应性较广,特别是在计算主动土压力时有足够的精度,因此至今仍在工程上得到广泛的应用。

库仑土压力计算

库仑土压力理论最早假定挡土墙墙后的填土是均匀的砂性土,后来又推广到黏性土的情形。其基本假定是:当挡土墙背离土体移动或推向土体时,墙后土体达到极限平衡状态,其滑动面是通过墙脚 B 的平面 BC(见图 5.14),假定滑动土楔 ABC 是刚体,则根据土楔 ABC 的静力平衡条件,按平面问题可解得作用在挡土墙上的土压力。

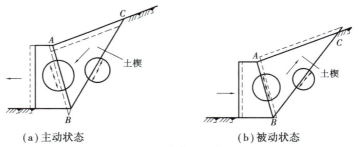

(a)主动状态　　　　　　　(b)被动状态

图 5.14　库仑土压力理论

5.4.2　库仑主动土压力计算

如图 5.15 所示,挡土墙墙背 AB 倾斜,与竖直线的夹角为 ε;填土表面 AC 是一倾斜平面,与水平面间的夹角为 β。当挡土墙在填土压力作用下离开填土向外移动时,墙后土体会逐渐达到主动极限平衡状态,此时土体中将产生两个通过墙脚 B 的滑动面 AB 及 BC。假定滑动面 BC 与水平面夹角为 α,并取单位长度挡土墙进行分析。考虑滑动土楔 ABC 的静力平衡条件,则作用在其上的力有以下几个:

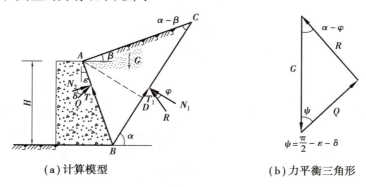

（a）计算模型　　　　　　　　　（b）力平衡三角形

图 5.15　库仑主动土压力计算

①土楔 ABC 的重力 G。若 α 值已知,则 G 的大小、方向及作用点位置均已知。

②土体作用在滑动面 BC 上的反力 R。R 是 BC 面上摩擦力 T_1 与法向反力 N_1 的合力,它与 BC 面法线间的夹角等于土的内摩擦角 φ。由于滑动土楔 ABC 相对于滑动面 BC 右边的土体是向下移动的,故摩擦力 T_1 的方向向上。R 的作用方向已知,大小未知。

③挡土墙对土楔的作用力 Q。它与墙背法线间的夹角等于墙背与填土间的摩擦角 δ。由于滑动土楔 ABC 相对于墙背是向下滑动的,故墙背在 AB 面上产生的摩擦力 T_2 的方向向上。Q 的作用方向已知,大小未知。

如图 5.15 所示,根据滑动土楔 ABC 的静力平衡条件,可绘出 G、R 和 Q 的力平衡三角形。由正弦定律得

$$\frac{G}{\sin[\pi-(\psi+\alpha-\varphi)]}=\frac{Q}{\sin(\alpha-\varphi)} \tag{5.18}$$

式中　$\psi=\dfrac{\pi}{2}-\varepsilon-\delta$。

由图 5.15 可知

$$G=\frac{1}{2}\overline{AD}\cdot\overline{BC}\cdot\gamma$$

$$\overline{AD}=\overline{AB}\cdot\sin\left(\frac{\pi}{2}+\varepsilon-\alpha\right)=H\cdot\frac{(\varepsilon-\alpha)}{\cos\varepsilon}$$

$$\overline{BC}=\overline{AB}\cdot\frac{\sin\left(\frac{\pi}{2}+\beta-\varepsilon\right)}{\sin(\alpha-\beta)}=H\cdot\frac{\cos(\beta-\varepsilon)}{\cos\cdot\sin(\alpha-\beta)}$$

$$G=\frac{1}{2}\gamma H^2\frac{\cos(\varepsilon-\alpha)\cdot\cos(\beta-\varepsilon)}{\cos^2\varepsilon\cdot\sin(\alpha-\beta)} \tag{5.19}$$

将式(5.19)代入式(5.18),得

$$Q=\frac{1}{2}\gamma H^2\left[\frac{\cos(\varepsilon-\alpha)\cdot\cos(\beta-\varepsilon)\cdot\sin(\alpha-\varphi)}{\cos^2\varepsilon\cdot\sin(\alpha-\beta)\cdot\cos(\alpha-\varphi-\varepsilon-\delta)}\right] \tag{5.20}$$

式中,$\gamma,H,\varepsilon,\beta,\delta,\varphi$ 均为常数,Q 随滑动面 BC 的倾角 α 而变化。当 $\alpha=\dfrac{\pi}{2}+\varepsilon$ 时,$G=0$,故

$Q=0$;当 $\alpha=\varphi$ 时,由式(5.20)知 $Q=0$。因此,当 α 在 $\left(\dfrac{\pi}{2}+\varepsilon\right)$ 和 φ 之间变化时,Q 存在一个极

大值。这个极大值 $Q_{\max}$ 即为所求的主动土压力合力 E_a。

为求得 $Q_{\max}$ 值,可将式(5.20)对 α 求导,并令

$$\frac{\mathrm{d}Q}{\mathrm{d}\alpha}=0 \tag{5.21}$$

由式(5.21)解得 α 值并代入式(5.20),即可得库仑主动土压力计算公式为

$$E_a=Q_{\max}=\frac{1}{2}\gamma H^2 K_a \tag{5.22}$$

其中

$$K_a=\dfrac{\cos^2(\varphi-\varepsilon)}{\cos^2\varepsilon\cdot\cos(\delta+\varepsilon)\left[1+\sqrt{\dfrac{\sin(\delta+\varphi)\cdot\sin(\varphi-\beta)}{\cos(\delta+\varepsilon)\cdot\cos(\varepsilon-\beta)}}\right]^2} \tag{5.23}$$

式中　γ,φ——挡土墙后填土的重度及内摩擦角;

　　　　H——挡土墙的高度;

　　　　ε——墙背与竖直线间夹角,当墙背俯斜时为正(如图5.15),反之为负;

　　　　δ——墙背与填土间的摩擦角,与墙背面粗糙程度、填土性质、墙背面倾斜形状等有关,可由试验确定或参考经验数据确定;

　　　　β——填土面与水平面间的倾角;

　　　　K_a——库仑主动土压力系数,它是 $\varphi,\delta,\varepsilon,\beta$ 的函数;当 $\beta=0$ 时,K_a 值可由表5.2

查得。

表 5.2　库仑主动土压力系数 $K_a(\beta=0)$

墙背倾斜情况	$\varepsilon/(°)$	$\delta/(°)$	K_a					
			$\varphi/(°)$					
			20	25	30	35	40	45
仰斜	-15	$\dfrac{1}{2}\varphi$	0.357	0.274	0.208	0.156	0.114	0.081
		$\dfrac{2}{3}\varphi$	0.346	0.266	0.202	0.153	0.112	0.079
	-10	$\dfrac{1}{2}\varphi$	0.385	0.303	0.237	0.184	0.139	0.104
		$\dfrac{2}{3}\varphi$	0.375	0.295	0.232	0.180	0.139	0.104
	-5	$\dfrac{1}{2}\varphi$	0.415	0.334	0.268	0.214	0.168	0.131
		$\dfrac{2}{3}\varphi$	0.406	0.327	0.263	0.211	0.168	0.131
竖直	0	$\dfrac{1}{2}\varphi$	0.447	0.367	0.301	0.246	0.199	0.160
		$\dfrac{2}{3}\varphi$	0.438	0.361	0.297	0.244	0.200	0.162

续表

墙背倾斜情况	$\varepsilon/(°)$	$\delta/(°)$	K_a					
			$\varphi/(°)$					
			20	25	30	35	40	45
俯 斜	+5	$\frac{1}{2}\varphi$	0.482	0.404	0.338	0.282	0.234	0.193
		$\frac{2}{3}\varphi$	0.450	0.398	0.335	0.282	0.236	0.197
	+10	$\frac{1}{2}\varphi$	0.520	0.444	0.378	0.322	0.273	0.230
		$\frac{2}{3}\varphi$	0.514	0.439	0.377	0.323	0.277	0.237
	+15	$\frac{1}{2}\varphi$	0.564	0.489	0.424	0.368	0.318	0.274
		$\frac{2}{3}\varphi$	0.559	0.486	0.425	0.371	0.325	0.284
	+20	$\frac{1}{2}\varphi$	0.615	0.541	0.476	0.463	0.370	0.325
		$\frac{2}{3}\varphi$	0.611	0.540	0.479	0.474	0.381	0.340

如果填土面水平($\beta=0$)、墙背竖直($\varepsilon=0$)及墙背光滑($\delta=0$),由式(5.23)可得

$$K_a = \frac{\cos^2\varphi}{(1+\sin\varphi)^2} = \frac{1-\sin^2\varphi}{(1+\sin\varphi)^2} = \frac{1-\sin\varphi}{1+\sin\varphi} = \tan^2\left(45° - \frac{\varphi}{2}\right) \quad (5.24)$$

式(5.24)即为朗肯主动土压力系数的表达式。可见,在某种特定条件下,两种土压力理论得到的结果是一致的。

由式(5.22)可以看出,主动土压力合力 E_a 是墙高 H 的二次函数。将式(5.22)中的 E_a 对 z 求导,可得

$$p_a = \frac{dE_a}{dz} = \frac{d}{dz}\left(\frac{1}{2}\gamma z^2 K_a\right) = \gamma z K_a \quad (5.25)$$

可见,主动土压力 p_a 沿墙高按直线规律分布。由图5.16还可以看出,作用在墙背上的主动土压力合力 E_a 的作用方向与墙背法线成 δ 角,与水平面成 θ 角,其作用点在墙高的 $\frac{1}{3}$ 处。可以将合力 E_a 分解为水平分力和竖向分力 E_{ax} 两部分,则 E_{ax} 和 E_{ay} 都是线性分布,即

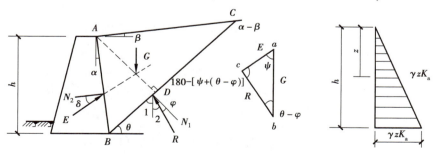

图5.16 库仑主动土压力分布

$$E_{ax} = E_a \cos \theta = \frac{1}{2} \gamma H^2 K_a \cos \theta \qquad (5.26)$$

$$E_{ay} = E_a \cos \theta = \frac{1}{2} \gamma H^2 K_a \cos \theta \qquad (5.27)$$

式中　θ——E_a 与水平面的夹角,且 $\theta = \delta + \varepsilon$。

【例题 5.5】　如图 5.17 所示,已知某挡土墙墙高 $H = 5$ m,墙背倾角 $\varepsilon = 10°$,填土为细砂,填土面水平($\beta = 0$),填土重度 $\gamma = 19$ kN/m^3,内摩擦角 $\varphi = 30°$,墙背与填土间的摩擦角 $\delta = 15°$。试按库仑土压力理论计算作用在墙上的主动土压力合力,并与朗肯土压力理论的计算结果进行比较。

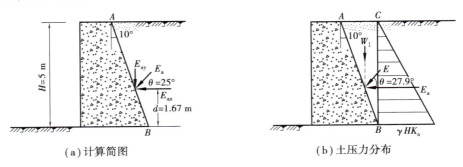

(a)计算简图　　　　　　　　　(b)土压力分布

图 5.17　例 5.5 图

【解】　(1)按库仑土压力理论计算。

当 $\beta = 0$,$\varepsilon = 10°$,$\varphi = 30°$ 时,由式(5.23)计算或由表 5.2 查得库仑主动土压力系数 $K_a = 0.378$。由式(5.22)、式(5.26)和式(5.27)求得作用在单位长度挡土墙上的主动土压力合力为

$$E_a = \frac{1}{2} \gamma H^2 K_a = \frac{1}{2} \times 19 \times 5^2 \times 0.378 = 89.78 \, (\text{kN/m})$$

$$E_{ax} = E_a \cos \theta = 89.78 \times \cos(15° + 10°) = 81.36 \, (\text{kN/m})$$

$$E_{ay} = E_a \sin \theta = 89.78 \times \sin(15° + 10°) = 37.94 \, (\text{kN/m})$$

主动土压力合力 E_a 的作用点位置距墙底距离为

$$d = \frac{H}{3} = \frac{5}{3} = 1.67 \, \text{m}$$

(2)按朗肯土压力理论计算。

如前所述,朗肯主动土压力计算公式[式(5.8)]适应于墙背竖直($\varepsilon = 0$)、墙背光滑($\delta = 0$)和填土面水平($\beta = 0$)的情况,与本例题($\varepsilon = 10°$,$\delta = 15°$)的情况有所不同。但也可以作如下的近似计算:从墙脚 B 点作竖直面 BC,用朗肯主动土压力公式计算作用在 BC 面上的主动土压力 E_a,假定作用在墙背 AB 上的主动土压力为 E_a 与土体 ABC 重力 W_1 的合力[见图 5.17(b)]。

由 $\varphi = 30°$ 求得朗肯主动土压力系数 $K_a = 0.333$。按式(5.8)求作用在 BC 上的主动土压力 E_a 为

$$E_a = \frac{1}{2} \gamma H^2 K_a = \frac{1}{2} \times 19 \times 5^2 \times 0.333 = 79.09 \, (\text{kN/m})$$

土体 ABC 的重力 W_1 为

$$W_1 = \frac{1}{2}\gamma H^2 \tan \varepsilon = \frac{1}{2} \times 19 \times 5^2 \times \tan 10° = 41.88(\text{kN/m})$$

合力 E 与水平面夹角 θ 为

$$\theta = \arctan \frac{W_1}{E_a} = \arctan \frac{41.88}{79.09} = 27.9°$$

可以看出,用朗肯理论近似计算的土压力合力与库仑理论计算结果是比较接近的。

5.4.3 库仑被动土压力计算

如图 5.18 所示,当挡土墙在外力作用下推向填土,直至墙后土体达到被动极限平衡状态,墙后土体将出现通过墙脚的两个滑动面 AB 和 BC。由于滑动土体 ABC 向上挤出隆起,故滑动面 AB 和 BC 上的摩阻力 T_2 及 T_1 作用方向向下,与主动平衡状态时的情形正好相反。据滑动土体 ABC 的静力平衡条件,可给出其力平衡三角形。由正弦定律可得

$$Q = G \frac{\sin(\alpha+\varphi)}{\sin\left(\frac{\pi}{2}+\varepsilon-\delta-\alpha-\varphi\right)} \tag{5.28}$$

由式(5.28)可知,在其他参数不变的条件下,抵抗力 Q 值随滑动面 BC 的倾角 α 而变化。事实上,当挡土墙推向填土时,最危险滑动面上的抵抗力应该是其中的最小值 $Q_{\min}$,此即作用在墙背上的被动土压力。为了求得 $Q_{\min}$,同样可对式(5.28)求导数,并令

$$\frac{\mathrm{d}Q}{\mathrm{d}a} = 0 \tag{5.29}$$

由式(5.29)解得 α 值,并代入式(5.28),即可得库仑被动土压力 E_p 的计算公式为

$$E_p = Q_{\min} = \frac{1}{2}\gamma H^2 K_p \tag{5.30}$$

$$K_p = \frac{\cos^2(\varphi+\varepsilon)}{\cos^2\varepsilon \cdot \cos(\varepsilon-\delta)\left[1 - \sqrt{\dfrac{\sin(\delta+\varphi) \cdot \sin(\varphi+\beta)}{\cos(\varepsilon-\delta) \cdot \cos(\varepsilon-\beta)}}\right]^2} \tag{5.31}$$

式中 K_p——库仑被动土压力系数。

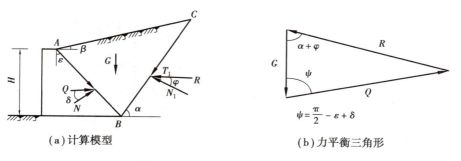

(a)计算模型 (b)力平衡三角形

图 5.18 库仑被动土压力计算简图

库仑被动土压力合力 E_p 的作用方向与墙背法线成 δ 角。由式(5.30)可以看出,被动土压力合力 E_p 也是墙高 H 的二次函数。将式(5.30)中的 E_p 对 z 求导数,可得

$$p_p = \frac{\mathrm{d}E_p}{\mathrm{d}z} = \frac{\mathrm{d}}{\mathrm{d}z}\left(\frac{1}{2}\gamma z^2 K_p\right) = \gamma z K_p \tag{5.32}$$

式(5.32)表明,被动土压力 p_p 沿墙高为线性分布。

5.4.4 几种特殊情况下的库仑土压力计算

1)地面荷载作用下的库仑主动土压力计算

挡土墙后的土体表面常作用有不同形式的荷载,从而使作用在墙背上的主动土压力有所增大。考虑最简单的情况,即土体表面作用有均布荷载 q(见图5.19)。此时,可首先将均布荷载 q 换算为土体的当量厚度 $h_0 = q/\gamma$(γ 为土体的重度),以此确定假想中的墙顶 A' 点,然后再根据无地面荷载作用时的情况求出土压力强度及总土压力,具体步骤如下:

在三角形 $AA'A_0$ 中,由几何关系可得

$$AA' = h_0 \cdot \frac{\cos \beta}{\cos(\varepsilon - \beta)} \qquad (5.33)$$

AA' 在竖向的投影为

$$h' = AA'\cos \varepsilon = \frac{q}{\gamma} \cdot \frac{\cos \varepsilon \cdot \cos \beta}{\cos(\varepsilon - \beta)} \qquad (5.34)$$

故可得墙顶 A 点处

$$p_{aA} = \gamma h' K_a \qquad (5.35)$$

墙底 B 点处

$$p_{aB} \gamma(h + h') K_a \qquad (5.36)$$

于是可得墙背 AB 上的总土压力为

$$E_a = \gamma h \left(\frac{1}{2} h + h' \right) K_a \qquad (5.37)$$

2)成层土体中库仑主动土压力计算

如图5.20所示,假设各层土的分界面与土体表面平行。求下层土的土压力强度时,可将上面各层土的土重看成均布荷载的作用。各点的土压力强度如下:

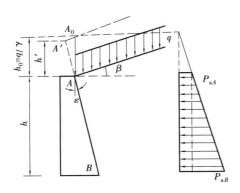

图5.19 均布荷载作用下的库仑主动土压力   图5.20 成层土中库仑主动土压力

在第1层土顶面处 $p_a = 0$。

在第1层土底面处 $p_a = \gamma_1 h_1 K_{a1}$。

将 $\gamma_1 h_1$ 的土重换算为第2层土的当量土厚度,即

$$h_1' = \frac{\gamma_1 h_1}{\gamma_2} \cdot \frac{\cos \varepsilon \cdot \cos \beta}{\cos(\varepsilon - \beta)} \qquad (5.38)$$

则在第 2 层土顶面处 $\qquad p_a = \gamma_2 h_1' K_{a2} \qquad (5.39)$

在第 2 层土底面处 $\qquad p_a = \gamma_2 (h_1' + h_2) K_{a2} \qquad (5.40)$

式中 K_{a1},K_{a2}——第 1 层、第 2 层土的库仑主动土压力系数;

γ_1,γ_2——第 1 层、第 2 层土的重度,kN/m³。

每层土的总压力 E_{a1},E_{a2} 的大小等于土压力分布图形的面积,作用方向与 AB 法线方向成 δ_1,δ_2 角(δ_1,δ_2 分别为第 1 层,第 2 层土与墙背之间的摩擦角),作用点位于各层土压力分布图的中心处。

3)黏性土中库仑主动土压力计算

如前所述,库仑土压力最早是基于填土为砂性土的假定,但在实际工程中无论是一般的挡土结构,还是基坑工程中的支护结构,墙背后面的土体大多为黏性土、粉质黏性土等具有一定黏聚力的填土,所以将库仑土压力理论推广到黏性土中是十分必要的。为此,有学者提出"等效内摩擦角"的概念,在此基础上建立相应的计算公式。所谓等效内摩擦角,就是将黏性土的黏聚力作用折算成内摩擦角。等效内摩擦角可用 φ_D 表示。下面是工程中常采用的两种等效内摩擦角 φ_D 的确定方法。

(1)根据土压力相等的概念计算

假定挡土墙墙背竖直、光滑,墙后填土面水平。由朗肯主动土压力计算公式可知,墙后填土有黏聚力存在时的主动土压力合力为

$$E_{a1} = \frac{1}{2}\gamma H^2 \tan^2\left(45° - \frac{\varphi}{2}\right) - 2cH\tan\left(45° - \frac{\varphi}{2}\right) + \frac{2c^2}{\gamma} \qquad (5.41)$$

如果按等效内摩擦角的概念(无黏聚力)计算,则有

$$E_{a2} = \frac{1}{2}\gamma H^2 \tan^2\left(45° - \frac{\varphi_D}{2}\right)$$

令 $E_{a1} = E_{a2}$,即可以得

$$\tan\left(45° - \frac{\varphi_D}{2}\right) = \tan\left(45° - \frac{\varphi}{2}\right) - \frac{2c}{\gamma H}$$

于是,可得等效内摩擦角 φ_D 为

$$\varphi_D = 2\left\{45° - \arctan\left[\tan\left(45° - \frac{\varphi}{2}\right) - \frac{2c}{\gamma H}\right]\right\} \qquad (5.42)$$

(2)根据抗剪强度相等的概念计算

对于图 5.21 所绘出的基坑挡土墙土压力的计算问题,可由土的抗剪强度包线,通过作用在基坑底面标高上的土中竖直应力 σ_v 来计算等效内摩擦角 φ_D,即有

$$\varphi_D = \arctan\left(\tan\varphi + \frac{c}{\sigma_v}\right) \qquad (5.43)$$

式中 σ_v——竖直应力;

c——黏聚力;

φ——内摩擦角。

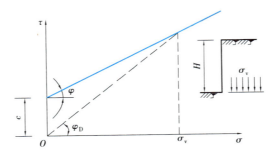

图 5.21　等效内摩擦角的计算

需要指出,等效内摩擦角的概念只是一种简化的工程处理方法,其物理意义并不明确,计算土压力时有时会产生较大的误差,所以也有采用图解法进行的。

任务 5　比较土压力计算值与实际值的异同

5.5.1　朗肯土压力理论与库仑土压力理论的比较

朗肯土压力理论和库仑土压力理论均属于极限状态土压力理论,即它们所计算出的土压力均是墙后土体处于极限平衡状态下的主动或被动土压力。但这两种理论在具体分析时,分别根据不同的假定来计算挡土墙背后的土压力,两者只有在最简单的情况下($\varepsilon = 0, \beta = 0, \delta = 0$)才有相同的理论推导结果。

朗肯土压力理论应用半空间中的应力状态和极限平衡状态理论,从土中一点的极限平衡条件出发,首先求出作用在挡土墙竖直面上的土压力强度及其分布形式,然后再计算作用在墙背上的总土压力。其概念比较明确,公式简单,对于黏性土和无黏性土都可以直接计算,故在工程中得到广泛应用。但由于该理论假设墙背直立、光滑、墙后填土水平并延伸至无穷远,因而其应用范围受到很大限制。由于这一理论不考虑墙背与填土之间摩擦作用的影响,故其主动土压力计算结果偏大,而被动土压力计算结果则偏小。

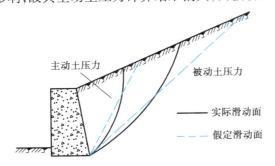

图 5.22　实际滑动面与假定滑动面的比较

库仑土压力理论根据墙后滑动土楔的整体静力平衡条件推导土压力计算公式,先求作用在墙背上的总土压力,需要时再计算土压力强度及其分布形式。该理论考虑了墙背与土体之间的摩擦力,并可用于墙背倾斜、填土面倾斜的复杂情况。但由于它假设填土是无黏性土,因此不能用库仑理论的原公式直接计算黏性土的土压力,尽管后来又发展了许多改进的方法,但一般均较为复杂。此外,库仑土压力理论假设墙后填土破坏时,破裂面是一平面,而实际上却是一曲面,因而其计算结果与实际情况有较大差别(见图 5.22)。工程实践表明,在计算主动土压力时,只有当墙背的倾斜程度不大、墙背与填土间的摩擦角较小时,破裂面才接近于一个平面。一般情况下,这种偏差在计算主动土压力时为 2% ~ 10%,可以认为其精度满足实际工程的需要。但在计算被动土压力时,由于破裂面接近于对数螺旋线,因此计算结果误差较大,有时可达 2 ~ 3 倍,甚至更大。

库仑理论计算的主动土压力值比朗肯理论结果略小。但在朗肯理论中,侧压力的合力平行于挡土墙后的土坡,而库仑理论由于考虑了挡土墙摩擦的影响,侧压力合力的倾角更大一些。总体而言,利用朗肯理论计算结果评价挡土墙稳定性时偏于安全的一面。需要指出,在实际工程中应根据不同的边界条件和土性条件选择合适的计算理论。

5.5.2 土压力的实际分布规律

1)土压力沿挡土墙高度的分布

朗肯土压力理论和库仑土压力理论都假定墙背土压力随深度呈线性分布,但从一些室内模拟试验和现场观测资料来看,实际情况较为复杂。事实上,土压力的大小及沿墙高的分布规律与挡土墙的形式和刚度、挡土墙表面的粗糙程度、墙背面边坡的开挖坡度、填土的性质、挡土墙的位移方式等因素密切相关。

即使对于形状较为简单的刚性挡土墙而言,土压力沿墙高的分布也与挡土墙的位移方式有较大的关系。一般地,当挡土墙以墙踵为中心、偏离填土的方向相对转动时,才满足前述朗肯土压力理论的极限平衡假定,此时墙背面的土压力沿墙高的分布为三角形分布[见图 5.23(a)],其值为 $K_a\gamma z$;当挡土墙以墙顶为中心,偏离填土方向相对转动,而土体上端不动,则此处附近土压力与静止土压力 $K_0\gamma z$ 接近,下端向外变形很大,土压力应该比主动土压力 $K_a\gamma z$ 还小很多,墙背面土压力沿墙高的分布为非线性分布[见图 5.23(b)];当挡土墙偏离填土方向水平位移时,上端附近土压力处于静止土压力 $K_0\gamma z$ 和主动土压力 $K_a\gamma z$ 之间,而下端附近土压力比主动土压力 $K_a\gamma z$ 还要小,挡土墙背面的土压力分布为非线性分布[见图 5.23(c)];当挡土墙以墙中为中心,向填土方向相对转动时,上端墙体挤压土体,土压力分布与被动土压力 $K_p\gamma z$ 接近,而下端附近墙壁外移,土压力比主动土压力 $K_a\gamma z$ 还要小,墙背面土压力沿墙高的分布为曲线分布[见图 5.23(d)]。

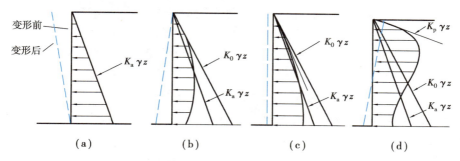

图 5.23 挡土墙位移方式对土压力分布的影响

此外,对于一般刚性挡土墙,根据大尺寸模型试验结果可以得出两个基本结论:一是曲线分布的实测土压力总值与按库仑理论计算的线性分布的土压力总值近似相等;二是当墙后填土为平面时,曲线分布土压力的合力作用点距墙底高度为 $(0.40 \sim 0.43)H$ 处(H 为墙高)。

以上为挡土墙刚度较大而自身变形可以忽略的情形。如果挡土墙刚度较小(如各类板桩墙),则其受力过程中会产生自身的挠曲变形,墙后土压力分布图形呈不规则的曲线分布,也不适宜按刚性挡土墙所推导的经典土压力理论计算公式进行计算,具体计算方法可参见有关文献。

2) 土压力沿挡土墙长度的分布

朗肯理论和库仑理论均将挡土墙作为平面问题来考虑,也就是取无限长挡土墙中的单位长度来研究。实际上,所有挡土墙的长度都是有限的,作用在挡土墙上的土压力随其长度而变化,即作用在中间断面上的土压力与作用在两端断面上的土压力有明显的不同,是一个空间问题。这种性质与挡土墙墙背面填土的破坏机理有关,当挡土墙在填土或外力作用下产生一定位移后,墙背面填土中形成两个不同的应力区。其中,随同墙体位移的这一部分土体处于塑性应力状态,远离墙体未产生位移的土体则保持弹性应力状态。而处于两个应力区域之间的土体虽未产生明显的变形,但由于受到随同墙体变形土体的影响,在靠近产生较大变形的土体部分产生应力松弛现象,并逐步过渡到弹性应力状态,从而形成一个过渡区域。

对于松散的土介质,应力的传递主要依靠颗粒接触面间的相互作用来进行。在过渡区内,当介质的一个方向产生微小变形或应力松弛时,与之正交的另一个方向就极易形成较强的卸荷拱作用,并且随土体变形的增长而更为明显。当变形达到一定值后,土体中的拱作用得到充分发挥,最终形成所谓的极限平衡拱。这样,在平衡拱范围内的土体随同墙体产生明显的变形,而在平衡拱以外的土体并未由于墙体的位移而产生明显的变形。

当平衡拱土柱随同墙体向前产生较大的位移时,由于受到底部地基的摩擦阻力作用,土柱的底面形成一曲线形的滑动面,即在墙背面形成一个截柱体形的滑裂土体,从而使作用在挡土墙上的土压力沿长度方向呈现对称的分布规律。对于长度较短的挡土墙,卸荷拱作用非常明显,必须考虑它的空间效应问题。

5.5.3 土压力随时间的变化

前面已经指出,土体需要满足一定的位移量,才可以达到极限平衡状态。在静力计算中,一般很难估算位移量的大小,故在挡土结构设计时一般不考虑位移量的大小,也不考虑时间对土压力的影响,但实际上土压力常常随时间而变化。当挡土结构物背后填土所受到剪应力大于或等于土本身的屈服强度时,则填土就开始蠕变。这时,如挡土结构物以同样的变形速率向外移动,则挡土结构物上的土压力为最小,此时填土的抗剪强度得到充分发挥。同样,如果挡土结构物以同样的速度向内移动,则挡土结构物的土压力为最大。

填土方法和填料颗粒性质对挡土墙上的土压力有重要影响。若填料采用未压实的粗粒土,则经过较长时间后,土压力与主动土压力理论值一致。若挡土墙背后填土经过压实,最终土压力可能达到或超过静止土压力。从理论上讲,将土料压实是一种常见的用来增大内摩擦角以减小主动土压力系数的方法。但逐层填筑和压实会引起侧向挤压,使挡土墙随填土高度的增加而逐渐偏转,而挡土墙建成后不再可能发生主动状态所需的位移,故即使挡土墙发生位移而使土压力减小到主动土压力理论值,其后土压力仍将随时间增大并趋于静止土压力值。

松弛现象对土压力也有一定的影响。当挡土结构物背后填土后,如果结构物的位移保持不变,则土的蠕变变形受到限制,其抗剪强度得不到充分发挥。这时,土体内的应力将产生松弛现象,即作用在挡土结构物上的主动土压力将随时间而增加,并逐渐达到静止土压力状态。

当挡土结构物位移停止时,土的蠕变变形速率越小,则土的应力松弛作用也越小;反之,土的蠕变变形速率越大,则土的应力松弛作用也越大。土的应力松弛程度与土的性质有关,如硬黏土的应力松弛程度一般小于软黏土的应力松弛程度。有研究表明,硬黏土在 3 d 内,应力松弛约为起始值的 55%,软黏土则应力松弛到 0。

总之,朗肯土压力理论和库仑土压力理论都属经典土压力理论,是忽略次要因素抓住主要矛盾建立起来的相对简洁实用的土压力理论。我们知道,矛盾的主要方面和次要方面的地位在一定条件下是可以相互转化的,随着我们研究问题的侧重点和讨论问题的精细化程度的不同,我们需要考虑土压力的更精细的分布规律和随时间的改变规律,此时便不能只拘泥于经典土压力理论。

任务6　认识挡土墙结构

5.6.1　挡土墙的类型及特点

挡土墙就其结构形式可分为以下几个主要类型:重力式挡土墙、悬臂式挡土墙、扶壁式挡土墙及锚杆挡土墙、锚碇板挡土墙、土工织物挡土墙等。

挡土墙结构

1)重力式挡土墙

重力式挡土墙如图 5.24(a)所示,墙面暴露于外,墙背可以做成倾斜和垂直的。墙基的前缘称为墙趾,后缘称为墙踵。重力式挡土墙通常由块石或混凝土砌筑而成,因而墙体抗拉强度较小,作用于墙背的土压力所引起的倾覆力矩全靠墙身自重产生的抗倾覆力矩来平衡。重力式挡土墙具有结构简单、施工方便、就地取材等优点,是工程中应用较广泛的一种形式。

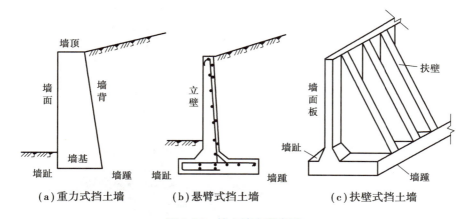

(a)重力式挡土墙　　　(b)悬臂式挡土墙　　　(c)扶壁式挡土墙

图 5.24　挡土墙主要类型

2)悬臂式挡土墙

悬臂式挡土墙一般由钢筋混凝土建造,它由三个悬臂板组成,即立壁、墙趾悬臂和墙踵悬臂,如图 5.24(b)所示。墙的稳定性主要靠墙踵底板上的土重,而墙体内的拉应力则由钢筋承担。因此,这类挡土墙的优点是能充分利用钢筋混凝土的受力特性,墙体截面较小,在市政工程以及厂矿储库中广泛应用这种挡土墙。

3)扶壁式挡土墙

当墙后填土比较高时,为了增强悬臂式挡土墙中立壁的抗弯能力,常沿墙的纵向每隔一定距离设一道扶壁,故称为扶壁式挡土墙,如图5.24(c)所示。

其他挡土墙还有锚杆挡土墙、锚碇板挡土墙、土工织物挡土墙等。

5.6.2 挡土墙的设计

挡土墙的设计主要包括以下工作:

①根据地形、荷载条件及平面布置,结合当地经验和现场地质条件,初步选定挡土墙的体型和尺寸。

②进行挡土墙的验算。

③做好排水设施。若设计的挡土墙无挡水要求时,必须做好排水设施。排水不良,大量雨水将使墙后侧压力增大,土的抗剪强度降低,造成挡土墙的破坏。

④控制填土质量。挡土墙的回填土料应尽量选择透水性较大的土,例如砂性土、砾石、碎石等;不应采用淤泥、耕植土、膨胀性黏土等作为填料。填土时应分层夯实。

5.6.3 挡土墙的计算

挡土墙的计算通常包括下列内容:稳定性验算,包括抗倾覆和抗滑移稳定验算;地基的承载力验算;墙身强度验算。

1)稳定性验算

挡土墙的稳定性应满足以下要求:

(1)抗倾覆安全系数

$$K_q = \frac{Wb + E_z a}{E_x h} \geqslant 1.6 \tag{5.44}$$

(2)抗滑移安全系数

$$K_b = \frac{(W + E_z)\mu}{E_x} \geqslant 1.3 \tag{5.45}$$

式中 W——挡土墙每延米自重,kN/m;

E_z,E_x——主动土压力 E_a 的垂直和水平分量,kN/m;

h,a,b——E_z,E_x,W 对墙趾的力臂,m;

μ——基底摩擦系数,由试验确定,当缺乏试验资料时,可按表5.3采用。

表5.3 土对挡土墙基底的摩擦系数 μ

土的类别		摩擦系数 μ
黏性土	可塑	0.20 ~ 0.30
	硬塑	0.30 ~ 0.35
	坚硬	0.35 ~ 0.45

续表

土的类别	摩擦系数 μ
粉土	0.30 ~ 0.40
中砂、粗砂、砾砂	0.40 ~ 0.50
碎石土	0.40 ~ 0.60
软质岩	0.40 ~ 0.60
表面粗糙的硬质岩	0.65 ~ 0.75

2）地基的承载力验算

地基的承载力验算，一般与偏心荷载作用下基础的计算方法相同。

3）墙身强度验算

墙身强度验算应根据墙身材料分别按砌体结构、素混凝土结构或钢筋混凝土结构的有关计算方法进行。

任务 7　评价土坡稳定性

土坡是指具有倾斜坡面的土体，土坡简单的外形和各部位名称如图 5.25 所示。

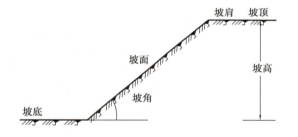

土坡稳定

图 5.25　土坡的简单外形和各部位名称

由于地质作用在自然条件下形成的土坡，称为天然土坡，如山坡、江河的边坡或岸坡等；由于人工填筑或开挖而形成的土坡，称为人工土坡，如基坑、路堑、基槽、土坝、路堤等的边坡。土坡滑动又称为滑坡或土坡失稳，是指土坡在一定范围内整体地沿某一滑动面向下和向外移动而丧失其稳定性。土体自重及水的渗透力等各种因素会在坡体内引起剪应力，如果剪应力大于其作用方向上的抗剪强度，土体就要产生剪切破坏。所以，土坡稳定分析是土的抗剪强度理论在实际工程中运用的一个范例。土坡发生滑动的根本原因在于土坡体内部某个面上的剪应力达到了该面上的抗剪强度，土体的稳定平衡遭到破坏。土坡失稳具体表现如下：

①坡体中剪应力的增加。在坡顶堆载或修筑建筑物使坡顶荷载增加，降水使土体的自重增加，渗透引起的动水力及土裂缝中的静水压力等，地下水位面大幅度下降导致土体内有效应力增大或因打桩、地震、爆破等振动引起的动力荷载都会导致坡体内部剪应力增大。

②坡体中抗剪强度的降低。自然界气候变化引起土体干裂和冻融，黏土夹层因雨水的

浸入而软化,膨胀土反复胀缩及黏性土的蠕变效应或因振动使土的结构破坏或孔隙水压力升高等都会导致土的抗剪强度降低。

土坡稳定分析具有以下目的:验算所拟订的土坡是否稳定、合理或根据给定的土坡高度、土的性质等已知条件设计出合理的土坡断面(主要是安全的坡角);对一旦滑坡会对人类生命财产造成危害或造成重大经济损失的天然土坡进行稳定性分析,研究其潜在的滑动面位置,给出安全性评价及相应的加固措施;对人工土坡还应采取必要的工程措施,加强工程管理,以消除某些可能导致滑坡的不利因素,确保土坡的安全。

本节主要介绍简单土坡稳定分析的基本原理。简单土坡是指土坡的坡度不变,顶面和底面水平,且土质均匀,无地下水等其他因素影响的土坡。土坡失稳时滑动面的形状要具体分析。呈散粒体的均质无黏性土土坡,其滑动面常接近一平面;而均质黏性土土坡的滑动面通常是一光滑的曲面,该曲面底部曲率大、形状平滑,而靠近坡顶曲率半径较小,近乎垂直于坡顶。经验表明,在稳定分析中,所假设的滑动面的形状对安全系数高低影响不大。为方便起见,一般假设均质黏性土土坡破坏时的滑动面为一圆柱面,它在横断面上的投影就是一个圆弧,即滑动面是圆弧。对于非均质的多层土或含软弱夹层的土坡,往往沿着软弱夹层的层面发生滑动,此时整个土坡的滑动面常常是由直线和曲线组合而成的不规则滑动面。

5.7.1　无黏性土土坡稳定分析

如图 5.26 所示为一坡角为 β 的均质无渗透力作用的无黏性土土坡。对于这种情况,无论是在干坡还是完全浸水条件下,由于无黏性土土粒间无黏聚力,只有摩擦力,因此只要位于坡面上的土单元能保持稳定,则整个土坡就是稳定的。

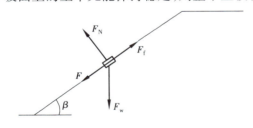

图 5.26　无渗透力作用的无黏性
土土坡稳定分析

现从坡面上任取一侧面垂直、底面与坡面平行的土单元体,假设不考虑单元体侧表面上各种应力和摩擦力对单元体的影响。设单元体所受重力为 F_w,无黏性土土坡的内摩擦角为 φ,则使单元体下滑的滑动力就是 F_w 沿坡面的分力 F,即 $F = F_w \sin \beta$。

阻止单元体下滑的力为该单元体与它下面土体之间的摩擦力,也称为抗滑力,它的大小与法向分力 F_N 有关,抗滑力的极限值即最大静摩擦力值,即

$$F_f = F_N \tan \varphi = F_w \cos \beta \tan \varphi$$

抗滑力与滑动力之比称为土坡稳定安全系数,用 K_s 表示,即

$$K_s = \frac{F_f}{F} = \frac{F_w \cos \beta \tan \varphi}{F_w \sin \beta} = \frac{\tan \varphi}{\tan \beta} \tag{5.46}$$

由式(5.46)可知,当 $\beta = \varphi$ 时,$K_s = 1.0$,抗滑力等于滑动力,土坡处于极限平衡状态;当 $\beta < \varphi$ 时,$K_s > 1.0$,土坡处于安全稳定状态。因此,土坡稳定的极限坡角等于无黏性土的内摩擦角 φ,此坡角也称为自然休止角。式(5.46)表明,均质无黏性土土坡的稳定性与坡高无关,而仅与坡角 β 有关,只要 $\beta < \varphi$,则必有 $K_s > 1.0$,满足此条件的土坡在理论上就是稳定的。φ 值越大,则土坡安全坡角就越大。为了保证土坡具有足够的安全储备,可取 $K_s = 1.1 \sim 1.5$。

上述分析只适用于无黏性土土坡的最简单情况,即只有重力作用,且土的内摩擦角是常数。工程实际中只有均质干土坡才完全符合这些条件。对有渗透水流的土坡、部分浸水土坡以及高应力水平下 φ 角变小的土坡,则不完全符合这些条件。这些情况下的无黏性土土坡稳定分析可参考有关书籍。

5.7.2　黏性土土坡稳定分析

由于黏聚力的存在,黏性土土坡不会像无黏性土土坡那样沿坡面表面滑动(滑动面是平面),黏性土坡危险滑动面深入土体内部。基于极限平衡理论可以推导出,均质黏性土土坡发生滑坡时,其滑动面形状为对数螺旋线曲面,形状近似于圆柱面,在断面上的投影则近似为一圆弧曲面,如图 5.27 所示。通过对现场土坡滑坡、失稳实例的调查表明,实际滑动面也与圆弧面相似。因此,工程设计中常把滑动面假定为圆弧面来进行稳定分析,如条分法、瑞典圆弧法、毕肖甫法等均基于滑动面是圆弧这一假定。本节重点介绍上述各种方法。

1)瑞典圆弧法(整体圆弧滑动法)

1915 年,瑞典人彼得森提出,边坡稳定安全系数可按下式计算:

$$F_s = \frac{M_R}{M_s} = \frac{\tau_f l R}{F_w d} \tag{5.47}$$

式中　l——圆弧 AC 的弧长。

其余符号如图 5.28 所示。

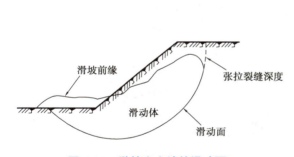

图 5.27　黏性土土坡的滑动面

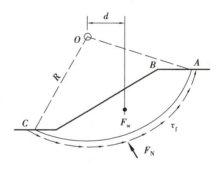

图 5.28　瑞典圆弧法

以上求出的 K_s 是与任意假定的某个滑动面相对应的安全系数,而土坡稳定分析要求的是与最危险的滑动面相对应的最小安全系数。为此,通常需要假定一系列滑动面进行多次试算,才能找到所需要的最危险滑动面对应的安全系数。随着计算技术的广泛应用和数值方法的普及,通过大量计算快速确定最危险滑动面的问题已经得到很好解决。

实际上,当 $\sigma \tan \varphi \neq 0$ 时或土质变化时,还要确定各点的抗剪强度指标 c 和 φ,从而计算滑动面上各点的抗剪强度 τ_f。至于法向应力 σ 的确定,可以采用有限单元法和极限平衡分析法,而目前常用极限平衡分析法中的条分法计算 σ。整体圆弧滑动法的另一个缺陷就是对于外形比较复杂,特别是土坡由多层土构成时,要确定滑动体的自重及形心位置就比较困难,可见整体圆弧滑动法的应用存在局限性,比较适合解决简单土坡的稳定计算问题。

2)条分法

对多层土以及边坡外形比较复杂的情况,要确定边坡的形心和质量是比较困难的,这时采用条分法就比较容易。条分法的原理是:将边坡垂直分条,计算各条对滑弧中心的抗滑力矩和滑动力矩,然后分别求其和,再按式(5.47)计算边坡稳定安全系数,如图 5.29 所示。

对条件力假定的不同,就构成了不同的计算方法。

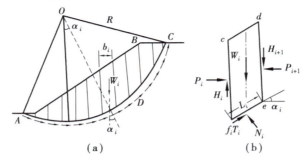

图 5.29　条分法计算原理

(1)太沙基公式

1936 年,太沙基(Terzaghi K)假定,土条两侧的外作用力大小相等、方向相反,并且作用在同一条直线上。边坡稳定安全系数为

$$F_s = \frac{M_R}{M_s} = \frac{\sum (c_i l_i + W_i \cos \alpha_i \tan \varphi_i)}{\sum W_i \sin \alpha_i} \quad (5.48)$$

(2)毕肖甫公式

1955 年,毕肖甫(Bishop A W)认为,不考虑条件作用力是不妥当的。如图 5.30 所示,当边坡处于稳定状态时,土条内滑弧面上的抗剪强度只发挥了一部分,并与切向力 T_i 相等,即

$$T_i = \frac{c_i l_i + N_i \tan \varphi_i}{F_s} \quad (5.49)$$

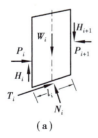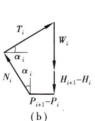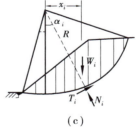

图 5.30　毕肖甫计算简图

将所有的力都投影到弧面的法线方向,得

$$N_i = [W_i + (H_{i+1} - H_i)] \cos \alpha_i - (P_{i+1} - P_i) \sin \alpha_i \quad (5.50)$$

当土坡处于极限平衡时,各土条的力对滑弧中心的力矩之和为零(注意这时条间内力互相抵消),得

$$\sum W_i x_i - \sum T_i R = 0 \quad (5.51)$$

将式(5.50)、式(5.51)代入式(5.49)得稳定安全系数

$$F_s = \frac{\sum \left\{ c_i l_i + \left[(W_i + H_i - H_{i+1}) \cos \alpha_i - (P_{i+1} - P_i) \sin \alpha_i \right] \tan \varphi_i \right\}}{\sum W_i \sin \alpha_i} \quad (5.52)$$

毕肖甫建议不计土条间的摩擦力之差,即令 $H_{i+1} - H_i = 0$,代入式(5.52),得

$$F_s = \frac{\sum \left\{ c_i l_i + \left[W_i \cos \alpha_i - (P_{i+1} - P_i) \sin \alpha_i \right] \tan \varphi_i \right\}}{\sum W_i \sin \alpha_i} \tag{5.53}$$

利用静力平衡条件,$F_x = 0$,$F_y = 0$,并结合式(5.49)和 $H_{i+1} - H_i = 0$,得

$$P_{i+1} - P_i = \frac{\dfrac{1}{F_s} W_i \cos \alpha_i \tan \varphi_i + \dfrac{c_i l_i}{F_s} - W_i \sin \alpha_i}{\dfrac{\tan \varphi_i}{F_s} \sin \alpha_i + \cos \alpha_i} \tag{5.54}$$

将式(5.54)代入式(5.53),得

$$F_s = \frac{\sum (c_i l_i \cos \alpha_i + W_i \tan \varphi_i) \dfrac{1}{\dfrac{\tan \varphi_i \sin \alpha_i}{F_s} + \cos \alpha_i}}{\sum W_i \sin \alpha_i} \tag{5.55}$$

式(5.55)就是著名的简化毕肖甫公式。

(3)使用条分法时简单土坡最危险滑动面的确定方法

简单土坡指的是土坡坡面单一、无变坡、土质均匀、无分层的土坡。如图5.31所示,这种土坡最危险的滑动面可用以下方法快速求出。

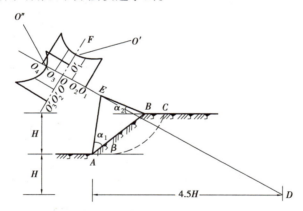

图 5.31 黏性土最危险滑动面的确定

①根据土坡坡度或坡角 β,由表5.4查出相应 α_1,α_2 的数值。

表 5.4 α_1,α_2 角的数值

土坡坡度	坡角 β	α_1 角	α_2 角
1 : 0.58	60°	29°	40°
1 : 1.0	45°	28°	37°
1 : 1.5	33°41′	26°	35°
1 : 2.0	26°34′	25°	35°
1 : 3.0	18°26′	25°	35°
1 : 4.0	14°03′	25°	36°

②根据 α_1 角,由坡角 A 点作线段 AE,使角 $\angle EAB = \alpha_1$。根据 α_2 角,由坡顶 B 点作线段 BE,使该线段与水平线夹角为 α_2。

③线段 AE 与线段 BE 的交点为 E,这一点是 $\varphi = 0$ 的黏性土土坡最危险的滑动面的圆心。

④由坡脚 A 点竖直向下取坡高 H 值,然后向右沿水平方向线上取 $4.5H$,并定义该点为 D 点。连接线段 DE 并向外延伸,在延长线上 E 点附近,为 $\varphi > 0$ 的黏性土坡最危险的滑动面的圆心位置。

⑤在 DE 的延长线上选 3~5 个点作为圆心 $O_1,O_2,O_3,\cdots$,计算各自的土坡稳定安全系数 $K_1,K_2,K_3,\cdots$。而后按一定的比例尺,将 K_i 数值画在过圆心 O_i 与 DE 正交的线上,并连成曲线(由于 $K_1,K_2,K_3,\cdots$ 数值一般不等)。取曲线下凹处的最低点 O',过 O' 作直线 $O'F$ 与 DE 正交。$O'F$ 与 DE 相交于 O 点。

⑥同理,在 $O'F$ 直线上,在靠近 O 点附近再选 3~5 个点,作为圆心 $O'_1,O'_2,O'_3,\cdots$,计算各自的土坡稳定安全系数 $K'_1,K'_2,K'_3,\cdots$。而后按相同的比例尺,将 K'_i 的数值画在通过各圆心 O'_i 并与 $O'F$ 正交的直线上,并连成曲线(因为 $K'_1,K'_2,K'_3,\cdots$ 数值一般不等)。取曲线下凹处最低点 O'' 点,该点即为所求最危险滑动面的圆心位置。

前面提到,均质无黏性土土坡的稳定性与坡高无关,而仅与坡角 β 有关;但均质黏性土土坡的稳定性与坡高有关。当土体的物理力学参数一定,土坡坡高与临界坡角存在一定关系。2002 年,我国岩土专家王长科参考朗肯、库尔曼理论和李妥德公式,建立了基坑边坡的坡高与临界坡角的关系。

$$\alpha_{cr} = \varphi + 2\tan^{-1}\frac{\pi c}{q+\gamma H} \tag{5.56}$$

式中 α_{cr}, H——临界坡角和坡高;

       γ, c, φ——坡土的重力密度、黏聚力和内摩擦角;

       q——坡顶均布荷载。

任务 8   了解常用基坑支护结构

5.8.1   基坑支护的基本知识

自 20 世纪 90 年代以来,由于社会经济发展的各种要求,高层建筑设置地下室已是一种普遍做法。基坑围护工程作为岩土工程学科的一个分支就应运而生。又由于课题本身的多样性和复杂性,围护工程成了近年来岩土学界经久不衰的热点和难点课题。目前有关基坑工程学的专著、手册已相当多,论文更是不计其数。作为本书的一节,在此只能介绍最简单、最基本、最成熟的一些知识。

常见基坑
支护形式

所谓基坑工程是指在建造埋置深度较大的基础或地下工程时,需要进行较深的土方开挖。这个由地面向下开挖的地表下空间称为基坑,为保证基坑及地下室施工条件所采取的措施称为基坑围护工程,简称基坑工程。基坑开挖最简单的施工方法是放坡开挖。这种方法既方便又经济,在空旷地区应优先选用。受到场地局限,在基坑平面以外往往没有足够的放坡空间,或者为了保证基坑周围的建筑物、构筑物以及地下管线不受损坏,又或者为了满足无水条件下施工的要求,需要设置挡土和截水的结构,这种结构称为围护结构。一般来

说,围护结构应满足以下三个方面的要求:

①保证基坑周边未开挖土体的稳定。

②保证临近基坑的相邻建筑物、构筑物和地下管线在地下结构施工期间不受损害,即要求围护结构能有效地控制坑周和坑底土体变形。

③要求围护结构起截水作用,并结合降水、排水等措施,保证施工作业面在地下水位以上。

5.8.2 基坑围护结构的常见形式

围护结构最早采用木桩,近年常用钢筋混凝土排桩、钢板桩、地下连续墙,在条件许可时也可采用水泥土挡墙、土钉墙等。钢筋混凝土排桩的设置方法可选择钻孔灌注桩、人工挖孔桩、沉管灌注桩和预制桩等。常用的基坑围护结构形式有:

①放坡开挖及简易围护。

②悬臂式围护结构。

③重力式围护结构。

④内撑式围护结构。

⑤锚拉式围护结构。

⑥土钉墙围护结构。

⑦其他形式围护结构:主要包括门架式围护结构、拱式组合型围护结构、沉井围护结构、冻结法围护结构等。

下面分别对常见的围护结构进行简述。

1)悬臂式围护结构

从广义的角度来讲,一切没有支撑和锚固的而又不是借自重满足稳定条件的围护结构,均可归属悬臂式围护结构,如不设支撑和锚固的板桩墙、排桩墙和地下连续墙等围护结构(见图 5.32)。悬臂式围护结构依靠足够的入土深度和结构的抗弯能力来挡土和控制墙后土体及结构的变形。在开挖深度相同时,悬臂式围护结构产生的变形较内撑或锚拉式往往大得多。因此这种结构适用于土质较好、开挖深度较小且周边场地对变形控制要求不严的基坑。

图 5.32 悬臂式排桩围护结构

2)重力式围护结构

重力式围护结构通常由水泥土搅拌桩组成,有时也采用高压喷射注浆等方法形成。当基坑开挖深度较大时,常采用格构体系。水泥土和它包围的天然土形成了重力式挡土墙,可以维系土体的稳定。水泥土重力式挡土墙适用于开挖深度不大、基坑周边对变形控制要求不高的软弱场地的基坑工程。水泥土搅拌桩围护结构的布置形式如图5.33所示。

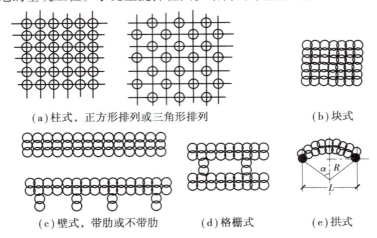

（a）柱式，正方形排列或三角形排列　　　　　（b）块式

（c）壁式，带肋或不带肋　　　（d）格栅式　　　（e）拱式

图5.33　搅拌桩的平面布置形式

3）内撑式围护结构

内撑式围护结构由挡土墙和支撑结构两部分组成。挡土结构常采用排桩和地下连续墙。支撑结构由水平支撑和斜支撑两种，水平支撑更常用。根据不同的开挖深度等因素，可采用单层或多层水平支撑，图5.34为多跨压杆式支撑，图5.35为搭角斜撑。

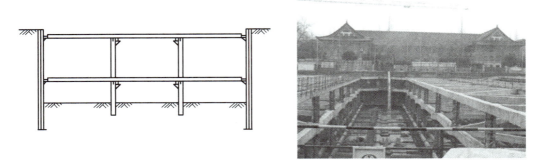

图5.34　多跨压杆式支撑

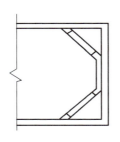

图5.35　搭角斜撑

内支撑常采用钢筋混凝土梁、钢梁、型钢格构等形式。钢筋混凝土支撑的优点是刚度大、变形小;而钢支撑的优点是材料可回收,且施加预应力较方便。

钢筋混凝土内撑式围护结构刚度大,容易控制围护体系变形,因此广泛适用于各种土层和深度的基坑。

4)锚拉式围护结构

锚拉式围护结构最大的优点是在基坑内部施工时,开挖土方与支撑互不干扰,尤其是在不规则的复杂施工场所,以锚杆代替挡土横撑,便于施工。这是人们乐于使用的主要原因。

锚拉是将一种新型受拉杆件的一端(固定端)固定于开挖基坑的稳定地层中,另一端与工程构筑物相连接(钢板桩、挖孔桩、灌注桩以及地下连续墙等)。用于承受由于土压力、水压力等施加于构筑物上的推力,从而利用地层的锚固力以维持构筑物(或土层)的稳定。锚拉体系由挡土构筑物、腰梁及托架、锚杆(锚索)三个部分组成,以保证施工期间的基坑边坡稳定与安全,图 5.36 为锚拉体系构造及现场施工照片。

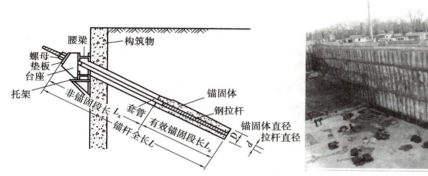

图 5.36 锚拉体系构造

5)土钉墙围护结构

土钉墙挡土结构的概念是由加筋挡土结构拓展与延伸而来的,其受力机理与设计模式也与加筋挡土结构相近。与锚拉结构的区别是土钉墙是作为一个复合土体受力的。土钉可以用钻孔置筋,或打设花管代替置筋,然后在孔内(或管内)进行压浆形成土钉。将土钉的外端与设置钢筋网的喷射混凝土面层相连接,即构成土钉挡土结构。

土钉墙的适用条件如下:

①土钉墙适用于地下水位以上或经人工降水后的人工填土、黏性土和弱胶结砂土的基坑支护和边坡加固。

②土钉墙宜用于深度不大于 12 m 的基坑支护和边坡支护,当土钉墙与有限放坡、预应力锚杆联合使用时,深度可增加。

③土钉墙不宜用于含水丰富的粉细砂层、砂砾卵石层和淤泥质土,不得用于没有自稳能力的淤泥和饱和软弱土层。

④现场需有允许设置土钉的地下空间。如为永久性土钉,更需长期占用这些地下空间。当基坑附近有地下管线或建筑物基础时,则在施工时有相互干扰的问题。

⑤土钉支护如果作为永久性结构,需要专门考虑锈蚀等耐久性问题。

如图 5.37 为土钉墙施工工艺流程,图 5.38 所示为土钉墙现场施工照片。

图 5.37　土钉墙施工工艺流程

图 5.38　土钉墙施工照片

限于篇幅,其他围护结构形式不再一一介绍。

重点转向环境岩土工程

　　大自然是人类赖以生存发展的基本条件。尊重自然、顺应自然、保护自然,是全面建设社会主义现代化国家的内在要求。必须牢固树立和践行绿水青山就是金山银山的理念,站在人与自然和谐共生的高度谋划发展。和自然友好共处,最重要的是尊重自然规律、顺应自然规律,按自然规律办事。自然规律就是科学原理,我们只能认识它,不能改变它,更不能改造它。山川可以改变,自然规律是不能改变的。重点转向环境岩土工程,首先要关注工程建设对地质环境的影响,将工程建设和环境建设结合起来,将建设对环境的影响降到最低。岩土工程师一定要抱着既对工程负责,又对环境负责的精神,担当起保护地质环境的责任。新建工程要将严防伤害环境、污染环境放在突出位置,要复垦废弃的矿山和厂址,修复污染的水体和土壤,将废液、废渣、污泥、垃圾综合利用,减量化、资源化、无害化,把有毒有害物质、放射性物质牢牢锁闭起来,永远不伤害人类。使山川各抱地势,巍峨壮丽,废弃物安稳宁静,各得其所。

　　"天地与我并存,万物与我为一"(《庄子》),人类与自然是命运共同体。为了百姓的福祉,为了人类的进步,以"绿水青山就是金山银山"的生态观,将重点转向环境岩土工程。

单元小结

　　(1)在解决挡土墙地基的变形、强度稳定性和墙体的抗滑移、抗倾覆稳定性问题时,土压力是作用的主要荷载。

　　(2)挡土墙有重力式、悬臂式、扶壁式、衡重式以及板桩式等不同形式。它们所受的土压力可视墙的位移及其与土体的关系而有主动土压力、被动土压力或静止土压力。主动土压力和被动土压力都是填土处于极限平衡状态时墙上作用的土压力。静止土压力是土体仍然处于弹性平衡状态的土压力。静止土压力大于主

PPT、教案、题库(单元5)

动土压力,但小于被动土压力。

(3)朗肯土压力理论是将散体极限平衡理论与墙背垂直、光滑、填土表面水平等基本条件相结合,按主动极限平衡条件确定主动土压力,按被动极限平衡条件确定被动土压力。库仑土压力理论则是基于楔体极限平衡理论,以墙背倾斜、非光滑、填土表面非水平、无黏性、滑楔体的滑动面为平面等为基本条件,分别按墙体在向前移动和向后移动且墙背土楔体处于极限平衡时墙背上产生的土压力分别确定主动土压力和被动土压力。

(4)均质无黏性土土坡的稳定性与坡高无关,而仅与坡角 β 有关,只要 $\beta < \varphi$,则必有 $K_s >$ 1.0,满足此条件的土坡在理论上就是稳定的。φ 值越大,则土坡安全坡角就越大。

(5)瑞典圆弧法从总体提出了黏性土坡安全系数的表达式,虽在应用上受到限制,但为后续的条分法解答提供了基本思路。

(6)忽略土条间的作用力是太沙基圆弧法的特点;考虑条间力,即在分条的两侧面作用有垂直条间力是简化毕肖普法的特点。

(7)通过作图法耐心寻找最危险滑动面是进行黏性土土坡稳定性分析的前提条件。

(8)现有的基坑支护措施,其支护思路基本分为下列三种:一种是利用或加固基坑四周土体,使它稳定,以便安全开挖基坑,如放坡开挖、土钉墙以及水泥土重力挡墙等;第二种因基坑开挖深度大,或基坑周围环境安全等要求高,采用结构支护办法,保证安全开挖,如悬臂式排桩、锚杆排桩以及连续墙结构等;第三种则是上述两种思路结合,如在基坑上段采用放坡或加固土体,下段采用结构支护,这样做既可保障安全开挖,又可降低工程费用。

思考与练习

1. 如图 5.39 所示,挡土墙墙背填土分层情况及其物理力学指标分别为:黏土 $\gamma = 18$ kN/m^3,$c = 10$ kPa,$\varphi = 30°$;中砂 $\gamma_{sat} = 20$ kN/m^3,$c = 0$,$\varphi = 35°$。试按朗肯土压力理论计算挡土墙上的主动土压力及其合力 E_a 并绘出分布图。

2. 某挡土墙的墙背垂直、光滑,墙高 7.0 m,墙后有两层填土,物理力学性质指标如图 5.40 所示,地下水位在填土表面下 3.5 m 处与第二层填土面齐平。填土表面作用有大小为 $q = 100$ kPa 的连续均布荷载。试求作用在挡土墙上的主动土压力 E_a 和水压力 p_w 的大小。

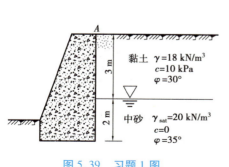

图 5.39 习题 1 图

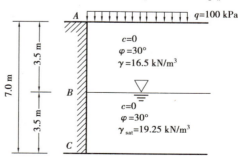

图 5.40 习题 2 图

3. 如图 5.41 所示,挡土墙高度 $H = 5$ m,墙背倾角 $\varepsilon = 10°$。已知填土重度 $\gamma = 20$ kN/m^3,$c = 0$,$\varphi = 30°$,墙背与填土间的摩擦角 $\delta = 15°$。试用库仑土压力理论计算挡土墙上的

主动土压力大小、作用点位置及与水平方向的夹角。

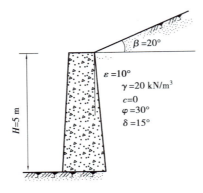

图 5.41　习题 3 图

4. 有一简单黏性土坡,高 25 m,坡比为 1:2,填土的重度 $\gamma = 20$ kN/m³,内摩擦角为 26.6°,黏聚力 c 为 10 kPa。假设滑动圆弧半径为 49 m,并假设滑动面通过坡脚位置,试用太沙基条分法求该土坡对应这一滑动圆弧的安全系数。

5. 试述支护结构的类型及其各自的主要特点与适用范围。

单元 6

工程地质勘察

单元导读

- **基本要求** 通过本单元学习,要求学生掌握工程地质勘察手段与方法;熟悉工程地质勘察的目的、任务、程序、要求,熟悉土工试验的用途,会阅读和使用工程地质勘察报告;熟悉验槽的方法与基槽的局部处理;了解工程地质的一些基本常识,了解物理勘探、遥感地质等先进勘探方法,了解岩土工程勘察规范等。
- **重点** 工程地质勘察方法;土工试验;工程地质勘察报告的阅读与使用。
- **难点** 工程地质勘察报告的阅读与使用。
- **思政元素** (1)漂洋过海、远涉重洋的求学精神;(2)科技报国的家国情怀;(3)在废墟上建设祖国的坚强意志。

任务 1 了解工程地质基本常识

6.1.1 地球的概况

工程地质
基本常识

　　地球是太阳系中的八大行星之一,它绕太阳公转,并绕自转轴由西向东旋转。地球是一个不规则的扁球体,赤道半径略长,约为 6 378 km;极地半径略短,约为 6 356.8 km;平均半径约为 6 371 km。地球总表面积约为 5.1×10^8 km²,其中大陆面积约为 1.48×10^8 km²,约占 29%;海洋面积约为 3.6×10^8 km²,约占 71%。地球质量为 5.965×10^{24} kg,地球体积为 1.083×10^{12} km³,平均密度为 5 507.85 kg/m³。

　　地球外部有水圈、大气圈和生物圈 3 个圈层。地球的内部由地壳、地幔和地核 3 个圈层组成(见图 6.1)。地球的内部构造如下:

1)地壳

地壳是地球表面固体的薄壳,平均厚度为 33 km。洋壳较薄,为 2 ~ 11 km,密度为 3 ~ 3.1 kg/m³,主要由镁铁质岩浆岩即玄武岩和辉长岩组成。陆壳较厚,为 15 ~ 80 km,平均密度为 2.7 ~ 2.8 kg/m³。人类的工程活动多在地壳的表层进行,一般不超过 1 ~ 2 km 的深度,但石油、天然气井钻探深度可达 7 km 以上。

2)地幔

地幔是位于地壳与地核之间的中间构造层。地幔与地壳的分界面称为莫霍面;地幔与地核的分界面称为古登堡面。地幔可以划分为三部分:上地幔,由莫霍面至 400 km 深度;过渡层,深度在 400 ~ 670 km;下地幔,深度在 670 ~ 2 891 km。上地幔的物质成分由含铁、镁多的硅酸盐矿物组成,与超基性盐类似,称橄榄质层。地幔中在 60 ~ 400 km 处为地震波传播"低速带",特别是在 100 ~ 150 km 深处,波速降低最多,分析为液态区,可能是岩浆的发源地。

3)地核

地核位于地幔以下,是地球的核心部分,其半径约为 3 489 km。靠近地幔的外核主要由液态铁组成,含约 10% 的镍,15% 的较轻的硫、硅、氧、钾、氢等元素;内核由在极高压($3.3×10^5 ~ 3.6×10^5$)下结晶的固体铁镍合金组成,其刚性很高。

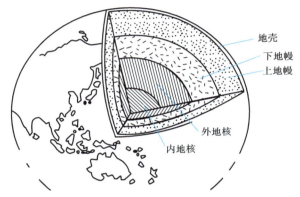

图 6.1　地球的内部构造

6.1.2　岩石

经地质作用形成的矿物或岩屑组成的集合体称为岩石。自然界岩石种类繁多,根据其成因可分为岩浆岩、沉积岩、变质岩三大类。

1)岩浆岩

岩浆沿着地壳薄弱带向上侵入地壳或喷出地表逐渐冷凝最后形成的岩石称为岩浆岩。常见的岩浆岩有:花岗岩、闪长岩、辉长岩、橄榄岩、正长岩、花岗斑岩、闪长玢岩、辉绿岩、流纹岩、安山岩、玄武岩、黑曜岩等。

2)沉积岩

沉积岩是在地表或接近地表的条件下,由母岩(岩浆岩、变质岩和早期的沉积岩)风化剥蚀的产物经搬运、沉积而形成的岩石。常见的沉积岩有角砾岩、砾岩、砂岩、页岩、泥岩、石灰岩、白云岩、泥灰岩等。

3)变质岩

原岩在地壳中受到高温、高压及化学成分加入的影响,在固体状态下发生矿物成分及结构、构造变化后形成的新的岩石称为变质岩。常见的变质岩有板岩、千枚岩、片岩、片麻岩、大理岩、石英岩、构造角砾岩、糜棱岩等。

6.1.3   地层与地质构造

地球作为一个天体,自形成以来就一直不停地运动着。地壳作为地球外层的薄壳,自形成以来也一直不停地运动着。地壳运动又称为构造运动,是主要由地球内力引起岩石圈产生的机械运动。地壳运动的基本形式有两种,即水平运动和垂直运动。

地史学中,将各个地质历史时期形成的岩石,称为该时期的地层。各地层的新老关系在判别褶曲、断层等地质构造形态中,有着非常重要的作用。构造运动引起地壳岩石变形和变位,这种变形、变位被保留下来的形态被称为地质构造。地质构造有水平岩层、倾斜岩层、直立岩层、褶皱和断裂5种主要类型,如图6.2至图6.4所示。

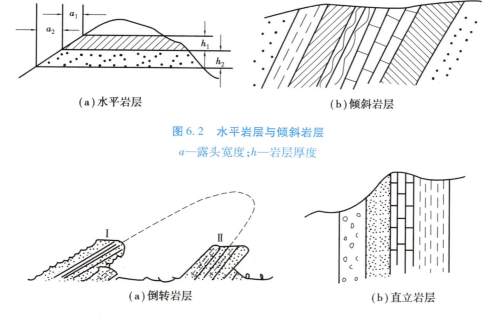

(a)水平岩层   (b)倾斜岩层

图6.2   水平岩层与倾斜岩层
a—露头宽度;h—岩层厚度

(a)倒转岩层   (b)直立岩层

图6.3   倒转岩层与直立岩层
Ⅰ—正常层序;Ⅱ—倒转层序

在构造运动作用下岩层产生的连续弯曲变形形态,称为褶皱构造。褶皱构造中任何一个单独的弯曲称为褶曲,褶曲是组成褶皱的基本单元。褶曲有背斜和向斜两种基本形式。背斜由核部地质年代较老到翼部较新的岩层组成,横剖面呈凸起弯曲的形态,如图6.4(a)和图6.4(b)中右侧向上的弯曲;向斜则由核部新岩层和翼部老岩层组成,横剖面呈向下凹曲的形态,如图6.4(a)和图6.4(b)中左侧向下的弯曲。

岩层受构造运动作用,当所受的构造应力超过岩石强度时,岩石的连续完整性遭到破坏,产生断裂,称为断裂构造。按照断裂后两侧岩层沿断裂面有无明显的相对位移,又分节理和断层两种类型。断裂构造在岩体中又称结构面。

节理是指岩层受力断开后,裂面两侧岩层沿断裂面没有明显相对位移时的断裂构造。节理的断裂面称为节理面。节理分布普遍,几乎所有岩层中都有节理发育。节理常把岩层

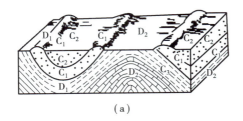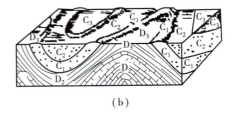

图 6.4 褶皱基本形态

分割成形状不同、大小不等的岩块,没有节理的岩石强度与包含节理的岩体强度明显不同。岩石边坡失稳和隧道洞顶坍塌等往往与节理有关。

断层是指岩层受力断开后,断裂面两侧岩层沿断裂面有明显相对位移时的断裂构造。断层广泛发育,规模相差很大。大的断层延伸数百千米甚至上千千米,小的断层在标本上就能见到。有的深大断层切穿了地壳岩石圈,有的则发育在地表浅层。断层是一种重要的地质构造,对工程建筑的稳定性起着重要作用。地震与活动性断层有关,隧道开挖中不少坍方、突水和大变形亦与断层有关。

6.1.4 地质作用与地质年代

1)地质作用

地质作用是由自然动力引起地球的物质组成、内部结构和地表形态发生变化的作用,主要表现为对地球的矿物、岩石、地质构造和地表形态等进行的破坏和建造作用。引起地质作用的能量来自地球本身和地球以外,故分为内能和外能。内能指来自地球内部的能量,主要包括旋转能、重力能、热能。外能指来自地球外部的能量,主要包括太阳辐射能、天体引力能和生物能,其中太阳辐射能主要引起温差变化、大气环流和水的循环。按照能源和作用部位的不同,地质作用又分为内动力地质作用和外动力地质作用。

由内能引起的地质作用称为内动力地质作用,主要包括构造运动、岩浆活动和变质作用,在地表主要形成山系、裂谷、隆起、凹陷、火山、地震等现象。

由外能引起的地质作用称为外动力地质作用,主要有风化作用、风的地质作用、流水地质作用、冰川地质作用、重力地质作用、湖海地质作用等,在地表主要形成风化剥蚀、戈壁、沙漠、黄土塬、洪水、泥石流、滑坡、崩塌、岩溶、深切谷、冲积平原等地形,并形成各种沉积物。

2)地质年代

根据地层形成顺序、生物演化阶段、构造运动、古地理特征以及同位素年龄测定,对全球的地层进行划分和对比,综合得出地质年代表,见表 6.1。表中将地质历史(时代)划分为太古宙、元古宙和显生宙三大阶段,宙再细分为代,代再细分为纪,纪再细分为世。每个地质时期形成的地层,又赋予相应的地层单位,即宇、界、系、统,分别与地质历史的宙、代、纪、世相对应,它们经国际地层委员会通过并在世界通用。在此基础上,各国结合自己的实际情况,都建立了自己的地质年代表。

表 6.1 地质年代表

| 地质时代（地层系统及代号） | | | | 同位素年龄值 Ma | 生物界 | | 构造阶段（构造运动） |
宙（宇）	代（界）	纪（系）	世（统）		植物	动物	
显生宙	新生代（界 K2）	第四纪（系 Q）	全新世		被子植物繁盛	人类出现	新阿尔卑斯与喜马拉雅构造阶段
			更新世	2		哺乳动物及鸟类繁盛	
		第三纪（系 R） 晚第三纪（系 N）	上新世				
			中新世	26			
		第三纪（系 R） 早第三纪（系 E）	渐新世				
			始新世				
			古新世	65			
	中生代（界 M2）	白垩纪（系 K）	晚白垩纪		裸子植物繁盛	爬行动物繁盛	老阿尔卑斯构造阶段 燕山构造
			早白垩纪	137			
		侏罗纪（系 J）	晚侏罗纪			无脊椎动物继续演化发展	
			中侏罗纪				
			早侏罗纪	195			
		三叠纪（系 T）	晚三叠纪				印支构造
			中三叠纪				
			早三叠纪	230			
	古生代（界 P2）	二叠纪（系 P）	晚二叠纪		蕨类与裸子植物繁盛	两栖动物繁盛	海西-华里力构造阶段
			早二叠纪	285			
		石炭纪（系 C）	晚石炭纪				
			中石炭纪				
			早石炭纪	350			
		泥盆纪（系 D）	晚泥盆纪		裸蕨植物繁盛	鱼类繁盛	
			中泥盆纪				
			早泥盆纪	400			
		志留纪（系 S）	晚志留纪		藻类及菌类植物繁盛	海生无脊椎动物繁盛	加里东构造阶段
			中志留纪				
			早志留纪	435			
		奥陶纪（系 O）	晚奥陶纪				
			中奥陶纪				
			早奥陶纪	500			
		寒武纪（系 ∈）	晚寒武纪				
			中寒武纪				
			早寒武纪	570			

续表

地质时代(地层系统及代号)				同位素年龄值 Ma	生物界		构造阶段(构造运动)
宙(宇)	代(界)	纪(系)	世(统)		植物	动物	
元古代	晚元古代	震旦纪(系Z)	晚震旦纪			裸露无脊椎动物	晋宁运动
			早震旦纪	800			
	中元古代					生命现象开始出现	吕梁运动

6.1.5 地下水

1)地下水的分类

储藏和运动于岩土的孔隙和裂隙的水称为地下水。在土木工程建设中,一方面地下水是生产生活供水的重要来源,特别是在干旱地区,地表水缺乏,供水主要靠地下水;另一方面,地下水的活动又是威胁施工安全、造成工程病害的重要因素,例如基坑、隧道涌水,滑坡活动,基础沉陷和冻胀变形等都与地下水活动有直接关系。目前,我国工程地质工作中采用的是地下水综合分类(见表6.2),地下水埋藏示意图如图6.5所示。

表 6.2 地下水按埋藏条件和含水层性质分类

埋藏条件	孔隙水 (疏松岩土孔隙中的水)	裂隙水 (坚硬岩石裂隙中的水)	岩溶水 (岩溶裂隙空洞中的水)
上层滞水	包气带中局部隔水层上的水,土壤水等	基岩风化层中各种季节储存的水	岩溶区垂直渗入带中的水
潜 水	坡积、洪积、冲积、湖积、冰渍和冰水沉积物中的水。沙漠和滨海砂丘中的水等	基岩上部裂隙中的水,成层岩层层间裂隙中的水	裸露岩溶化岩层中的水
承压水 (自流水)	疏松岩土构成的向斜或自流盆地中的水,疏松岩土构成的单斜或自流斜地中的水	构造盆地、向斜和背斜基岩中的裂隙承压水,构造断裂带及不规则裂隙中的深部水	构造盆地、向斜和背斜岩溶化岩层中的承压水

①上层滞水是指埋藏在地表浅处,局部隔水透镜体的上部,且具有自由水面的地下水。它的分布范围有限,其来源主要是由大气降水补给。上层滞水地带只有在融雪或大量降水后才能聚集较多的水,因而只能作为季节性或临时性的水源。

②潜水:埋藏在地表以下第一个稳定隔水层以上的具有自由水面的地下水称为潜水。潜水由雨水直接渗透或河流渗入土中而得到补给;同时也由于直接蒸发或汇入河流而得到

排泄,它的分布区与补给区是一致的。因此,潜水水位变化直接受气候条件变化的影响。

③承压水:是指充满于两个连续的稳定隔水层之间的含水层中的地下水,它承受一定的静水压力。

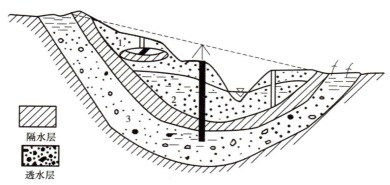

图 6.5 地下水埋藏示意图
1—上层滞水;2—潜水;3—承压水

2)地下水作用的现象

地下水对土木工程的不良影响主要有:某些地下水对混凝土产生腐蚀;降低地下水会使软土地基产生固结沉降;不合理的地下水流动会诱发某些土层出现流砂现象和机械潜蚀;地下水对位于水位以下的岩石、土层和建筑物基础产生浮托作用等。以下是地下水作用的一些现象。

①渗流力:地下水在渗流过程中受到土骨架的阻力。相应地,水对土骨架的反作用力称为渗流力。

②砂土液化:砂土液化是指饱水的粉细砂或轻亚黏土在地震力的作用下瞬时失掉强度,由固态变成液体状态的力学过程。砂土液化主要是在静力或动力作用下,砂土中孔隙水压力上升、抗剪强度或剪切刚度降低并趋于消失所引起的。随着一次破坏性地震的发生,由砂土液化而造成的危害是十分严重的。喷水冒砂使地下砂层中的孔隙水及砂颗粒被搬到地表,从而使地基失效,同时地下土层中固态与液态物质缺失,导致不同程度的沉陷,使地面建筑物倾斜、开裂、倾倒、下沉,道路的路基滑移,路面松弛。在河流岸边,则表现为岸边滑移,桥梁落架等。此外,强烈的承压水流失携带土层中的大量砂颗粒一并冒出,堆积在农田中将毁坏大面积的农作物。

③流砂:流砂是指松散细颗粒土被地下水饱和后,在动水压力即水头差的作用下,产生的悬浮流动现象。流砂多发生在颗粒级配均匀和细的粉、细砂等砂性土中,有时在粉土中亦会发生。其表现形式是所有颗粒同时从一近似于管状的通道中被渗透水流冲走。流砂的发展结果是使基础发生滑移或不均匀下沉、基坑坍塌、基础悬浮等(见图 6.6)。

④管涌:地基土在具有某种渗透速度(或梯度)的渗透水流作用下,其细小颗粒被冲走,岩土的孔隙逐渐增大,慢慢形成一种能穿越地基的细管状渗流通路,从而掏空地基或坝体,使地基或斜坡变形、失稳,此现象称为管涌。

⑤基坑突涌:当基坑下有承压水存在时,开挖基坑减小了含水层上覆不透水层的厚度。在厚度减小到一定程度时,承压水的水头压力能顶裂或冲毁基坑底板,造成突涌现象。基坑

突涌将会破坏地基强度,并给施工带来很大困难。

上述现象通常是由于工程活动而引起的。但是,在有地下水出露的斜坡、岸边或有地下水溢出的地表面也会发生。流砂、管涌、基坑突涌破坏一般是突然发生的,对工程危害很大。

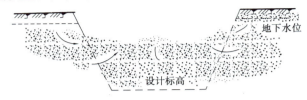

图 6.6　基坑流砂现象

任务 2　熟悉工程地质勘察内容

工程地质勘察简称工程勘察(也称岩土工程勘察),是土木工程建设的基础工作。工程地质勘察必须符合国家、行业制订的现行有关标准和技术规范的规定。工程地质勘察的现行标准,除水利、铁道、公路、核电站工程执行相关的行业标准之外,一律执行国家《岩土工程勘察规范》(GB 50021—2001,2009 年版)。

工程地质
勘察内容

6.2.1　工程地质勘察的目的与任务

1) 工程地质勘察的目的

各项工程建设在设计和施工之前,必须按基本建设程序进行工程地质勘察。工程地质勘察的目的,就是按照建筑物或构筑物不同勘察阶段的要求,为工程的设计、施工以及岩土体病害治理等提供地质资料和必要的技术参数,对有关的工程地质问题作出论证、评价,通过精心勘察、详细分析,提出资料完整、评价准确的勘察报告。

2) 工程地质勘察的任务

工程地质勘察具体任务归纳如下:

①阐述建筑场地的工程地质条件,指出场地内不良地质现象的发育情况及其对工程建设的影响,对场地稳定性作出评价。

②查明工程范围内岩土体的分布、性状和地下水活动条件,提供设计、施工和整治所需的地质资料和岩土技术参数。

③分析、研究有关的工程地质问题,作出评价结论。

④根据场地工程地质条件,对建筑总平面布置及各类工程设计、岩土体加固处理、不良地质现象整治等具体方案作出相关论证和建议。

⑤预测工程施工和运行过程中对地质环境和周围建筑物的影响,并提出保护措施的建议。

6.2.2　工程地质勘察分级

工程地质勘察等级划分的主要目的是勘察工作量的布置。

工程规模较大或较重要、场地地质条件以及岩土体分布和性状较复杂者,所投入的勘察工作量就较大,反之则较小。工程勘察的等级是由工程安全等级、场地和地基的复杂程度三项因素决定的。首先应分别对三项因素进行分级,在此基础上进行综合分析,以确定工程勘察的等级划分。

1) 工程安全等级

工程的安全等级是根据由于工程岩土体或结构失稳破坏,导致建筑物破坏而造成生命财产损失、社会影响及修复可能性等后果的严重性来划分的。在颁布的有关技术规范中一般均划分为三级,见表6.3。

表6.3　工程安全等级

安全等级	破坏后果	工程类型
一级	很严重	重要工程
二级	严重	一般工程
三级	不严重	次要工程

2) 场地复杂程度等级

场地复杂程度是根据建筑抗震稳定性、不良地质现象发育情况、地质环境破坏程度和地形地貌条件4个条件衡量的,也划分为三个等级,见表6.4。

表6.4　场地复杂程度等级

等　级	一　级	二　级	三　级
建筑抗震稳定性	危险	不利	有利(或地震设防烈度≤Ⅵ度)
不良地质现象发育情况	强烈发育	一般发育	不发育
地质环境破坏程度	已经或可能强烈破坏	已经或可能受到一般破坏	基本未受破坏
地形地貌条件	复杂	较复杂	简单
地下水赋存条件	多层地下水、岩溶裂隙水、水文地质条件复杂	基础位于地下水以下	地下水对工程无影响

注:一、二级场地各条件中只要符合其中任一条件者即可。

3) 地基复杂程度等级

地基复杂程度也划分为如下三级:

(1)一级地基

符合下列条件之一者即为一级地基:

①岩土种类多,很不均匀,性质变化大,地下水对工程影响大,且需特殊处理。

②严重湿陷、膨胀、盐渍、污染的特殊性岩土,以及其他情况复杂,需做专门处理的岩土。

(2)二级地基

符合下列条件之一者即为二级地基:

①岩土种类较多,不均匀,性质变化较大。

②除上述规定之外的特殊性岩土。

(3)三级地基

①岩土种类单一、均匀,性质变化不大。

②无特殊性岩土。

4)工程勘察等级

根据工程重要性等级、场地复杂程度等级和地基复杂程度等级,可按下列条件划分工程勘察等级,见表6.5。

表6.5　工程勘察等级的划分

勘察等级	确定勘察等级的因素		
	工程安全等级	场地等级	地基等级
甲　级	一级	任意	任意
	二级	一级	任意
		任意	一级
乙　级	二级	二级	二级或三级
		三级	二级
	三级	一级	任意
		任意	一级
		二级	二级
丙　级	二级	三级	三级
	三级	二级	三级
		三级	二级或三级

注:建筑在岩质地基上的一级工程,当场地复杂程度等级和地基复杂程度等级均为三级时,工程勘察等级可定为乙级。

6.2.3　工程地质勘察阶段

为保证建筑物自规划设计到施工和使用全过程达到安全、经济、合理的标准,使建筑物场地、结构、规模、类型与地质环境、场地工程地质条件相互适应,任何工程的规划设计过程必须遵照循序渐进的原则,即科学地划分为若干阶段进行。

1)勘察阶段的划分

工程设计是分阶段进行的,与设计阶段相适应,工程地质勘察也是分阶段的。一般建筑工程地质勘察可分为可行性研究勘察(选址勘察)、初步勘察、详细勘察及施工勘察。

2)各勘察阶段的目的、任务

(1)可行性研究勘察

可行性研究勘察的目的是取得几个场址方案的主要工程地质资料,对拟选场地的稳定性和适宜性进行工程地质评价和方案比较。一般情况应避开工程地质条件恶劣的地区或地段,如不良地质现象比较发育或设计地震烈度较高场地,以及受洪水威胁或存在地下水不利影响的场地等。

可行性研究勘察,应对拟建场地的稳定性和适宜性作出评价,并进行下列主要工作:

①搜集区域地质、地形地貌、地震、矿产、当地的工程地质、岩土工程和建筑经验等资料。

②在充分搜集和分析已有资料的基础上,通过踏勘了解场地的地层、构造、岩性,不良地质作用和地下水等工程地质条件。

③当拟建场地工程地质条件复杂,已有资料不能满足要求时,应根据具体情况进行工程地质测绘和必要的勘探工作。

④当有两个或两个以上拟选场地时,应进行比选分析。

⑤查明地上、地下是否有应保护的主要文物、古迹。

（2）初步勘察

可行性研究勘察对场地稳定性给予全局性评价之后,还存在有建筑地段的局部稳定性的评价问题。初步勘察的任务之一就是查明建筑场地不良地质现象的成因、分布范围、危害程度及发展趋势,在确定建筑总平面布置时使主要建筑避开不良地质现象比较发育的地段。除此之外,还要查明地层及其构造、土的物理力学性质、地下水埋藏条件以及土的冻结深度等,这些工程地质资料可为建筑物基础方案的选择、不良地质现象的防治提供依据。初步勘察应对场地内拟建建筑地段的稳定性作出评价,并进行下列主要工作:

①搜集拟建工程的有关文件、工程地质和岩土工程资料以及工程场地范围的地形图。

②初步查明地质构造、地层结构、岩土工程特性、地下水埋藏条件。

③查明场地不良地质作用的成因、分布、规模、发展趋势,并对场地的稳定性作出评价。

④对抗震设防烈度等于或大于 6 度的场地,应对场地和地基的地震效应作出初步评价。

⑤对季节性冻土地区,应调查场地土的标准冻结深度。

⑥初步判定水和土对建筑材料的腐蚀性。

⑦高层建筑初步勘察时,应对可能采取的地基基础类型、基坑开挖与支护、工程降水方案进行初步分析和评价。

（3）详细勘察

经过可行性研究勘察和初步勘察之后,建筑场地的工程地质条件已经基本查明。详细勘察的任务是针对具体的建筑物地基或具体的地质问题,为进行施工图设计和施工提供可靠的依据或设计计算的参数。因此必须查明建筑物场地范围内的地层结构、土的物理力学性质、地基稳定性和承载能力的评价、不良地质现象防治所需的指标及资料,以及地下水的有关条件、水位变化规律等。

详细勘察应按单体建筑物或建筑群,提出详细的岩土工程资料和设计、施工所需的岩土参数;对建筑地基作出岩土工程评价,并对地基类型、基础形式、地基处理、基坑支护、工程降水和不良地质作用的防治等提出建议。主要应进行下列工作:

①搜集附有坐标和地形的建筑总平面图,场区的地面整平标高,建筑物的性质、规模、荷载、结构特点、基础形式、埋置深度、地基允许变形等资料。

②查明不良地质作用的类型、成因、分布范围、发展趋势和危害程度,提出整治方案的

建议。

③查明建筑范围内岩土层的类型、深度、分布、工程特性,分析和评价地基的稳定性、均匀性和承载力。

④对需进行沉降计算的建筑物,提供地基变形计算参数,预测建筑物的变形特征。

⑤查明埋藏的河道、沟渠、墓穴、防空洞、孤石等对工程不利的埋藏物。

⑥查明地下水的埋藏条件,提供地下水位及其变化幅度。

⑦在季节性冻土地区,提供场地土的标准冻结深度。

⑧判定水和土对建筑材料的腐蚀性。

(4)施工勘察

施工勘察指的是施工阶段遇到异常情况进行的补充勘察,主要是配合施工开挖进行地质编录、校对、补充勘察资料,进行施工安全预报等。当遇到下列情况时,应配合设计和施工单位进行施工勘察,解决施工中的工程地质问题,并提供相应的勘察资料:

①对高层或多层建筑,均需进行施工验槽,发现异常问题需进行施工勘察。

②对较重要的建筑物复杂地基,需进行施工勘察。

③深基坑的设计和施工,需进行有关检测工作。

④对软弱地基处理时,需进行设计和检验工作。

⑤当地基中岩溶、土洞较为发育时,需进一步查明分布范围并进行处理。

⑥当施工中出现基壁坍塌、滑动时,必须勘测并进行处理。

各阶段应完成的任务不同,主要体现在工程地质工作的广度、深度和精度要求上有所不同。各阶段工程地质工作的工作程序和基本内容则是相同的。各阶段工程地质工作一般均按下述程序进行:准备工作,工程地质调查测绘,工程地质勘探,测试,勘察报告编制。

准备工作包括研究任务,组织劳动力,搜集资料,室内资料及方案研究,筹办机具仪器等。下面对调查测绘、勘探、测试及文件编制的基本内容及方法分别进行叙述。

任务 3 　 掌握工程地质勘察方法

在实际工程地质勘察中,可采取工程地质测绘、工程勘探、原位测试与室内试验等勘察方法与手段。下面介绍几种常见方法。

工程地质
勘察方法

6.3.1　工程地质测绘

工程地质测绘是工程地质勘察的基础工作,一般在勘察的初期阶段进行。这一方法的本质是运用地质、工程地质理论,对地面的地质现象进行观察和描述,分析其性质和规律,并借以推断地下地质情况,为勘探、测试工作等其他勘察方法提供依据。在地形地貌和地质条件较复杂的场地,必须进行工程地质测绘;对地形平坦、地质条件简单且较狭小的场地,则可采用调查代替工程地质测绘。

工程地质测绘主要包括下列内容:

①地形、地貌:查明地形、地貌形态的成因和发育特征,以及地形、地貌与岩性、构造等地质因素的关系,划分地貌单元。

②地层、岩性:查明地层层序、成因、时代、厚度、接触关系,岩石名称、成分、胶结物及岩石风化破碎的程度和深度等。

③地质构造:查明有关断裂和褶曲等的位置、走向、产状等形态特征和力学性质;查明岩层产状、节理、裂隙等的发育情况;查明新构造活动的特点。

④水文地质:通过地层、岩性、构造、裂隙、水系和井、泉地下水露头的调查,判明区域水文地质条件。

⑤查明不良地质和特殊地质的性质、范围及其发生、发展和分布规律。

⑥查明土、石成分及其密实程度、含水情况、物理力学性质,划分岩土施工工程分级等。

⑦查明天然建筑材料的分布范围、储量、工程性质。

工程地质测绘是整个工程地质工作中最基本、最重要的工作,不仅靠它获取大量所需的各种基本地质资料,它也是正确指导下一步勘探、测试等项工作的基础。因此,调查测绘的原始记录资料,应准确可靠、条理清晰、文图相符,重要的、代表性强的观测点应用素描图或照片以补充文字说明。

6.3.2 工程地质勘探

当地表缺乏足够的、良好的露头,不能对地下一定深度内的地质情况作出判断时,就需要进行适当的地质勘探工作。因此,勘探工作必须在详细调查测绘的基础上进行,用勘探工作成果来补充、检验和修改调查测绘工作的成果。

工程地质勘探方法很多,各有其优缺点和适用条件,应当结合不同工程对勘探目的、勘探深度的要求,勘探地点的地质条件,以及现有的技术和设备能力,合理地选用勘探方法。应开展综合勘探,互相验证,互相补充,提高质量。有条件时,应先进行物探,以指导布置钻探。

1)勘探工作的布置

勘探工作总体布置要求如下:

①勘探线。按特定方向沿线布置勘探点(等间距或不等间距),了解沿线工程地质条件,并提供沿线剖面及定量指标。适用于初勘阶段、线形工程勘察、天然建材初查等。

②勘探网。勘探点选布在相互交叉的勘探线及其交叉点上,形成网状(方格状、三角状、弧状等),用于了解面上的工程地质条件,并提供不同方向的剖面图或场地地质结构立体投影图及定量指标。适用于基础工程场地详勘、天然建材详查阶段。

③结合建筑物基础轮廓,一般建筑物设计要求勘探工作按建筑物基础类型、形式、轮廓布置,并提供剖面及定量指标。例如:

- 桩基:每个单独基础有一个钻孔;
- 筏片、箱基:基础角点、中心点应有钻孔;
- 拱坝:按拱形最大外荷载线布置孔。

2)简易勘探

(1)挖探

挖探是最简易的勘探方法,常用的有剥土、槽探和坑探。

①剥土:人工清除地表不厚的覆盖土层直到岩层表面。一般表层土厚不超过0.25 m。

②槽探:在地表挖掘宽0.6~1.0 m,深不超过2 m,即可到达岩层面的长槽。

③坑探:垂直向下掘进的土坑,常称为试坑。试坑平面形状可为直径0.8~1.0 m的圆形或为1.5 m×1.0 m的矩形,深度一般不超过2~3 m。坑壁若能加以简单支撑,则可深达8~10 m。坑探工程尤其对研究断层破碎带、软弱泥化夹层和滑动面(带)等的空间分布特点及其工程性质等具有重要意义。

挖探的优点是成本低、工具简单、进度快、能取得直观资料和原状土样;缺点是劳动强度大、勘探深度浅。因此,挖探适用于小桥涵基础、隧道进出口及大中桥两侧桥台基础的勘探;也可用于了解覆盖层厚度和性质,追索构造等。

(2)轻便勘探

轻便勘探是指使用轻便工具如洛阳铲、锥具及小螺纹钻等进行勘探。

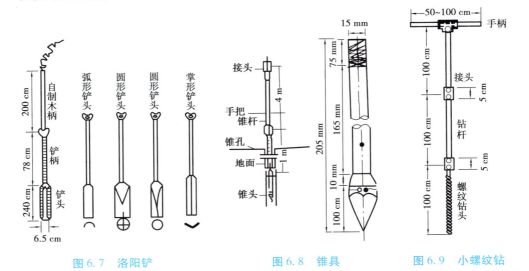

图6.7　洛阳铲　　　　　　图6.8　锥具　　　　图6.9　小螺纹钻

①洛阳铲勘探:借助洛阳铲的重力及人力,将铲头冲入土中,完成直径较小而深度较大的圆形孔,可以取出扰动土样。冲进深度在一般土层中为10米,在黄土中可达30多米。针对不同土层,可采用不同形状的铲头(见图6.7)。弧形铲头适用于黄土及黏性土层;圆形铲头可安装铁十字或活页,既可冲进也可取出砂石样品;掌形铲头可将孔内较大碎石、卵石击碎。

②锥探:一般用锥具(见图6.8)向下冲入土中,凭感觉来探明疏松覆盖层厚度。探深可达10余米,用它查明沼泽、软土厚度,黄土陷穴等最有效。

③小螺纹钻勘探:小螺纹钻(见图6.9)由人力加压回转钻进,能取出扰动土样,适用于黏性土及砂类土层,一般探深在6 m以内。

轻便勘探的优点是工具轻便、简单,容易操作,进尺快,成本低,劳动强度不大;缺点是不能取得原状土样,在密实或坚硬的地层中一般不能使用。因此,轻便勘探适用于较疏松的地层。

3)钻探

在工程地质勘察中,钻探是最常用的一类勘探手段。与坑探、物探相比较,钻探有其突出的优点:它可以在各种环境下进行,一般不受地形、地质条件的限制;能直接观察岩芯和取样,勘探精度较高;能提供做原位测试和监测工作,最大限度地发挥综合效益;勘探深度大,效率较高。因此,不同类型、结构和规模的建筑物,在不同的勘察阶段,不同环境和工程地质条件下,凡是布置勘探工作的地段,一般均需采用此类勘探手段。

为了完成勘探工作的任务,工程地质钻探有以下几项特殊的要求:

①土层是工程地质钻探的主要对象,应可靠地鉴定土层名称,准确判定分层深度,正确鉴别土层天然的结构、密度和湿度状态。为此,要求钻进深度和分层深度的量测误差范围应为±0.05 m,非连续取芯钻进的回次进尺应控制在 1 m 以内,连续取芯钻进的回次进尺应控制在 2 m 以内;某些特殊土类,需根据土体特性选用特殊的钻进方法;在地下水位以上的土层中钻进时应进行干钻,当必须使用冲洗液时应采取双层岩芯管钻进。

②岩芯采取率要求较高。对岩层作岩芯钻探时,一般岩石取芯率不应低于80%,破碎岩石不应低于65%。对工程建筑物至关重要、需重点查明的软弱夹层、断层破碎带、滑坡的滑动带等地质体和地质现象,为保证获得较高的岩芯采取率,应采用相应的钻进方法。例如,尽量减少冲洗液或用干钻,采取双层岩芯管连续取芯,降低钻速,缩短钻程。当需确定岩石质量指标 RQD 时,应采用 N 型双层岩芯管钻进,其孔径为 75 mm,采取的岩芯直径为 54 mm,且宜采用金刚石钻头。

③钻孔水文地质观测和水文地质试验是工程地质钻探的重要内容,借以了解岩土的含水性,发现含水层并确定其水位(水头)和涌水量大小,掌握各含水层之间的水力联系,测定岩土的渗透系数等。按照水文地质要求观测,分层止水、水位观测。

④在钻进过程中,为了研究岩土的工程性质,经常需要采取岩土样。坚硬岩石的取样可利用岩芯,但其中的软弱夹层和断层破碎带取样时,必须采取特殊措施。为了取得质量可靠的原状土样,需配备取土器,并应注意取样方法和操作工序,尽量使土样不受或少受扰动。采取饱和软黏土和砂类土的原状土样,还需使用特制的取土器。

钻进方法有回转、冲击、振动与静压 4 种,可根据岩土类别和勘察要求按表 6.6 选用。

表 6.6 钻探方法的适用范围

钻探方法		钻进地层					勘察要求	
		黏性土	粉土	砂土	碎石土	岩石	直接鉴别、采取不扰动试样	直接鉴别、采取扰动试样
回转	螺旋钻探	++	+	+	−		++	++
	无岩芯钻探	++	++	++	+	++	−	−
	岩芯钻探	++	++	++	+	++	++	++
冲击	冲击钻探	−	+	++	++			
	锤击钻探	++	++	++	+	−	++	++
振动钻探		++	++	++	+		+	++
冲洗钻探		+	++	++				

注:"++"表示适用;"+"表示部分适用;"−"表示不适用。

国产的 SH-30 型钻机适用于工业与民用建筑、道桥等工程的地基勘察。如图 6.10 所示为该钻机的钻进情况。

场地内布置的钻孔,一般分技术孔和鉴别孔两类。在技术孔中,按照不同土层、深度取原状土样,采用取土器采取原状土样,取土器上部封闭性能的好坏决定了取土器能否顺利进入土层提取土样。根据其上部封闭装置的结构形式,取土器可分为活阀式和球阀式两类,如图 6.11 所示为上提活阀式取土器。

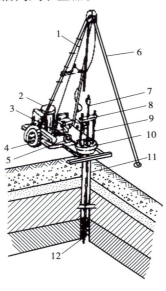

图 6.10 SH-30 型钻机

图 6.11 取土器

1—钢丝绳;2—汽油机;3—卷扬机;4—车轮;

5—变速箱及操纵把;6—四腿支架;7—钻杆;

8—钻杆夹;9—拨棍;10—转盘;11—钻孔;12—钻头

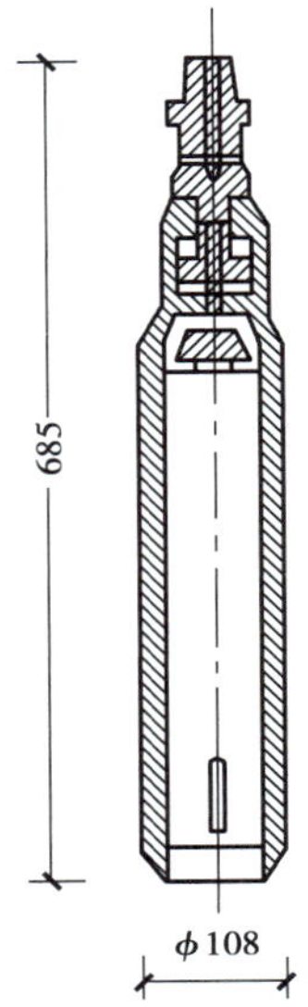

钻探需要大量设备和经费,较多的人力,劳动强度较大,工期较长,往往成为野外工程地质工作控制工期的因素。因此,钻探工作必须在充分的地面测绘基础上,根据钻探技术的要求,选择合适的钻机类型,采用合理的钻进方法,安全操作,提高岩芯采取率,保证钻探质量,为工程设计提供可靠的依据。钻探工作还应当与其他各项工作,如与工程地质、水文地质、物探、试验、原位测试等项工作密切配合,积极开展钻孔综合利用与综合勘探,以达到减少钻探工作量、降低成本、缩短工期、减轻劳动强度、提高勘探工作质量的目的。

4) 地球物理勘探

地球物理勘探简称物探,是以观测地质体的天然物理场或人工物理场的空间或时间分布状态,来研究地层物理性质和地质构造的方法。物探是一种先进的勘探方法,它的优点是效率高、成本低、装备轻便、能从较大范围勘察地质构造和测定地层各种物理参数等。合理有效地使用物探可以提高地质工作质量、加快勘探进度、节省勘探费用。因此,在勘探工作中应积极采用物探。

(1)常用物探方法

当前常用的物探方法主要包含:

①电法勘探:通过测定土、石导电性的差异识别地质情况的方法。电探是很多勘测部门应用较多的方法,经常使用的有电阻率法、充电法和自然电场法等。电探可用于确定基岩埋深,岩层分界线位置,地下水流向、流速及寻找滑坡的滑动面。

②地震勘探:根据土、石的弹性不同,利用人工地震产生的地震弹性波穿过不同的土、石时其传播速度不同的原理,用地震仪收集这些弹性波传播的数据,借以分析地下地质情况。它适用于探测覆盖层厚度、岩层埋藏深度及厚度、断层破碎带位置及产状等;还可以根据弹性波传播速度推断岩石某些物理力学性质、裂隙和风化发育情况。

③磁法勘探:是以测定岩石磁性差异为基础的方法。可以用这种方法确定岩浆岩体的分布范围,确定接触带位置,寻找岩脉、断层等。

④声波探测:属于弹性波勘探的一种方法。它与地震勘探的区别主要是:地震勘探用的是低频弹性波,频率范围从几赫兹到几百赫兹,主要是利用反射波和折射波勘探大范围地下较深处的地质情况;声波探测用的是高频声振动,常用频率为几千赫兹到 20 kHz,主要是利用直达波的传播特点,了解小范围岩体的结构特征,研究节理、裂隙发育情况,评价隧道围岩稳定性等,以便解决岩体工程地质力学等方面的一些问题。声波测试是近年来发展迅速的一种新方法,在工程地质工作中有广阔的发展前途。

⑤触探:是把装有电阻应变仪或电子电位差计的探头顶入或打入地下,根据探头进入地基土层时所遇到的阻力,直接得到地基承载力的方法。

⑥测井:是在钻孔中进行各种物探的方法,因此又有电测井、磁测井等之分。正确应用测井法有助于降低钻探成本,提高钻孔使用率,验证或提高钻探质量,充分发挥物探与钻探相结合的良好效果。

其他的物探方法还有重力勘探、放射性勘探及电磁波探测、钻孔电视、地质雷达探测等,目前在工程地质勘测中已开始使用。触探在建筑工程场地勘察中应用较广,下面予以详细介绍。

(2)触探

触探是通过探杆用静力或动力将金属探头贯入土层,并量测各层土对触探头的贯入阻力大小的指标,从而间接地判断土层及其性质的一类勘探方法和原位测试技术。连续缓慢压入者为静力触探;振动冲击打入者为动力触探。触探有时也被归入机械勘探分类中。静力触探适用于一般黏性土和砂类土中,动力触探可用于碎石-卵石类土中。

通过触探,可划分土层,了解土层的均匀性,也可估计地基承载力和土的变形指标。由于触探法不需要取原状土样,对于水下砂土、软土等地基更显其优越性。但触探法无法对地基土命名及绘制地质剖面图,所以无法单独使用,通常与钻探法配合,可提高勘察的质量和效率。

①静力触探。静力触探借静压力将触探头压入土层,再利用电测技术测得贯入阻力来判断土的力学性质。它具有连续、快速、灵敏、精确、方便等优点,在我国各地区广泛应用。

根据提供静压的方法,静力触探仪可分为机械式和液压式两类。液压式静力触探仪的主要组成部分,如图 6.12 所示。

静力触探设备中的核心部分是触探头,探头在贯入的过程中所受的地层阻力通过其上贴的应变片转变成电信号并由仪表测量出来。探头按其结构可分为单桥和双桥两类,如图 6.13 所示。

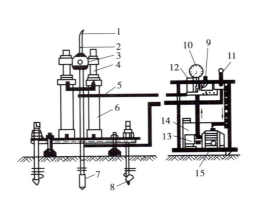

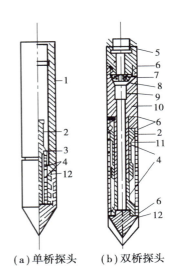

图 6.12　液压式静力触探仪

1—电缆;2—触探杆;3—卡杆器;4—活塞杆;

5—油管;6—油缸;7—触探头;8—地锚;

9—节流阀;10—压力表;11—换向阀;

12—加压阀;13—滤芯器;14—油标尺;15—底盖

图 6.13　静力触探探头结构

1—探头针;2—变形柱;3—顶柱;

4—电阻片;5—接头;6—密封圈;

7—密封塞;8—垫圈;9—接线仓;

10—加强管;11—摩擦筒;12—锥头

单桥探头所测的是包括锥尖阻力和侧壁摩阻力在内的总贯入阻力,通常用比贯入阻力表示,即

$$P_s = P/A \tag{6.1}$$

式中　P——总贯入阻力,kN;

　　　P_s——比贯入阻力,kN;

　　　A——探头截面面积,m^2。

双桥探头可测出锥尖总阻力 Q_c 和侧壁总摩阻力 P_f,通常用锥尖阻力 q_c 和侧壁摩阻力 f_s 表示。

$$q_c = Q_c/A \tag{6.2}$$

$$f_s = P_f/F_s \tag{6.3}$$

式中　Q_c—锥尖总阻力,kN;

　　　q_c——锥尖阻力,kPa;

　　　A——探头截面面积,m^2;

　　　P_f——侧壁总摩阻力,kN;

　　　f_s——侧壁摩阻力,kPa;

　　　F_s——外套筒的总表面积,m^2。

根据锥尖阻力 q_c 和侧壁摩阻力 f_s,可以计算在同一深度处的摩阻比 R_s。

$$R_s = f_s/q_c \times 100\% \tag{6.4}$$

在现场的触探实测完成后,进行资料数据的整理工作。有时候为了直观地反映勘探深度范围内土层的力学性质,可以绘制深度(Z)和阻力的关系曲线。地基土的承载能力取决于土体本身的力学性质,静力触探所得的指标在一定程度上反映了土的某些力学性质,所以,根据触探资料可以估算土的承载能力等力学指标。

②动力触探:动力触探一般是将标准质量的穿心锤提升至标准高度自由下落,将探头贯入地基土层标准深度,记录所需的锤击数值的大小,以此来判定土的工程性质的好坏。

下面简要介绍标准贯入试验和轻便触探试验两种动力触探方法。

标准贯入试验来源于美国,质量为 63.5 kg 的穿心锤用钻机的卷扬机提升至 76 cm 高度,穿心锤自由下落,将贯入器贯入土中,先打入土中 15 cm 不计锤数,以后打入土层 30 cm 的锤击数即为标准贯入击数 N。当锤击数已经达到 50 击,而贯入深度未达到 30 cm 时,记录实际贯入深度,并终止试验。标准贯入试验设备如图 6.14 所示。

当标准贯入试验深度大且钻杆长度超过 3 m 时,应考虑锤击能量的损失。锤击数应按下式进行校正:

$$N = a \times N' \tag{6.5}$$

式中　N——标准贯入试验锤击数;

　　　a——触探杆长度修正系数,按表 6.7 确定;

　　　N'——标准贯入试验实测锤击数。

表 6.7　触探杆长度修正系数 a

触探杆长度	≤3	6	9	12	15	18	21
a	1.00	0.92	0.86	0.81	0.77	0.73	0.70

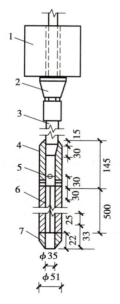

图 6.14　标准贯入试验设备

1—穿心锤;2—锤垫;3—触探杆;

4—贯入器头;5—出水孔;

6—由两半圆形管合并而成的贯入器身;

7—贯入器靴

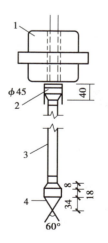

图 6.15　轻便触探设备

1—穿心锤;2—锤垫;

3—触探杆;4—尖锥头

轻便触探试验的设备简单,如图6.15所示,其操作方便,适用于粉土、黏性土等地基,触探深度不超过4 m。试验时,先用轻便钻具开孔至被测土层,然后以手提质量为10 kg的穿心锤,使其至50 cm高度自由落体,连续冲击,将锥头打入土中,记录贯入深度为30 cm的锤击数,称为N_{10}。

由标准贯入试验和轻便触探试验确定的锤击数N和N_{10}可用于确定地基土的承载能力、估计土的抗剪强度及变形指标。

6.3.3　测试及长期观测

1)取样、试验及化验工作

取样、试验及化验是工程地质勘察中的重要工作之一,通过对所取土、石、水样进行各种试验及化验,取得各种必需的数据,用以验证、补充测绘和勘探工作的结论,并使这些结论定量化,作为设计、施工的依据。因此,取什么试样,做哪些试验和化验,都必须紧密结合勘察和设计工作的需要。此外,应当积极推行现场原位测试以便更紧密地结合现场实际情况,同时做好室内外试验的对比工作。

土、石、水样的采取、运送和试验、化验应当严格按有关规定进行,否则会直接影响工程设计质量及工程建筑物的稳定。

(1)取样

土、石试样可分为原状的和扰动的两种。原状土、石试样要求比较严格,取回的试样要能恢复其在地层中的原来位置,保持原有的产状、结构、构造、成分及天然含水量等各种性质。因此,原状土、石样在现场取出后要注明各种标志,并迅速密封起来,运输、保存时要注意不能太热、太冷和受震动。

（2）土工试验

土工试验是根据不同工程的要求,对原状土及扰动土样进行试验,求得土的各种物理力学性质指标,如比重、容重、含水量、液塑限、抗剪强度等。

岩石物理力学试验的目的,则是求得岩石的比重、容重、吸水率、抗压强度、抗拉强度、弹性模量、抗剪强度等指标。

这些试验为全面评价土、石工程性质及土、岩体的稳定性,为有关的工程设计打下基础。试验目的不同,试验项目的多少、内容也不同。在试验前,应由工程地质人员根据要求填写试验委托书,实验室根据委托书对试验做出设计,对试验人员、设备及试验程序做好计划安排,然后进行试验。

（3）原位测试

原位测试包括静力触探、动力触探、十字板剪切、大面积剪切、荷载试验等。原位测试结果比室内试验结果更接近现场实际情况。但是原位测试需要较多人力、设备、经费和时间,因此,一般工程不做原位测试,重大工程应创造条件进行原位测试。

载荷试验是加荷于地基,测定地基变形和强度的一种现场模拟试验,可以求得地基土石的变形模量及承载力,以及荷载作用下土石体沉降-时间变化曲线。

土的现场大面积剪切试验是通过现场水平剪切或水平挤出试验,取得地基土的黏聚力及内摩擦角指标的方法。岩石现场剪切试验常用于求得岩石滑坡滑动面抗剪强度。

触探法如前述,用这种方法可以确定土中不同深度的潮湿程度、密实程度、变形模量及承载力等。

十字板剪切试验是利用插入软黏土中旋转的十字板,测出土的抵抗力矩,换算其抗剪强度,可用于测定饱和软黏土的不排水剪切总强度。

近年来,在地下一定深度处进行地应力原位测试的工作已逐渐开展起来。对于分析岩质边坡和隧道的稳定性,原位地应力是重要的初始数据之一。

（4）水质化验及抽水试验

水质化验是为了确定水的质量和数量而进行的试验。采取一定数量水样进行化验,可以确定水中所含各种成分,从而正确确定水的种类、性质,以此判定水的侵蚀性,对施工用水和生活用水作出评价,并联系不良地质现象说明水在其形成、发展过程中所起的作用。

抽水试验是一种现场水文地质试验,主要目的是确定地下水的渗透系数、计算涌水量及采取供化验用的地下水水样。

2）长期观测

在工程地质勘察工作中,常会遇到一些特殊问题,对这些问题的调查测绘往往不能在短时间内迅速得到正确、全面的答案,必须在全面调查测绘的基础上,有目的、有计划地安排长期观测工作,以便积累原始实际资料,为设计、施工提供切合实际的依据。长期观测工作根据其目的不同,既可在建筑物设计之前进行,也可在施工过程中同时进行,或在施工之后的使用过程中进行。

常遇到的长期观测问题有:

①已有建筑物变形观测:主要是观测建筑物基础下沉和建筑物裂缝发展情况。常见的

有房屋、桥梁、隧道等建筑物变形的观测,取得的数据可用于分析建筑物变形的原因,建筑物稳定性及应当采取的措施等。

②不良地质现象发展过程观测:各种不良地质现象的发展过程多是比较长期的逐渐变化的过程,例如滑坡的发展、泥石流的形成和活动、岩溶的发展等。观测数据对了解各种不良地质现象的形成条件、发展规律有重要意义。

③地表水及地下水活动的长期观测:主要是观测水的动态变化及其对工程的影响。地表水活动观测常见的是对河岸冲刷和水库坍岸的观测,为分析岸坡破坏形式、速度及修建防护工程的可能性提供可靠资料。地下水动态变化规律的长期观测资料则有多方面的广泛用途。

此外,黄土地区地表及土体沉陷的长期观测、为控制软土地区工程施工进行的长期观测等也是需要进行的工作。

由于长期观测的对象和目的不相同,因此使用的方法、设备和观测内容等也有很大差别,这里不再一一列举,可参考有关的专题总结资料。

任务4 识读工程地质勘察报告

6.4.1 工程地质勘察报告内容

勘察报告是工程地质勘察的总结性文件,一般由文字报告(工程地质说明书)和所附图表组成。此项工作是在工程地质勘察过程中所形成的各种原始资料编录的基础上进行的。为了保证勘察报告的质量,原始资料必须真实、系统、完整。因此,对工程地质分析所依据的一切原始资料,均应及时整编和检查。

勘察报告、验槽、基槽处理

工程地质勘察报告的内容,应根据任务要求、勘察阶段、地质条件、工程特点等情况确定。鉴于工程地质勘察的类型、规模各不相同,目的要求、工程特点和自然地质条件等差别很大,因此只能提出报告基本内容。

1)报告的内容

①委托单位、场地位置、工作简况,勘察的目的、要求和任务,以往的勘察工作及已有资料情况。

②勘察方法及勘察工作量布置,包括各项勘察工作的数量布置及依据,工程地质测绘、勘探、取样、室内试验、原位测试等方法的必要说明。

③场地工程地质条件分析,包括地形地貌、地层岩性、地质构造、水文地质和不良地质现象、天然建筑材料等内容,对场地稳定性和适宜性作出评价。

④岩土参数的分析与选用,包括各项岩土性质指标的测试成果及其可靠性和适宜性,评价其变异性,提出其标准值。

⑤工程施工和运营期间可能发生的工程地质问题的预测及监控、预防措施的建议。

⑥根据地质和岩土条件、工程结构特点及场地环境情况,提出地基基础方案、不良地质现象整治方案、开挖和边坡加固方案等岩土利用、整治和改造方案的建议,并进行技术

经济论证。

⑦对建筑结构设计和监测工作的建议,工程施工和使用期间应注意的问题,下一步工程地质勘察工作的建议等。

2)附件

随报告所附的图表一般包括下列内容:

①勘探点平面布置图。

②工程地质剖面图。

③室内土的物理力学性质试验总表。

④对于重大工程,根据需要应绘制综合工程地质图、工程地质分区图、钻孔柱状图或综合地质柱状图、原位测试成果图表等。

6.4.2 工程地质勘察报告的阅读与使用

工程地质勘察报告的阅读和使用是非常重要的工作。阅读勘察报告应该熟悉勘察报告的主要内容,了解勘察报告提出的结论和岩土物理力学性质参数的可靠程度,从而判断勘察报告中的建议对拟建工程的适用性,以便正确使用勘察报告。在分析时需要将场地的工程地质条件及拟建建筑物具体情况和要求联系起来,进行综合的分析,既要从场地工程地质条件出发进行设计施工,又要在设计施工中发挥主观能动性,充分利用有利的工程地质条件。

1)地基持力层的选择

在无不良地质现象影响的建筑地段,地基基础设计必须满足地基承载力和基础沉降这两个基本要求,而且应该充分发挥地基的承载力,尽量采用天然地基上浅基础的方案。此时,地基持力层的选择应该从地基、基础和上部结构的整体概念出发,综合考虑场地的土层分布情况和土层的物理力学性质,以及建筑物的体型、结构类型和荷载等情况。

选择地基持力层,关键是根据工程地质勘察报告提供的数据和资料,合理地确定地基的承载能力。地基承载力的取值可以通过多种测试手段,并结合实践经验来确定,而单纯依靠某种方法确定承载值不一定十分合理。应通过对勘察报告的阅读,在熟悉场地各土层的分布和性质的基础上,初步选择适合上部结构特点和要求的土层作为持力层,经过试算或方案比较后最终作出决定。

2)场地稳定性评价

在地质条件复杂的地区,首要任务是场地稳定性的评价,然后是地基承载力和地基沉降问题的确定。

场地的地质构造、不良地质现象、地层成层条件和地震等都会影响场地的稳定性,在勘察报告中必须说明其分布规律、具体条件、危害程度等。

在阅读和使用工程地质勘察报告时,应该注意报告所提供资料的可靠性。有时由于勘察的详细程度有限、地基土的特殊工程性质以及勘探手段本身的局限性,勘察报告不可能充分、准确地反映场地的主要特征,或者在测试工作中,由于仪器设备和人为的影响,都可能造成勘察报告成果的失真从而影响报告数据的可靠性。因此,在阅读和使用报告的过程中,应该注意分析以发现问题,并对有疑问的关键性问题进行进一步查清,尽量发掘地基潜力,确保工程质量。

任务 5　验槽与基槽的局部处理

6.5.1　验槽的目的及内容

验槽是在基槽开挖时,根据施工揭露的地层情况,对地质勘察成果与评价建议等进行现场检查,校核施工所揭露的土层是否与勘察成果相符,结论和建议是否符合实际情况。如果不符,应该进行补充修正,必要时应该做施工勘察。

1)验槽的目的

验槽是一般工程地质勘察工作中的最后一个环节。当施工单位挖完基槽、普遍钎探后,由甲方约请勘察、设计、监理与施工单位技术负责人,共同到工地验槽。验槽的主要目的如下:

①检验工程地质勘察成果及结论建议是否与基槽开挖后的实际情况一致,是否正确。

②挖槽后地层的直接揭露,可为设计人员提供第一手的工程地质和水文地质资料,对出现的异常情况及时分析,提出处理意见。

③当对勘察报告有疑问时,解决此遗留问题,必要时布置施工勘察,以便进一步完善设计,确保施工质量。

2)验槽的内容

验槽的内容主要如下:

①校核基槽开挖的平面位置与基槽标高是否符合勘察、设计要求。

②检验槽底持力层土质与勘察报告是否相同,参加验槽的四方代表要下到槽底,依次逐段检验,若发现可疑之处,应用铁铲铲出新鲜土面,用野外土的鉴别方法进行鉴定。

③当发现基槽平面土质显著不均匀,或局部存在古井、菜窖、坟穴、河沟等不良地基时,可用钎探查明平面范围与深度。

④检查基槽钎探情况、钎探位置。当条形基坑宽度小于 80 cm 时,可沿中心线打一排钎探孔;基坑宽度大于 80 cm 时,可打两排错开钎探孔,钎探孔间距为 1.5 ~ 2.5 m。

6.5.2　验槽的方法

1)观察验槽

观察验槽主要观察基槽基底和侧壁土质情况、土层构成及其走向是否有异常现象,以判断是否达到设计要求的地基土层。由于地基土开挖后的情况复杂、变化多样,这里只能将常见基槽观察的项目和内容列表简要说明,如表 6.8 所示。直观鉴别土质情况,应熟练掌握土的野外鉴别法。

表 6.8　基槽观察方法

观察项目		观察内容
槽壁上层		土层分布情况走向
重点部位		柱基、墙角；承重墙下及其他受力较大部分
整个槽底	槽底土层	是否挖到老层上（地基持力层）
	土的颜色	是否均匀一致，有无异常过干、过湿
	土的软硬	是否软硬一致
	土的虚实	有无震颤现象，有无空穴声音

2) 钎探

对基槽底以下 2~3 倍基础宽度的深度范围内，土的变化和分布情况以及是否有空穴或软弱土层，需要用钎探明。钎探方法：将一定长度的钢钎打入槽底以下的土层内，根据每打入一定深度的捶击次数，间接地判断地基土质的情况。打钎分人工和机械两种方法。

钢钎直径为 22~25 mm，钎尖为 60°尖锥状，钎长为 1.8~2.0 m，从钢钎下端起向上每隔 30 cm 刻一横线，并刷红漆。打钎时，用质量约 10 kg 的锤（锤的落距为 50 cm），将钢钎垂直打入土中，每贯入 30 cm，记录锤击数一次，并填入规定的表格中。一般每钎分五步打（每步为 30 cm），钎顶留 50 cm，以便拔出。钎探点的记录编号应与注有轴线号的打钎平面图相符。

钎孔布置和钎探记录的分析，以及钎孔布置形式和孔的间距，应根据基槽形状和宽度以及土质情况决定。对于土质变化不太复杂的天然地基，钎孔布置可参照表 6.9 所列方式。

表 6.9　钎探检验深度及间距表　　　　　　　　　　　单位：m

槽　宽	排列方式	钎探深度	检验间距
>0.8	中心一排	1.5	1.5
0.8~2.0	两排错开 1/2 钎孔间距	1.5	1.5
<2.0	梅花形	1.5	1.5

对于软弱土层和新近沉积的黏性土以及人工杂填土，钎孔间距不应大于 1.5 m。打钎完成后，要从上而下逐步分层分析钎探记录，再横向分析钎孔相互之间的锤击次数，将锤击数过多或过少的钎孔在打钎图上加以圈定，以备到现场重点检查。钎探后的孔要用砂灌实。

6.5.3　验槽时的注意事项

验槽时应注意以下事项：
①验槽前必须完成合格的钎探，并有详细的钎探记录，必要时进行抽样检查。
②基坑土方开挖后，应立即组织验槽。
③在特殊情况下，要采取相应措施，确保地基土的安全，不可形成隐患。
④验槽时要认真仔细查看土质及分布情况，是否有杂填土、贝壳等，是否已挖到老土，从

而判断是否需要加深处理。

⑤槽底设计标高若位于地下水位以下较深时,必须做好基槽排水,保证槽底不泡水。

⑥验槽结果应填写验槽记录,并由参加验槽的四方代表签字,作为施工处理的依据及长期存档保存的文件。

6.5.4 基槽的局部处理

对于工程地质勘察报告查明的局部异常的地基,应采取必要的局部处理措施。具体处理方法应根据地基情况、工程地质及施工条件而有所不同,最终应以使建筑物的各个部位沉降尽量趋于一致、减小地基的不均匀沉降为处理原则。

1)扰动土的处理

在施工时应避免基槽土被扰动,若被扰动,应在下一道工序施工前将扰动部分清除到硬底,然后用与槽底土压缩性相近的土料回填夯实至设计标高。

2)局部硬土的处理

局部范围内的坚硬地基是指基岩、孤石、压实路面、老房基、老灰土等,因其比周围地基土坚硬,很容易使建筑物产生较大的不均匀沉降,也应处理。处理方法是将局部坚硬地段挖除,然后填以与其余地段土层性质相近的较软弱的垫层,挖除厚度应根据设计计算确定,一般为 1 m 左右,同时可考虑适当加强基础刚度。

3)管道的处理

若基槽以上有上下水管道,应采取措施防止漏水浸湿地基;若管道在基槽以下,也应采取保护措施,避免管道被基础压坏,可在管道周围包筑混凝土或采用铸铁管。

4)古井、墓穴、局部淤泥、小范围填土等松土坑的处理

①一般当松土坑的范围较小、深度不大时,可将坑中松软虚土挖除,使松土坑坑底及四壁均见天然土,然后用和坑四周天然土压缩性相近的材料回填,分层夯实到设计标高,以保持地基的均匀性。当天然土为砂土时,可用砂或级配砂石分层洒水回填;为中密的可塑的黏性土时,可用 1:9 或 2:8 灰土分层夯实回填;如为较密实的黏性土,应用 3:7 灰土分层夯实回填。

②当松土坑范围较大时,回填工作量太大,成本大,可将基础局部落深,基础做成 1:2 阶梯状与两边基础连接,阶梯高不大于 50 cm,阶梯长度不小于 100 cm,若深度较深,可用灰土分层夯填至基坑底平。

③对独立的柱基,当松土坑的范围大于基槽的 1/2 时,应尽量挖除虚土将基底落实。

④当采用地基局部处理仍不能解决问题时,还可考虑适当加强基础和上部结构的刚度或采用梁板形式跨越的方法,以抵抗由于可能产生的不均匀沉降而引起的附加应力。

5)砖井、土井的处理

①若砖井位于基槽中间,先用素土分层回填至基础底下 2 m 处,再将井的砖圈拆除至距基槽底不小于基底宽度尺寸,并不小于 1~1.5 m,然后用和四周槽底天然土压缩性相近的土料分层夯实至基底;若井内土较松、井又较深时,宜用基础梁做跨越处理。

②若砖井、土井位于建筑物拐角处，而原设计基础压在其上面积不多，能够由其余基槽承担时，可用挑梁处理；若原基础压在其上面积较大，用挑梁处理有困难或不太经济，而场地条件允许时，可将基础沿墙长方向延伸至天然土上，新增面积应等于或稍大于砖井范围内原有基础的面积，并在墙内配钢筋或用钢筋混凝土梁进行加强处理。

③当在单独柱基下有井，且挖除处理有困难时，可将基础适当放大或与相邻基础连在一起做成联合基础，然后再加强上部结构的刚度。

 政案例

新中国第一代建筑师的故事

1918—1937年，20多位中国留学生到美国宾夕法尼亚大学学习建筑，最后约18人学成归国，他们在全国各地设计、建造了超过600座建筑，个个经典，建立了我国自己的建筑教育体系，培养建筑人才。而这批留学生，就是新中国第一代建筑师，用600座房子撑起了整个国家。

他们大多来源于清华学堂的留美预备班，原本就是"精英中的精英"，包括梁思成、林徽因、杨廷宝、童寯、范文照、赵深、陈植等。清华学堂起源于1911年，留美预备班每年会派送50~60个学生到美国高校进行深造。他们这一代人，大部分是1900年左右出生的，人生跨度和中国重要的历史阶段刚好吻合。他们刚开始求学的时候，恰逢清王朝覆灭，然后"五四运动"兴起，基础教育受到很多新的、国际性教育思想的影响。

童寯的孙子童明，现在也是一位建筑师，从事建筑30多年，是同济大学城市规划学院的教授。自2015年起，他开始筹备展览——《觉醒的现代性——毕业于宾夕法尼亚大学的中国第一代建筑师》，通过1 400多件当年的照片、图纸、采访记录，向我们展现了这群人的成长史和奋斗史，以及建筑学这门学科在中国的起源。

单元小结

（1）地球的内部由地壳、地幔和地核三个圈层组成。自然界岩石根据其成因可分为岩浆岩、沉积岩、变质岩三大类。

PPT、教案、题库（单元6）

（2）根据工程重要性等级、场地复杂程度等级和地基复杂程度等级，可将工程勘察划分为甲、乙、丙三个等级。与工程设计阶段相适应，一般建筑工程地质勘察可分为可行性研究勘察（选址勘察）、初步勘察、详细勘察及施工勘察。勘察方法有工程地质测绘、工程地质勘探及测试与观测，勘探方法主要有坑探、钻探、触探。

（3）验槽的方法有观察验槽和钎探。基槽中扰动土的处理方法为：将扰动部分清除到硬底，然后用与槽底土压缩性相近的土料回填夯实至设计标高。局部硬土处理方法为：将局部坚硬地段挖除，然后填以与其余地段土层性质相近的较软弱的垫层。若基槽以上有上下水管道，应采取措施防止漏水浸湿地基；若管道在基槽以下，可在管道周围包筑混凝土或采用铸铁管。对松土坑、砖井、土井的处理，可视其情况，采取换填、挑梁、基础扩大、延长、跨越等方法进行处理。

思考与练习

一、填空题

1. 地球是一个具有圈层构造的旋转椭球体。其内部由_____、_____、_____组成。

2. 岩石根据其成分可分为_____、_____和_____。

3. 岩土工程勘察划分三个等级,分别为_____、_____、_____。

4. 钻探方法有_____、_____、_____、_____。

5. 验槽的方法有_____和_____。

二、判断题

1. 建筑在岩质地基上的一级工程,当场地复杂程度等级和地基复杂程度等级均为三级时,岩土工程勘察等级可定为乙级。　　　　　　　　　　　　　　　　（　）

2. 对高层或多层建筑,均需进行施工验槽,在正常情况下均需进行施工勘察。　（　）

3. 标准贯入试验是将质量为 63.5 kg 的穿心锤提升至 76 cm 高度,然后自由下落,将贯入器贯入土中 30 cm 所需的锤击数,即为标准贯入击数 N。　　　　　　　　（　）

4. 验槽时主要是观察基槽基底和侧壁的土质情况、土层构成及其走向、是否有异常现象等,以判断是否达到设计要求的地基土层。　　　　　　　　　　　　　　（　）

5. 验槽时若基槽以上有上下水管道,应采取措施防止漏水浸湿地基;若管道在基槽以下,也应采取保护措施,避免管道被基础压坏。　　　　　　　　　　　　　（　）

三、简答题

1. 按断层两侧的相对运动方向可分为哪几类断层?

2. 地下水按埋藏条件不同可分为哪几类?何为实测水位?何为最高水位?

3. 工程地质勘察分为哪几个阶段?每个阶段的任务是什么?

4. 常用的勘探方法有哪些?其要点是什么?

5. 试比较动力触探和静力触探的优缺点。

6. 工程地质勘察报告有哪些内容?对建筑场地的评价包括哪些内容?

7. 如何阅读和使用工程地质勘察报告?阅读和使用工程地质勘察报告重点要注意哪些问题?

8. 验槽的目的是什么?验槽有哪些内容?如何进行验槽?应注意什么问题?

延伸阅读

四川某项目工程地质勘察报告

1. 前言

1.1　工程概况

本项目规划建设净用地面积 24 066.08 m²。原规划总建筑面积 81 105.92 m²,由 7 栋高层主楼、1 层主楼裙楼及 1 栋 3 层商业组成,但后期由于规划调整,总建筑面积修改为

73 369.25 m²,由原来的 7 栋主楼修改为目前的 5 栋主楼,其余主楼附属裙楼及 1 栋 3 层商业楼不变。

该工程设计±0.000 相当于绝对标高 474.80 m,场平标高平均为 474.50 m。拟建物设 1 层地下室,主楼基础厚度约 1.0 m,地下车库及多层商业区域独立基础厚度约 0.8 m,1 层地下室基础底板的顶面标高为 469.05 m(-5.75 m)。拟建物相关性质,见表 1。

表 1　拟建物性质一览表

建筑名称编号	重要性等级	结构类型	地上层数	±0.000	基底标高(埋深)/m	拟采用基础类型	基底荷载	地下室
1#楼	二级	剪力墙	16 层			筏板基础	280 kN/m²	地下 1 层
2#楼	二级	剪力墙	16 层			筏板基础	280 kN/m²	地下 1 层
3#楼	二级	剪力墙	16 层		468.05(-6.75)	筏板基础	280 kN/m²	地下 1 层
4#楼	二级	剪力墙	16 层	474.80 m		筏板基础	280 kN/m²	地下 1 层
5#楼	二级	剪力墙	16 层			筏板基础	280 kN/m²	地下 1 层
6#楼	二级	框架	3 层		467.35~467.65(-7.45~-7.15)	独立基础	2 500 kN/柱	地下 1 层
1#楼附属裙楼	二级	框架	1 层		468.05(-6.75)	独立基础	1 500 kN/柱	地下 1 层
纯地下室	二级	框架	—		468.65(-6.15)	独立或条基	2 800 kN/柱	地下 1 层

1.2　岩土工程勘察等级

根据该工程的规模和特性,该建筑物工程重要性等级总体为二级。根据场地所处的区域地质条件和附近已有的地质资料,场地等级为二级(中等复杂场地),场地内地基等级为二级(中等复杂地基),根据《岩土工程勘察规范》(GB 50021—2001,2009 年版)相关划分标准,同时结合《高层建筑岩土工程勘察标准》(JGJ/T 72—2017)等级划分标准,确定该工程岩土工程勘察等级为乙级。

1.3　勘察目的及任务

根据拟建物特征和场地实际情况,本次勘察的目的是对拟建场地地基的岩土工程性质作出评价,为地基基础设计、基础施工、地基处理和不良地质作用的防治提供工程地质依据。主要勘察任务是:

(1)查明有无影响建筑场地稳定性的不良地质作用和不利埋藏物及其危害程度。

(2)查明建筑物范围内的地层结构及其均匀性,以及各岩土层的物理力学性质。

(3)查明场地地下水埋藏情况、类型和水位变化幅度及规律,以及对建筑材料的腐蚀性。

(4)查明场地及地基的地震效应,提供土层等效剪切波速及场地卓越周期等抗震设计参数。

（5）对可供采用的地基基础设计方案进行论证分析,提出经济合理的设计方案建议,提供与设计要求相对应的地基承载力及变形计算参数,并对设计与施工应注意的问题提出建议。

1.4 勘察依据

本次勘察在充分搜集该地区已有的工程地质资料和勘察经验的基础上,按照下列现行国家有关规范、规程和相关文件执行。

（1）《岩土工程勘察规范》（GB 50021—2001,2009 年版）;

（2）《高层建筑岩土工程勘察标准》（JGJ/T 72—2017）;

（3）《膨胀土地区建筑技术规范》（GB 50112—2013）;

（4）《建筑地基基础设计规范》（GB 50007—2011）;

（5）《建筑抗震设计规范》（GB 50011—2010,2016 年版）;

（6）《建筑工程地质勘探与取样技术规程》（JGJ/T 87—2012）;

（7）《建筑基坑支护技术规程》（JGJ 120—2012）;

（8）《土工试验方法标准》（GB/T 50123—2019）;

（9）《中国地震动参数区划图》（GB 18306—2015）;

（10）《建筑地基处理技术规范》（JGJ 79—2012）;

（11）《建筑桩基技术规范》（JGJ 94—2008）;

（12）《房屋建筑和市政基础设施工程勘察文件编制深度规定》（2020 年版）;

（13）《建筑工程抗震设防分类标准》（GB 50223—2008）;

（14）《地基动力特性测试规范》（GB/T 50269—2015）;

（15）《四川省大直径素混凝土桩复合地基技术规程》（DBJ 51/T061—2016）;

（16）《岩土工程勘察安全标准》（GB/T 50585—2019）;

（17）《危险性较大的分部分项工程安全管理规定》（住房和城乡建设部令第 37 号）;

（18）《四川省建筑地下结构抗浮锚杆技术标准》（DBJ 51/T102—2018）;

（19）《四川省危险性较大的分部分项工程安全管理规定实施细则》;

（20）《四川省建筑地基基础检测技术规程》（DBJ 51/T014—2013）;

（21）建设单位提供的"过规-总图"（电子文档,2021.3）。

1.5 勘察技术方案及技术方法

1.5.1 勘察技术方案

按原总平面图,共布置勘探点 94 个。平面间距一般为 12.0 ~ 28.0 m,原则上沿建筑物外边线及角点均匀布置,同时兼顾场地总体均匀控制。后期由于总平面布置变化,除利用原勘察成果外,又增加勘探点 60 个,增加勘探点区域上部填土已进行大部分土方开挖。

建筑平面位置调整后,包括相应建筑物区域可以利用的原勘探点及新增勘探点,高层主楼区域布置勘探点 57 个,钻孔间距 8 ~ 21 m。其中,一般性钻孔深度（折算为场平标高往下算起）为 12 ~ 18 m,共 37 个;控制性钻孔深度（折算为场平标高往下算起）为 17 ~ 18 m,共 20 个。

1 层裙楼、3 层商业楼及纯地下室区域布置勘探点 51 个,钻孔间距 8 ~ 28 m。其中,一般性钻孔深度（折算为场平标高往下算起）为 10 ~ 18 m,共 36 个;控制性钻孔深度（折算为场平标高往下算起)为 12 ~ 18 m,共 15 个。

1.5.2　勘察技术方法

1)测量放点

勘探点坐标位置为根据建设单位提供的 A 及 C 两个控制点。A 点 $X = 29\,022.582$,$Y = 31\,505.250$;C 点 $X = 28\,885.419$,$Y = 31\,227.876$。高程控制点以建设单位指定的点为准,其绝对高程(黄海高程系)$H = 473.780$ m。勘探点结合平面位置,采用日本拓普康 HiPerⅡ型 GPS 测放,本工程高程系统为"1956 黄海高程系统"。

2)搜集资料及工程地质调查

搜集和研究了场地区域地质、地震资料及场地附近已有的工程勘察、设计和施工技术资料、经验,进行了现场踏勘及工程地质调查。

3)钻探

采用 6 台 SH-30A 型工程钻机对卵石层上部土层进行冲击钻进;利用 4 台 XY-1A 型回旋钻机进行 SM 植物胶全孔取芯钻进(采取率在 85% 以上)。

4)原位测试

主要对勘探孔下部卵石层进行 N_{120} 超重型动力触探测试,为地基土评价及亚层划分提供依据。同时对部分砂土进行标贯测试,为地基土液化评价及物理力学指标提供依据。对黏土及粉质黏土进行标准贯入测试,以对比评价相应土层力学特性。

5)室内试验

对黏土及粉质黏土原位取样进行室内土工试验,以定名和测定地基土物理力学指标。

在场地的 18# 及 46# 两个钻孔内各采取 1 件地下水进行室内水质分析,以评价地下水对钢筋及混凝土结构的腐蚀性。

同时,采取 5 件土样,进行土的腐蚀性试验,以评价土对钢筋及混凝土结构的腐蚀性。

6)波速测试

在高层主楼区域分别选取 4#、6#、17#、19#、37#、43#、46#、49#、ZK23、ZK33 及 ZK40 钻孔,采用孔内单孔法波速测试。震源采用重锤锤击上压重物的木板,木板的长度向中垂线对准测试孔中心,且与地面紧密接触,木板与孔口距离 0 ~ 3 m,板上压大于 400 kg 的重物。测试时,根据工程情况及地层分层,将三分量检波器放入孔内,根据地层分层,自上而下进行测试。

数据处理方法采用检层分析法,根据孔下三分量检波器测得的波形剪切波的初至时间,进行斜距校正。

1.6　勘察完成工作量及作业时间

本工程完成工作量,如表 2 所示。

表 2　工作量一览表

工作内容	累计实物工作量	工作内容	累计实物工作量
测放勘探点	154 个	SM 植物胶回旋钻	53 个,共 756 m
超重型动力触探测试	694.20 m	土样/孔	42 件/41 个
标贯试验/孔	32 次/31 个	扰动土/孔	25 件/24 个

续表

工作内容	累计实物工作量	工作内容	累计实物工作量
波速测试	11 孔	土腐蚀性测试	5 件
周围环境调查	2 000 m²	水分析试验及卵石样	2 件及 6 件

由于建筑总平面图布置多次变化,共进行了多次勘探点测放,表中完成工作量为总完成量。现场野外钻探工作时间为 2021 年 3 月 10 日至 2021 年 3 月 28 日,于 2021 年 4 月 3 日提交岩土工程勘察报告。

2. 场地工程地质条件

2.1 自然地理概况

2.1.1 地理位置

拟建场地北侧及东侧为市政道路,西侧分布一座加油站,南侧为多层住宅区。勘察期间拟建场地已拆除既有建筑物,场地相对较开阔,交通较便捷。

2.1.2 地形地貌

场地地势总体为东高西低,相对较平坦,为建筑平坦场地。受原已建物拆除影响,场地内建渣较多。东侧受原已建物影响,人工填土较厚。

由于后期总平面变化,在部分上部土层开挖后进行了补充勘察。最后地面高程为 468.24 ~ 474.75 m,勘察区域最大高差为 6.51 m。

场地地貌单元属成都冲积平原岷江水系鸭子河支流 Ⅱ 级阶地。

成都平原在构造上属第四纪坳陷盆地,德阳市区位于该平原的东北部,距龙泉山褶皱带约 30 km,距龙门山褶皱带约 50 km,处于由近代河流冲积、洪积而成的砂卵石层和黏性土所组成的一、二、三级河流堆积阶地上。下伏基岩为白垩系砖红色砂岩夹薄层泥岩。

2.2 地层结构及分布特征

根据野外钻探、原位测试及室内土工试验结果,场地内地基土自上而下分为:第四系全新统(Q_4^{ml})人工填土层①、第四系上更新统冲洪积(Q_3^{al+pl})黏土②、第四系上更新统冲洪积(Q_3^{al+pl})粉质黏土③、第四系上更新统冲洪积(Q_3^{al+pl})中砂及细砂④及第四系上更新统冲洪积(Q_3^{al+pl})卵石土⑤共五个工程地质大层。其中卵石土⑤又根据密实度的变化分为 4 个亚层。根据现场钻探情况,现将各地基土层的性状特征描述如下:

1)人工填土层①

全场地分布,该层组成成分较复杂,包括素填土及杂填土两部分,层厚 0.5 ~ 4.3 m,平均层厚 1.59 m;褐色、灰褐色及褐黄色,湿。场地东侧上部以回填砖块及混凝土块杂填土为主,下部为黏性素填土;其余区域为以耕植土为主的素填土,局部夹杂填土。

2)黏土②

全场地分布,层厚 1.6 ~ 7.5 m,平均层厚 4.83 m;可塑为主,局部可硬塑,呈褐色、褐黄色及黄色,稍湿,含少量氧化铁及铁锰质结核,局部地段富含不等量的钙质结核,裂隙较发育,隙间被灰白色黏土所充填;无摇振反应,光泽反应为光滑,干强度与韧性均较高。

3）粉质黏土③

场地部分区域分布，层厚 0.6 ~ 2.8 m，平均层厚 1.19 m；可塑，呈褐黄色及黄色，稍湿，含少量氧化铁、铁锰质及钙质结核，局部区域包含物风化严重，呈粉土或砂砾状；无摇振反应，光泽反应为稍有光滑，干强度为高，韧性为中等。

4）中砂④₁

场地部分区域分布，层厚 0.3 ~ 3.1 m，平均层厚 1.39 m；褐黄色及黄色，湿 ~ 很湿，松散，局部混少量黏性土、卵砾石及粗砂，矿物成分主要为长石、石英，含少量云母。

5）细砂④₂

场地局部区域呈透镜体分布于卵石层中，层厚 0.5 ~ 2.9 m，平均层厚 1.47 m；灰色，湿 ~ 很湿，松散，局部为中砂或混黏性土，矿物成分主要为长石、石英，含少量云母。

6）卵石层⑤

全场地分布，灰黄色及黄色，稍湿 ~ 饱和，粒径一般为 3 ~ 7 cm，最大粒径大于 12 cm，成分以岩浆岩为主，沉积岩次之，呈亚圆形，充填砂土、圆砾、团状黏性土及少量细粒土，上部卵石有一定程度风化，磨圆度较好，卵石层顶板标高为 464.89 ~ 468.20 m。按 N_{120} 修正击数并结合《岩土工程勘察规范》（GB 50021—2001，2009 年版），分为松散卵石⑤₁、稍密卵石⑤₂、中密卵石⑤₃ 及密实卵石⑤₄ 共 4 个工程地质亚层。

（1）松散卵石⑤₁：卵石含量 50% 左右，成分以岩浆岩为主，灰黄色，个别卵石强风化，磨圆度较好，该层局部区域上部混少量圆砾、中砂及黏性土，层厚 0.4 ~ 1.2 m，平均层厚 0.71 m。

（2）稍密卵石⑤₂：卵石含量为 55% ~ 60%，成分以岩浆岩为主，灰黄色，混少量团状黏性土，个别卵石强风化，磨圆度较好，一般粒径 3 ~ 5 cm，最大粒径达 8 cm，层厚 0.5 ~ 2.1 m，平均层厚 1.12 m。

（3）中密卵石⑤₃：卵石含量为 60% ~ 70%，成分以岩浆岩为主，灰黄色，一般粒径 6 ~ 10 cm，最大粒径达 12 cm，层厚 0.4 ~ 3.1 m，本次勘察部分区域未揭穿该层。

（4）密实卵石⑤₄：卵石含量约为大于 75%，成分以岩浆岩为主，灰黄色，一般粒径 8 ~ 13 cm，最大粒径达 20 cm，层厚 0.5 ~ 2.9 m，本次勘察未揭穿该层。

3. 场地水文地质条件

3.1 地表水

目前场地无明显地表水分布，但在探坑内可见由于下雨形成的积水。

3.2 地下水

1）地下水类型及含水层

场地地下水主要为第四系上更新统卵石中孔隙潜水，赋存于卵石层中；在上部填土层及黏土层区域，分布上层滞水。

2）水位及年变化幅度

场地地下水受鸭子河水系及大气降水补给，经调查了解，近 10 年最高水位约 -6.0 m（绝对高程 468.80 m），水位主要影响因素为大气降水。勘察期间正值雨季，对钻孔内静水位实测有一定偏差，经实测，钻孔内稳定水位埋深 6.7 ~ 7.4 m，静止水位标高约 467.00 m（-7.8 m）。

根据场地附近的勘察资料及区域调查,综合考虑后期水位变化及施工周期等因素,场地常年地下水水位按468.50 m设防采用。根据地区区域水文地质资料,地下水位夏高冬低,随季节变化明显,地下水位年变化幅度为1.5~2.0 m。

3）含水层的渗透性

根据场地附近的相关资料及类似地层降水经验,该场地卵石层的渗透系数$K=23$ m/d。后期在有降水施工前也可进行现场抽水试验,以确定该场地实测渗透系数值。

4. 岩土指标测试及成果

4.1 原位测试

本次勘察对黏土、粉质黏土及下部砂层进行了标准贯入试验,对砂卵石层进行了N_{120}超重型动力触探测试,以进行工程地质分层和对承载力及变形模量的确定。标贯及超重型动力触探测试结果,见表3及表4。

表3 标准贯入(N)试验结果统计表

土 名	样本数	最大值	最小值	平均值	标准差σ	变异系数δ	修正系数	标准值
黏土	9	9	6	7.7	0.866	0.113	0.931	6.3
粉质黏土	9	10	6	7.6	1.236	0.164	0.901	5.7
中砂	9	7	5	6.0	0.866	0.144	0.923	4.9
细砂	5	5	4	4.8	—	—	0.937	4.4

表4 超重型(N_{120})动力触探成果统计表

土 名	频数 n	范围值 /击	平均值 f_m/击	标准差 σ_f	变异系数 δ	统计修正系数 ψ_s	变形模量 E_0/MPa	修正系数	标准值
松散卵石	29	$N_{120}\leqslant 3$	2.6	0.584	0.226	0.989	20.0	0.912	2.4
稍密卵石	33	$3<N_{120}\leqslant 6$	5.6	1.225	0.219	0.989	25.0	0.884	4.9
中密卵石	104	$6<N_{120}\leqslant 11$	8.8	0.777	0.088	0.993	33.0	0.883	7.8
密实卵石	129	$11<N_{120}\leqslant 14$	13.2	1.726	0.130	0.993	55.0	0.973	12.8

注:表中所列N_{120}击数为修正击数,实测击数大于50击时按50击统计修正。

4.2 室内土工试验

本次勘察主要针对黏土及粉质黏土取样进行室内土工试验,以确定其物理力学性质,其测试结果统计见表5和表6,统计时对离散性较大的数据予以了剔除。

表5   黏土②层土工试验成果表

土层	项目	频数	范围值	平均值 f_m	标准差 σ_f	变异系数 δ	修正系数 ψ	标准值 f_k	土层承载力特征值 f_{ak}/kPa
黏土②	含水量 w(%)	26	17.7~32.2	23.6	4.120	0.174			220
	密度 ρ_0(g/cm³)	26	1.89~2.05	1.98	0.050	0.025			
	孔隙比 e_o	26	0.600~0.896	0.720	0.098	0.135			
	液限 w_L(%)	26	33.0~44.9	38.4	3.906	0.102			
	塑限 w_p(%)	26	14.4~25.4	18.7	2.997	0.160			
	塑性指数 I_p	26	17.7~23.1	19.6	1.704	0.087			
	液性指数 I_L	26	0.12~0.39	0.25	0.066	0.268			
	$a_{1\sim2}$(MPa⁻¹)	26	0.16~0.34	0.23	0.050	0.214			
	压缩模量 E_s(MPa)	26	5.5~10.6	7.70	1.457	0.190			
	黏聚力 c(kPa)	26	22.0~69.0	44.4	14.816	0.344	0.95	40.8	
	内摩擦角 φ(°)	26	17.1~29.7	23.0	3.808	0.165	0.92	20.2	

由土工试验结果统计表5可知：场地分布的黏土②层，压缩系数 $a_{1\sim2}$ 平均值为0.24 MPa⁻¹，属中压缩性土。

表6   粉质黏土③层土工试验成果表

土层	项目	频数	范围值	平均值 f_m	标准差 σ_f	变异系数 δ	修正系数 ψ	标准值 f_k	土层承载力特征值 f_{ak}/kPa
粉质黏土③	含水量 w(%)	7	23.8~29.4	26.7	2.158	0.081			210
	密度 ρ_0(g/cm³)	7	1.92~2.04	1.97	0.042	0.021			
	孔隙比 e_o	7	0.657~0.840	0.752	0.069	0.091			
	液限 w_L(%)	7	33.3~39.4	36.7	2.231	0.061			
	塑限 w_p(%)	7	19.7~23.6	22.0	1.393	0.063			
	塑性指数 I_p	7	12.7~16.1	14.7	1.355	0.092			
	液性指数 I_L	7	0.26~0.38	0.32	0.044	0.139			
	$a_{1\sim2}$(MPa⁻¹)	7	0.21~0.30	0.26	0.041	0.161			
	压缩模量 E_s(MPa)	7	6.0~8.0	7.0	0.882	0.127			
	黏聚力 c(kPa)	7	18~27	22.4	3.599	0.160	0.97	22.1	
	内摩擦角 φ(°)	7	20.3~25.1	22.7	2.786	0.079	0.96	22.6	

由土工试验结果统计表 6 可知：场地分布的粉质黏土③层，压缩系数 $a_{1\sim2}$ 平均值为 0.26 MPa^{-1}，属中偏高压缩性土。

4.3　黏土胀缩性试验

场地共选取 11 件黏土进行胀缩试验，其试验成果见表 7。

表 7　黏土胀缩试验成果统计表

土类别		自由膨胀率 δ_{ef}/%	膨胀率 δ_{ep} ($P=50$ kPa)/%	膨胀力 P_e/kPa	收缩系数 λ_n
黏土②	统计次数	9	5	6	6
	最大值	57	0.82	55	0.65
	最小值	41	−0.79	23	0.31
	平均值	51	0.16	40	0.51
	变异系数	0.142	—	0.229	0.126
	修正系数	0.932	—	0.863	0.879
	标准值	47.5		34.5	0.45

由表 7 土工膨胀试验结果可知，黏土自由膨胀率平均值为 51%，根据《膨胀土地区建筑技术规范》（GB 50112—2013）第 4.3.3 条规定，大于 40% 为膨胀土，且自由膨胀为 40% ~ 65%，判定为具弱膨胀潜势。

5. 水土腐蚀性评价

5.1　环境类型

根据场地气候特征和含水层透水特征，并结合地区经验，按《岩土工程勘察规范》（GB 50021—2001，2009 年版）附录 G.0.1 条划分，场地环境类别为Ⅱ类。本场地及附近环境，目前不存在对地下水及地表水的污染源及其可能的污染程度。

5.2　水腐蚀性评价

本次勘察，在场地内取 2 件上层滞水（主要是填土层内汇集水）及 2 件地下水进行水分析，其试验结果详见"水质分析报告"。腐蚀性评价见表 8 及表 9。

表 8　地表水腐蚀性评价表

评价项目	指标试验值或计算值	评价标准		评价结果
水对混凝土结构的腐蚀性评价	硫酸盐(SO_4^{2-})含量:435.91~473.91 mg/L	大于300,小于1 500	弱	微
	镁盐(Mg^{2+})含量:29.063~32.368 7 mg/L	小于2 000	微	
	总矿化度:1 202.99~1 247.23 mg/L	小于20 000	微	
	pH值:7.47~7.48	大于6.5(强透水)	微	
	pH值:7.47~7.48	大于5.0(弱透水)	微	
	侵蚀性CO_2:无	小于15(强透水)	微	
	侵蚀性CO_2:无	小于30(弱透水)	微	
	(HCO_3^-):6.885~6.825 mmoL/L	大于1.0(强透水)	微	
水对钢筋混凝土结构中钢筋的腐蚀性评价	(Cl^-):27.548~28.968 mg/L	小于10 000(长期浸水)	微	
	(Cl^-):27.548~28.968 mg/L	小于100(干湿交替)	微	
备注	根据《岩土工程勘察规范》(GB 50021—2001,2009年版)中第12.2节进行评价			

表 9　地下水腐蚀性评价表

评价项目	指标试验值或计算值	评价标准		评价结果
水对混凝土结构的腐蚀性评价	硫酸盐(SO_4^{2-})含量:55.631~58.637 mg/L	小于300	微	微
	镁盐(Mg^{2+})含量:17.216~17.217 mg/L	小于2 000	微	
	总矿化度:349~396 mg/L	小于20 000	微	
	pH值:7.44~7.46	大于6.5(强透水)	微	
	pH值:7.44~7.46	大于5.0(弱透水)	微	
	侵蚀性CO_2:无	小于15(强透水)	微	
	侵蚀性CO_2:无	小于30(弱透水)	微	
	(HCO_3^-):3.113~3.679 mmoL/L	大于1.0(强透水)	微	
水对钢筋混凝土结构中钢筋的腐蚀性评价	(Cl^-):15.521~16.527 mg/L	小于10 000(长期浸水)	微	
	(Cl^-):15.521~16.527 mg/L	小于100(干湿交替)	微	
备注	根据《岩土工程勘察规范》(GB 50021—2001,2009年版)中第12.2节进行评价			

　　根据表8及表9,除地表水中硫酸盐含量呈弱腐蚀性,其余指标均为微腐蚀性。由于地表填土层成分复杂,多种因素可能造成硫酸盐含量偏高,但基坑开挖及基础施工前,已将填土层汇集水及上层滞水排干,可以不考虑由于填土层中上层滞水硫酸盐含量稍微偏高引起

的弱腐蚀性。

水腐蚀性综合评价结论:该场地地下水对混凝土结构及钢筋混凝土结构中的钢筋具有微腐蚀性。由于拟建物无钢结构,故对其腐蚀性不作评价。

5.3 场地土腐蚀性评价

在场地内取 5 件土进行腐蚀性分析,其试验结果详见"土腐蚀性试验报告",腐蚀性评价见表 10。

表 10 土的腐蚀性评价表

评价项目	指标试验值或计算值	评价标准		评价结果
土对混凝土结构的腐蚀性评价	硫酸盐(SO_4^{2-})含量:38.40 ~ 51.84 mg/kg	小于 450	微	微
	镁盐(Mg^{2+})含量:8.64 ~ 11.04 mg/kg	小于 3 000	微	
	pH 值:7.39 ~ 7.63	大于 6.5(强透水)	微	
	pH 值:7.39 ~ 7.63	大于 5.0(弱透水)	微	
土对钢筋混凝土结构中钢筋的腐蚀性评价	(Cl^-)含量(mg/kg):19.88 ~ 24.14	小于 250	微	
备 注	根据《岩土工程勘察规范》(GB 50021—2001,2009 年版)中第 12.2 节进行评价			

土腐蚀性综合评价结论:土对混凝土结构及钢筋混凝土结构中的钢筋具微腐蚀性。由于拟建物无钢结构,故对其腐蚀性不作评价。

6.场地抗震性能评价

6.1 波速成果

本次详勘,在每栋高层主楼位置选取勘探点位进行了单孔波速测试,测试结果详见"波速测试报告",成果见表 11。

表 11 波速测试成果表

序号	钻孔号	计算场地卓越周期/s	场地等效剪切波速 V_{se}/(m·s^{-1})
1	4	0.18	265
2	6	0.20	223
3	17	0.22	208
4	19	0.18	261
5	37	0.23	229
6	43	0.21	202
7	46	0.18	210
8	49	0.29	208
9	ZK23	0.15	263
10	ZK33	0.13	255
11	ZK40	0.10	254
平均值	—	0.19	234

测试结果表明,波速测试经计算的卓越周期为 0.18 ~ 0.29 s,平均值为 0.19 s;场地内土层等效剪切波速 V_{se} 为 202 ~ 265 m/s,平均值为 234 m/s。

6.2 建筑场地类别及地基土类型

拟建场地覆盖层本次最大揭示厚度 17.0 m,其土层等效剪切波速 V_{se} 平均为 234 m/s。根据《建筑抗震设计规范》(GB 50011—2010,2016 年版)第 4.1.6 条中表 4.1.6,判定其场地类别为 II 类。根据《建筑抗震设计规范》(GB 50011—2010,2016 年版)第 4.1.3 条,判定场地内分布的人工填土属软弱土,黏土、粉质黏土、细砂及中砂属中软土,松散卵石、稍密卵石、中密卵石及密实卵石属中硬土。

6.3 地震影响动参数

根据《建筑抗震设计规范》(GB 50011—2010,2016 年版)附录 A,拟建场地地震设防烈度为 7 度第三组,设计基本地震加速度值为 0.10g。根据《中国地震动参数区划图》,结合场地所在地的设计地震分组及场地类别,场地反应谱特征周期为 0.45 s。

6.4 地基土液化判定

根据《建筑抗震设计规范》(GB 50011—2010,2016 年版)第 4.3.3 条,本场地土层地质年代为第四纪上更新统(Q_3),地震设防烈度为 7 度,场地内中砂层及细砂透镜体判为不液化土层。

6.5 建筑抗震地段

根据拟建场地地质、地形、地貌特征及液化判别,该场地综合判定为可进行建设的对建筑抗震一般地段。

6.6 建筑抗震设防类别及设防标准

根据该项目在地震作用时其使用功能要求,按《建筑工程抗震设防分类标准》(GB 50223—2008)基本规定,该建筑物抗震设防类别为丙类(标准设防类),按 7 度设防。若建筑物有特殊使用功能及其他要求,则按设计要求及相应规范确定具体的设防类别。

7. 岩土工程评价

7.1 场地稳定性评价

据区域地质资料,场地及其附近无区域性断裂通过,现场调查场地及周边无地下暗河及沟渠等不利地下埋藏物,也未发现滑坡、崩塌、泥石流及岩溶等不良地质作用,场地稳定性较好,其区域稳定,适宜建设。

7.2 地基土膨缩性评价

拟建场地属膨胀土分布区,应进行黏土的膨胀计算,根据含水量变化及今后建筑物使用条件,本场地按收缩变形量计算。根据《膨胀土地区建筑技术规范》(GB 50112—2013)第 5.2 条,利用下列公式:

$$(1) \quad S_s = \psi_s \sum_{i=1}^{n} \lambda_{si} \cdot \Delta w_i \cdot h_i$$

$$(2) \quad \Delta w_i = \Delta w_1 - (\Delta w_1 - 0.01) \frac{Z_i - 1}{Z_n - 1}$$

$$(3) \quad \Delta w_1 = w_1 - \psi_w \cdot w_p$$

式中 S_s——地基土的收缩变形量,mm;

ψ_s——本地区收缩变形量计算的经验系数；

λ_{si}——第 i 层土的收缩系数；

h_i——第 i 层土的计算厚度，mm；

Δw_i——地基土收缩过程中，第 i 层土可能发生的含水量变化的平均值(小数表示)；

w_1、w_p——地表下 1 m 处土的天然含水量和塑限含水量(小数表示)；

ψ_w——土的湿度系数；

Z_n——计算深度，取大气影响深度，m；

Z_i——第 i 层土的计算深度，m。

本工程基础埋深按自然地面下 1 m 考虑，计算结果见表 12。

表 12 膨胀土(黏土)地基分级变形量计算成果表

孔号	λ_{si}	w_1	w_p	ψ_w	ψ_s	S_s	级别
56#	0.47	0.254	0.170	0.89	0.8	22.3	I
58#	0.64	0.226	0.170	0.89	0.8	21.5	I
70#	0.47	0.252	0.165	0.89	0.8	23.8	I
72#	0.51	0.227	0.169	0.89	0.8	25.1	I
77#	0.31	0.255	0.185	0.89	0.8	20.1	I
83#	0.65	0.271	0.181	0.89	0.8	20.7	I

经计算，地基分级变形量 $S_s=20.10\sim25.10$ mm，$S_c<35$ mm，其胀缩等级为 I 级。

由于拟建场地处于成都平原，参照成都地区膨胀土的湿度系数为 0.89，大气影响深度为 3.00 m，大气急剧影响深度为 1.35 m。

如场地内建筑物采用天然地基时，其基础埋深不宜小于 1.5 m(从室外地坪算起)。

7.3 地基土力学性质评价

(1)第四系全新统人工填土层①：包含杂填土及素填土，其结构总体较为疏松，属不良地基土层，基础范围内在基坑开挖中已将其挖除，作为坑壁土层时稳定性较差。

(2)第四系上更新统冲洪积黏土②、粉质黏土③及中砂④₁：该黏性土层厚度较大，为黏土及粉质黏土，下部局部区域为中砂。基坑开挖时，已将上部土层大部分挖除，作为坑壁土层时黏土及粉质黏土稳定性相对较好，但黏土的膨胀性对坑壁土体稳定性不利。中砂为下卧层，轻微液化土层。

(3)第四系上更新统冲洪积砂卵石层⑤：局部区域分布松散卵石及细砂透镜体，其中稍密卵石、中密卵石及密实卵石均具有强度高及压缩性低的良好工程性质，是拟建物基础理想的持力层和下卧层。

7.4 特殊性土评价

场地内特殊性土分为以下两类：

(1)人工填土中的杂填土。场地分布的杂填土部分地段以建筑垃圾及生活垃圾为主，含黏性土及植物根系，回填时未经分层夯实，其结构松散，欠固结，均匀性差，富水条件好，土方开挖及基坑护壁时易造成不利影响。

（2）膨胀土。场地内分布的黏土属中等压缩性土,力学性质较好,承载力中等,具弱膨胀潜势,胀缩等级为Ⅰ级。基坑支护时,应考虑该层土作为坑壁土时遇水膨胀、失水收缩的特性,根据地区经验,一般对抗剪指标进行相应折减(见表15中括号内数据),膨胀土基坑应采用可靠的支护措施,并注意避开雨期施工,并加强基坑监测。

7.5 岩土的工程特性指标

根据野外取芯鉴别、原位测试和室内试验成果,同时考虑膨胀性黏土含水比与孔隙比对应关系,并结合当地区经验及地震效应相关参数,拟建场地岩土层主要工程岩土参数的选用见表13。

表 13 地基土物理力学性质指标建议值

土类型	重度 γ /(kN·m^{-3})	承载力特征值 f_{ak}/kPa	压缩模量 E_s/MPa	变形模量 E_0/MPa	抗剪强度指标		泊松比 μ	基准基床系数 K_V/(kN·m^{-3})
					黏聚力 c_k/kPa	内摩擦角 φ_k/(°)		
人工填土①	18.5	—	—	—	3	10	—	—
黏土②	19.8	180	7.0	—	40(25)	20(15)	—	—
粉质黏土③$_1$	19.8	160	6.0	—	22	22	—	—
中砂④$_1$	19.0	80	6.0	—		20	—	—
细砂④$_2$	18.5	80	5.5	—		18	—	—
松散卵石⑤$_1$	19.5	180	—	15		25		1.3×10^4
稍密卵石⑤$_2$	20.5	300	—	25		30	0.27	2.5×10^4
中密卵石⑤$_3$	22.5	550	—	32		40	0.25	3.2×10^4
密实卵石⑤$_4$	23.5	800	—	36		45	0.22	4.0×10^4

注:括号内数字为基坑支护设计时的建议值。

7.6 地基均匀性评价

1)高层建筑地基均匀性评价

根据工程地质剖面图分析,1#主楼基底标高以下粉质黏土,厚度0.6~1.6 m,下部夹厚度1.1~1.5 m松散卵石;2#主楼~5#主楼,基底标高以下为黏土(局部为粉质黏土),厚度0~2.2 m,下卧层为厚度0.7~2.2 m中砂夹层或透镜体以及厚度0.8~2.3 m(局部厚度达4.5 m)松散卵石夹层或透镜体,再往下为稍密~密实卵石。主楼基础持力层及下卧层,力学及变形有差异,且厚度变化大,为不均匀地基。

2)多层建筑及纯地下室区域地基均匀性评价

根据工程地质剖面图分析,1#主楼附属1层商业、3层6#楼商业及纯地下室区域,基底标高以下基础持力层为黏土及粉质黏土,土层厚度变化大,下卧层分布中砂及松散卵石透镜体,再往下为稍密~密实卵石,局部区域中砂较厚,为不均匀地基。

7.7 地基承载力修正

按《建筑地基基础设计规范》(GB 50007—2011)第5.2.4条进行天然地基承载力修正,

拟建高层建筑按照筏板基础进行考虑。对主体结构地基承载力的深度修正,宜将基础底面以上范围内的荷载,按基础两侧的超载考虑,当超载不等时,取小值。本工程荷载折算后 d 按 1.2 m 取值,修正后的地基承载力特征值见表 14。

$$f_a = f_{ak} + \eta_b \gamma (b - 3) + \eta_d \gamma_m (d - 0.5)$$

式中　f_{ak}——地基承载力特征值;

　　　γ——基础底面以下土的重度,地下水位以下取浮重度;

　　　γ_m——基础底面以上土的加权平均重度,地下水位以下取浮重度。

黏性土及卵石层分别为 $b=0.3$ 及 3.0、$d=1.5$ 及 4.4。采用独立基础时,假设基础宽度 $b=3.0$ m。

表 14　修正后的地基承载力特征值

基础持力层	修正后的地基承载力特征值 f_a/kPa
黏性土	208(190.5)
稍密卵石层	509(330.8)
中密卵石层	709(530.8)

表中括号内数字为抗水板独立基础基底土层承载力修正值,当承载力不能满足拟建物荷载要求时,结构设计应对其进行进一步验算。

天然地基土承载力特征值经深宽修正后,其承载力特征值小于主楼筏板基底荷载,故主楼区域不考虑采用天然地基,故对其采用天然地基条件下的基础变形不作评价。

7.8　危险性较大的分部分项工程分析与建议

1)危险性较大的分部分项工程分析

按住房和城乡建设部 2018 年 3 月 8 日发布的《危险性较大的分部分项工程安全管理规定》的要求,本工程可能存在的工程风险有:

(1)由于地基承载力不足或变形量大造成模板及支撑体系、脚手架工程、起重机械安装与拆卸分部分项工程的失稳造成安全质量事故、经济损失。

(2)由于地层应力释放、边坡静动荷载等引起基坑支护与降水、土方开挖工程中的边坡和地层失稳、塌陷,影响周围建筑或市政道路、设施;地下水变化引起边坡失稳造成安全质量事故、经济损失。

2)危险性较大的分部分项工程建议

(1)分部分项工程应编制相关施工组织设计或施工方案,经过单位技术负责人、总监理工程师审核,还应通过专家论证。

(2)模板工程及支撑体系、脚手架工程、起重机械安装与拆卸应保证基础承载力和变形量满足安装和使用的要求,对不满足要求的地基应进行处理,承载力和变形模量应经过相关检测合格,经过验收后方可进行下一道工序。施工和使用过程中应对地基进行保护,禁止水浸、扰动、周围施工的干扰等。

(3)基坑槽开挖时,当深度达到 3 m 以上时应编制专项方案,达到 5 m 以上时应进行专家论证;边坡支护设计及施工方案应进行专项设计并经审查论证,对边坡及其支护结构、周边环境、附件建筑物的变形、沉降、位移进行监测，出现异常立即预警，保证周围建筑、道路、市政管网不受施工影响。

3）地质条件可能造成的工程风险

由于场地上部的部分区域填土最厚达 4.3 m，且整个场地黏土具膨胀性，在基坑开挖时，易发生坑壁土体渗水、过大变形及垮塌风险，进而对场地南侧多层建筑及东侧高压电杆造成不利影响。同时，若将黏土作为地基持力层，将面临遇水软化土体后大幅度降低地基承载力风险。

由于填土层富水条件好，积水较多，将对后续土方开挖及基坑护壁造成不利影响。

地下水静止水位略高于卵石顶面，主楼电梯井施工时，面临无法干作业或基槽侧壁土体垮塌风险。

主楼区域基底标高以下土层，分布厚达 0.7～2.7 m 中砂夹层或透镜体，旋挖作业时易发生孔壁垮塌，需采用有效的护壁措施。

其他可能涉及地质条件造成的工程风险，应及时会同勘察、设计等单位进一步确认解决方案。

8. 地基与基础方案

8.1 天然地基或换填地基分析评价及基础建议

1）1#楼 1 层附属商业裙楼及 6#楼 3 层商业楼

根据地层承载力特征值、建筑物荷载及变形特点，基础形式建议采用独立基础+抗水板，可采用黏土或粉质黏土作为基础天然地基持力层，地基下卧层为稍密～密实卵石。其中，6#楼 3 层商业建筑物，根据后期荷载使用特点及建筑物使用功能，若柱距较大，也可将独立基础下部天然黏土层挖出至卵石层，然后采用素混凝土换填至设计基底标高，以减小或协调地基变形。

若基于工期等因素综合考虑，也可将 1 层商业裙楼及 6#楼的 3 层商业楼基底下黏性土、中砂及松散卵石透镜体全部清除，土方开挖至稍密卵石～密实卵石位置，然后统一采用素混凝土换填至设计基底标高。

2）纯地下室部分

纯地下室可采用黏土或粉质黏土作为基础天然地基，但由于部分地基持力层的下卧层大部分区域为砂层，且地基持力层厚度 0.3～1.8 m，厚度不均匀，可考虑采用柱下条基或十字梁基础。当验算不满足设计要求时，可考虑在基底区域采用换填砂层措施，然后采用独立基础+抗水板，以协调及减小地基变形。局部区域基础的基底标高土层为砂层透镜体，应将其采用素混凝土换填，换填厚度建议不小于 0.6 m。

8.2 复合地基分析评价及基础建议

1#～5#主楼，基底荷载为 280 kPa，根据复合地基的受力及变形原理，基于经济性及工期综合考虑，可采用如下两种复合地基方案：

1）长螺旋钻中心压灌 CFG 桩复合地基

根据主楼荷载特点及变形要求，结合复合地基理论，可采用长螺旋钻中心压灌混凝土置换桩复合地基技术，充分发挥大直径桩和桩间土承载力高的优势，大幅度提高复合地基承载力。

根据大量的类似工程经验,当采用长螺旋钻中心压灌混凝土置换桩复合地基时,能满足高层建筑物对地基荷载的要求。复合地基可选用黏土(局部区域为粉质黏土)作为桩间土,以稍密～密实卵石层作为 CFG 桩的桩端持力层,根据目前的钻进工艺,桩端可以进入稍密卵石 3 m 以上,桩端进入中密卵石及密实卵石层深度 0.5～1.5 m。

纯地下室区域,若由于基础尺寸限制或变形不满足设计要求,同样可采用该复合地基处理方案。

由于部分区域桩间土为膨胀性黏性土或局部砂层,在专项地基处理设计时,应提出对桩间土层及时封闭的针对性措施,以避免施工阶段及地基有效使用期间地表水及汇集水流对桩间土层的软化破坏。

采用长螺旋钻中心压灌混凝土置换桩复合地基,需进行岩土工程专项设计,初步设计时岩土参数可按表 15 的建议值选取。

表 15　长螺旋钻中心压灌 CFG 桩复合地基设计参数(特征值)建议

地层名称	桩端阻力特征值 q_{pa}/kPa	桩周土侧阻力特征值 q_{sia}/kPa
黏土②	—	25
粉质黏土③	—	25
中砂及细砂④	—	20
松散卵石⑤$_1$	—	40
稍密卵石⑤$_2$	1 000	60
中密卵石⑤$_3$	1 300	70
密实卵石⑤$_4$	1 500	85

注:表中数据用于孔底无沉渣工艺。

主楼区域采用筏板基础,纯地下室区域采用独立基础,以处理后的复合地基作为基础持力层。

2)大直径素混凝土桩复合地基

根据主楼荷载特点及变形要求,结合刚性桩复合地基理论,可采用大直径素混凝土置换桩复合地基技术,充分发挥大直径桩和桩间土承载力高的优势,大幅度提高复合地基承载力。相对于桩基础,复合地基中置换桩单桩承载力要求不高,桩长相对较短,避免长桩桩基的施工和技术难题,可大大缩短基础部分施工工期,节约基础工程造价。

根据大量的类似工程经验,当采用大直径素混凝土置换桩复合地基时,能满足高层建筑物对地基荷载的要求。本场地若采用大直径素混凝土桩复合地基,可选用黏土或粉质黏土作为桩间土,稍密～密实卵石层作为大直径素混凝土桩的桩端持力层。

同理,由于部分区域桩间土为膨胀性黏性土或局部砂层,在专项地基处理设计时,应提出对桩间土层及时封闭的针对性措施,以避免在施工阶段及地基有效使用期间地表水及汇集水流对桩间土层的软化破坏。

采用大直径素混凝土桩复合地基,需进行岩土工程专项设计,初步设计时岩土参数可按表 16 的建议值选取。

基础采用筏板基础,以处理后的复合地基作为基础持力层。

表16　大直径素混凝土桩复合地基设计参数(特征值)建议

地层名称	桩端阻力特征值 q_{pa}/kPa	桩周土侧阻力特征值 q_{sia}/kPa
黏土②	—	30
粉质黏土③	—	30
中砂及细砂④	—	15
松散卵石⑤₁	—	40
稍密卵石⑤₂	650	65
中密卵石⑤₃	1 000	75
密实卵石⑤₄	1 200	85

注:表中数据用于旋挖成孔方式的大直径素混凝土桩。

8.3　桩基础方案分析评价

根据建筑物特点及基底土层分布情况,1#~5#主楼也可考虑桩基础形式。

1)桩基成孔工艺选择

目前适用于该场地的主要桩基类型为泥浆护壁旋挖灌注桩,桩型选择应充分考虑拟建物的结构特性、场区地层条件、周边环境条件及同类工程经验。

泥浆护壁旋挖灌注桩的优点是不考虑对基坑以下地下水的降水问题,施工快捷、周期短、施工桩长可较长,不会受到施工安全等因素的限制。但桩底沉渣不易彻底清除,桩身质量和承载力受施工因素的影响较大。

本工程若采用泥浆护壁旋挖灌注桩桩基方案,灌注桩以稍密~密实卵石作为桩端持力层,但考虑到该工艺桩底沉渣难以控制,影响桩的单桩承载力发挥,若再辅以"后注浆"技术处理,形成摩擦型端承桩,效果更佳。

2)成桩可行性及环境影响评价

(1)成桩可行性。旋挖钻机成孔施工具有扭矩大、成孔速度快、适用范围广、可水下成桩及危险度相对较小等优点,还能根据不同的单桩荷载要求采用不同的桩直径和桩长,满足高承载力要求。拟建场地地形相对较为开阔,具备桩基施工条件。但因其是机械成孔,噪声相对较大,费用相对较高,设备投入量大,大量的泥浆排放困难,场地整体文明施工形象难以保证。

(2)桩端持力层的选择。基础桩以稍密~密实卵石作为桩端持力层。从工程地质剖面图中可以看出具有相对稳定性的桩端持力层。

(3)桩竖向承载力的确定。灌注桩单桩承载力可通过现场桩静载试验确定,初步设计可按表17中岩土的工程特性指标建议值选取。

表17　桩的极限端阻力和侧阻力标准值建议

地层名称	极限端阻力标准值 q_{pk}/kPa	极限侧阻力标准值 q_{sik}/kPa
黏土②	—	60
粉质黏土③	—	60

续表

地层名称	极限端阻力标准值 q_{pk}/kPa	极限侧阻力标准值 q_{sik}/kPa
中砂及细砂④	—	50
松散卵石⑤₁	—	80
稍密卵石⑤₂	1 800	120
中密卵石⑤₃	2 200	140
密实卵石⑤₄	2 500	170

注:表中数据用于旋挖成孔方式的灌注桩。

8.4 地基与基础评价综合汇总

根据地层结构、不同拟建物的基础大致埋深、荷载估算值及变形特性,通过以上分析,将不同的地基选择及基础形式汇总于表18。

表18 拟建物地基及建议基础形式汇总

建筑物编号	建筑层数	暂定基底标高/m	基底下卧层	建议基础形式	基础持力层建议
1#楼	15F/-1F	468.05 (-6.75)	下卧层部分区域为中砂及松散卵石软弱层,厚度不均匀,再往下地层为稍密~密实卵石	筏板基础	(1)采用长螺旋钻中心压灌 CFG 桩或大直径素混凝土桩复合地基作为拟建物基础的地基持力层; (2)采用灌注桩桩基础
2#楼	16F/-1F	468.05 (-6.75)	下卧层部分区域为中砂及松散卵石软弱层,厚度不均匀,再往下地层为稍密~密实卵石	筏板基础	(1)采用长螺旋钻中心压灌 CFG 桩或大直径素混凝土桩复合地基作为拟建物基础的地基持力层; (2)采用灌注桩桩基础
3#楼	16F/-1F	468.05 (-6.75)	下卧层部分区域为中砂及松散卵石软弱层,厚度不均匀,再往下地层为稍密~密实卵石	筏板基础	(1)采用长螺旋钻中心压灌 CFG 桩或大直径素混凝土桩复合地基作为拟建物基础的地基持力层; (2)采用灌注桩桩基础
4#楼	16F/-1F	468.05 (-6.75)	下卧层部分区域为中砂及松散卵石软弱层,厚度不均匀,再往下地层为稍密~密实卵石	筏板基础	(1)采用长螺旋钻中心压灌 CFG 桩或大直径素混凝土桩复合地基作为拟建物基础的地基持力层; (2)采用灌注桩桩基础
5#楼	16F/-1F	468.05 (-6.75)	下卧层部分区域为中砂及松散卵石软弱层,厚度不均匀,再往下地层为稍密~密实卵石	筏板基础	(1)采用长螺旋钻中心压灌 CFG 桩或大直径素混凝土桩复合地基作为拟建物基础的地基持力层; (2)采用灌注桩桩基础

续表

建筑物编号	建筑层数	暂定基底标高/m	基底下卧层	建议基础形式	基础持力层建议
1#楼附属及6#楼3层商业楼	1F—3F/−1F	468.25（−6.55）	下卧层部分区域为松散卵石及中砂透镜体，再往下地层为稍密～密实卵石	独立基础+抗水板	采用黏土(局部及粉质黏土)作为基础天然地基持力层，对局部松散层换填处理。也可将基础范围下部的黏性土及全部软弱层挖出至下部稍密～密实卵石层，采用素混凝土整体换填处理，以换填后的素混凝土作为基础持力层
纯地下室区域	0F/−1F	468.25（−6.55）	下卧层部分区域为砂层及松散卵石夹层或透镜体，再往下地层为稍密～密实卵石	独立基础或柱下条基或十字梁基础+抗水板	(1)采用黏土作为基础天然地基持力层，局部砂层进行换填处理；对局部砂层持力层，直接换填处理。(2)当变形不满足设计要求时，可在基础范围采用长螺旋钻中心压灌CFG桩进行地基处理，以处理后的复合地基作为基础持力层

8.5 地基差异沉降评价

本工程存在建筑物高度及荷载差异大的特点，且部分地段高低层建筑紧邻，因此存在高低层建筑的沉降差异。为保证工程的安全性，在施工顺序上宜遵循先高层后低层的原则，高低层建筑之间宜采用设置后浇带或变形缝等措施，且在施工过程中，需进行沉降观测。

9. 基坑工程

9.1 基坑工程安全等级

本工程基坑周围开挖深度最大 6.25 m，基坑南侧为多层住宅，浅埋基础，平面图调整后建筑物距离基坑边界约 20 m；东侧为市政道路、管线及高压电杆，距离目前实际开挖的基坑边界约 2.5 m；北侧为市政道路及管线分布，距离基坑边界约 5 m；西侧分布加油站及医院，距离基坑边界约 20 m。由于基坑北侧及东侧临边分布市政管线及电杆，且距离基坑较近，因此该两侧基坑安全等级定为一级；其余区域，建筑荷载距离基坑较远，同时考虑坑壁土层为膨胀土因素，基坑安全等级定为二级。

9.2 基坑降水

本工程地下水静止水位总体位于基坑开挖面以下，且开挖面绝大部分区域位于黏土不透水层，但电梯井及集水坑可能涉及局部降水。

根据工程经验，本着经济合理原则，本工程宜采用管井局部降水措施，并结合坑底(电梯井及集水坑)明排水措施。基坑开挖后，可在需要降水的区域从基底标高面以上0.5 m预留操作面进行管井凿井。

根据类似地层结构大量成功经验，降水设计砂卵石综合渗透系数 K 值可按 23 m/d 采用，若需要定量评价，后续应进行现场抽水试验。

9.3 基坑支护

本工程设 1 层地下室，拟开挖基坑南侧及东侧为多层住宅及高压电杆，坑壁土体为膨胀性黏土，含灰白色亲水矿物，为基坑变形的不利因素。基坑开挖后，应及时对地表土体及黏土面层进行封闭,并设置有效泄水管。根据场地及周边环境条件,基坑南侧及东侧支护宜采用排桩及桩间网喷的组合方式,其余区域可采用放坡及锚网喷支护方式。

具体的基坑护壁方案,需进行专门的岩土工程设计及专项审查。

9.4　基坑变形监测

基坑开挖后,由于侧向卸荷作用,周边地面会有一定的侧向和竖向位移,该位移可能会对周边环境造成较大影响。因此,应对基坑周边道路、南侧已有建筑物及基坑支护结构的变形加强监测,以监控基坑开挖对周边环境及基础施工的不利影响。

10. 地下室抗浮及防水

本工程室外地坪标高平均为 474.50 m,地下室-1 层顶面标高为 469.05 m(-5.75 m),考虑拟建物周围环境及后期地下水及地表水补给及排放边界,参照成都市关于砂卵石地层抗浮水位设置的相关规定,本项目抗浮设计水位标高可按绝对高程 472.50 m 采用。由于上部荷载不均匀,纯地下室及多层商业裙楼建筑物总体荷载较小,应当进行抗浮验算,并根据实际需要采取相应的抗浮措施。根据类似地层施工经验,建议采用如下抗浮措施:

(1)排水减压:由于本场地拟建物基底以下黏性土地层透水性较差,可优先考虑采用排水减压措施,设置排水盲沟和集水井进行排水。采用以上措施后,抗浮水位可按排水减压措施设置位置标高考虑,后期可采用自动抽水泵专项维护管理。

(2)结构抗浮:增加底板刚度,利用主体结构抗力平衡局部浮力。

(3)抗浮锚杆:可采用抗浮锚杆,抗浮初步设计所需参数可按照表19的建议值选取。基本抗拔试验后,根据试验参数可进行正式专项抗浮锚杆设计。

根据场地条件,地下室应做全封闭防排水设计,地下室剪力墙宜采用外墙外防水,防水设防高度,应高出室外地坪高程 500 mm 以上。

表 19　抗浮锚杆岩土层与锚固体的极限黏结强度标准值

土层名称	黏结强度标准值/kPa
黏土(含粉质黏土)	45
中砂(含细砂)	80
松散卵石	100
稍密卵石	150
中密卵石	200
密实卵石	220

11. 建筑物沉降监测

为确保建筑物的安全使用,按照有关规范要求,拟建高层建筑应进行沉降观测。观测工作从施工开始便进行,直至沉降稳定为止,观测工作宜连续进行 2 年以上,必要时,应同期进行裂缝、基础转动、墙体倾斜及基础水平位移等项目的观测。若多层商业裙楼及纯地下室建筑物采用复合地基,也应进行相应沉降观测。

12. 工程环境评价

12.1 降水对周围环境的影响

后期局部管井法降水,在渗流应力作用下易将细粒土带走,产生潜蚀和管涌,使粗粒土颗粒重新排列、压密而引起地面变形。同时,地下水位下降引起的有效应力增加而对下部土体产生附加压缩变形。

根据场地地质条件及周围建筑环境条件,结合诸多工程实例证明,只要在降水井施工时严格保证填砾滤料质量和施工质量,同时进行降水时含砂量控制(抽水时含砂量应小于十万分之一),因潜蚀和管涌而产生地面变形的可能性不大,有效应力增加对卵石层变形影响甚微,局部降水对周边环境的影响甚微。

12.2 施工场界噪声对周围环境的影响

拟建场地南侧为住宅区,施工中凿井、土石方开挖及运输、地基处理施工、结构施工及装修等,对环境有一定程度影响,应合理安排作息时间,22:00 后应停止作业,文明施工。

按相关规定,建筑施工过程中场界环境噪声昼间不超过 70 dB(A),夜间不超过 55 dB(A)。

13. 基础设计及施工中应注意的岩土工程问题

(1)基坑支护、地基处理或桩基础施工时,应进行专项设计及专项施工。

(2)由于拟建物总平面布置在野外钻探过程中经过了调整,使部分钻孔位置距离建筑物平面有一定偏差。根据勘察规范钻孔间距要求,钻探尚不能完全控制孔与孔间的地层变化,且由于持续雨期造成部分土层分层界限有一定偏差。另外,由于场地内含有大粒径卵石,对动力触探测试有一定影响,造成击数偏高,因此应加强后期施工验槽工作,若发现异常或需进一步查明基底下软弱下卧层分布范围时,视情况需要,可采取一定的施工阶段补充勘察措施。

(3)本工程勘探点按常规采用天然地基或复合地基方案进行布置,若采用桩基础造成局部钻孔深度不满足规范要求,后期可进行相应的有针对性的施工勘察。

(4)基坑肥槽回填时应采用改良土体或其他非膨胀性素土分层夯实回填,以尽量避免地表水渗入。

14. 结论与建议

14.1 结论

(1)拟建场地地形总体平坦,为平坦场地。地貌单元为Ⅱ级阶地,无不良地质作用,拟建场地区域稳定性较好,适宜建筑。

(2)拟建场地卓越周期平均为 0.21 s,为Ⅱ类场地,地震设防烈度为 7 度第三组,设计基本地震加速度为 0.10g,设计特征周期为 0.45 s,建筑物抗震设防类别为丙类(标准设防类)。场地地基土类型属中软土,场地处于可进行建设的一般场地。

(3)场地地下水主要为孔隙型潜水,其卵石渗透系数 K 值为 23 m/d,地下水抗浮设计水位可按绝对标高 472.50 m 采用。场地地下水对混凝土及混凝土结构中的钢筋具有微腐蚀性,场地上部土层对钢筋混凝土结构及钢筋混凝土结构中的钢筋具有微腐蚀性。

(4)场地内基底位置总体为不均匀地基,各土层地层特性详见"地层结构"中相应内容。

(5)由于场地原临时堆土、平面图变化及雨期作业等影响,部分勘探孔平面位置有一定程度的移动,在基础施工前应加强地基验槽工作,对出现的异常地质条件应及时进行处理,必要时视需要可进行有针对性的施工补充勘察。

(6)地基土物理力学指标及相关岩土参数建议值,可按表13、表15、表16、表17、表19选用。

(7)基坑降水、基坑支护、抗浮工程、地基处理及变形观测等分项工程,应由具相应资质的单位进行专项完成。

(8)由于上部土层为膨胀土,主体结构高度超出自然地面后,基坑(槽)应及时分层回填,填料宜选用非膨胀土或改良后的膨胀土,回填压实系数不应小于0.94,同时做好周边排水及防水措施。

(9)该基坑周围开挖深度最大约5.4 m,上部土层为膨胀土,该建筑物地基基础设计等级为甲级。

(10)本勘察报告为详细勘察阶段的最终勘察成果,并采用理正专业勘察软件成图。正式基础图设计及相应的岩土工程设计,应以图审后的岩土工程勘察报告为依据,若中途采用了中间成果资料或电子版本,需复核使用。

(11)本勘察报告可作为该项目施工图设计之依据,未尽事宜以现行规范为准。

14.2 建议

(1)各建筑物地基与基础方案,可参照"地基与基础方案"及表18中相应内容。

(2)降水井可根据具体情况再进行凿井施工,但操作面需预留0.5 m以上厚度的地基土保护层,具体以现场条件确定。

(3)由于场地部分区域填土层较厚,且富水条件好,土方开挖前,应先采取明排水措施,并准确查明地下电缆及其他管线分布及走向,以确保施工安全。

(4)场地部分区域分布的中砂层,若局部区域采用天然地基,可通过加强上部结构措施或地基土层换填措施予以解决。

(5)专项的岩土工程设计所需各土层侧阻力、黏结强度及端阻力值,系按相关规范并结合大量工程实践提出。在进行专项岩土工程设计前,应先进行现场的试压或试拉等试验,以验证岩土指标与地层的适应性,必要时需进行相关岩土设计参数的动态调整。

(6)基础施工时应采取快速作业法,基础基底特别是在膨胀性黏性土区域时,应及时封闭,严禁人为扰动及积水浸泡,以确保安全及施工质量。

(7)基础施工期间,建议尽量避开雨期。

(8)建筑物后期使用阶段,应保证小区内排水系统及污水渗井等的完好运行,若发生渗漏现象,建筑物管理方应及时进行维修处理,以避免由于渗漏造成对地基土层的软化。

单元 7
设计天然地基基础

任务 1 认识天然地基与基础

7.1.1 天然地基与基础

基础直接砌置在未经加固的天然地层上时,这种地基称为天然地基。若天然地基承载力很弱,不能满足上部结构荷载的要求,则要预先经过人工加固后再修建基础,这样的地基称为人工地基,这个过程称为地基处理。

天然地基上的基础,因埋置深度不同,可分为浅基础和深基础,两者采用的施工方法、基础结构形式和设计计算方法不同。浅基础埋入地层深度较浅(<5 m),施工一般采用敞开挖基坑修筑基础的方法,故有时称此法施工的基础为明挖基础。

天然地基基础
设计概述

浅基础在设计计算时可以忽略基础侧面土体对基础的影响,基础结构形式和施工方法也较简单。深基础埋入地层较深(≥5 m),结构形式和施工方法较为复杂,在设计计算时需考虑基础侧面土体的影响。在深水中修筑基础,有时也可以采用深水围堰清除覆盖层,按浅基础形式将基础直接放在基岩上,但施工方法较复杂。

建筑物是设置在地表下一定深度的,通常将地表以上的部分称为上部结构,地表以下的部分称为基础。上部结构的荷载是通过基础传递给地层的,支承基础的地层称为地基。基础起着承上启下的作用,它一方面受上部结构的荷载及地基反力的共同作用,产生弯矩、剪力、轴力和扭矩等内力;另一方面,基底压力使地基产生应力和变形。因此进行基础设计时,除了需保证基础结构本身具有足够的强度和刚度外,还需选择合理的尺寸和布置方案,以保证有足够的变形条件,使基底反力和沉降在允许范围内,因此基础设计又常被称为地基及基础设计。

7.1.2 地基基础设计

地基基础设计是建筑物结构设计的重要组成部分。基础的形式和布置要对上部结构合理配置,以满足建筑物整体的要求,同时要做到便于施工、降低造价。由于各种建筑物的结构类型、使用要求不同,加之建筑地点的土质条件不同、对均匀沉降的敏感性不同等,在进行地基基础设计时要运用辩证思维方法,或者采用不同类型的基础,或者采用不同的结构形式和不同的尺寸。例如,按照建筑物对不均匀沉降的敏感性不同,可能是柔性的(如单层装配式工业厂房、油罐等)、有限刚性的(混合结构和框架结构等)和刚性的(筒仓结构、高层建筑和桥梁墩台等)基础,故它们的基础形式应当是不一样的。天然地基上结构比较简单的浅基础最为经济,如能满足要求,宜优先选用。

在进行基础设计时,一般要考虑下列几个因素:

①基础所用的材料及结构形式。

②基础的埋置深度。

③地基的承载力。

④基础的布置,以及与相邻基础、地下构筑物和地下管道的关系。

⑤上部结构的类型、使用要求及其对不均匀沉降的敏感性。

⑥施工期限、施工方法及所需的施工设备等。

为了找到最合理、最为有利的方案,必须综合考虑这些相互联系着的因素,才能做到精心设计。后面主要讨论浅基础的分类、设计原理和设计方法。

7.1.3 基础施工的建筑节能

为贯彻落实节约资源的基本国策,加快科技进步和技术改造,提高资源利用效率,降低工程污染物排放量,实现工程长期节能目标,确保工程施工持续高效开展,在基础施工中宜做到节能减排。

总的来说可以从以下6个方面进行:

①建立施工机械设备管理制度,开展用电、用油计量,完善设备档案,及时做好维修保养工作,使机械设备保持低耗、高效的状态。

②选择功率与负载相匹配的施工机械设备,避免大功率施工机械设备低负载长时间运行。机电安装可采用节电型机械设备,如逆变式电焊机和能耗低、效率高的手持电动工具等,以利节电。机械设备宜使用节能型油料添加剂,在可能的情况下,考虑回收利用,节约油量。

③合理安排工序,提高各种机械的使用率和满载率,降低各种设备的单位耗能。

④对工地扬尘、噪声与振动、光污染、水污染等进行控制,使之在标准值以下。

⑤建筑垃圾不能随意倾倒,避免对土壤造成污染。

⑥提高用水率以节约用水。

任务 2 了解浅基础的类型

浅基础按材料可分为砖基础、毛石基础、灰土基础、三合土基础,混凝土基础、钢筋混凝土基础;根据形状和大小可分为独立基础、条形基础(包括十字形交叉条形基础)、筏板基础、箱形基础及壳体基础;根据受力条件及构造可分为刚性基础和柔性基础两大类。

7.2.1 刚性基础

基础具有足够的截面使材料的容许应力大于由地基反力产生的弯曲拉应力和剪应力时,即图 7.1(a)、(b)中 a—a' 断面不会出现裂痕,这时基础内不需配置受力钢筋,这种基础称为刚性基础。

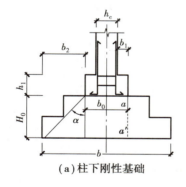
（a）柱下刚性基础

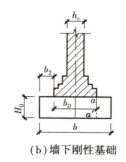
（b）墙下刚性基础

图 7.1 刚性基础

刚性基础又称无筋扩展基础,是指由砖、毛石、素混凝土或毛石混凝土、灰土和三合土等材料建造的基础,多为墙下条形基础或柱下独立基础(见图 7.1)。此类基础一般适用于低层、多层工业与民用建筑和荷载较小的桥梁。

刚性基础的特点是稳定性好、施工简便、能承受较大的荷载,所以只要地基强度能满足要求,就优先选用。它的主要缺点是自重大,并且当持力层为软弱土,且扩大基础面积受限时,往往需要对地基进行处理或加固后才能采用,否则会因基底压力超过地基强度而影响结构物的正常使用。所以对于荷载大或上部结构对沉降差较敏感的结构物,当持力层的土质较差又较厚时,刚性基础作为浅基础是不适宜的。

7.2.2 柔性基础

基础在基底反力作用下,在图7.1(a)、(b)中a—a'断面产生的弯曲拉应力和剪应力若超过基础的强度极限值,为了防止基础在a—a断面开裂甚至断开,必须在基础中配置足够数量的钢筋,这种基础称为柔性基础。

柔性基础又称扩展基础,主要是用钢筋混凝土灌筑,常见的形式有柱下扩展基础、条形基础(包括十字形交叉基础)、筏板及箱形基础。它整体性能较好,抗弯刚度较大,如筏板和箱形基础,在外力作用下只产生均匀沉降或整体倾斜,这样对上部结构产生的附加应力比较小,基本上消除了由于地基沉降不均匀引起结构物损坏的影响。所以在土质较差的地基上修建高层建筑时,采用这种基础形式是适宜的。但上述基础形式,特别是箱形基础,钢筋和水泥的用量较大,施工技术的要求也较高,所以采用这种基础形式时应与其他基础方案(如采用桩基础等)比较后再确定。

1)钢筋混凝土独立基础

钢筋混凝土独立基础主要是柱下基础,它有很多构造形式(见图7.2)。通常有现浇台阶形基础、现浇锥形基础和预制柱的杯口形基础。杯口形基础又可分为单肢和双肢杯口基础,低杯口和高杯口基础。轴心受压柱下基础的底面形状一般为正方形,而偏心受压柱下基础的底面形状一般为矩形。

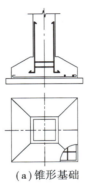
(a)锥形基础

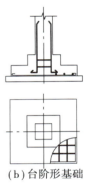
(b)台阶形基础

图7.2 钢筋混凝土独立基础

2)墙下条形基础

当基础上部的荷载较大而地基承载力较低,设计时不想增加基础的高度和埋置深度,那么可考虑采用钢筋混凝土条形基础,加大基础的宽度。这种基础底面宽度可达2 m以上,而底板厚度可以小至300 mm,适应在需要"宽基浅埋"的情况下采用。有时地基土不均匀,为了增强基础的整体性能和抗弯能力,可以采用有肋的钢筋混凝土条形基础(见图7.3),肋部配置纵向钢筋和箍筋,以承受由于不均匀沉降引起的弯曲应力,它的计算属于平面应变问题,只考虑基础横向受力发生的破坏作用。

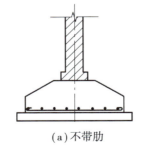
(a)不带肋

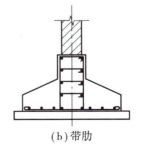
(b)带肋

图7.3 墙下钢筋混凝土条形基础

3)柱下条形基础和联合基础

支承同一方向或同一轴线上若干根柱的长条形连续基础(见图7.4),称为柱下条形基础。这种基础采用钢筋混凝土为材料,将建筑物所有各层的荷载传递到地基处,故本身应有一定的尺寸和配筋量,造价较高。但这种基础的抗弯刚度较大,因而具有调整不均匀沉降的能力,可使各柱的竖向位移较为均匀。

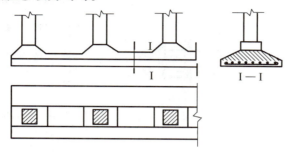

图 7.4　柱下条形基础

联合基础是指相邻两柱的公共基础,又称为柱联合基础,它具有柱下条形基础的某些性能。

柱下条形或联合基础可在下述情况下采用:

①柱荷载较大或地基条件较差,如采用单独基础,可能出现过大的沉降时。

②柱距较小而地基承载力较低,如采用单独基础,则相邻基础间的净距很小且相邻荷载影响较大时。

③由于已有的相邻建筑物或道路等场地的限制,使边柱做成不对称的单独基础过于偏心,而需要与内柱做成联合或连续基础时。

4)十字交叉条形基础

如果地基松软且在两个方向分布不均,需要基础两个方向具有一定的刚度来调整不均匀沉降,则可在柱网下沿纵横两个方向设置钢筋混凝土条形基础,从而形成柱下十字交叉条形基础。这是一种较复杂的浅基础,造价比柱下条形基础高。

5)筏板和箱形基础

筏板和箱形基础都是房屋建筑常用的基础形式。当立柱或承重墙传来的荷载较大,地基土软弱又不均匀,采用独立或条形基础均不能满足地基承载力或沉降要求时,可采用筏板式钢筋混凝土基础,这样既扩大了基底面积又增强了基础的整体性,并可避免结构物局部发生的不均匀沉降。

筏板基础在构造上类似于倒置的钢筋混凝土楼盖,它可以分为平板式[见图7.5(a)]和梁板式[见图7.5(b)]。平板式常用于柱荷载较小而且柱子排列较均匀和间距也较小的情况,梁板式刚好相反。

为增大基础刚度,可将基础做成由钢筋混凝土顶板、底板及纵横隔墙组成的箱形基础(见图7.6),它的刚度远大于筏板基础,而且基础顶板和底板间空间常可用做地下室。它适用于地基较弱土层厚、建筑物对不均匀沉降较敏感或荷载较大而基础建筑面积不太大的高层建筑。

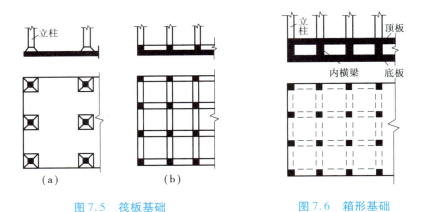

图 7.5　筏板基础　　　　　　　　图 7.6　箱形基础

以上仅对较常见的浅基础形式的构造作了概括的介绍,在实践中必须因地制宜地选用。

任务 3　确定浅基础的埋深

基础埋置深度是指基础底面至地表(一般指室外地面)的距离。基础埋深的选择关系到地基基础的优劣、施工的难易和造价的高低。影响基础埋深选择的因素可归纳为 5 个方面,对于一项具体工程来说,基础埋深的选择往往取决于下述某一方面中的决定性因素。

浅基础的埋深

7.3.1　与建筑物及场地环境有关的条件

基础的埋深应满足上部结构及基础构造的要求,适合建筑物的具体布置和荷载的性质与大小。

具有地下室或半地下室的建筑物,其基础埋深必须结合建筑物地下部分的设计标高来选定。如果在基础影响范围内有管道或坑沟等地下设施通过,原则上基础的埋深应低于这些设施的底面,否则应采取有效措施,消除基础对地下设施的不利影响。

为了保护基础不受人类和生物活动的影响,基础应埋置在地表以下,其最小埋深为 0.5 m,且基础顶面至少应低于设计地面 0.1 m,同时又要便于建筑物周围排水的布置。

靠近原有建筑物修建新基础时,为了不影响原有基础的安全,新基础最好不低于原有基础。如必须超过,则两基础间净距应不小于其底面高差的 1～2 倍(见图 7.7)。如不能满足这一要求,施工期间则应采取保护措施。此外在使用期间,还要注意新基础的荷载是否会导致原有建筑物产生不均匀沉降。

当相邻基础必须选择不同埋深时,应尽可能按先深后浅的次序施工。斜坡上建筑物的柱下基础有不同埋深时,应沿纵向做成台阶形,并由深到浅逐渐过渡。

7.3.2　土层的性质和分布

直接支承基础的土层称为持力层,在持力层下方的土层称为下卧层。为了使建筑物满足地基承载力和地基允许变形值的要求,基础应尽可能埋置在良好的持力层上。当持力层下方

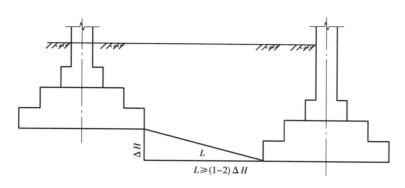

图 7.7　埋深不同的相邻基础

或沉降计算深度范围内存在软弱下卧层时,软弱下卧层的承载力和变形也应满足要求。

在工程地质勘察报告中,已经说明拟建场地的地层分布、各土层的物理力学性质和地基承载力。这些资料给基础埋深和持力层的选择提供了依据。一般把处于坚硬、硬塑或可塑状态的黏性土层,密实或中密状态的砂土层和碎石土层,以及属于低、中压缩性的其他土层视为良好土层;而把处于软塑、流塑状态的黏性土层,处于松散状态的砂土层、填土和其他高压缩性土层视为软弱土层。良好土层的承载力高,软弱土层的承载力低,按照压缩性和承载力的高低,对拟建场区的土层可自上而下选择合适的地基持力层和基础埋深。在选择中,大致可遇到如下几种情况:

①在建筑物影响范围内,自上而下都是良好土层,那么基础埋深按其他条件或最小埋深确定。

②自上而下都是软弱土层,基础难以找到良好的持力层,这时宜考虑采用人工地基或深基础等方案。

③上部为软弱土层而下部为良好土层。这时,持力层的选择取决于上部软弱土层的厚度。一般来说,软弱土层厚度小于 2 m 者,应选取下部良好土层作为持力层;软弱土层厚度较大时,宜考虑采用人工地基或深基础等方案。

④上部为良好土层而下部为软弱土层。此时基础应尽量浅埋。例如,我国沿海地区,地表普遍存在一层厚度为 2 ~ 3 m 的"硬壳层",硬壳层以下为较厚的软弱土层。对一般中小型建筑物来说,硬壳层属于良好的持力层,应当充分利用。这时,最好采用钢筋混凝土基础,并尽量按基础最小埋深考虑,即采用"宽基浅埋"方案。同时在确定基础底面尺寸时,应对地基受力范围内的软弱下卧层进行验算。

应当指出,上面所划分的良好土层和软弱土层只是相对于一般中小型建筑而言,对于高层建筑来说,上述所指的良好土层可能并不符合持力层要求。

7.3.3　地下水条件

当有地下水存在时,基础应尽量埋置于地下水位以上,以避免地下水对基坑开挖、基础施工和使用期间的影响。如果基础埋深低于地下水位,则应考虑施工期间的基坑降水、坑壁支撑以及是否可能产生流砂、涌土等问题。对于具有侵蚀性的地下水,应采用抗侵蚀的水泥品种和相应的措施。对于有地下室的厂房、民用建筑和地下贮罐,设计时还应考虑地下水的浮力和静水压力的作用以及地下结构抗渗漏的问题。

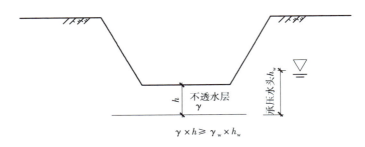

图 7.8　基坑抗渗示意图

当持力层为隔水层而其下方存在承压水时,为了避免开挖基坑时隔水层被承压水冲破,坑底隔水层应有一定的厚度。这时,基坑隔水层的重力应大于其下面承压水的压力(见图 7.8),即

$$\gamma h \geqslant \gamma_{w} h_{w} \tag{7.1}$$

式中　γ——土的重度,kN/m³;

　　　γ_{w}——水的重度,kN/m³;

　　　h——基坑底至隔水层底面的距离,m;

　　　h_{w}——承压水的上升高度(从隔水层底面算起),m。

设土的重度为 20 kN/m³,则 $h > 0.5 h_{w}$。如基坑的平面尺寸较大,则在满足式(7.1)的要求时,还应有 1.3~1.4 的安全系数。在 h 确定之后,基础的最大埋深便可确定。

7.3.4　作用在地基上的荷载大小和性质

作用在地基上的荷载大小和性质问题也是一个涉及结构物安全、稳定的问题,如荷载大的建筑、跨度大的桥梁,传至基础的荷载就大,因此基础埋置就深。

结构物荷载的性质对基础埋置深度的影响也很明显。对于承受水平荷载的基础,必须有足够的埋置深度来获得土的侧向抗力,以保证基础的稳定性,减少结构物的整体倾斜,防止倾覆及滑移;对于承受上拔力的基础,如输电塔的基础,要求较大的基础埋深以提供足够的抗阻力;对承受动荷载的基础,则不宜选择饱和疏松的粉细砂作为持力层,防止这些土层液化而丧失承载力,造成地基失稳。

7.3.5　土的冻胀影响

地面以下一定深度的地层温度,随大气温度而变化。当地层温度降至摄氏零度以下时,土中部分孔隙水将冻结而形成冻土,可分为季节性冻土和多年冻土两类。季节性冻土在冬季冻结而夏季融化,每年冻融交替一次;多年冻土则常年处于冻结状态,且冻结连续 3 年以上。我国季节性冻土分布很广,东北、华北和西北地区的季节性冻土层厚度在 0.5 m 以上,最大的可达 3 m 左右。

如果季节性冻土由细粒土组成,且土中水含量多而地下水位又较高,那么不但在冻结深度内的土中水被冻结形成冰晶体,而且未冻结区的自由水和部分结合水将不断往冻结区迁移、聚集,使冰晶体逐渐扩大,引起土体发生膨胀和隆起,形成冻胀现象。位于冻胀区内的基础,在土体冻结时会受到冻胀力的作用而上抬。到了夏季,地温升高,土体解冻,会造成含水量增加,使土处于饱和及软化状态,强度降低,建筑物下陷,这种现象称为融陷。融陷和上抬往往是不均匀的,致使建筑物墙体产生方向相反、互相交叉的斜裂缝,或使轻型构筑物逐年上抬。

土的冻结不一定产生冻胀,即使冻胀,程度也有所不同。结合水含量极少的粗粒土不存在冻胀问题,而某些粉砂、粉土和黏性土的冻胀性,则与冻结以前的含水量有关。例如,处于坚硬状态的黏性土,因为结合水的含量少,冻胀作用就很微弱。此外,冻胀程度还与地下水位有关。《建筑地基基础设计规范》(GB 50007—2011)根据冻胀对建筑物的危害程度,将地基土的冻胀性分为不冻胀、弱冻胀、冻胀和强冻胀4类,如表7.1所示。

表7.1 地基土冻胀性

土的名称	冻前天然含水量 $w/\%$	冻结期间地下水位距冻结面的最小距离 h_w/m	冻胀类别
碎(卵)石,砾,粗、中砂(粒径小于0.075 mm,颗粒含量不大于15%),细砂(粒径小于0.075 mm,颗粒含量不大于10%)	$w \leq 12$	>1.0	不冻胀
		≤1.0	弱冻胀
	$12<w\leq18$	>1.0	
		≤1.0	冻 胀
	$w>18$	>0.5	
		≤0.5	强冻胀
粉 砂	$w \leq 14$	>1.0	不冻胀
		≤1.0	弱冻胀
	$14<w\leq19$	>1.0	
		≤1.0	冻 胀
	$19<w\leq23$	>1.0	
		≤1.0	强冻胀
	$w>23$	不考虑	特强冻胀
粉 土	$w \leq 19$	>1.5	不冻胀
		≤1.5	弱冻胀
	$19<w\leq22$	>1.5	
		≤1.5	冻 胀
	$22<w\leq26$	>1.5	
		≤1.5	强冻胀
	$26<w\leq30$	>1.5	
		≤1.5	特强冻胀
	$w>30$	不考虑	

续表

土的名称	冻前天然含水量 $w/\%$	冻结期间地下水位距冻结面的最小距离 h_w/m	冻胀类别
黏性土	$w \leqslant w_p + 2$	>2.0	不冻胀
		$\leqslant 2.0$	弱冻胀
	$w_p + 2 < w \leqslant w_p + 5$	>2.0	
		$\leqslant 2.0$	冻 胀
	$w_p + 5 < w \leqslant w_p + 9$	>2.0	
		$\leqslant 2.0$	强冻胀
	$w_p + 9 < w \leqslant w_p + 15$	>2.0	
		$\leqslant 2.0$	特强冻胀
	$w > w_p + 15$	不考虑	

注：①w_p 为塑限含水量(%)，w 为在冻土层内冻前天然含水量的平均值(%)；

②盐渍化冻土不在表列；

③塑性指数大于 22 时，冻胀性降低一级；

④粒径小于 0.005 mm 的颗粒含量大于 60% 时，为不冻胀土；

⑤碎石类土当充填物大于全部质量的 40% 时，其冻胀性按充填物土的类别判断；

⑥碎石土、砾砂、粗砂、中砂(粒径小于 0.075 mm 颗粒含量不大于 15%)、细砂(粒径小于 0.075 mm 颗粒含量不大于 10%)均按不冻胀考虑。

当建筑物基础底面之下允许有一定厚度的冻土层时，基础的最小埋深 d_{min} 由式(7.2)确定。

$$d_{min} = z_d - h_{max} \tag{7.2}$$

式中　z_d——设计冻深，若当地有多年实测资料时，$z_d = h' - \Delta z$，h' 和 Δz 分别为实测冻土层厚度和地表冻胀量；

　　　h_{max}——基础底面下允许残留冻土层的最大厚度，可按《建筑地基基础设计规范》(GB 50007—2011)G.0.2 查取。

季节性冻土地基的设计冻深 z_d 按式(7.3)计算。

$$z_d = z_0 \cdot \psi_{zs} \cdot \psi_{zw} \cdot \psi_{ze} \tag{7.3}$$

式中　z_0——标准冻深，系采用在地表平坦、裸露、城市之外的空旷地中不少于 10 年实测最大冻深的平均值。当无实测资料时，按《建筑地基基础设计规范》(GB 50007—2011)附录 F 采用；

　　　ψ_{zs}——土的类别对冻深的影响系数，按表 7.2 采用；

　　　ψ_{zw}——土的冻胀性对冻深的影响系数，按表 7.3 采用；

　　　ψ_{ze}——环境对冻深的影响系数，按表 7.4 采用。

表7.2　土的类别对冻深的影响系数

土的类别	影响系数 ψ_{zs}	土的类别	影响系数 ψ_{zs}
黏性土	1.00	中、粗、砾砂	1.30
细砂、粉砂、粉土	1.20	大块碎石土	1.40

表7.3　土的冻胀性对冻深的影响系数

冻胀性	影响系数 ψ_{zw}	冻胀性	影响系数 ψ_{zw}
不冻胀	1.00	强冻胀	0.85
弱冻胀	0.95	特强冻胀	0.80
冻胀	0.90		

表7.4　环境对冻深的影响系数

周围环境	影响系数 ψ_{ze}	周围环境	影响系数 ψ_{ze}
村、镇、旷野	1.00	城市市区	0.90
城市近郊	0.95		

除此之外,在确定基础埋置深度时,施工技术条件及经济分析等对基础埋深也有一定影响。上述影响基础埋深的因素不仅适用于天然地基上的浅基础,有些因素也适用于其他类型的基础(如沉井基础)。

任务4　掌握地基基础设计的原则

基础工程设计计算的目的是设计一个安全、经济和可行的地基及基础,以保证结构物的安全和正常使用。因此基础工程设计计算的基本原则是:

①基础底面的压力小于地基的容许承载力。

②地基及基础的变形量小于结构物允许的沉降值。

③地基及基础整体稳定性的保证。

④基础本身的强度满足要求。

地基基础
设计原则

7.4.1　地基基础设计方法

基础的上方为上部结构的墙、柱,而基础底面以下则为地基土体。基础承受上部结构的作用并对地基表面施加压力(基底压力),同时地基表面对基础产生反力(地基反力)。两者大小相等,方向相反。基础所承受的上部荷载和地基反力应满足平衡条件。地基土体在基底压力作用下产生附加应力和变形,而基础在上部结构和地基反力的作用下产生内力和位移,地基与基础相互影响、相互制约。进一步说,地基与基础之间,除了荷载的作用外,还与它们抵抗变形或位移的能力有着密切的关系,也与上部结构的荷载和刚度有关,即地基、基础和上部结构是互相影响、互相制约的。它们原来互相连接或接触的部位,在各部分荷载、位移和刚度的综合影响下,一般仍然保持连接或接触,如墙柱底端位移、该处基础的变位和地基表面的沉降相一致,满足变形协调条件。上述概念可称为地基-基础-上部结构的相互作用。

在传统的分析与设计方法中,为了简化计算,在工程设计中,通常把上部结构、基础和地基三者分离开来,分别对三者进行计算:视上部结构底端为固定支座或固定铰支座,不考虑荷载作用下各墙柱端部的相对位移,并按此进行内力分析;对基础与地基,则假定地基反力与基底压力呈直线分布,分别计算基础的内力与地基的沉降,这又称为常规设计法。这种设计方法,对于良好均质地基上刚度大的基础和墙柱布置均匀、作用荷载对称且大小相近的上部结构来说是可行的。在这些情况下,按常规设计法计算的结果,与进行地基-基础-上部结构相互作用分析的差别不大,可满足结构设计可靠度的要求,并已经过大量工程实践的检验。

事实上,基底压力一般并非呈直线(或平面)分布,它与土的类别、性质,基础尺寸和刚度以及荷载大小等因素有关。在地基土软弱、基础平面尺寸大、上部结构荷载分布不均等情况下,地基沉降将受到基础和上部结构的影响,而基础和上部结构的内力和变位也将调整。如按常规方法计算,墙柱底端的位移、基础的挠曲和地基的沉降将各不相同,三者变形不协调,且不符合实际。而且,地基不均匀沉降所引起的上部结构附加内力和基础内力变化,未能在结构设计中加以考虑,因而也不安全。只有进行地基-基础-上部结构的相互作用分析,才能进行合理设计,做到既降低造价又能防止建筑物遭受破坏。目前,这方面的研究工作已取得进展,人们可以根据一些实测资料和借助计算机,进行某些结构类型、基础形式和地基条件的相互作用分析,并在工程实践中运用相互作用分析的成果或概念。

7.4.2 地基基础安全等级

《建筑结构可靠性设计统一标准》(GB 50068—2018)中指出,建筑结构应满足下列功能要求:

①能承受在施工和使用期间可能出现的各种作用。

②保持良好的使用性能。

③具有足够的耐久性能。

④当发生火灾时,在规定的时间内可保持足够的承载力。

⑤当发生爆炸、撞击、人为错误等偶然事件时,结构能保持必要的整体稳固性,不出现与与起因不相称的破坏后果,防止出现结构的连续倒塌;结构的整体稳固性设计,可根据本标准附录 B 的规定进行。

《建筑地基基础设计规范》(GB 50007—2011)将建筑物分为三个安全等级。

①根据地基复杂程度、建筑物规模和功能特征以及由于地基问题可能造成建筑物破坏或影响正常使用的程度,将地基基础设计等级分为三个设计等级,如表 7.5 所示。

表7.5　地基基础设计等级

设计等级	建筑和地基类型
甲　级	重要的工业与民用建筑物 30层以上的高层建筑 体型复杂,层数相差超过10层的高低层连成一体建筑物 大面积的多层地下建筑物(如地下车库、商场、运动场等) 对地基变形有特殊要求的建筑物 复杂地质条件下的坡上建筑物(包括高边坡) 对原有工程影响较大的新建建筑物 场地和地基条件复杂的一般建筑物 位于复杂地质条件及软土地区的二层及二层以上地下室的基坑工程 开挖深度大于15 m的基坑工程 周边环境条件复杂、环境保护要求高的基坑工程
乙　级	除甲级、丙级以外的工业与民用建筑物 除甲级、丙级以外的基坑工程
丙　级	场地和地基条件简单、荷载分布均匀的7层及7层以下民用建筑及一般工业建筑 次要的轻型建筑物 非软土地区且场地地质条件简单、基坑周边环境条件简单、环境保护要求不高且开挖深度小于5.0 m的基坑工程

②根据建筑物地基基础设计等级及长期荷载作用下地基变形对上部结构的影响程度,地基基础设计应符合下列规定:

a.所有建筑物的地基计算均应满足承载力计算的有关规定。

b.设计等级为甲级、乙级的建筑物,均应按地基变形设计。

c.设计等级为丙级的建筑物有下列情况之一时应作变形验算。

● 地基承载力特征值小于130 kPa且体型复杂的建筑;

● 在基础上及其附近有地面堆载或相邻基础荷载差异较大,可能引起地基产生过大的不均匀沉降;

● 软弱地基上的建筑物存在偏心荷载;

● 相邻建筑距离近,可能发生倾斜;

● 地基内有厚度较大或厚薄不均的填土,其自重固结未完成。

d.对经常受水平荷载作用的高层建筑、高耸结构和挡土墙等,以及建造在斜坡上或边坡附近的建筑物和构筑物,尚应验算其稳定性。

e.基坑工程应进行稳定性验算。

f.建筑地下室或地下构筑物存在上浮问题时,尚应进行抗浮验算。

7.4.3　基础设计荷载规定

①根据《建筑结构荷载规范》(GB 50009—2012)规定,结构上的荷载可分为三类:

a. 永久荷载:指结构自重、土压力、预应力等,采用标准值作为代表值。对结构自重,可按结构构件的设计尺寸与材料单位体积的自重计算确定。对于自重变异较大的材料和构件(如现场制作的保温材料、混凝土薄壁构件等),自重的标准值应根据对结构的不利状态,取上限值或下限值。

b. 可变荷载:指楼面活荷载、屋面活荷载和积灰荷载、吊车荷载、风荷载、雪荷载等,采用标准值、组合值、频遇值或准永久值作为代表值。

c. 偶然荷载:指爆炸力、撞击力等,按建筑结构使用的特点确定其代表值。

②承载能力极限状态设计或正常使用极限状态按标准组合设计时,对可变荷载应按组合规定采用标准值或组合值作为代表值。可变荷载组合值,应为可变荷载标准值乘以荷载组合值系数。

③正常使用极限状态按频遇组合设计时,应采用频遇值、准永久值作为可变荷载的代表值;按准永久组合设计时,应采用准永久值作为可变荷载的代表值。可变荷载频遇值应取可变荷载标准值乘以荷载频遇值系数。可变荷载准永久值应取可变荷载标准值乘以荷载准永久值系数。

④地基基础设计时,所采用的作用效应与相应的抗力限值应符合下列规定:

a. 按地基承载力确定基础底面积及埋深或按单桩承载力确定桩数时,传至基础或承台底面上的作用效应应按正常使用极限状态下作用的标准组合,相应的抗力应采用地基承载力特征值或单桩承载力特征值。

b. 计算地基变形时,传至基础底面上的作用效应应按正常使用极限状态下作用的准永久组合,不应计入风荷载和地震作用,相应的限值应为地基变形允许值。

c. 计算挡土墙、地基或滑坡稳定以及基础抗浮稳定时,作用效应应按承载能力极限状态下作用的基本组合,但其分项系数均为 1.0。

d. 在确定基础或桩基承台高度、支挡结构截面、计算基础或支挡结构内力、确定配筋和验算材料强度时,上部结构传来的作用效应和相应的基底反力、挡土墙土压力以及滑坡推力,应按承载能力极限状态下作用的基本组合,采用相应的分项系数;当需要验算基础裂缝宽度时,应按正常使用极限状态下作用的标准组合。

⑤基础设计安全等级、结构设计使用年限、结构重要性系数应按有关规范的规定采用,但结构重要性系数 γ_0 不应小于 1.00。

⑥地基基础设计时,作用组合的效应设计值应符合下列规定:

a. 正常使用极限状态下,标准组合的效应设计值 S_k 应按式(7.4)确定。

$$S_k = S_{Gk} + \psi_{c1} S_{Q1k} + \psi_{c2} S_{Q2k} + \cdots + \psi_{cn} S_{Qnk} \tag{7.4}$$

式中　S_{Gk}——永久作用标准值 G_k 的效应;

S_{Qnk}——第 n 个可变作用标准值 Q_{nk} 的效应;

ψ_{cn}——第 n 个可变作用 Q_{nk} 的组合值系数,按现行国家标准《建筑结构荷载规范》的规定取值。

b. 准永久组合的效应设计值 S_k 应按式(7.5)确定。

$$S_k = S_{Gk} + \psi_{q1} S_{Q1k} + \psi_{q2} S_{Q2k} + \cdots + \psi_{qn} S_{Qnk} \tag{7.5}$$

式中　ψ_{qn}——第 n 个可变作用的准永久值系数,按现行国家标准《建筑结构荷载规范》的规定取值。

c. 承载能力极限状态下,由可变作用控制的基本组合的效应设计值 S_d,应按式(7.6)确定。

$$S_d = \gamma_G S_{Gk} + \gamma_{Q1} S_{Q1k} + \gamma_{Q2} \psi_{c2} S_{Q2k} + \cdots + \gamma_{Qn} \psi_{ci} S_{Qnk} \quad (7.6)$$

式中 γ_G——永久作用的分项系数,按现行国家标准《建筑结构荷载规范》的规定取值;

      γ_{Qi}——第 i 个可变作用的分项系数,按现行国家标准《建筑结构荷载规范》的规定取值。

d. 对由永久作用控制的基本组合,也可采用简化规则,基本组合的效应设计值 S_d 可按式(7.7)确定。

$$S_d = 1.35 S_k \quad (7.7)$$

式中 S_k——标准组合的作用效应设计值。

任务 5   验算地基承载力和变形

建筑物确定了基础类型和埋置深度后,对于已知基础底面尺寸,可以进行地基土持力层承载力和变形验算,若地基受力层范围内存在有承载力低于持力层的土层,即软弱下卧层,则必须对其承载力进行验算;对于基础底面尺寸未知时,可以考虑外荷载和地基承载力进行地基基础设计。对于轴心荷载作用,一般假定基础底面形状为正方形;对于偏心荷载作用,一般假定基础形状为矩形,并根据偏心距的大小给出长边和短边的合适比例,再进行设计。

7.5.1   地基承载力验算

1) 地基承载力特征值

①当基础宽度大于 3 m 或埋置深度大于 0.5 m 时,根据载荷试验或其他原位测试、经验值等方法确定的地基承载力特征值,尚应按式(7.8)修正。

地基承载力与变形

$$f_a = f_{ak} + \eta_b \gamma(b - 3) + \eta_d \gamma_m(d - 0.5) \quad (7.8)$$

式中 f_a——修正后的地基承载力特征值,kPa;

      f_{ak}——地基承载力特征值,kPa,可由载荷试验或其他原位测试、公式计算,并结合工程实践经验等方法综合确定。

      η_b, η_d——基础宽度和埋置深度的地基承载力修正系数,按基底下土的类别查表 7.6 取值;

      γ——基础底面以下土的重度,kN/m³,地下水位以下取浮重度;

      b——基础底面宽度,m,当基础底面宽度小于 3 m 时按 3 m 取值,大于 6 m 时按 6 m 取值;

      γ_m——基础底面以上土的加权平均重度,kN/m³,位于地下水位以下的土层取有效重度;

      d——基础埋置深度,m,宜自室外地面标高算起。在填方整平地区,可自填土地面标高算起,但填土在上部结构施工后完成时,应从天然地面标高算起。对于地下室,当采用箱形基础或筏基时,基础埋置深度自室外地面标高算起;当采用独立基础或条形基础时,应从室内地面标高算起。

表 7.6 承载力修正系数

土的类别		η_b	η_d
淤泥和淤泥质土		0	1.0
人工填土 e 或 I_L 大于等于 0.85 的黏性土		0	1.0
红黏土	含水比 $\alpha_w>0.8$	0	1.2
	含水比 $\alpha_w\leqslant0.8$	0.15	1.4
大面积压实填土	压实系数大于 0.95、黏粒含量 $\rho_c\geqslant10\%$ 的粉土	0	1.5
	最大干密度大于 2 100 kg/m³ 的级配砂石	0	2.0
粉 土	黏粒含量 $\rho_c\geqslant10\%$ 的粉土	0.3	1.5
	黏粒含量 $\rho_c<10\%$ 的粉土	0.5	2.0
e 或 I_L 均小于 0.85 的黏性土		0.3	1.6
粉砂、细砂(不包括很湿与饱和时的稍密状态)		2.0	3.0
中砂、粗砂、砾砂和碎石土		3.0	4.4

注:①强风化和全风化的岩石,可参照所风化成的相应土类取值,其他状态下的岩石不修正;

②地基承载力特征值按深层平板载荷试验确定时 $\eta_d=0$;

③含水比是指土的天然含水量与液限的比值;

④大面积压实填土是指填土范围大于 2 倍基础宽度的填土。

②公式计算法。当偏心距 e 小于或等于 0.033 倍基础底面宽度时,根据土的抗剪强度指标确定地基承载力特征值可按式(7.9)计算,并应满足变形要求。

$$f_a = M_b\gamma b + M_d\gamma_m d + M_c c_k \tag{7.9}$$

式中 f_a——由土的抗剪强度指标确定的地基承载力特征值,kPa;

M_b,M_d,M_c——承载力系数,按表 7.7 确定;

b——基础底面宽度,m,大于 6 m 时按 6 m 取值,对于砂土小于 3 m 时按 3 m 取值;

c_k——基底下 1 倍短边宽度的深度范围内土的黏聚力标准值,kPa。

表 7.7 承载力系数 M_b,M_d,M_c

土的内摩擦角标准值 $\varphi_k/(°)$	M_b	M_d	M_c
0	0	1.00	3.14
2	0.03	1.12	3.32
4	0.06	1.25	3.51
6	0.10	1.39	3.71
8	0.14	1.55	3.93
10	0.18	1.73	4.17

续表

土的内摩擦角标准值 $\varphi_k/(°)$	M_b	M_d	M_c
12	0.23	1.94	4.42
14	0.29	2.17	4.69
16	0.36	2.43	5.00
18	0.43	2.72	5.31
20	0.51	3.06	5.66
22	0.61	3.44	6.04
24	0.80	3.87	6.45
26	1.10	4.37	6.90
28	1.40	4.93	7.40
30	1.90	5.59	7.95
32	2.60	6.35	8.55
34	3.40	7.21	9.22
36	4.20	8.25	9.97
38	5.00	9.44	10.80
40	5.80	10.84	11.73

注：①φ_k 为基底下 1 倍短边宽度的深度范围内土的内摩擦角标准值(°)；

②该公式确定的承载力相应理论模式是基底压力呈均匀分布；

③该公式中的承载力系数 M_b、M_d、M_c 是以界限塑性荷载 $P_{\frac{1}{4}}$ 理论公式中的相应系数为基础确定的。考虑到内摩擦角大时理论值 M_b 偏小的实际情况，对一部分系数按试验结果作了调整。

③岩石地基承载力特征值，可按《建筑地基基础设计规范》(GB 50007—2011)附录 H 确定。对完整、较完整和较破碎的岩石地基承载力特征值，可根据室内饱和单轴抗压强度按式(7.10)计算。

$$f_a = \psi_r f_{rk} \tag{7.10}$$

式中　f_a——岩石地基承载力特征值，kPa；

f_{rk}——岩石饱和单轴抗压强度标准值，kPa；

ψ_r——折减系数，根据岩体完整程度以及结构面的间距、宽度、产状等由地区经验确定；无经验时，对完整岩体可取 0.5，对较完整岩体可取 0.2～0.5，对较破碎岩体可取 0.1～0.2。

上述折减系数 ψ_r 未考虑施工因素及建筑物使用后风化作用的继续；对于黏土质岩石，

在确保施工期及使用期不致遭水浸泡时,也可采用天然湿度的试样,不进行饱和处理。

对破碎、极破碎的岩石地基承载力特征值,可根据地区经验取值;无地区经验时,可根据平板载荷试验确定。

【例题 7.1】 某教学楼采用独立基础,地基表层为杂填土,$\gamma_1 = 18$ kN/m³,$h_1 = 1.0$ m,第二层土为黏性土,$e = 0.727$,$I_L = 0.50$,$f_k = 240.7$ kPa,$h_2 = 2.0$ m,$\gamma_2 = 17.4$ kN/m³,$\gamma_{sat} = 19.4$ kN/m³;基础埋深为 2.0 m,底宽为 2.5 m,地下水位地表以下 1.5 m。试确定该基础的地基承载力设计值。

【解】 基底宽度 $b = 2.0$ m < 3 m,不作宽度修正。$\gamma = 19.4 - 10 = 9.4$ kN/m³,由于黏性土 $e = 0.727 < 0.8$,$I_L = 0.50 < 0.8$,查表 7.6 得到:$\eta_d = 1.6$,$\eta_b = 0.3$。

$$\gamma_m = \frac{18 \times 1 + 0.5 \times 17.4 + (19.4 - 10) \times 0.5}{2} = 15.7 \ (kN/m^3)$$

故地基承载力设计值为

$$\begin{aligned} f_a &= f_{ak} + \eta_b \gamma (b - 3) + \eta_d \gamma_m (d - 0.5) \\ &= 240.7 + 1.6 \times 15.7 \times (2 - 0.5) \\ &= 277.68 (kPa) \end{aligned}$$

2) 基础底面压力

(1)基础底面压力应符合的规定

①轴心荷载作用:

$$p_k \leq f_a \tag{7.11a}$$

式中 p_k——相应于作用的标准组合时,基础底面处的平均压力值,kPa。

②偏心荷载作用:

除满足式(7.11a)要求外,还需满足:

$$p_{kmax} \leq 1.2 f_a \tag{7.11b}$$

式中 p_{kmax}——相应于作用的标准组合时,基础底面边缘的最大压力值,kPa。

(2)基础底面平均压力的确定

①轴心荷载作用时:

$$p_k = \frac{F_k + G_k}{A} = \frac{F_k + \gamma_G A d}{A} \tag{7.12a}$$

式中 F_k——相应于荷载效应标准组合时,上部结构传至基础顶面的竖向力值;

G_k——基础自重和基础上的土重;

A——基础底面面积。

②偏心荷载作用时:

• 当 $e \leq \dfrac{b}{6}$ 时

$$\begin{matrix} p_{kmax} \\ p_{kmin} \end{matrix} = \frac{F_k + G_k}{A} \pm \frac{M_k}{W} = \frac{F_k + G_k}{bl}\left(1 \pm \frac{6e}{l}\right) \tag{7.12b}$$

• 当偏心距 $e>\dfrac{b}{6}$ 时

地基反力呈三角形分布,根据上部荷载作用点与地基反力形心重合的原理,如图7.9所示,得到 $p_{k\max}\cdot\left(\dfrac{b}{2}-e\right)\cdot3\cdot l\cdot\dfrac{1}{2}=F_k+G_k$,即

$$p_{k\max}=\frac{2(F_k+G_k)}{3l\cdot\left(\dfrac{b}{2}-e\right)} \qquad (7.13)$$

式中 M_k——相应于荷载效应标准组合时,作用于基础底面的力矩值;

W——基础底面的抵抗矩;

$p_{k\min}$——相应于荷载效应标准组合时,基础底面边缘的最小压力值。

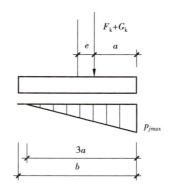

b——力矩作用方向基础底边边长

图7.9 偏心荷载($e>b/6$)下基底压力示意图

③根据按承载力计算的要求,在确定基底尺寸时,可按下述步骤进行:

a. 进行深度修正,初步确定地基承载力设计值 f_a,根据式(7.11a)确定轴心荷载作用时基础底面面积。

b. 若存在偏心时,将按轴心荷载作用计算得到的基底面积增大10% ~20%。

c. 对矩形基础选取基底长边 l 与短边 b 的比值 n(一般取 $n\leqslant2$),可初步确定基底长边和短边尺寸。

d. 考虑是否应对地基土承载力进行宽度修正。如果需要,在承载力修正后,重复上述(b)、(c)步骤,使所取宽度前后一致。

e. 计算基底最大压力设计值,并应符合式(7.11)的要求。

f. 通常基底最小压力的设计值不应出现负值,即要求偏心距 $e\leqslant l/6$ 或 $p_{\min}\geqslant0$,只是低压缩性土或短暂作用的偏心荷载时,才可放宽至 $e=l/4$。

g. 若 l、b 取值不适当(太大或太小),可调整尺寸,重复步骤(e)、(f),重新验算。如此反复一两次,便可确定出合适的尺寸。

【例题7.2】 某独立基础,柱截面为300 mm×400 mm,持力层为黏性土 $\gamma=17.5$ kN/m³,孔隙比 $e=0.7$,液性指数 $I_L=0.78$,地基承载力特征值 $f_{ak}=218$ kPa。作用在 -0.700 标高(基础顶面)处的轴心荷载标准值为700 kN,力矩为80 kN·m和水平荷载为13 kN(图7.10),基础埋深(自室外地面起算)为1.0 m,室内地面高于室外0.30 m。试确定基础底面尺寸。

【解】 (1)确定修正后的地基承载力 f_a

$d=1.0$ m,持力层为黏性土,$e=0.7$,$I_L=0.78$,均小于0.85,查表7.6得 $\eta_d=1.6$,假定基础宽度 $b<3$ m,故

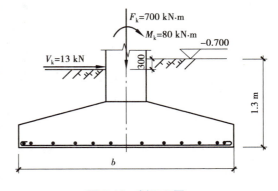

图7.10 例7.2图

$$f_a=218+1.6\times17.5\times(1.0-0.5)$$

$$= 232(kPa)$$

（2）按轴心荷载作用确定基础底面积

$$A \geqslant \frac{F_k}{f_a - \gamma_G d} = \frac{700}{232 - 20 \times \frac{1 + 1.3}{2}} = 3.35(m^2)$$

（3）偏心荷载作用时基础的尺寸

由于偏心荷载不大，取 $n = \frac{l}{b} = 1.5$，基础底面积初步增大 10%，所以初步得

$$b = \sqrt{\frac{3.35 \times 1.1}{1.5}} = 1.57(m)(取\ b = 1.6\ m)$$
$$l = 1.5 \times 1.6 = 2.4(m)$$

（4）验算基础底面尺寸

基础及其上填土重：$G_k = 20 \times \frac{1 + 1.3}{2} \times 2.4 \times 1.6 = 88.32(kN)$

基底处弯矩：$M_k = 80 + 13 \times 1 = 93(kN \cdot m)$

偏心距：$e = \frac{M_k}{F_k + G_k} = \frac{93}{700 + 88.32} = 0.118(m) < \frac{1}{6}l = 0.4(m)$

基底最大压力：$p_{max} = \frac{F + G}{A} + \frac{M_k}{W} = \frac{700 + 88.32}{1.6 \times 2.4} + \frac{93}{\frac{1}{6} \times 1.6 \times 2.4^2}$

$$= 265.84(kPa) < 1.2 f_a = 278.4(kPa)(满足要求)$$

故取基底尺寸为：$l \times b = 2.4\ m \times 1.6\ m$。

3）软弱下卧层承载力验算

当地基受力层范围内有软弱下卧层时，应符合下列规定：

①软弱下卧层应按式（7.14）验算地基承载力。

$$p_z + p_{cz} \leqslant f_{az} \tag{7.14}$$

式中　p_z——相应于作用的标准组合时，软弱下卧层顶面处的附加压力值，kPa；

　　　p_{cz}——软弱下卧层顶面处土的自重压力值，kPa；

　　　f_{az}——软弱下卧层顶面处经深度修正后的地基承载力特征值，kPa。

②对条形基础和矩形基础，式（7.14）中的 p_z 值可按下列公式简化计算：

条形基础　　　$p_z = \frac{b(p_k - p_c)}{b + 2z \tan \theta}$ \hfill (7.15)

矩形基础　　　$p_z = \frac{lb(p_k - p_c)}{(b + 2z \tan \theta)(l + 2z \tan \theta)}$ \hfill (7.16)

式中　b——矩形基础或条形基础底边的宽度，m；

　　　l——矩形基础底边的长度，m；

　　　p_c——基础底面处土的自重压力值，kPa；

　　　z——基础底面至软弱下卧层顶面的距离，m；

　　　θ——地基压力扩散线与垂直线的夹角，可按表7.8采用。

表 7.8　地基压力扩散角 θ

E_{s1}/E_{s2}	z/b	
	0.25	0.50
3	6°	23°
5	10°	25°
10	20°	30°

注：①E_{s1} 为上层土压缩模量，E_{s2} 为下层土压缩模量；

②$z/b<0.25$ 时取 $\theta=0°$，必要时，宜由试验确定；$z/b>0.50$ 时 θ 值不变；

③z/b 在 0.25 与 0.50 之间可插值使用。

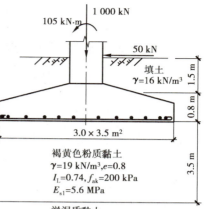

图 7.11　例 7.3 图

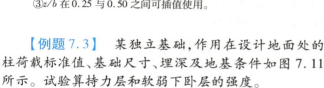

【例题7.3】　某独立基础，作用在设计地面处的柱荷载标准值、基础尺寸、埋深及地基条件如图 7.11 所示。试验算持力层和软弱下卧层的强度。

【解】　（1）持力层承载力验算

①确定修正后的地基承载力。

$$b=3 \text{ m},d=2.3 \text{ m},\gamma_m=\frac{1.5\times16+19\times0.8}{2.3}=17.0(\text{kN/m}^3),\gamma=19 \text{ kN/m}^3。$$

因持力层为粉质黏土，$e=0.8<0.85$，$I_L=0.74<0.85$，根据表 7.6，$\eta_b=0.3$，$\eta_d=1.6$。

$$f_a=200+0.3\times19\times(3-3)+1.6\times17\times$$
$$(2.3-0.5)=248.96(\text{kPa})$$

②确定基底压力。

$$p_k=\frac{F_k+\gamma_G Ad}{A}=\frac{1\,000}{3\times3.5}+20\times2.3=141.24(\text{kPa})<f_a=248.96(\text{kPa})（满足要求）$$

由于 $e=\dfrac{105+50\times2.3}{1\,000+20\times2.3\times3\times3.5}=0.148(\text{m})<\dfrac{b}{6}=0.583(\text{m})$，故

$$p_{kmax}=\frac{1\,000+3\times3.5\times2.3\times20}{3\times3.5}+\frac{105+50\times2.3}{\frac{1}{6}\times3\times3.5^2}=177.16(\text{kPa})<1.2f_a=298.8(\text{kPa})（满足要求）$$

所以，持力层满足地基承载力校核。

（2）软弱下卧层承载力验算

①确定修正后的地基承载力特征值 f_{az}。

$d=5.8 \text{ m}$，$\gamma_m=\dfrac{1.5\times16+19\times4.3}{5.8}=18.22(\text{kN/m}^3)$。由于是淤泥质土，根据表 7.6 得到 $\eta_d=1.0$，所以对软弱下卧层，f_{az} 只进行深度修正。

$$f_{az}=78+1.0\times18.22\times(5.8-0.5)=174.57(\text{kPa})$$

②确定软弱下卧层顶面的附加压力 p_z。

$p_k=141.24 \text{ kPa}$，$p_c=20\times2.3=46 \text{ kPa}$，$\dfrac{E_{s1}}{E_{s2}}=\dfrac{5.6}{1.86}=3.0$。$\dfrac{z}{b}=\dfrac{3.5}{3}=1.12>0.5$，取 $z/b=0.5$，查表 7.6 得到 $\theta=23°$。

$$p_z=\frac{3\times3.5\times(141.24-46)}{(3+2\times3.5\tan23°)(3.5+2\times3.5\times\tan23°)}=25.87(\text{kPa})$$

③确定软弱下卧层顶面的压力。

$$p_z + p_{cz} = 25.87 + (16 \times 1.5 + 4.3 \times 19) = 131.57(\text{kPa}) < f_{az} = 174.57(\text{kPa})$$

所以软弱下卧层满足地基承载力校核。

7.5.2 地基变形的验算

1)地基变形特征

建筑物地基变形的特征有下列4种:

①沉降量:指基础中心点的沉降值。

②沉降差:指同一建筑物中相邻两个基础沉降量的差。

③倾斜:指基础倾斜方向两端点的沉降差与其距离的比值。

④局部倾斜:指砌体承重结构沿纵墙6~10 m内基础两点的沉降差与其距离的比值。

2)地基变形允许值

在软土地基上建造房屋,在强度和变形两个条件中,变形条件显得比较重要。对于大多数中小型建筑来说,在满足按承载力计算的要求之后,不一定需要进行地基变形验算。表7.9对二级建筑物中某些常用的建筑类型,根据地基主要受力层的情况,列出了不必进行变形验算的范围。

表7.9 可不作地基变形验算的设计等级为丙级的建筑物范围

地基主要受力情况	地基承载力特征值 f_{ak}/kPa		$80 \leqslant f_{ak} < 100$	$100 \leqslant f_{ak} < 130$	$130 \leqslant f_{ak} < 160$	$160 \leqslant f_{ak} < 200$	$200 \leqslant f_{ak} < 300$
	各土层坡度/%		≤5	≤10	≤10	≤10	≤10
建筑类型	砌体承重结构、框架结构(层数)		≤5	≤5	≤6	≤6	≤7
	单层排架结构(6 m)柱距	单跨 吊车额定起质量/t	10~15	15~20	20~30	30~50	50~100
		单跨 厂房跨度/m	≤18	≤24	≤30	≤30	≤30
		多跨 吊车额定起质量/t	5~10	10~15	15~20	20~30	30~75
		多跨 厂房跨度/m	≤18	≤24	≤30	≤30	≤30
	烟囱	高度/m	≤40	≤50	≤75		≤100
	水塔	高度/m	≤20	≤30	≤30		≤30
		容积/m³	50~100	100~200	200~300	300~500	500~1 000

注:①地基主要受力层系指条形基础底面下深度为3b(b为基础底面宽度),独立基础下为1.5b,且厚度均不小于5 m的范围(二层以下一般的民用建筑除外);

②地基主要受力层中如有承载力特征值小于130 kPa的土层,表中砌体承重结构的设计,应符合有关要求;

③表中砌体承重结构和框架结构均指民用建筑,对于工业建筑可按厂房高度、荷载情况折合成与其相当的民用建筑层数;

④表中吊车额定起质量、烟囱高度和水塔容积的数值是指最大值。

但是,一级建筑物和不属表7.9范围的二级建筑物,以及有下列情况之一的二级建筑物,必须进行地基变形验算:地基承载力标准值小于130 kPa,且体型复杂的建筑;某些对地基承载力要求不高,但在生产工艺上或正常使用方面对地基变形有特殊要求的厂房、试验室或构筑物;在基础及其附近有大量填土或地面堆载;相邻基础的荷载差异较大或距离过近的软弱地基上的相邻建筑物等。要求地基的变形值在允许的范围内,即

$$s \leqslant [s] \tag{7.17}$$

式中 s——建筑物地基在长期荷载作用下的变形,mm;

   $[s]$——建筑物地基变形允许值,mm,见表7.10。

表7.10   建筑物的地基变形允许值

变形特征			地基土类别	
			中、低压缩性土	高压缩性土
砌体承重结构基础的局部倾斜			0.002	0.003
工业与民用建筑相邻柱基的沉降差	框架结构		0.002l	0.003l
	砌体墙填充的边排柱		0.000 7l	0.001l
	当基础不均匀沉降时不产生附加应力的结构		0.005l	0.005l
层排架结构(柱距为6 m)柱基的沉降量/mm			(120)	200
桥式吊车轨面的倾斜(按不调整轨道考虑)	纵向		0.004	
	横向		0.003	
多层和高层建筑的整体倾斜	$H_g \leqslant 24$		0.004	
	$24 < H_g \leqslant 60$		0.003	
	$60 < H_g \leqslant 100$		0.002 5	
	$100 < H_g$		0.002	
体型简单的高层建筑基础的平均沉降量/mm				200
高耸结构基础的倾斜	$H_g \leqslant 20$		0.008	
	$20 < H_g \leqslant 50$		0.006	
	$50 < H_g \leqslant 100$		0.005	
	$100 < H_g \leqslant 150$		0.004	
	$150 < H_g \leqslant 200$		0.003	
	$200 < H_g \leqslant 250$		0.002	

续表

变形特征		地基土类别	
		中、低压缩性土	高压缩性土
高耸结构基础的沉降量/mm	$H_g \leqslant 100$	400	
	$100 < H_g \leqslant 200$	300	
	$200 < H_g \leqslant 250$	200	

注:①本表数值为建筑物地基实际最终变形允许值;

　　②有括号者仅适用于中压缩性土;

　　③l 为相邻柱基的中心距离(mm),H_g 为自室外地面起算的建筑物高度(m);

　　④倾斜指基础倾斜方向两端点的沉降差与其距离的比值;

　　⑤局部倾斜指砌体承重结构沿纵向 6~19 m 内基础两点的沉降差与其距离的比值。

　　如果地基变形验算不符合要求,则应通过改变基础类型或尺寸、采取减弱不均匀沉降危害措施、进行地基处理或采用桩基础等方法来解决。

　　在计算地基变形时,应遵守下列规定:

　　①由于建筑地基不均匀、荷载差异很大、体型复杂等因素引起的地基变形,对于砌体承重结构,应由局部倾斜值控制;对于框架结构和单层排架结构,应由相邻柱基的沉降差控制;对于多层或高层建筑和高耸结构,应由倾斜值控制,必要时尚应控制平均沉降量。

　　②在必要情况下,需要分别预估建筑物在施工期间和使用期间的地基变形值,以便预留建筑物有关部分之间的净空、选择连接方法和施工顺序。

任务6　设计无筋扩展基础

　　前已述及,刚性基础即为无筋扩展基础。无筋扩展基础的设计通常包括以下内容:

　　①选择基础的结构形式和材料,确定平面布置。

　　②选择基础的埋置深度 d。

　　③计算地基土的承载力 f_a。

　　④确定基础底面尺寸,必要时应验算地基软弱下卧层的强度和地基的变形。

　　⑤进行基础结构和构造设计。

　　⑥绘制基础施工图。

无筋扩展基础

　　在进行无筋扩展基础设计时,除了对材料有一定的要求外,为使图 7.1 中 $a—a'$ 断面不出现裂痕,还要限制台阶的宽高比。基础高度应符合式(7.18)的要求(图 7.12)。

$$H_0 \geqslant \frac{b - b_0}{2 \tan \alpha} \qquad (7.18)$$

式中　d——基础纵向钢筋直径;

　　　　α——基础底面宽度;

　　　　b_0——基础顶面的墙体宽度或柱脚宽度;

　　　　H_0——基础高度;

b_2——基础台阶宽度；

$\tan\alpha$——基础台阶宽高比 $b_2:H_0$，其允许值可按表 7.11 选用。

表 7.11 无筋扩展基础台阶宽度比的允许值

基础材料	质量要求	台阶宽度比的允许值		
		$p_k \leq 100$	$100 < p_k \leq 200$	$200 < p_k \leq 300$
混凝土基础	C15 混凝土	1:1.00	1:1.00	1:1.25
毛石混凝土基础	C15 混凝土	1:1.00	1:1.25	1:1.50
砖基础	砖不低于 MU10、砂浆不低于 M5	1:1.5	1:1.5	1:1.50
毛石基础	砂浆不低于 M5	1:1.25	1:1.5	—
灰土基础	体积比为 3:7 或 2:8 的灰土,其最小干密度: 粉土 1 550 kg/m³ 粉质黏土 1 500 kg/m³ 黏土 1 450 kg/m³	1:1.00	1:1.25	—
三合土基础	体积比 1:2:4 ~ 1:3:6（石灰:砂:骨料）,每层约虚铺 220 mm,夯至 150 mm	1:1.5	1:2.00	—

注:①p_k 为荷载效应标准组合时基础底面处的平均压力值(kPa);

②阶梯形毛石基础的每阶伸出宽度,不宜大于 200 mm;

③当基础由不同材料叠合组成时,应对接触部分作抗压验算;

④基础底面处的平均压力值超过 300 kPa 的混凝土基础,尚应进行抗剪验算。

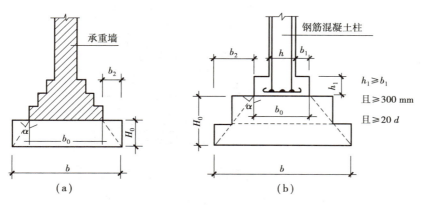

图 7.12 无筋扩展基础构造示意

此外,采用无筋扩展基础的钢筋混凝土柱,其柱脚高度 h_1 不得小于 b_1(图 7.12),并不应小于 300 mm 且不小于 20 d(d 为柱中的纵向受力钢筋的最大直径)。当柱纵向钢筋在柱脚内的竖向锚固长度不满足锚固要求时,可沿水平方向弯折,弯折后的水平锚固长度不应小于 10 d 也不应大于 20 d。

【例题7.4】 某墙下条形基础,相应于荷载效应标准组合时,基础底面处的平均压力值$F_k = 200$ kN/m,基底标高为-2.000 m,室内地坪± 0.000高于室外地面0.45 m,地基土为黏性土($\gamma = 18.5$ kN/m^3,$e_0 = 0.80$,$I_L = 0.75$),其承载力特征值为$f_{ak} = 180$ kPa。基底以上土的加权平均重度$\gamma = 18$ kN/m^3。试设计无筋扩展基础。

【解】 (1)确定基底地基修正后承载力特征值

假定$b < 3.0$ m,根据表7.6,取$\eta_b = 0.3$,$\eta_d = 1.6$。基础埋深$d = 2.0 - 0.45 = 1.55$(m),得

$$f_a = 180 + 0 + 1.6 \times 18 \times (1.55 - 0.5) = 210.24 (\text{kPa})$$

(2)确定条形基础的宽度

$$d_m = \frac{2.0 + 2.0 - 0.45}{2} = 1.775 (\text{m})$$

根据式(7.11),得

$$b \geq \frac{F_k}{f_a - \gamma_G d_m} = \frac{200}{210.24 - 20 \times 1.775} = 1.14 (\text{m}) < 3.0 (\text{m})(满足假定要求)$$

取$b = 1.2$ m。

(3)基础材料设计

基础底部用素混凝土,强度等级为C15,高度$H_0 = 300$ mm。其上用实心砖,质量要求不低于MU7.5,高度为360 mm,采用"二一间隔"砌筑,如图7.13所示。对砖基础的放阶进行验算:

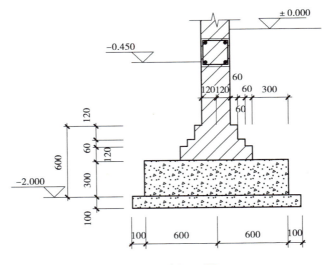

图7.13 例7.4图

采用M5水泥砂浆砌筑,查表7.11得基础台阶宽高比允许值$\tan\alpha = 1:1.50$,设计上部墙厚240 mm;三级台阶的高度分别为120,60,120 mm。

砖基础底部实际宽度为$240 + (60 + 60 + 60) \times 2 = 600$(mm)。

砖基础的实际放阶宽高比为$\dfrac{60 \times 3}{120 + 120 + 60} = \dfrac{1}{1.7} < \dfrac{1}{1.5}$,设计宽度满足要求。

任务7 设计扩展基础

扩展基础是指柱下钢筋混凝土独立基础和墙下钢筋混凝土条形基础。扩展基础的抗弯和抗剪性能良好,可应用于竖向荷载较大、地基承载力不高等情况。

扩展基础设计

扩展基础的设计计算主要包括基础底面积确定(与无筋扩展基础相似)、抗冲切验算、抗弯验算、抗剪验算、局部受压验算(当基础的混凝土强度等级小于柱的混凝土强度等级)。

7.7.1 柱下钢筋混凝土独立基础设计

对于柱下独立基础,当冲切破坏锥体落在基础底面以内时,应验算柱与基础交接处以及基础变阶处的受冲切承载力。

对基础底面短边尺寸小于或等于柱宽加2倍有效高度的柱下独立基础,应验算柱(墙)与基础交接处的基础受剪承载力。

1)抗冲切验算

柱下基础属局部受压,若基础高度不够会产生冲切破坏,即沿柱边或基础台阶变截面处发生近似45°方向的斜拉裂缝,形成冲切角锥体(图7.14),故为了保证基础不发生冲切破坏,根据《建筑地基基础设计规范》(GB 50007—2011),对矩形截面柱的矩形基础,应验算柱与基础交接处以及基础变阶处的受冲切承载力。

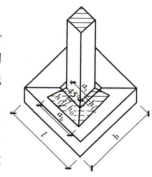

图7.14 冲切破坏锥体

抗冲切验算是在冲切角锥体以外的地基净反力(不计基础自重引起的地基反力)引起的冲切荷载 Q_c 应小于基础冲切可能破坏面上的混凝土的抗冲切强度 $[Q]$,即

$$Q_c \leqslant [Q] \qquad (7.19)$$

对于如图7.14所示的锥形基础或阶形基础,《建筑地基基础设计规范》(GB 50007—2011)简化为只验算沿宽度方向的冲切破坏。

破坏锥体斜面的单面的抗冲切力(图7.15):

$$[Q] = 0.7\beta_{hp}f_t A = 0.7\beta_{hp}f_t(a_t + a_b) \cdot \frac{1}{2} \cdot h_1$$

基础单面斜面的抗冲切力沿竖向的分力:

$$[Q] = 0.7\beta_{hp}f_t A \cdot \cos 45° = 0.7\beta_{hp}f_t \cdot (a_t + a_b) \cdot \frac{1}{2} \cdot h_0$$

取 $a_m = (a_t + a_b) \cdot \frac{1}{2}$,得到

$$[Q] = 0.7\beta_{hp}f_t a_m h_0 \qquad (7.20)$$

而基础单面冲切荷载: $Q_c = p_j \cdot A_1$

①当 $l > a_t + 2h_0$ 时,冲切角锥体的底面积落在基底范围内。

$$A_1 = l \times \left(\frac{b}{2} - \frac{b_t}{2} - h_0 \right) - \left(\frac{l}{2} - \frac{a_t}{2} - h_0 \right)^2$$

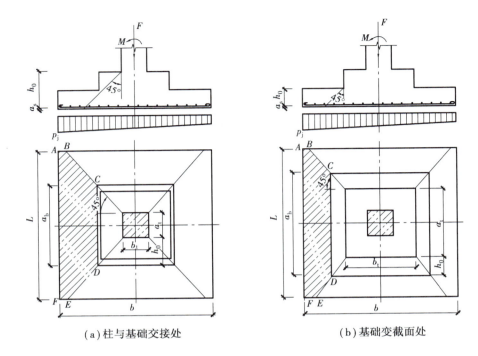

（a）柱与基础交接处　　　　　　　　　　（b）基础变截面处

图 7.15　计算阶形基础的受冲切承载力截面位置

②当 $l \le a_t + 2h_0$ 时，冲切角锥体的底面积落在基底范围外。

$$A_1 = l \times \left(\frac{b}{2} - \frac{b_t}{2} - h_0 \right)$$

式中　β_{hp}——受冲切承载力截面高度影响系数。当 $h \le 800$ 时，β_{hp} 取 1；当 $h \ge 2\,000$ 时，β_{hp}
　　　　　　取 0.9，其间按线性内插法取用；

　　　f_t——混凝土轴心抗拉强度设计值，kPa；

　　　h_0——基础冲切破坏锥体的有效高度；

　　　a_m——冲切破坏锥体最不利一侧计算长度；

　　　a_t——冲切破坏锥体最不利一侧斜截面的上边长。当计算柱与基础交接处的受冲
　　　　　　切承载力时，取柱宽；当计算基础变阶处的受冲切承载力时，取上阶宽；

　　　a_b——冲切破坏锥体最不利一侧斜截面在基础底面积范围内的下边长，当冲切破坏
　　　　　　锥体的底面落在基础底面以内（图 7.15），计算柱与基础交接处的受冲切承载
　　　　　　力时，取柱宽加 2 倍基础有效高度；当计算基础变阶处的受冲切承载力时，取
　　　　　　上阶宽加 2 倍该处的基础有效高度；

　　　p_j——扣除基础自重及其上土重后相应于作用的基本组合时的地基土单位面积净反
　　　　　　力，kPa，对偏心受压基础可取基础边缘处最大地基土单位面积净反力；

　　　A——冲切验算时取用的部分基底面积，m^2，即为图 7.15（a）、（b）中的阴影面积 ABCDEF；

　　　F_1——相应于作用的基本组合时作用在 A_1 上的地基土净反力设计值，kPa。

【例题 7.5】　某独立基础，底面尺寸为 2.4 m×2.4 m，基础高 0.6 m，分两个台阶，基础
埋深 1.2 m，作用于基础顶面荷载 $F_k = 680$ kN，柱截面尺寸为 0.4 m×0.4 m，如图 7.16 所示。

基础为 C15 混凝土,基础钢筋采用 HPB300 级,试验算台阶处和柱的冲切承载力。(F_k 为标准组合,基本组合=标准组合×1.35)

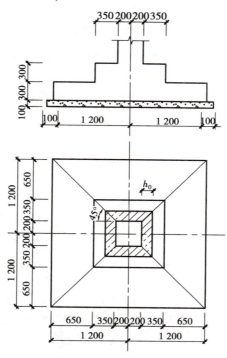

图 7.16 例 7.5 图

【解】 (1)柱边冲切承载力($Q_c \leqslant [Q]$)

取 $a_s = 40$ mm,$h_0 = h - a_s = 0.6 - 0.04 = 0.56$(m),$f_t = 0.91$ MPa $= 910$ kPa,$a_b = a_t + 2h_0 = 0.4 + 2 \times 0.56 = 1.52(m)< l = 2.4$(m),故冲切锥体的底面落在基础内。($a_s$ 为钢筋形心到底面的距离,一般取 40 mm)

$$a_b = a_t + 2h_0 = 0.4 + 2 \times 0.56 = 1.52 \text{(m)}$$

$$a_m = (a_t + a_b) \cdot \frac{1}{2} = (1.52 + 0.4) \cdot \frac{1}{2} = 0.96 \text{(m)}$$

基础高度 $h = 0.6$ m < 0.8 m,取 $\beta_{hp} = 1.0$。

$$[Q] = 0.7 \beta_{hp} f_t a_m h_0 = 0.7 \times 1.0 \times 910 \times 0.96 \times 0.56 = 342.4 \text{(kN)}$$

$$A_1 = l \times \left(\frac{b}{2} - \frac{b_t}{2} - h_0 \right) - \left(\frac{l}{2} - \frac{a_t}{2} - h_0 \right)^2 = 2.4 \times \left(\frac{2.4}{2} - \frac{0.4}{2} - 0.56 \right) - \left(\frac{2.4}{2} - \frac{0.4}{2} - 0.56 \right)^2 = 0.862 \text{(m}^2\text{)}$$

$$p_j = \frac{F_k \cdot 1.35}{A} = \frac{680 \times 1.35}{2.4 \times 2.4} = 159.4 \text{(kPa)}$$

$Q_c = p_j A_1 = 0.862 \times 159.4 = 137.4(kN)< [Q]$,柱边抗冲切满足要求。

(2)台阶处冲切验算

$a_t = 1.1$ m,$h_0 = h - a_s = 0.3 - 0.04 = 0.26$(m),$a_t + 2h_0 = 1.1 + 2 \times 0.26 = 1.62(m)< 2.4$ m,故冲切锥体的底面落在基础内。

$$a_b = a_t + 2h_0 = 1.1 + 2 \times 0.26 = 1.62 \text{(m)}, \quad a_m = (1.62 + 1.1) \cdot \frac{1}{2} = 1.36 \text{(m)}, \quad \text{基础高度 } h =$$

$0.3\ \text{m}<0.8\ \text{m}$，取 $\beta_{hp}=1.0$，故

$$[Q]=0.7\beta_{hp}f_ta_mh_0=0.7\times1.0\times910\times1.36\times0.26=225.2(\text{kN})$$

$$A_1=l\times\left(\frac{b}{2}-\frac{b_t}{2}-h_0\right)-\left(\frac{l}{2}-\frac{a_t}{2}-h_0\right)^2=2.4\times\left(\frac{2.4}{2}-\frac{1.1}{2}-0.26\right)-\left(\frac{2.4}{2}-\frac{1.1}{2}-0.26\right)^2=0.784(\text{m}^2)$$

$$Q_c=p_jA_1=0.784\times159.4=125(\text{kN})<[Q]，\text{故基础变阶处抗冲切满足要求。}$$

2）抗剪验算

满足抗剪验算条件的柱下独立基础，应按下列公式验算柱与基础交接处截面受剪承载力：

$$V_s\leqslant0.7\beta_{hs}f_tA_0 \tag{7.21a}$$

$$\beta_{hs}=(800/h_0)^{\frac{1}{4}} \tag{7.21b}$$

$$V_s=p_j\left(\frac{b}{2}-\frac{b_t}{2}\right)l \tag{7.21c}$$

式中　V_s——相应于作用的基本组合时，柱与基础交接处的剪力设计值，kN，即图7.17中的阴影面积乘以基底平均净反力；

　　　　β_{hs}——受剪切承载力截面高度影响系数。当 $h_0<800\ \text{mm}$ 时，取 $h_0=800\ \text{mm}$；当 $h_0>2\ 000\ \text{mm}$ 时，取 $h_0=2\ 000\ \text{mm}$；

　　　　A_0——验算截面处基础的有效截面面积，m^2。当验算截面为阶形或锥形时，可将其截面折算成矩形截面，截面的折算宽度和截面的有效高度按《建筑地基基础设计规范》（GB 50007—2011）附录采用。

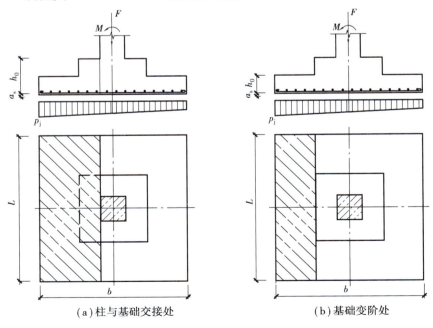

（a）柱与基础交接处　　　　　　　　（b）基础变阶处

图7.17　验算阶形基础受剪承载力示意图

3）抗弯验算

柱下钢筋混凝土独立基础在地基净反力作用下，两个方向都要产生弯曲，若弯曲应力超

过材料的抗弯强度,将要导致基础破坏。为此要对柱下独立基础进行抗弯验算,并在基础底面两个方向配置钢筋。抗弯验算要计算两个方向的弯矩,计算时把基础看成是固定在柱边的倒悬臂板,最大弯矩作用面在柱边缘处。

(1)轴心受荷基础

当台阶的宽高比小于或等于 2.5 时,对于中心受荷基础(如图 7.18 所示的基础弯矩计算图),将基础底沿对角线划分为 4 块梯形面积,柱边截面1—1 的弯矩 M_I 等于作用在 $ABCD$ 上的地基净反力 p_j 对 I—I 截面的力矩,即 $M_I = P_j \cdot e_1$,其中 P_j 值为

$$P_j = p_j A = p_j (l + a_0) \frac{b - b_0}{2} \cdot \frac{1}{2} = \frac{1}{4} p_j (l + a_0)(b - b_0)$$

e_1 为面积形心 A 到柱边距离,根据材料力学的知识,对于规则几何图形,其形心的位置:

$$e_1 = \frac{\sum A_i y_i}{\sum A_i} = \frac{2 \cdot \frac{b - b_0}{2} \frac{l - a_0}{2} \frac{1}{2} \frac{2}{3} \frac{b - b_0}{2} + a_0 \frac{b - b_0}{2} \frac{b - b_0}{4}}{(l + a_0) \frac{b - b_0}{2} \frac{1}{2}}$$

$$= \frac{1}{6}(b - b_0) \frac{2l + a_0}{l + a_0}$$

故作用在 I—I 截面上的弯矩 M_I 为

$$M_I = \frac{p_j}{24} \cdot (b - b_0)^2 \cdot (2l + a_0) \tag{7.22a}$$

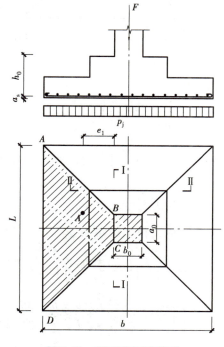

图 7.18　基础弯矩计算图

同理,作用在另一方向截面 II—II 上的弯矩 M_{II} 为

$$M_{\text{II}} = \frac{p_{\text{j}}}{24}(a - a_0)^2(2b + b_0) \tag{7.22b}$$

（2）单向偏心受荷基础

当台阶的宽高比小于或等于 2.5 且偏心距小于或等于 1/6 基础宽度时，地基反力为梯形分布。取长度与宽度两个方向最不利截面进行验算，即上部结构柱边，如图 7.19 所示。采用积分或图乘法的方法，可以分别确定两个方向的弯矩。

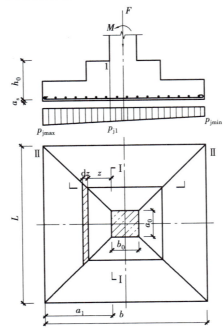

图 7.19　矩形基础底板的计算示意图

I—I 截面方向的弯矩 M_{I} 为

$$M_{\text{I}} = \int z p_{\text{j}_z}\mathrm{d}z = \int_0^{a_1}\left[a_0 + \frac{z}{a_1}(l - a_0)\right]\left[p_{\text{j1}} + \frac{z}{a_1}(p_{\text{jmax}} - p_{\text{j1}})\right]\mathrm{d}z$$

$$= \int_0^{a_1}\left\{p_{\text{j1}}\left[\frac{z^2}{a_1}(l - a_0) + a_0 z\right] + \frac{z^2}{a_1}\left[\frac{z}{a_1}(l - a_0) + a_0\right](p_{\text{jmax}} - p_{\text{j1}})\right\}\mathrm{d}z$$

$$= \frac{a_1^2}{12}\left[(2l + a_0)(p_{\text{jmax}} + p_{\text{j1}}) + (p_{\text{jmax}} - p_{\text{j1}})l\right] \tag{7.23a}$$

同理，II—II 方向采用积分，同样可得到弯矩 M_{II}：

$$M_{\text{II}} = \int z p_{\text{jz}} \cdot \mathrm{d}z = \int_0^{\frac{l-a_0}{2}}\left(\frac{p_{\text{jmax}} + p_{\text{jmin}}}{2}\right)\left(b_0 + \frac{b - b_0}{l - a_0}z\right)z\mathrm{d}z$$

$$= \left(\frac{p_{\text{jmax}} + p_{\text{jmin}}}{2}\right)\left[\frac{b_0}{8}(l - a_0)^2 + \frac{b - b_0}{l - a_0}\cdot\frac{(l - a_0)^3}{24}\right]$$

$$= \frac{1}{48}\cdot(l - a_0)^2(p_{\text{jmax}} + p_{\text{jmin}})(2b + b_0) \tag{7.23b}$$

式中 $M_{\text{I}},M_{\text{II}}$——相应于作用的基本组合时,任意截面I—I、II—II处的弯矩设计值,kN·m;

　　　a_1——任意截面 I—I 至基底边缘最大反力处的距离,m;

　　　l,b——基础底面的边长,m;

　　　$p_{\text{jmax}},p_{\text{jmin}}$——相应于作用的基本组合时基础底面边缘最大和最小地基净反力设计值,kPa;

　　　p_{j}——相应于作用的基本组合时在任意截面 I—I 处基础底面地基净反力设计值,kPa。

若式(7.23)中的 $p_{\text{jmax}}=p_{\text{jmin}}$,可以得到式(7.22),故轴心受压是偏心受压弯矩的一个特例。

当基础台阶宽高比>2.5 时,地基反力不再遵循直线分布的假定,此时,应特别注意对地基反力 f_{kmax} 的验算,尤其是轴向力作用下的验算,并宜按弹性地基板(采用中厚板单元)计算。

(3)配筋验算

根据式(7.22)、式(7.23)求得弯矩后,就可确定计算截面的钢筋面积。

$$A_{\text{s}} = \frac{M}{0.9f_y h_0} \tag{7.24}$$

当柱下独立基础底面长短边之比满足 $2 \leqslant w \leqslant 3$ 时,基础底板短向钢筋应按下述方法布置:将短向全部钢筋面积乘以 λ 后求得的钢筋,均匀分布在与柱中心线重合的宽度等于基础短边的中间带宽范围内(图 7.20),其余的短向钢筋则均匀分布在中间带宽的两侧;长向配筋应均匀分布在基础全宽范围内。λ 按下式计算:

$$\lambda = 1 - \frac{\omega}{6} \tag{7.25}$$

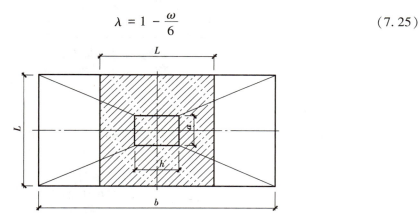

图 7.20　独立基础底板钢筋短向布置示意图
(λ 倍短向全部钢筋均匀地分布在阴影区内)

4)构造要求

①锥形基础的边缘高度不宜小于200 mm,且两个方向的坡度不宜大于 1:3;阶梯形基础的每阶高度,宜为 300~500 mm。

②垫层的厚度不宜小于 70 mm,垫层混凝土强度等级不宜低于 C10。

③独立基础受力钢筋最小配筋率不应小于 0.15%。底板受力钢筋的最小直径不应小于 10 mm,间距不应大于 200 mm,也不应小于 100 mm。当有垫层时,钢筋保护层厚度不应小于

40 mm;无垫层时,不应小于 70 mm。

④混凝土强度等级不应低于 C20。

⑤当柱下钢筋混凝土独立基础的边长和墙下钢筋混凝土条形基础的宽度大于或等于 2.5 m 时,底板受力钢筋的长度可取边长或宽度的 0.9 倍,并宜交错布置。

【例题 7.6】 某独立基础,底面尺寸为 2.4 m×2.4 m,基础高 0.6 m,分两个台阶,基础埋深 1.2 m,作用于基础顶面荷载 $F_k = 680$ kN,$M_k = 120$ kN·m,柱截面尺寸为 0.4 m×0.4 m,如图 7.21 所示。基础为 C15 混凝土,钢筋采用 HRB400 级。试对该基础进行配筋计算。

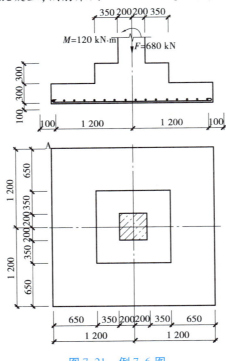

图 7.21 例 7.6 图

【解】 (1)计算截面选为柱边截面

取 $a_s = 40$ mm,$h_0 = h - a_s = 0.6 - 0.04 = 0.56$(m),$f_t = 0.91$ MPa $= 910$ kPa,$a_1 = \dfrac{2.4-0.4}{2} = 1.0$(m)。

基础台阶的宽高比: $\dfrac{a_1}{h} = \dfrac{1.0}{0.6} = 1.67 < 3$,$e = \dfrac{M}{N} = \dfrac{120 \times 1.35}{680 \times 1.35} = 0.176 < \dfrac{b}{6} = 0.4$,故可采用式(7.23)计算弯矩。

$$\begin{aligned} p_{jmax} \\ p_{jmin} \end{aligned} = \frac{N}{A} \pm \frac{M}{W} = \frac{1.35 \times 680}{2.4 \times 2.4} \pm \frac{120 \times 1.35}{\frac{1}{6} \times 2.4 \times 2.4^2} = \begin{aligned} 230(\text{kPa}) \\ 89(\text{kPa}) \end{aligned}$$

$$p_{j1} = p_{jmin} + \frac{p_{jmax} - p_{jmin}}{b} \cdot \frac{b + b_1}{2} = 89 + \frac{230 - 89}{2.4} \times \frac{2.4 + 0.4}{2} = 171.25(\text{kPa})$$

$$M_I = \frac{1.0^2}{12} \times [(2 \times 2.4 + 0.4) \times (230 + 171.25) + (230 - 171.25) \times 2.4] = 185.63(\text{kN} \cdot \text{m})$$

$$M_{\text{II}} = \frac{1}{48} \times (2.4 - 0.4)^2 \times (2 \times 2.4 + 0.4) \times (230 + 89) = 138(\text{kN} \cdot \text{m})$$

$A_{s\text{I}} = \dfrac{M_{\text{I}}}{0.9 f_y h_0} = \dfrac{185.63 \times 10^6}{0.9 \times 360 \times 560} = 1\,023.1(\text{mm}^2)$，由于基础的长宽比 $\dfrac{l}{b} = \dfrac{2.4}{2.4} = 1.0 < 2.0$，故基础的长边与短边配筋均匀地分布在基础中。单位宽度配筋：$\dfrac{1\,023.1}{2.4} = 426.3(\text{mm}^2)$。根据构造要求，单位长度配筋 $A_{\min} = \rho_{\min} A = 0.001\,5 \times (2\,400 \times 300 + 1\,100 \times 600)/2.4 = 862.5(\text{mm}^2)$，钢筋间距不宜大于 200，选用 Φ14@170（902 mm^2）。

$A_{s\text{II}} = \dfrac{M_{\text{II}}}{0.9 f_y h_0} = \dfrac{138 \times 10^6}{0.9 \times 360 \times 560} = 760.6\ \text{mm}^2$，单位长度配筋：380 mm^2 < 900 mm^2，取 900 mm^2。选用 Φ14@170（902 mm^2）。

（2）计算截面选为变截面处

基础台阶的宽高比：$\dfrac{a_1}{h} = \dfrac{0.65}{0.6} = 1.1 < 3$，可采用式（7.23）。取 $h_0 = h - a_s = 0.3 - 0.04 = 0.26(\text{m})$。

$$p_{j1} = p_{j\min} + \frac{p_{j\max} - p_{j\min}}{b} \cdot \frac{b + b_2}{2} = 89 + \frac{230 - 89}{2.4} \times \frac{2.4 + 1.1}{2} = 191.8(\text{kPa})$$

$$M_{\text{I}} = \frac{0.65^2}{12} \times \left[(2 \times 2.4 + 1.1) \times (230 + 191.8) + (230 - 191.8) \times 2.4 \right] = 90.8(\text{kN} \cdot \text{m})$$

$$M_{\text{II}} = \frac{1}{48} \times (2.4 - 1.1)^2 \times (2 \times 2.4 + 1.1)(230 + 89) = 66.27(\text{kN} \cdot \text{m})$$

$$A_{s\text{I}} = \frac{M_{\text{I}}}{0.9 f_y h_0} = \frac{90.8 \times 10^6}{0.9 \times 360 \times 260} = 1\,077.9(\text{mm}^2)，采用 Φ14@170 满足要求。$$

$$A_{s\text{II}} = \frac{M_{\text{II}}}{0.9 f_y h_0} = \frac{66.27 \times 10^6}{0.9 \times 360 \times 260} = 786.7(\text{mm}^2)，采用 Φ14@170 满足要求。$$

故基础最终配筋：沿基础的长度与宽度方向均采用 Φ14@170。

7.7.2 墙下条形基础设计

墙下条形基础计算是平面应变问题，破坏只发生在基础宽度方向，常常是底板发生斜裂缝破坏。墙下钢筋混凝土条形基础的设计基本上与独立基础相同，一般进行抗剪验算、抗弯验算。

1）抗剪验算

墙下条形基础底板应按式（7.26）验算墙与基础底板交接处截面受剪承载力。

$$V_s \leqslant 0.7 \beta_{hs} f_t h_0 \tag{7.26a}$$

$$\beta_{hs} = (800/h_0)^{\frac{1}{4}} \tag{7.26b}$$

$$V_s = p_j \left(\frac{b}{2} - \frac{b_0}{2} \right) \times 1 \tag{7.26c}$$

式中　V_s——墙与基础交接处由基底平均净反力产生的单位长度剪力设计值；

β_{hs}——受剪切承载力截面高度影响系数。当 $h_0 < 800$ mm 时，取 $h_0 = 800$ mm；当 $h_0 > 2\,000$ mm 时，取 $h_0 = 2\,000$ mm；

墙下条形基础

b,b_0——基础宽度及上部墙体宽度；

A_0——验算截面处基础底板的单位长度垂直截面有效面积。

2)抗弯验算

①对于墙下条形基础(图7.22),按单偏压进行计算,计算时把基础看成是固定在墙边的倒悬臂板,最大弯矩作用面在墙边缘处,计算长度取单位长度。

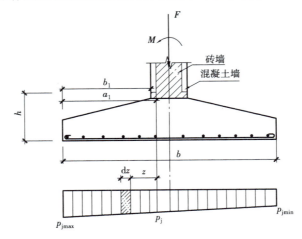

图7.22　墙下条形基础计算示意图

$$M_{\mathrm{I}} = \int_0^{a_1} z\left[p_j + (p_{j\max} - p_j)\frac{z}{a_1}\right]\mathrm{d}z = p_j\frac{a_1^2}{2} + (p_{j\max} - p_j)\frac{a_1^3}{3a_1}$$
$$= \frac{a_1^2}{6}(2p_{j\max} + p_j) \tag{7.27}$$

②当墙体材料为混凝土时,取 $a_1 = b_1$;如为砖墙且放脚不大于1/4砖长时,取 $a_1 = b_1 + 1/4$ 砖长。

3)构造要求

条形基础的构造要求除满足独立基础的构造要求外,尚应满足墙下钢筋混凝土条形基础纵向分布钢筋的直径不应小于8 mm,间距不应大于300 mm,每延米分布钢筋的面积不应小于受力钢筋面积的15%。

【例题7.7】　如图7.23所示,某教学楼外墙基础采用钢筋混凝土条形基础,相应于荷载效应的基本组合时,作用于基础顶面的竖向荷载 $F_k = 220$ kN,基础埋深 $d = 12$ m(从室外地面算起),地基承载力特征值 $f_{ak} = 180$ kPa,地基的持力层为粉质黏土 $\gamma = 18.5$ kN/m^3,$e = 0.7$,$I_L = 0.8$,混凝土采用C20($f_t = 0.91$ N/mm^2),钢筋采用 HPB300 级($f_y = 270$ N/mm^2)。试设计墙下条形基础。

【解】　(1)确定修正后的地基承载力 f_a

假定基础宽度 $b < 3$ m,查表7.6得到:$\eta_b = 0.3$,$\eta_d = 1.6$。

$f_a = 180 + 0.3 \times 18.5 \times (3 - 3) + 1.6 \times 18.5 \times (1.2 - 0.5) = 200.7(\mathrm{kPa})$

(2)确定基础底面面积

沿基础长度方向取单位长度,对于轴心受压,基础底面面积满足:

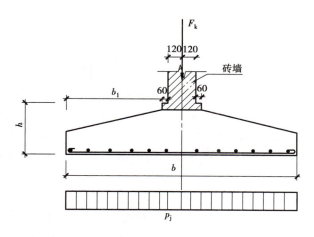

图 7.23 例 7.7 图

$$A = b \times 1 \geqslant \frac{F_k}{f_a - \gamma_G d}$$

$b \geqslant \dfrac{220}{220.7 - 20 \times 1.2} = 1.12(\mathrm{m})$，取 $b = 1.2$ m< 3 m，满足上述假定。

（3）确定基础的高度

根据构造要求，基础高度不小于 200 mm。

$p_j = \dfrac{F_k \times 1.35}{A} = \dfrac{220 \times 1.35}{1.2 \times 1} = 247.5(\mathrm{kPa})$，条形基础须满足抗剪要求，根据式（7.26c）有

$$V_s = 247.5 \times \left(\frac{1.2}{2} - \frac{0.24}{2}\right) \times 1 = 118(\mathrm{kN})$$

假定基础高度小于 800 mm，取 $\beta_{hs} = 1.0$。

$$h_0 \geqslant \frac{V_s}{0.7 f_t \beta_{hs}} = \frac{118}{0.7 \times 1.0 \times 910} = 0.185(\mathrm{m})$$，取 $h = 250$ mm< 800 mm，满足假定。

（4）条形基础配筋计算

$$M_{\mathrm{I}} = \frac{a_1^2}{2} p_j = \frac{0.54^2}{2} \times 247.5 = 36.1(\mathrm{kN \cdot m})$$

$$A_{s\mathrm{I}} = \frac{M_{\mathrm{I}}}{0.9 f_y h_0} = \frac{36.1 \times 10^6}{0.9 \times 300 \times (250 - 40)} = 637(\mathrm{mm}^2)$$

（5）最小配筋率计算

$$A_{s\min} = \rho_{\min} A = 0.15\% \times 1\,000 \times 250 = 375(\mathrm{mm}^2) < A_{s\mathrm{I}}$$

故受力钢筋采用 $\phi 10 @ 120$（$654\mathrm{mm}^2$）$> A_{s\mathrm{I}}$，满足 $\phi 10 @ 200$ 构造要求；纵向分布筋采用 $\phi 8 @ 300$。

7.7.3 柱下条形基础设计

柱下条形基础可视为作用有若干集中荷载并置于地基上的梁，同时受到地基反力的作用。在柱下条形基础结构设计中，除按抗冲切和抗剪强度验算以确定基础高度，并按翼板弯曲确定基础底板横向配筋外，还需计算基础纵向受力，以配置纵向受力钢筋。所以，必须计

算柱下条形基础的纵向弯矩分布。

1）计算方法

柱下条形基础的设计计算方法主要有静力平衡法、倒梁法、弹性地基梁法等。《建筑地基基础设计规范》（GB 50007—2011）规定，在比较均匀的地基上，上部结构刚度较好，荷载分布较均匀，且条形基础梁的高度不小于 1/6 柱距时，地基反力可按直线分布，条形基础梁的内力可按连续梁计算，此时边跨跨中弯矩及第一内支座的弯矩值宜乘以 1.2 的系数；当不满足上述要求时，宜按弹性地基梁计算。柱下条形基础纵向弯矩计算的常用简化方法有下面两种：

（1）静力平衡法

静力平衡法是用静力平衡条件求解内力的方法，是一种简化的计算方法。此法要求基础具有足够的相对抗弯刚度，不考虑基础与上部结构的相互作用，因而在荷载和直线分布的基底反力作用下产生整体弯曲。用该法计算所得基础不利截面上的弯矩绝对值一般较其他方法偏大。此法一般用于上部为柔性结构且基础自身刚度较大的条形基础和联合基础。

（2）倒梁法

倒梁法是将地基净反力（地基反力扣除基础自重）当成荷载作用在基础梁上，把柱子视为基础的支座，将基础梁按倒置的普通连续梁进行计算（见图 7.24），假设梁下地基反力呈线性分布，按照结构力学方法求解梁内力。

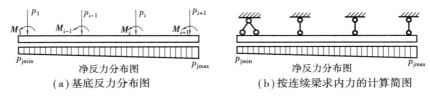

（a）基底反力分布图　　　　　　（b）按连续梁求内力的计算简图

图 7.24　用倒梁法计算地基梁简图

由于倒梁法在假定中忽略了基础梁的挠度和各柱脚的竖向位移差，且认为基底净反力为线性分布，故应用倒梁法时限制相邻柱荷载差不超过 20%，柱间距不宜过大，并应尽量等间距。

倒梁法计算步骤如下：

①根据初步选定柱下条形基础尺寸和作用荷载，确定计算简图，如图 7.24（a）所示。

②计算基底净反力，按线性分布进行计算，如图 7.24（b）所示。

③根据倒梁计算简图用弯矩分配法或查表法计算弯矩、剪力和支座反力。

④调整不平衡力。

⑤继续用弯矩分配法或查表法计算内力和支座反力，并重复步骤④，直到不平衡力在计算容许精度范围内。一般取不超过荷载的 20%。

⑥将逐次计算结果叠加，得到最终内力计算结果。

由于该法没有考虑土与基础及上部结构的共同作用，因而用此法求得的支座反力不等于原柱作用的竖向荷载，一般常采用"基底反力局部调整法"进行修正，即将支座处的不平衡力均匀分布在支座两侧各 1/3 跨度范围内进行叠加求解，经过反复多次叠加，直到支座反力接近柱荷为止。

2)构造要求

①柱下条形基础梁的高度宜为柱距的 1/8 ~ 1/4,翼板厚度不应小于 200 mm。当翼板厚度大于 250 mm 时,宜采用变厚度翼板,其顶面坡度宜小于或等于 1:3。

②条形基础的端部宜向外伸出,其长度宜为第一跨距的 0.25 倍。

③现浇柱与条形基础梁的交接处,基础梁的平面尺寸应大于柱的平面尺寸,且柱的边缘至基础梁边缘的距离不得小于 50 mm,如图 7.25 所示。

④条形基础梁顶部和底部的纵向受力钢筋除应满足计算要求外,顶部钢筋应按计算配筋全部贯通,底部通长钢筋不应少于底部受力钢筋截面总面积的 1/3。

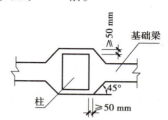

图 7.25　现浇柱与条形基础梁交接处的平面尺寸

⑤柱下条形基础的混凝土强度等级,不应低于 C20。

⑥当条形基础的混凝土强度等级小于柱的混凝土强度等级时,应验算柱下条形基础梁顶面的局部受压承载力。

【例题 7.8】　某楼房外墙基础采用柱下条形基础,荷载标准值及柱距如图 7.26 所示。基础埋深 $d = 2.0$ m,地基承载力特征值 $f_{ak} = 180$ kPa,地基的持力层为粉土,黏粒含量 $\rho_c >$ 12% ,$\gamma = 19$ kN/m³。试确定基础底面尺寸并用静力平衡法计算基础内力设计值。

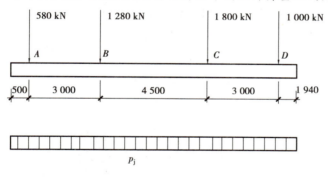

图 7.26　例 7.8 图

【解】　(1)确定基础底面尺寸

各柱轴向力的合力离柱 A 的距离为

$$x = \frac{\sum P_i \cdot X_i}{\sum P_i} = \frac{1\ 280 \times 3 + 1\ 800 \times 7.5 + 1\ 000 \times 10.5}{580 + 1\ 280 + 1\ 800 + 1\ 000} = 5.97(\text{m})$$

为了使荷载合力点与基础的形心重合,条形基础左端的悬臂长度为 0.5 m,则右端伸出长度为

$$l_0 = (5.97 + 0.5) \times 2 - (0.5 + 10.5) = 1.94(\text{m})$$

所以基础总长 $l = 10.5 + 0.5 + 1.94 = 12.94(\text{m})$。

假定基础宽度 $b < 3$ m,查表 7.6 得到:$\eta_b = 0.3, \eta_d = 1.5$。

$$f_a = 180 + 0.3 \times 19 \times (3 - 3) + 1.5 \times 19 \times (2 - 0.5) = 222.75(\text{kPa})$$

基础底面积 $A \geqslant \dfrac{\sum P_i}{f_a - \gamma_G d} = \dfrac{580 + 1\ 280 + 1\ 800 + 1\ 000}{222.75 - 20 \times 2} = 25.50(\text{m}^2)$

故基础宽度 $b = \dfrac{A}{l} = \dfrac{25.5}{12.94} = 1.97(\text{m})$，取 $b = 2\ \text{m}$。

（2）计算基础内力

每延米基础的地基净反力 $p_j = \dfrac{\sum P_i \times 1.35}{l} = \dfrac{4\ 660 \times 1.35}{12.94} = 486.2(\text{kN/m})$

按静力平衡计算各截面内力：

$M_A = \dfrac{1}{2} \times 486.2 \times 0.5^2 = 60.78(\text{kN} \cdot \text{m})$

$V_{A左} = 486.2 \times 0.5 = 243.1(\text{kN})$；$V_{A右} = 243.1 - 580 \times 1.35 = -539.9(\text{kN})$

AB 跨中最大负弯矩应该在剪力为零的位置，离 A 点的距离为

$x_1 = \dfrac{580 \times 1.35}{486.2} - 0.5 = 1.6(\text{m})$

$M_1 = \dfrac{1}{2} \times 486.2 \times 1.6^2 - 580 \times 1.35 \times 1.6 = -630.50(\text{kN} \cdot \text{m})$

$M_B = \dfrac{1}{2} \times 486.2 \times 3.5^2 - 580 \times 1.35 \times (3.5 - 0.5) = 628.97(\text{kN} \cdot \text{m})$

$V_{B左} = 486.2 \times 3.5 - 580 \times 1.35 = 918.7(\text{kN})$

$V_{B右} = 486.2 \times 3.5 - 580 \times 1.35 - 1\ 280 \times 1.35 = -809.3(\text{kN})$

BC 跨中最大负弯矩应该在剪力为零的位置，离 B 点的距离为

$x_2 = \dfrac{(580 + 1\ 280) \times 1.35}{486.2} - 3.5 = 1.66(\text{m})$

$M_2 = \dfrac{1}{2} \times 486.2 \times (3.5 + 1.66)^2 - 580 \times 1.35 \times (3 + 1.66) - 1\ 280 \times 1.35 \times 1.66$

$\quad = -44.60(\text{kN} \cdot \text{m})$

$M_C = \dfrac{1}{2} \times 486.2 \times 8^2 - 580 \times 1.35 \times (8 - 0.5) - 1\ 280 \times 1.35 \times 4.5$

$\quad = 1\ 910(\text{kN} \cdot \text{m})$

$V_{C左} = 486.2 \times 8 - 580 \times 1.35 - 1\ 280 \times 1.35 = 1\ 378.6(\text{kN})$

$V_{C右} = 486.2 \times 8 - 580 \times 1.35 - 1\ 280 \times 1.35 - 1\ 800 \times 1.35 = -1\ 051.4(\text{kN})$

CD 跨中最大负弯矩应该在剪力为零的位置，离 C 点的距离为

$x_3 = \dfrac{(580 + 1\ 280 + 1\ 800) \times 1.35}{486.2} - 8 = 2.16(\text{m})$

$M_3 = \dfrac{1}{2} \times 486.2 \times (8 + 2.16)^2 - 580 \times 1.35 \times (7.5 + 2.16) - 1\ 280 \times 1.35 \times (4.5 + 2.16) - 1\ 800 \times$

$1.35 \times 2.16 = 773.1(\text{kN} \cdot \text{m})$

$M_D = \dfrac{1}{2} \times 486.2 \times 11^2 - 580 \times 1.35 \times (10.5 - 0.5) - 1\ 280 \times 1.35 \times 7.5 - 1\ 800 \times 1.35 \times 3$

$\quad = 943.6(\text{kN} \cdot \text{m})$

$V_{D右} = -486.2 \times 1.94 = -943.23 (\text{kN})$

$V_{D左} = -486.2 \times 1.94 + 1\ 800 \times 1.35 = 1\ 486.8 (\text{kN})$。

【例题7.9】 某楼房外墙基础采用柱下条形基础,荷载设计值及柱距如图7.27所示,基础总长为33 m,柱距6 m,共5跨,设 EI 为常数,试用倒梁法计算基础内力。

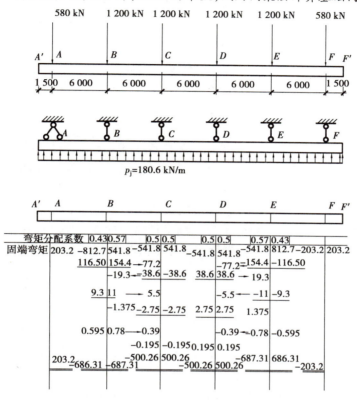

图7.27 例7.9图

【解】 (1)计算基底单位净反力

由于荷载对称布置,上部荷载合力作用点与基础的形心重合,基底反力为均载,故:

$$p_j = \frac{\sum P_i}{l} = \frac{5\ 960}{33} = 180.6 (\text{kN} \cdot \text{m})$$

(2)求固端弯矩

$$M_{AA'} = -M_{AB} = -\frac{1}{2} \times 180.6 \times 1.5^2 = -203.2 (\text{kN} \cdot \text{m})$$

$$M_{BA} = -M_{EF} = -\frac{1}{8} \times 180.6 \times 6^2 = -812.7 (\text{kN} \cdot \text{m})$$

$$M_{BC} = -M_{CB} = M_{DE} = -M_{ED} = \frac{1}{12} \times 180.6 \times 6^2 = 541.8 (\text{kN} \cdot \text{m})$$

$$M_{CD} = -M_{DC} = \frac{1}{12} \times 180.6 \times 6^2 = 541.8 (\text{kN} \cdot \text{m})$$

$$M_{FF'} = -M_{FE} = 203.2 (\text{kN} \cdot \text{m})$$

（3）求力矩分配系数

令 $i = \dfrac{EI}{6}$

$$\mu_{BA} = \mu_{EF} = \frac{3i}{4i+3i} = 0.43 ; \mu_{BC} = \mu_{ED} = \frac{4i}{4i+3i} = 0.57$$

$$\mu_{CB} = \mu_{CD} = 0.5 ; \mu_{DC} = \mu_{DE} = 0.5$$

（4）用力矩分配法计算支座弯矩（见图7.27）

（5）调整不平衡力

根据支座弯矩及外荷载，以每跨梁为隔离体求支座剪力，由计算结果可看出，支座反力和柱荷载有较大的不平衡力，应按渐进法进行调整，调整过程从略。

7.7.4　十字交叉条形基础

柱下十字交叉条形基础是由柱网下的纵横两组条形基础组成的一种空间结构，在基础交叉点处承受柱网传下的集中荷载和力矩。

十字交叉条形基础梁的计算较复杂，一般采用简化计算方法。通常把柱荷载分配到纵横两个方向的基础上，然后分别按单向条形基础进行内力计算。故其计算主要是解决节点荷载分配问题，一般是按刚度分配或变形协调的原则沿两个方向分配。节点荷载分配，不管采用什么方法，都必须满足以下两个条件：

（1）静力平衡条件

$$P_i = P_{ix} + P_{iy} \tag{7.28}$$

式中　P_i——任一节点 i 上的集中荷载，kN；

　　　P_{ix}, P_{iy}——节点 i 处分配于 x 和 y 方向基础上的集中荷载，kN。

（2）变形协调条件

按地基与基础共同作用的概念，则纵横基础梁在节点 i 处的竖向位移和转角应相同，且应与该处地基的变形相协调。简化计算方法假定交叉点处纵梁和横梁之间铰接，认为一个方向的条形基础有转角时，对另一个方向的条形基础内不引起内力，节点上两个方向的力矩分别由对应的纵梁和横梁承担。这样，只要满足节点处的竖向位移协调条件即可，即

$$w_{ix} = w_{iy} \tag{7.29}$$

式中　w_{ix}, w_{iy}——节点 i 处 x 和 y 方向条形基础的挠度。

当十字交叉节点间距较大，纵横两向间距相等且节点荷载不太悬殊时，可不考虑相邻荷载的相互影响，使节点荷载的分配大大简化。可以把地基视为弹簧模型，并可以进一步近似地假定 w_x, w_y 分别仅由 P_x, P_y 引起，而与梁上其他荷载无关。于是根据式（7.29），可得

$$P_x \overline{w}_x = P_y \overline{w}_y \tag{7.30}$$

式中　$\overline{w}_x, \overline{w}_y$——单位力 $P_x = 1$ 和 $P_y = 1$ 引起横梁和纵梁在交叉点 i 处的竖向位移。

由式（7.28）和式（7.30）可解得

$$P_x = \frac{\overline{w}_y}{\overline{w}_x + \overline{w}_y} P \tag{7.31}$$

$$P_y = \frac{\overline{w}_x}{\overline{w}_x + \overline{w}_y} P \tag{7.32}$$

十字交叉条形基础各节点的荷载按上述方法分配到两组梁上后,即可按前述柱下单向条形基础进行内力分析。实际上,十字交叉条形基础的两组梁在节点处应是刚接的,节点处任一方向梁的弯曲都将引起另一方向梁的扭转。以上简化计算方法没有考虑,因此在设计时应注意基础截面中扭矩的存在,并适当配置抗扭箍筋。

7.7.5 筏板基础

1)应用范围

当地基承载力较差、上部结构荷载较大时,钢筋混凝土十字交叉条形基础往往满足不了建筑物的要求,需将基础底面进一步扩大,从而连成一块整体的基础板,形成筏板基础。城市地表杂填土层很厚,挖除不经济时,采用筏板基础可以解决杂填土不均匀的问题。多层住宅建在软弱地基上采用墙下筏板基础,是一种安全、经济、施工方便的方案。带地下室的建筑,为使用方便和防渗要求,也采用筏板基础。即使地基土相对较均匀时,对不均匀沉降敏感的结构也常采用筏板基础。

前已述及,筏板基础一般可分为平板式筏基和梁板式筏基两种类型,也可按上部结构形式分为柱下筏基和墙下筏基两类。

钢筋混凝土筏板基础具有施工简单、基础整体刚度好和能调节建筑物不均匀沉降等特点,它的抗震性能也比较好。最简单的筏板基础是一块等厚的钢筋混凝土平板,美国休斯敦商业大厦(高 305 m)就采用了这种基础,是目前世界上由天然地基承载的最高建筑物,大楼平面为 48.8 m×48.8 m,钢筋混凝土筏板基础的平面为 65.5 m×65.5 m,基础板厚近 3 m;竣工后大楼各部分的沉降差很小,基础中心 6 年的总沉降为 10 ~ 15 mm、两周边为 25 ~ 50 mm。

2)筏板基础内力的计算及配筋要求

由于影响筏板内力的因素很多,例如上部墙体刚度、荷载大小及分布状况、板的刚度、地基土的压缩性以及相应的地基反力等,以致尚难确定一种既简化又接近于实际情况的通用计算方法。目前一般多采用简化算法,即刚性板法。

①当上部荷载比较均匀或刚度比较大,或当基础平面尺寸较小、筏板厚度较大及土层较软时,可将基础板视为倒置的楼盖,以柱子或剪力墙为支座、地基净反力为荷载,按普通钢筋混凝土楼盖来计算。

若为框架结构下的平板式筏板基础,可将基础板按无梁楼盖进行计算,平板可在纵横两个方向划分为柱上板带和柱间板带,并近似地取地基反力为板带上的荷载,其内力分析和配筋计算同无梁楼盖。若为框架结构下的带梁式筏板基础,在按倒楼盖法计算时,其计算简图与柱网的分布和肋梁的布置有关,如柱网接近方形、梁仅沿柱网布置,则基础板为连续双向板,梁为连续梁;基础板在柱网间增设了肋梁,基础板应视区格大小按双向板和单行板进行计算,梁和肋均按连续梁计算。

②当地基比较复杂、上部结构刚度较差时,柱间距变化较大,邻柱荷载变化超过 20%,筏基内力应按弹性地基梁板方法进行分析。

3)筏板基础的承载力计算要点

筏板基础作为一个大面积基础,可按整体稳定性原理确定地基承载力。由于筏基有较大的宽度和埋深(由地表算至筏板底),因此提高了地基的承载力。

对于粗颗粒土,筏基的地基极限承载力往往非常大;对于黏性土,则需注意确定埋深土层的抗剪强度参数,以便分析埋深土层破坏的安全系数,确保整体稳定性。当发现深层土抗剪强度较低时,单纯靠扩大底面积以减少基底压力往往效果不大,亦不经济,这时可考虑采用其他基础型式(如箱形基础等),以加大基础埋深和刚度。

7.7.6 箱形基础简介

1)概述

箱形基础是由钢筋混凝土顶板、底板、侧墙和一定数量内隔墙构成的,具有相当大的整体刚度的箱形结构。箱形基础埋置于地面下一定深度,能与基底和周围土体共同工作,从而增加建筑物的整体稳定性,并对抗震有良好作用,因此是具有人防、抗震及地下室要求的高层建筑的理想基础形式之一。

箱形基础由于需要进行大面积和较深的土方开挖,所以相应于基底深度处土的自重应力和水压力之和在数值上较大,往往能够补偿建筑物的基底压力,形成补偿基础。如果基底压力 p 恰好等于土的自重应力与水压力之和 p_c,基底附加应力 p_0 为零($p_0 = p - p_c$)。从理论上讲,如果施工过程中基底土中的有效应力和水压力无任何变化,则地基不会发生任何沉降,也不存在承载力的问题。但实际上并不是这样。基底土由于开挖会产生回弹,加载又会产生再压缩,由于风力和地震力作用将形成倾覆力矩,在基础边缘处产生很大的压力,因此承载力和沉降问题仍然是存在的。然而这种补偿性确实起到了减少地基沉降和提高地基稳定性的作用。

2)承载力计算要点

箱基结构设计内容包括顶板、底板、内墙、外墙以及门洞过梁等构件的强度计算、配筋和构造要求。强度计算是以内力为依据的,而基底反力的大小及分布直接影响内力值。因而,基底反力的求解是箱基设计的关键。

目前常采用三种方法来计算基底反力:刚性法、弹性地基梁法、基底反力系数法。

在确定基底反力后,根据上部结构的形式,确定分析模型,可对箱形基础进行内力分析和基础设计。

3)适用范围

①高层建筑。高层建筑为了满足地基稳定性的要求,防止建筑物的滑动与倾覆,不仅要求基础整体刚度大,而且需要埋深大,常采用箱形基础。

②重型设备。重型设备或对不均匀沉降有严格要求的建筑物,可采用箱形基础。

③需要地下室的各类建筑物。

④上部结构荷载大、地基土承载力较差。

⑤高地震烈度地区的重要建筑物。

任务 8　熟悉减轻不均匀沉降危害的措施

地基基础设计只是建筑物设计的一部分,因此,地基基础设计应从建筑物整体考虑,以确保安全。从地基变形方面来说,如果其估算结果超过允许值,或者根据当地经验预计不均匀沉降、均匀沉降过大,则应采取措施,以防止或减少地基沉降的危害。

不均匀沉降常引起砌体承重构件开裂,尤其是墙体窗口门洞的角位处。裂缝的位置和方向与不均匀沉降的状况有关。如果墙体中间部分的沉降比两端大,则墙体两端的斜裂缝将呈八字形,有时(墙体过长)还在墙体中部下方出现近乎竖直的裂缝。如果墙体两端的沉降大,则斜裂缝将呈倒八字形。当建筑物各部分的荷载或高度差别较大时,重、高部分的沉降也常较大,并导致轻、低部分产生斜裂缝。

减轻和消除不均匀沉降危害的措施

防止和减轻不均匀沉降的危害,是设计部门和施工单位都要认真考虑的问题。如工程地质勘察资料或基坑开挖查验表明不均匀沉降可能性较大时,应考虑更改设计或采取有效办法处理。常用的方法有:

①对地基某一深度内或局部进行人工处理。

②采用桩基础或其他基础方案。

③在建筑设计、结构设计和施工方面采取相应措施。

7.8.1　建筑措施

1)建筑物体形力求简单

建筑物的形体可通过其立面和平面表示。建筑物的立面不宜存在过大的高差,因为在高度突变的部位,常由于荷载轻重不一而产生超过允许值的不均匀沉降。如果建筑物需要高低错落,则应在结构上认真配合。平面形状复杂的建筑物,由于基础密集,产生相邻荷载影响而使局部沉降量增加。如果建筑在平面上转折、弯曲太多,则其整体性和抵抗变形的能力将受到影响。

2)控制建筑物的长高比

建筑物在平面上的长度 L 和从基础底面起算的高度 H_f 之比,称为建筑物的长高比。它是决定砌体结构房屋刚度的一个主要因素。L/H_f 越小,建筑物的刚度越好,调整地基不均匀沉降的能力就越大。对三层和三层以上的房屋,L/H_f 宜小于或等于 2.5;当房屋的长高比满足 $2.5 < L/H_f \leq 3.0$ 时,应尽量做到纵墙不转折或少转折,其内墙间距不宜过大,且与纵墙之间的连接应牢靠,同时纵墙开洞不宜过大。必要时还应增强基础的刚度和强度。当房屋的预估计最大沉降量小于或等于 120 mm 时,在一般情况下,砌体结构的长高比可不受限制。

3)设置沉降缝

沉降缝把建筑物从基础底面直至屋盖分开成各自独立单元。每个单元一般应体形简单、长高比较小以及地基比较均匀。沉降缝一般设置在建筑物的下列部位:

①建筑物平面的转折处。

②建筑物高度或荷载差异变化处。

③长高比不符合要求的砌体结构以及钢筋混凝土框架结构的适当部位。

④地基土的压缩性有显著变化处。

⑤建筑结构或基础类型不同处。

⑥分期建造房屋的交接处。

7.8.2　结构措施

1)减轻建筑物自重

建筑物的自重在基底压力中占有很大比例,工业建筑中估计40%～50%,民用建筑中可高达60%～70%,因而减少沉降量常可以减轻建筑物自重,可采用下列措施:

①采用轻质材料,如采用空心砖墙、空心砌块或其他轻质墙等。

②选用轻型结构,如预应力混凝土结构、轻型钢结构以及各种轻型空间结构。

③减轻基础及以上回填土的自重,选用自重轻、覆土较少的基础形式,如浅埋的宽基础和半地下室、地下室基础,或者室内地面架空。

2)增强建筑物的刚度和强度

①控制建筑物的长高比 $L/H < 2.5$。

②设置封闭的圈梁和构造柱。

圈梁的作用在于提高砌体结构抵抗弯曲的能力,即增强建筑物的抗弯刚度。它是防止砖墙出现裂缝和阻止裂缝开展的一项有效措施。当建筑物产生碟形沉降时,墙体产生正向弯曲,下层的圈梁将起作用;反之,墙体产生反向弯曲时,上层的圈梁起作用。

圈梁必须与砌体结合成整体,每道圈梁要贯通全部外墙、承重内纵墙及主要内横墙,即在平面上形成封闭系统。当无法连通(如某些楼梯间的窗洞处)时,则应按要求利用附加圈梁进行搭接。必要时,洞口上下的钢筋混凝土附加圈梁可和两侧的小柱形成小框。

圈梁的截面难以进行计算,一般均按构造考虑。采用钢筋混凝土圈梁时,混凝土强度等级宜采用C20,宽度与墙厚相同,高度不小于120 mm,上下各配2根直径8 mm以上的纵筋。箍筋间距不大于30 mm。

③合理布置纵横墙。

3)减小或调整基础底面的附加压力

①设置地下室,挖除地下室空间土体,可将建筑物的部分自重对地基土自重进行补偿。

②采用较大的基础底面积。为了减小沉降差异,荷载大的基础宜采用较大的基础底面积,以减小该处的基底压力。

7.8.3　施工措施

1)合理安排施工顺序

在软弱地基土上开挖基坑和建造基础时,应合理安排施工顺序,注意采用合理的施工方法,以确保工程质量和减小不均匀沉降的危害。

对于高低、重轻悬殊的建筑部位,在施工进度和条件许可的情况下,一般应按照先重后轻、先高后低的程序进行施工,或在高重部位竣工并间歇一段时间后再修建轻低部位。

对于具有地下室和裙房的高层建筑,为减小高层部分与裙房间的不均匀沉降,在施工时应采用施工后浇带断开,待高层部分主体结构完成时再连接成整体。如采用桩基,可根据沉降情况,在高层部分主体结构未全部完成时连接成整体。

2）减少对原状土的扰动

软弱基坑的土方开挖可采用挖土机具进行作业，但应尽量防止扰动坑底土的原状结构。通常坑底至少应保留200 mm以上的原土层，待施工垫层时用人工挖除。如果发现坑底软土已被扰动，则应挖去被扰动的土层，用砂回填处理。

 思政案例

万丈高楼拔地起，根深方能入云霄——地基基础专家黄熙龄院士

"地基不牢，地动山摇。"

如今的中国，高楼林立，如雨后春笋，尽显都市的发达与繁华。然而建筑的楼层越高，需要的地基就越坚实。这一栋栋直插云霄的摩天大厦的建成离不开地基领域研究者的心血与付出。

黄熙龄，著名地基基础工程专家，中国工程院院士，先后担任中国建筑科学研究院地基基础研究所所长、顾问总工程师。他从事地基基础领域研究五十余年，解决了国内外数十项重大工程地基基础问题，为中国的地基基础研究做出了无比卓越的贡献。

地基基础在工程中的地位及重要性不言而喻。一旦发生地基与基础质量事故，对其补救和处理十分困难，有时甚至无法补救。因地基基础质量问题造成的建筑物倾斜或倒塌的工程实例不胜枚举。我国的虎丘斜塔、意大利的比萨斜塔是典型的建筑物倾斜例子；加拿大的特朗斯康谷仓整体失稳事故，我国武汉的某高层建筑因地基问题造成建筑物严重倾斜并最终拆除，均是地基失效的例子。

2003年7月，上海地铁4号线发生塌方事故，黄熙龄是当时对塌方周边建筑物进行安全评估的负责人。他到达上海后第一时间就赶到现场调研，有一栋建筑物被列为重点评估对象——上海的社保局大楼，上海市民所有的社保资料都在这座大楼里。

这座大楼离塌方点最近，也在塌方影响范围内，既重要，又危险，怎么办？为了查看整个楼周边的情况，黄熙龄冒着酷暑，带着组员徒步登上社保局的21层顶楼，上海的高温让每个人的后背都湿透了。然而，专家组根本顾不得这些，马上开始分析数据，最终经过缜密的数据分析，黄熙龄当场对建设部长说："这个大楼可以放心使用，不会塌方，不用再处理。"

黄熙龄及时作出的有效判断，解决了中央领导及上海市政府的后顾之忧，为抢险工作提供了有力的帮助，更为稳定人心发挥了重要的作用。

黄老一生专注科研，一生致力于建筑地基基础工程研究。他曾说："人的生命有两个，一个是身体上的生命，还有一个是技术生命，人要活到老研究到老。"虽然黄老已离我们远去，但他为我国岩土工程事业做出了开拓性贡献。高山仰止，景行行止！

单元小结

（1）浅基础根据材料可分为砖基础、毛石基础、灰土基础、三合土基础，混凝土基础、钢筋混凝土基础；根据形状和大小可分成为独立基础、条形基础（包括十字形交叉条形基础）、筏板基础、箱形基础；根据受力条件及构造可分为刚性基础和柔性基础两大类。影响基础埋深的因素有：相邻建筑物与场地环境，地基土的性质，地下水条件，荷载大小与性质。地基基础设计的原则有：基础

PPT、教案、题库（单元7）

底面的压力小于地基的容许承载力;地基及基础的变形量小于结构物允许的沉降值;地基及基础整体稳定性有足够保证;基础本身的强度满足要求。

（2）基础设计时要进行荷载取值,地基变形验算时要确定地基承载力特征值,确定基础底面压力,进行软弱下卧层承载力验算、地基变形验算,计算地基变形允许值。

（3）扩展基础设计内容包括基础底面积确定(与无筋扩展基础相似)、抗冲切验算、抗弯验算、抗剪验算、局部受压验算(当基础的混凝土强度等级小于柱的混凝土强度等级)。

（4）筏板基础分为平板式筏基和梁板式筏基两种类型。筏板基础内力计算一般采用简化方法,即刚性板法。

（5）箱形基础结构设计内容包括顶板、底板、内墙、外墙以及门洞过梁等构件的强度计算、配筋和构造要求。基底反力计算目前常采用的方法有:刚性法、弹性地基梁法、基底反力系数法。

（6）为防止和减轻不均匀沉降的危害,常用的方法有:对地基某一深度内或局部进行人工处理;采用桩基础或其他基础方案;在建筑设计、结构设计和施工方面采取某些措施。

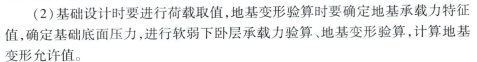

1. 浅基础的分类有哪些? 其分类的依据是什么?

2. 简述浅基础的构造。

3. 刚性基础和柔性基础有何区别? 各有什么特点?

4. 建筑物对地基与基础的要求有哪些? 基础设计时如何考虑?

5. 确定基础埋置深度时,应考虑哪些因素?

6. 天然地基上刚性浅基础设计计算包括哪些内容和步骤? 需要做哪些验算?

7. 采用式(7.24)、式(7.25)对柱下独立基础的布筋,适用于什么范围?

8. 柱下条形基础计算的理论有几种? 该理论都满足哪些假定? 对计算结果有何影响?

9. 消除或减轻不均匀沉降的危害,有哪些主要措施?

10. 某轴心受压基础,底面尺寸为 $l \times b = 4$ m×4 m,基础埋深 $d = 2$ m,地下水位与基底平齐。地基土为黏土,测得土的物理性质:$w = 31\%$,$\gamma = 19$ kN/m³,$d_s = 2.8$,$w_L = 31.6\%$,$w_p = 26.8\%$,$f_{ak} = 200$ kPa。试确定地基承载力特征值 f_a。

11. 某一矩形底面的柱下独立基础,置于如图 7.28 所示的持力层上,作用在±0.000 标高处的竖向荷载 $F_k = 900$ kN,持力层的地基承载力特征值 $f_{ak} = 160$ kPa,下卧层地基承载力特征值 $f_{ak} = 85$ kPa。试确定独立柱基础的底面尺寸,并验算下卧层的承载力。

12. 某"烂尾楼"工程,几年前仅施工至一层便停工,现投入资金恢复建设,但需改变该楼的使用功能。现场勘察得知,某柱采用钢筋混凝土独立基础,基底尺寸为 $l \times b = 4$ m×3 m,埋深状况及地基持力层、下卧层情况如图 7.29 所示。假设天然地面与±0.00 地面齐平,试根据持力层承载力要求核算该基础能承受多大的竖向力 F_k,并据此验算下卧层承载力是否满足要求。

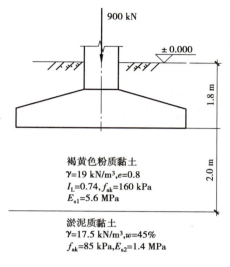

褐黄色粉质黏土
$\gamma=19$ kN/m³,$e=0.8$
$I_L=0.74$,$f_{ak}=160$ kPa
$E_{s1}=5.6$ MPa

淤泥质黏土
$\gamma=17.5$ kN/m³,$w=45\%$
$f_{ak}=85$ kPa,$E_{s2}=1.4$ MPa

图 7.28 习题 11 图

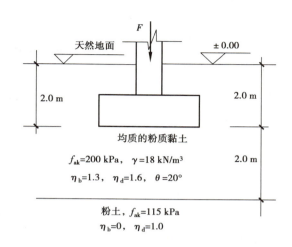

天然地面
$f_{ak}=200$ kPa, $\gamma=18$ kN/m³
$\eta_b=1.3$, $\eta_d=1.6$, $\theta=20°$

均质的粉质黏土

粉土, $f_{ak}=115$ kPa
$\eta_b=0$, $\eta_d=1.0$

图 7.29 习题 12 附图

13. 某地基上的墙下条形基础,埋深为 1.80 m(从室外地坪算起),基础宽度取 $b=2.5$ m,作用在室内地面标高处的竖向轴心荷载 $F_k=495$ kN/m,持力层土承载力特征值 $f_{ak}=220$ kPa,土层分布如图 7.30 所示,试验算基础底面尺寸是否满足要求。

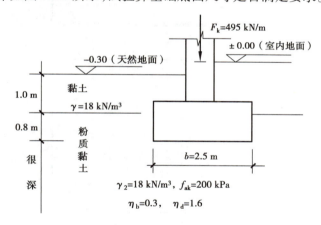

$F_k=495$ kN/m
±0.00(室内地面)
−0.30(天然地面)

黏土
$\gamma=18$ kN/m³

粉质黏土

很深

$\gamma_2=18$ kN/m³, $f_{ak}=200$ kPa
$\eta_b=0.3$, $\eta_d=1.6$

$b=2.5$ m

图 7.30 习题 13 图

14. 某工厂厂房为框架结构,独立基础。作用在基础顶面的竖向荷载标准值 $N_k=2\,000$ kN,弯矩 $M_k=800$ kN·m,水平力标准值为 60 kN。基础埋深 2.0 m,基础顶面位于地面下 0.5 m。地基表层为素填土,天然重度 $\gamma_1=18.0$ kN/m³,厚度 $h_1=1.9$ m,第二层为黏性土,$\gamma_2=18.5$ kN/m³,$e=0.90$,$I_L=0.25$,层厚 $h_2=8.60$ m。设 $f_{ak}=210$ kPa,试确定基础底面尺寸。

15. 某框架结构,采用钢筋混凝土阶形独立基础,底面尺寸为 4 m×6 m,作用在基础顶面的竖向荷载标准值 $N_k=2\,000$ kN,弯矩 $M_k=800$ kN·m,水平力标准值为 50 kN。基础埋深 2.4 m,室内外高差为 0.3 m。地基表层为素填土,天然重度 $\gamma_1=18.0$ kN/m³,厚度 $h_1=1.2$ m,第二层为黏性土,$\gamma_2=18.5$ kN/m³,$e=0.90$,$I_L=0.25$,层厚 $h_2=8.60$ m,如图 7.31 所示。设 $f_{ak}=210$ kPa,试对该独立柱基进行抗冲切验算。

16. 条件同 15 题,为独立柱基,混凝土采用 C20,钢筋采用 HRB400,试对该基础进行配筋计算。

17. 某单位职工 4 层住宅设计为砖混结构,采用墙下钢筋混凝土条形基础,墙厚 240 mm。作用于基础顶面荷载 $N = 117$ kN/m。地基土表层为多年填土,层厚 $h_1 = 3.4$ m,$f_{ak} = 100$ kPa,$\gamma_1 = 17.0$ kN/m^3,地下水位深 0.5 m;第二层为淤泥质粉土,层厚 $h_2 = 3.2$ m,$f_{ak} = 60$ kPa,$\gamma_2 = 18.0$ kN/m^3;第三层为软塑黏土,$f_{ak} = 180$ kPa,$\gamma_3 = 18.5$ kN/m^3。基础钢筋采用 HRB400,混凝土强度等级为 C25。试设计该条形基础。

18. 某楼房外墙基础采用柱下条形基础,荷载设计值及柱距如图 7.32 所示,基础总长为 30 m,柱距 6 m,共 5 跨,设 EI 为常数,试用静力平衡法计算基础内力。

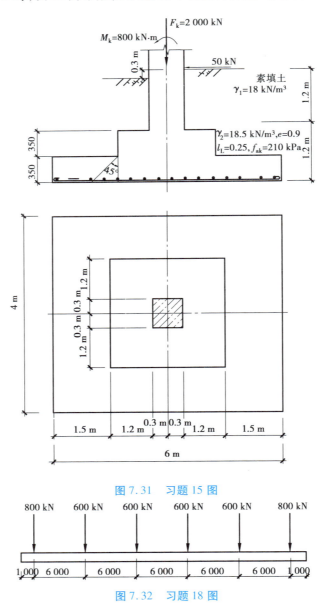

图 7.31　习题 15 图

800 kN　600 kN　600 kN　600 kN　600 kN　800 kN

1 000　6 000　6 000　6 000　6 000　6 000　1 000

图 7.32　习题 18 图

单元 8
设计桩基础

单元导读

- **基本要求**　通过本单元学习,要求掌握桩基的分类、构造与适用条件。
- **重点**　单桩竖向承载力的确定方法;桩基础的设计的一般规定、设计步骤。
- **难点**　将所学知识与工程实践相结合,对桩基础进行设计。
- **思政元素**　(1)核心价值观——爱国:没有祖国的强盛,就没有今天的幸福生活,就要被欺负,就要挨打;(2)核心价值观——敬业:工匠精神,精益求精,吃苦耐劳,踏实肯干;(3)核心价值观——诚信:尊重事实,实事求是,信守承诺,真诚真实;(4)核心价值观——友善:互帮互助,团队协作,共同完成目标。

任务 1　认识桩基础

　　桩基础是一种承载性能好、适用范围广的深基础,在建筑、市政、桥梁、港口以及近海结构等工程中得到越来越广泛的应用。本章主要依据《建筑地基基础设计规范》(GB 50007—2011)与《建筑桩基技术规范》(JGJ 94—2008)的有关内容介绍桩基础。本章也涉及一些其他深基础和桩式托换方面的内容。

　　桩基础是由桩和承台组成的深基础,如图 8.1 所示。桩基础通过承台将桩顶部连成一个整体,共同承受上部结构荷载,并将该荷载传递给每一根桩;桩再将该荷载传递至桩侧及桩端的岩土层中去。

　　与天然地基上的浅基础相比,桩基础具备如下特点:其一,从施工上看,桩基础需采用特定的施工机械或手段,把基础结构置入深部稳定的岩土层中;其二,桩基础的入土深度(桩长)与基础结构宽度(桩径或承台宽度)之比较大,在决定深基础的承载力时,基础侧面的摩

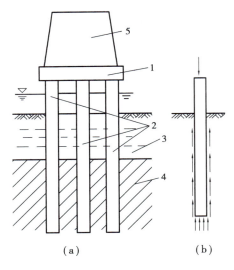

图 8.1　桩基础

1—承台;2—基桩;3—松软土层;4—持力层;5—墩身

阻支承力不能忽略,有时甚至起主要作用;其三,浅基础地基可能有不同的破坏模式,但桩基础地基却往往只发生刺入(即冲切)剪切破坏;其四,桩基础承载力高,变形小,稳定性好,抗震性能好。

桩基础适用于以下情况:

①荷载较大,地基上部土层软弱,适宜的地基持力层位置较深,采用浅基础或人工地基在技术上、经济上不合理时。

②软弱地基,采用地基处理技术上不可行,经济上不合理时。

③地基软硬不均或荷载分布不均匀,天然地基不能满足结构物对差异沉降限制的要求时。

④特殊性地基,如湿陷性黄土、季节性冻土,要求采用桩基础将荷载传到深层稳定的土层。

⑤河床冲刷较大、河道不稳定或冲刷深度不易计算正确,如果采用浅基础施工困难或不能保证基础安全时。

⑥当施工水位或地下水位较高时,采用桩基础可减小施工困难和避免水下施工。

⑦地震区,在可液化地基中,采用桩基础可增加结构物的抗震能力,桩基础穿越可液化土层并伸入下部密实稳定土层,可消除或减轻地震对结构物的危害。

以上情况也可以采用其他形式的深基础,但桩基础由于耗用材料少、施工快速简便,往往是优先考虑的深基础方案。

任务 2　了解桩的类型

1)按承台位置分类

桩基础按承台位置可分为高桩承台基础和低桩承台基础,如图 8.2 所示。承台底面位于地面(或冲刷线)以上称为高承台桩基础,也称高桩承台基础;而

桩基的分类

承台全部沉入土中则称为低承台桩基础,也称低桩承台基础。高桩承台基础结构特点是:基桩部分桩身埋入土中,部分桩身外露在地面以上,由于承台位置较高或设在施工水位以上,能避免或减少水下作业,施工较为方便;但高桩承台基础刚度较小,在水平力作用下,由于承台及基桩露出地面的一段自由长度,而周围又无土体来共同承受水平外力,基桩的受力情况较为不利,桩身内力和位移都将大于在同样水平外力作用下的低桩承台基础,稳定性方面低桩承台基础也较高桩承台基础好。

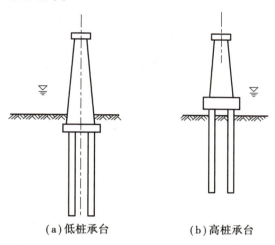

(a)低桩承台   (b)高桩承台

图 8.2 高桩承台和低桩承台

2)按承载性状分类

①摩擦型桩:如图 8.3(a)所示,摩擦桩在承载能力极限状态下,桩顶竖向荷载由桩侧阻力承受,桩端阻力小到可忽略不计。其中,端承摩擦桩在承载能力极限状态下,桩顶竖向荷载主要由桩侧阻力承受。

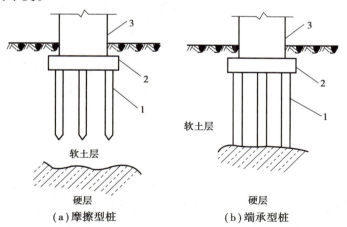

(a)摩擦型桩   (b)端承型桩

图 8.3 摩擦型桩与端承型桩

1—桩;2—承台;3—上部结构

②端承型桩:如图 8.3(b)所示,端承桩在承载能力极限状态下,桩顶竖向荷载由桩端阻力承受,桩侧阻力小到可忽略不计。其中,摩擦端承桩在承载能力极限状态下,桩顶竖向荷

载主要由桩端阻力承受。

3）按成桩方法分类

①非挤土桩：干作业法钻（挖）孔灌注桩、泥浆护壁法钻（挖）孔灌注桩、套管护壁法钻（挖）孔灌注桩。

②部分挤土桩：长螺旋压灌注桩、冲孔灌注桩、钻孔挤扩灌注桩、搅拌劲芯桩、预钻孔打入（静压）预制桩、打入（静压）式敞口钢管桩、敞口预应力混凝土空心桩和 H 型钢桩。

③挤土桩：沉管灌注桩、沉管夯（挤）扩灌注桩、打入（静压）预制桩、闭口预应力混凝土空心桩和闭口钢管桩。

4）按桩径（设计直径 d）大小分类

- 小直径桩：$d \leqslant 250$ mm；
- 中等直径桩：250 mm$<d<800$ mm；
- 大直径桩：$d \geqslant 800$ mm。

5）按桩身材料分类

按组成桩身材料可分为木桩、钢筋混凝土桩和钢桩。

（1）木桩

木桩是古老的预制桩，它常由松木、杉木等制成，其直径一般为 $160 \sim 260$ mm，桩长一般为 $4 \sim 6$ mm。木桩的优点是自重小，加工制作、运输、沉桩方便，但它具有承载力低、材料来源困难等缺点，目前已不大采用，只有在临时性小型工程中使用。

（2）钢筋混凝土桩

钢筋混凝土预制桩常做成实心的方形、圆形或空心管桩。预制长度一般不超过 12 m，当桩长超过一定长度后，在沉桩过程中需要接桩。

钢筋混凝土灌注桩的优点是承载力大，不受地下水位的影响，目前已广泛地应用到各种工程中。

（3）钢桩

钢桩即是用各种型钢做成的桩，常见的有钢管和工字型钢。钢桩的优点是承载力高，运输、吊桩和沉桩方便，但具有耗钢量大、成本高、锈蚀等缺点，适用于大型、重型设备基础。目前我国最大的钢管桩达 88 m。

6）按施工方法分类

（1）预制桩

预制桩施工方法是把预先制作好的桩（主要是钢筋混凝土、预应力混凝土实心桩、管桩、钢桩或木桩），用各种机械设备把它沉入地基，直至设计标高。

预制桩按不同的沉桩方式可分为：

①打入桩（锤击桩）。打入桩是通过锤击将预制桩沉入地基的，这种方法适用桩径较小，地基土为可塑状黏土、砂土、粉土的地基，对于有大量漂卵石地基，施工较困难。打入桩伴有较大的振动和噪声，在城市建筑密集地区施工时需考虑对环境的影响。

②振动下沉桩。振动下沉桩是将大功率的振动器安装在桩顶，利用振动以减少土对桩

的阻力,使桩沉入土中。这种方法适用于可塑状的黏性土和砂土。

③静力压桩。静力压桩是借助桩架自重及桩架上的压重,通过液压或滑轮组提供的静力将预制桩压入土中。静力压桩适用于可塑、软塑性的黏性土,对于砂土及其他较坚硬的土层,由于压桩阻力过大,不宜采用。静力压桩在施工过程中无振动、无噪声,并能避免锤击时桩顶及桩身的破坏。

预制桩按材料可分为钢桩、钢筋混凝土预制桩和预应力管桩。其中,预应力管桩因强度高、施工时可接桩,在工程中广泛使用。

(2)灌注桩

灌注桩是在现场地基钻、挖孔,然后浇筑钢筋混凝土或混凝土而形成的桩。灌注桩按成孔方式可分为以下几种:

①钻孔灌注桩。钻孔灌注桩是在预定桩位,用钻孔机械排土成孔,然后在孔中放入钢筋骨架,灌注混凝土而形成的桩。钻孔灌注桩的施工设备简单,操作方便,适用于各种黏性土、砂土地基,也适用于碎卵石土和岩层地基。

②挖孔灌注桩。依靠人工(用部分机械配合)或机械在地基中挖出桩孔,然后浇筑钢筋混凝土或混凝土所形成的桩称为挖孔灌注桩。其特点是不受设备限制,施工简便,场区各桩可同时施工。挖孔桩桩径要求大于 1.4 m,以便直接观察地层情况,保证孔底清孔的质量。为确保施工安全,挖孔深度不宜太深。挖孔灌注桩一般适用于无水或渗水量较小的地层,对可能发生流砂或较厚的软黏土地基,施工较困难。挖孔桩能直接检验孔壁和孔底土质以保证桩的质量,同时为增大桩底支承力,可用开挖办法扩大桩底。

③冲孔灌注桩。利用钻锥不断地提锥、落锥反复冲击底土层,把土层中的泥沙、石块挤向四周或打成碎渣,利用掏渣筒取出,形成冲击钻孔。冲击钻孔适用于含有漂卵石、大块石的土层及岩层,成孔深度一般不超过 50 m。

④沉管灌注桩。用捶击或振动的方法把带有钢筋混凝土的桩尖或带有活瓣式桩尖的钢套管沉入土层中成孔,然后在套管内放置钢筋骨架,并边灌混凝土边拔套管而形成的灌注桩,也可将钢套管打入土中成孔后向套管中灌注混凝土并拔出套管成桩。沉管灌注桩适用于黏性土、砂性土、砂土地基。由于采用了套管,可以避免钻孔灌注桩施工中可能产生的流砂、塌孔的危害和由泥浆护壁所带来的排渣等弊病,但桩径较小。在黏性土中,由于沉管的排土挤压作用对邻桩有挤压影响,挤压产生的孔隙水压力易使拔管时出现混凝土缩颈现象。

任务3 确定桩的承载力

桩的承载力是设计桩基础的关键。单桩的竖向承载力是指竖直单桩在轴向外荷载作用下,不丧失稳定、不产生过大变形时的最大荷载值。它主要由两个方面来确定,即桩身结构的承载力和土对桩的支承力。确定桩的承载力的主要方法有静载荷试验法、原位测试法、经验参数法等。

8.3.1　单桩竖向极限承载力的一般规定

单桩竖向承
载力的确定

①设计采用的单桩竖向极限承载力标准值应符合下列规定：

a. 设计等级为甲级的建筑桩基,应通过单桩静载荷试验确定。

b. 设计等级为乙级的建筑桩基,当地质条件简单时,可参照地质条件相同的试桩资料,结合静力触探等原位测试和经验参数综合确定;其余均应通过单桩静载试验确定。

c. 设计等级为丙级的建筑桩基,可根据原位测试和经验参数确定。

②单桩竖向极限承载力标准值、极限侧阻力标准值和极限端阻力标准值应按下列规定确定：

a. 单桩竖向静载试验应按现行行业标准《建筑基桩检测技术规范》(JGJ 106—2014)执行。

b. 对于大直径端承型桩,也可通过深层平板(平板直径应与孔径一致)载荷试验确定极限端阻力。

c. 对于嵌岩桩,可通过直径为 0.3 m 岩基平板载荷试验确定极限端阻力标准值,也可通过直径为 0.3 m 嵌岩短墩载荷试验确定极限侧阻力标准值和极限端阻力标准值。

d. 桩的极限侧阻力标准值和极限端阻力标准值宜通过埋设桩身轴力测试元件由静载试验确定,并通过测试结果建立极限侧阻力标准值和极限端阻力标准值与土层物理指标、岩石饱和单轴抗压强度以及与静力触探等土的原位测试指标间的经验关系,以经验参数法确定单桩竖向极限承载力。

8.3.2　单桩竖向静载荷试验

静载荷试验是评价单桩承载力最为直观和可靠的方法,它除了考虑地基的支承能力外,也计入了桩身材料对承载力的影响。

对于灌注桩,应在桩身强度达到设计强度后方能进行静载荷试验。对于预制桩,由于沉桩扰动强度下降有待恢复,因此在砂土中沉桩 7 d 后,黏性土中沉桩 15 d 后,饱和软黏土中沉桩 25 d 后才能进行静载荷试验。

静载荷试验时,加荷分级不应小于 8 级,每级加载量宜为预估限荷载的 1/10 ~ 1/8。

测读桩沉降量的间隔时间为:每级加载后,第 5,10,15 min 时各测读一次,以后每 15 min 测读一次,累计一小时后每隔半小时测读一次。

在每级荷载作用下,桩的沉降量连续两次在每小时内小于 0.1 mm 时可视为稳定,稳定后即可加下一级荷载。

符合下列条件之一时可终止加载：

①荷载-沉降曲线上有可判断极限承载力的陡降段,且桩顶总沉降量超过 40 mm。

②后一级荷载产生的沉降量超过前一级荷载的 2 倍,且 24 h 尚未达到稳定。

③桩长 25 m 以上的非嵌岩桩,荷载-沉降曲线呈现缓变型时,桩顶总沉降量大于 60 ~ 80 mm。

④在特殊条件下,可根据具体要求加载至桩顶总沉降量大于 100 mm。

卸载时,每级卸载值为加载值的 2 倍,卸载后隔 15 min 测读一次桩顶百分表读数,读两次后,隔半小时再读一次,即可卸下一级荷载。全部卸载后,隔 3 ~ 4 h 再测读一次桩顶百分表读数。

单桩竖向极限承载力可以根据荷载沉降(Q-s)曲线,按下列方法确定:

①当陡降段明显时,取相应于陡降段起点的荷载值为极限承载力。

②当 Q-s 曲线呈缓变型时,取桩顶总沉降量 $s=40$ mm 所对应的荷载作为极限承载力。

③在试验过程中,因最后一级荷载 24 h 尚未终止加载时,取前一级荷载为极限承载力。

④按上述方法判断极限承载力有困难时,可取沉降-时间(s-lg t)曲线尾部出现明显下弯曲的前一级荷载作为极限承载力。

⑤对桩基沉降有特殊要求时,应根据具体情况选取极限承载力。

8.3.3　原位测试法

当根据单桥探头静力触探资料确定混凝土预制桩单桩竖向极限承载力标准值时,如无当地经验,可按下式计算

$$Q_{uk} = Q_{sk} + Q_{pk} = u \sum q_{sik}l_i + \alpha p_{sk}A_p \tag{8.1}$$

当 $p_{sk1} \leqslant p_{sk2}$ 时　　$p_{sk} = \dfrac{1}{2}(p_{sk1} + \beta p_{sk2})$ $\tag{8.2}$

当 $p_{sk1} > p_{sk2}$ 时　　$p_{sk} = p_{sk2}$ $\tag{8.3}$

式中　Q_{sk},Q_{pk}——总极限侧阻力标准值和总极限端阻力标准值;

　　　u——桩身周长;

　　　q_{sik}——用静力触探比贯入阻力值估算的桩周第 i 层土的极限侧阻力;

　　　l_i——桩周第 i 层土的厚度;

　　　α——桩端阻力修正系数,可按表 8.1 取值;

　　　p_{sk}——桩端附近的静力触探比贯入阻力标准值(平均值);

　　　A_p——桩端面积;

　　　p_{sk1}——桩端全截面以上 8 倍桩径范围内的比贯入阻力平均值;

　　　p_{sk2}——桩端全截面以下 4 倍桩径范围内的比贯入阻力平均值,如桩端持力层为密实的砂土层,其比贯入阻力平均值 p_s 超过 20 MPa 时,则需乘以表 8.2 中系数 C 予以折减后,再计算 p_{sk2} 及 p_{sk1} 值;

　　　β——折减系数,按表 8.3 选用。

表 8.1　桩端阻力修正系数 α 值

桩长/m	$l<15$	$15 \leqslant l \leqslant 30$	$30 < l \leqslant 60$
α	0.75	0.75 ~ 0.90	0.90

注:桩长 $15 \leqslant l \leqslant 30$ m,α 值按 l 值直线内插;l 为桩长(不包括桩尖高度)。

表 8.2   系数 C

p_s/MPa	20 ~ 30	35	>40
系数 C	5/6	2/3	1/2

表 8.3   折减系数 β

p_{sk2}/p_{sk1}	≤5	7.5	12.5	≥15
β	1	5/6	2/3	1/2

注:表 8.2、表 8.3 可内插取值。

当根据双桥探头静力触探资料确定混凝土预制桩单桩竖向极限承载力标准值时,对于黏性土、粉土和砂土,如无当地经验时可按式(8.4)计算。

$$Q_{uk} = Q_{sk} + Q_{pk} = u \sum l_i \cdot \beta_i \cdot f_{si} + \alpha \cdot q_c \cdot A_p \tag{8.4}$$

式中　f_{si}——第 i 层土的探头平均侧阻力,kPa;

　　　q_c——桩端平面上、下探头阻力,kPa,取桩端平面以上 $4d$(d 为桩的直径或边长)范围内按土层厚度的探头阻力加权平均值,然后再和桩端平面以下 $1d$ 范围内的探头阻力进行平均;

　　　α——桩端阻力修正系数,对黏性土、粉土取 2/3,对饱和砂土取 1/2;

　　　β_i——第 i 层土桩侧阻力综合修正系数,对黏性土、粉土:$\beta_i = 10.04(f_{si})^{-0.55}$;对砂土:$\beta_i = 5.05(f_{si})^{-0.45}$。

注:双桥探头的圆锥底面积为 15 cm²,锥角 60°,摩擦套筒高 21.85 cm,侧面积为 300 cm²。

8.3.4　经验参数法

当根据土的物理指标与承载力参数之间的经验关系确定单桩竖向极限承载力标准值时,宜按式(8.5)估算。

$$Q_{uk} = Q_{sk} + Q_{pk} = u \sum q_{sik} l_i + q_{pk} A_p \tag{8.5}$$

式中　q_{sik}——桩侧第 i 层土的极限侧阻力标准值,如无当地经验时,可按表 8.4 取值;

　　　q_{pk}——极限端阻力标准值,如无当地经验时,可按表 8.5 取值。

表 8.4   桩的极限侧阻力标准值 q_{sik}　　　　单位:kPa

土的名称	土的状态	混凝土预制桩	泥浆护壁钻(冲)孔桩	干作业钻孔桩
填　土		22 ~ 30	20 ~ 28	20 ~ 28
淤　泥		14 ~ 20	12 ~ 18	12 ~ 18

续表

土的名称	土的状态		混凝土预制桩	泥浆护壁钻（冲）孔桩	干作业钻孔桩
淤泥质土			22～30	20～28	20～28
黏性土	流　塑	$I_L > 1$	24～40	21～38	21～38
	软　塑	$0.75 < I_L \leq 1$	40～55	38～53	38～53
	可　塑	$0.50 < I_L \leq 0.75$	55～70	53～68	53～66
	硬可塑	$0.25 < I_L \leq 0.50$	70～86	68～84	66～82
	硬　塑	$0 < I_L \leq 0.25$	86～98	84～96	82～94
	坚　硬	$I_L \leq 0$	98～105	96～102	94～104
红黏土		$0.7 < a_w \leq 1$	13～32	12～30	12～30
		$0.5 < a_w \leq 0.7$	32～74	30～70	30～70
粉　土	稍　密	$e > 0.9$	26～46	24～42	24～42
	中　密	$0.75 \leq e \leq 0.9$	46～66	42～62	42～62
	密　实	$e < 0.75$	66～88	62～82	62～82
粉细砂	稍　密	$10 < N \leq 15$	24～48	22～46	22～46
	中　密	$15 < N \leq 30$	48～66	46～64	46～64
	密　实	$N > 30$	66～88	64～86	64～86
中　砂	中　密	$15 < N \leq 30$	54～74	53～72	53～72
	密　实	$N > 30$	74～95	72～94	72～94
粗　砂	中　密	$15 < N \leq 30$	74～95	74～95	76～98
	密　实	$N > 30$	95～116	95～116	98～120
砾　砂	稍　密	$5 < N_{63.5} \leq 15$	70～110	50～90	60～100
	中密（密实）	$N_{63.5} > 15$	116～138	116～130	112～130
圆砾、角砾	中密、密实	$N_{63.5} > 10$	160～200	135～150	135～150
碎石、卵石	中密、密实	$N_{63.5} > 10$	200～300	140～170	150～170
全风化软质岩		$30 < N \leq 50$	100～120	80～100	80～100
全风化硬质岩		$30 < N \leq 50$	140～160	120～140	120～150
强风化软质岩		$N_{63.5} > 10$	160～240	140～200	140～220
强风化硬质岩		$N_{63.5} > 10$	220～300	160～240	160～260

注：①对于尚未完成自重固结的填土和以生活垃圾为主的杂填土，不计算其侧阻力；

②a_w 为含水比，$a_w = w/w_L$，w 为土的天然含水量，w_L 为土的液限；

③N 为标准贯入击数，$N_{63.5}$ 为重型圆锥动力触探击数；

④全风化、强风化软质岩和全风化、强风化硬质岩是指其母岩分别为 $f_{rk} \leq 15$ MPa、$f_{rk} > 30$ MPa 的岩石。

表 8.5　桩的极限端阻力标准值 q_{pk}

单位：kPa

土名称	土的状态	混凝土预制桩桩长 l/m				泥浆护壁钻(冲)孔桩桩长 l/m				干作业钻孔桩桩长 l/m		
		$l≤9$	$9<l≤16$	$16<l≤30$	$l>30$	$5≤l<10$	$10≤l<15$	$15≤l<30$	$30≤l$	$5≤l<10$	$10≤l<15$	$15≤l$
黏性土	软塑 $0.75<I_L≤1$	210~850	650~1 400	1 200~1 800	1 300~1 900	150~250	250~300	300~450	300~450	200~400	400~700	700~950
	可塑 $0.50<I_L≤0.75$	850~1 700	1 400~2 200	1 900~2 800	2 300~3 600	350~450	450~600	600~750	750~800	500~700	800~1 100	1 000~1 600
	硬可塑 $0.25<I_L≤0.50$	1 500~2 300	2 300~3 300	2 700~3 600	3 600~4 400	800~900	900~1 000	1 000~1 200	1 200~1 400	850~1 100	1 500~1 700	1 700~1 900
	硬塑 $0<I_L≤0.25$	2 500~3 800	3 800~5 500	5 500~6 000	6 000~6 800	1 100~1 200	1 200~1 400	1 400~1 600	1 600~1 800	1 600~1 800	2 200~2 400	2 600~2 800
粉土	中密 $0.75≤e≤0.9$	950~1 700	1 400~2 100	1 900~2 700	2 500~3 400	300~500	500~650	650~750	750~850	800~1 200	1 200~1 400	1 400~1 600
	密实 $e<0.75$	1 500~2 600	2 100~3 000	2 700~3 600	3 600~4 400	650~900	750~950	900~1 100	1 100~1 200	1 200~1 700	1 400~1 900	1 600~2 100
粉砂	稍密 $10<N≤15$	1 000~1 600	1 500~2 300	1 900~2 700	2 100~3 000	350~500	450~600	600~700	650~750	500~950	1 300~1 600	1 500~1 700
	中密、密实 $N>15$	1 400~2 200	2 100~3 000	3 000~4 500	3 800~5 500	600~750	750~900	900~1 100	1 100~1 200	900~1 000	1 700~1 900	1 700~1 900
细砂	中密、密实 $N>15$	2 500~4 000	3 600~5 000	4 400~6 000	5 300~7 000	650~850	900~1 200	1 200~1 500	1 500~1 800	1 200~1 600	2 000~2 400	2 400~2 700
中砂	中密、密实 $N>15$	4 000~6 000	5 500~7 000	6 500~8 000	7 500~9 000	850~1 050	1 100~1 500	1 500~1 900	1 900~2 100	1 800~2 400	2 800~3 800	3 600~4 400
粗砂	中密、密实 $N>15$	5 700~7 500	7 500~8 500	8 500~10 000	9 500~11 000	1 500~1 800	2 100~2 400	2 400~2 600	2 600~2 800	2 900~3 600	4 000~4 600	4 600~5 200
砾砂	中密、密实 $N>15$	6 000~9 500		9 000~10 500		1 400~2 000		2 000~3 200		3 500~5 000		
角砾、圆砾	中密、密实 $N_{63.5}>10$	7 000~10 000		9 500~11 500		1 800~2 200		2 200~3 600		4 000~5 500		
碎石、卵石	中密、密实 $N_{63.5}>10$	8 000~11 000		10 500~13 000		2 000~3 000		3 000~4 000		4 500~6 500		
全风化软质岩	$30<N≤50$	4 000~6 000				1 000~1 600				1 200~2 000		
全风化硬质岩	$30<N≤50$	5 000~8 000				1 200~2 000				1 400~2 400		
强风化软质岩	$N_{63.5}>10$	6 000~9 000				1 400~2 200				1 600~2 600		
强风化硬质岩	$N_{63.5}>10$	7 000~11 000				1 800~2 800				2 000~3 000		

注：① 砂土和碎石类土中桩的极限端阻力取值，宜综合考虑土的密实度，桩端进入持力层的深径比 h_b/d，土越密实，h_b/d 越大，取值越高；

② 预制桩的岩石极限端阻力指桩端支承于中、微风化基岩表面或进入强风化岩、软质岩一定深度条件下极限端阻力；

③ 全风化、强风化软质岩和全风化、强风化硬质岩指其母岩分别为 $f_{rk}≤15$ MPa、$f_{rk}>30$ MPa 的岩石。

根据土的物理指标与承载力参数之间的经验关系,确定大直径桩单桩极限承载力标准值时,可按式(8.6)计算。

$$Q_{uk} = Q_{sk} + Q_{pk} = u \sum \psi_{si} q_{sik} l_i + \psi_p q_{pk} A_p \tag{8.6}$$

式中 q_{sik}——桩侧第 i 层土极限侧阻力标准值,如无当地经验值时,可按表 8.4 取值,对于扩底桩变截面以上 $2d$ 长度范围不计侧阻力;

q_{pk}——桩径为 800 mm 的极限端阻力标准值,对于干作业挖孔(清底干净)可采用深层载荷板试验确定;当不能进行深层载荷板试验时,可按表 8.6 取值;

ψ_{si}, ψ_p——大直径桩侧阻、端阻尺寸效应系数,按表 8.7 取值。

u——桩身周长,当人工挖孔桩桩周护壁为振捣密实的混凝土时,桩身周长可按护壁外直径计算。

表 8.6 干作业挖孔桩(清底干净,$D=800$ mm) 极限端阻力标准值 q_{pk} 单位:kPa

土名称		状 态		
黏性土		$0.25 < I_L \leq 0.75$	$0 < I_L \leq 0.25$	$I_L \leq 0$
		$800 \sim 1\,800$	$1\,800 \sim 2\,400$	$2\,400 \sim 3\,000$
粉 土			$0.75 \leq e \leq 0.9$	$e < 0.75$
			$1\,000 \sim 1\,500$	$1\,500 \sim 2\,000$
砂土碎石类土		稍密	中密	密实
	粉砂	$500 \sim 700$	$800 \sim 1\,100$	$1\,200 \sim 2\,000$
	细砂	$700 \sim 1\,100$	$1\,200 \sim 1\,800$	$2\,000 \sim 2\,500$
	中砂	$1\,000 \sim 2\,000$	$2\,200 \sim 3\,200$	$3\,500 \sim 5\,000$
	粗砂	$1\,200 \sim 2\,200$	$2\,500 \sim 3\,500$	$4\,000 \sim 5\,500$
	砾砂	$1\,400 \sim 2\,400$	$2\,600 \sim 4\,000$	$5\,000 \sim 7\,000$
	圆砾、角砾	$1\,600 \sim 3\,000$	$3\,200 \sim 5\,000$	$6\,000 \sim 9\,000$
	卵石、碎石	$2\,000 \sim 3\,000$	$3\,300 \sim 5\,000$	$7\,000 \sim 11\,000$

注:①当桩进入持力层的深度 h_b 分别为:$h_b \leq D$,$D < h_b \leq 4D$,$h_b > 4D$ 时,q_{pk} 可相应取低、中、高值;

②砂土密实度可根据标准贯入击数判定,$N \leq 10$ 为松散,$10 < N \leq 15$ 为稍密,$15 < N \leq 30$ 为中密,$N > 30$ 为密实;

③当桩的长径比 $l/d \leq 8$ 时,q_{pk} 宜取较低值;

④当对沉降要求不严时,q_{pk} 可取高值。

表 8.7 大直径灌注桩侧阻尺寸效应系数 ψ_{si}、端阻尺寸效应系数 ψ_p

土类型	黏性土、粉土	砂土、碎石类土
ψ_{si}	$(0.8/d)^{1/5}$	$(0.8/d)^{1/3}$
ψ_p	$(0.8/D)^{1/4}$	$(0.8/D)^{1/3}$

8.3.5 单桩竖向承载力特征值 R_a

根据《建筑桩基技术规范》(JGJ 94—2008),采用综合安全系数 $K=2$ 取代原规范的荷载分项系数和抗力分项系数,从而使桩基安全度比原规范有所提高。

单桩竖向承载力特征值按式(8.7)确定。

$$R_a = \frac{Q_{uk}}{K} \tag{8.7}$$

式中 R_a——单桩竖向承载力特征值;

$\quad\quad Q_{uk}$——单桩竖向极限承载力标准值,即由前面介绍的静力载荷试验、静力触探、经验参数法确定。

【例题8.1】 某场区从天然地面起往下的土层分布是:粉质黏土,厚度 $l_1=2$ m, $q_{s1a}=24$ kPa;粉土,厚度 $l_2=6$ m, $q_{s2a}=20$ kPa;中密的中砂, $q_{s3a}=30$ kPa, $q_{pa}=2\,600$ kPa。现采用截面边长为 350 mm×350 mm 的预制桩,承台底面在天然地面以下 1.0 m,桩端进入中密中砂的深度为 1.0 m,试确定单桩承载力特征值。

【解】 $R_a = q_{pa}A_p + u_p \sum q_{sid}l_i$

$\quad\quad\quad = 2\,600 \times 0.35 \times 0.35 + 4 \times 0.35 \times (24 \times 2 + 20 \times 6 + 30 \times 1)$

$\quad\quad\quad = 595.7\,(kN)$

任务4　设计桩基础

桩基础的设计与浅基础一样,应力求做到选型恰当、安全适用、经济合理。从保证安全的角度出发,桩基础应有足够的强度、刚度和耐久性。故桩基础设计应满足下列基本条件:单桩承受的竖向荷载不宜超过单桩竖向承载力特征值,桩基础的沉降不得超过建筑物的沉降允许值,对位于坡地岸边的桩基应进行桩基稳定性验算。此外,对软土、湿陷性黄土、膨胀土、季节性冻土和岩溶等地区的桩基,应按有关规范的规定考虑特殊性土对桩基的影响,并在桩基设计中采取有效措施。

8.4.1 基本设计规定

桩基础应按下列两类极限状态设计:

①承载能力极限状态:桩基达到最大承载能力、整体失稳或发生不适于继续承载的变形。

②正常使用极限状态:桩基达到建筑物正常使用所规定的变形限值或达到耐久性要求的某项限值。

桩基础设计
一般规定

8.4.2 桩基的设计等级及建筑类型

根据建筑规模、功能特征、对差异变形的适应性、场地地基和建筑物体型的复杂性以及由于桩基问题可能造成建筑破坏或影响正常使用的程度,应将桩基设计分为 3 个设计等级,如表8.8所示。桩基设计时,应确定设计等级。

表8.8　建筑桩基设计等级

设计等级	建筑类型
甲　级	①重要的建筑; ②30层以上或高度超过100 m的高层建筑; ③体型复杂且层数相差超过10层的高低层(含纯地下室)连体建筑; ④20层以上框架-核心筒结构及其他对差异沉降有特殊要求的建筑; ⑤场地和地基条件复杂的7层以上的一般建筑及坡地、岸边建筑; ⑥对相邻既有工程影响较大的建筑
乙　级	除甲级、丙级以外的建筑
丙　级	场地和地基条件简单、荷载分布均匀的7层及7层以下的一般建筑

8.4.3　桩基础的设计步骤和内容

桩基础的设计
步骤和内容

1)桩基础的设计步骤

①进行调查研究、场地勘察,收集有关设计资料。
②综合地质勘察报告、荷载情况、使用要求、上部结构条件等确定持力层。
③确定桩的类型、外型尺寸和构造。
④确定单桩承载力特征值。
⑤根据上部结构荷载情况,初拟桩的数量和平面布置。
⑥根据桩平面布置,初拟承台尺寸及承台底标高。
⑦单桩承载力验算。
⑧验算桩基的沉降量。
⑨绘制桩和承台的结构及施工详图。

2)收集设计资料

桩基础设计资料包括:建筑物上部结构的情况、结构形式、平面布置、荷载大小、结构构造、使用要求等;工程地质勘察资料;建筑场地与环境的有关资料;施工条件的有关资料(如沉桩设备、动力设备等);当地使用桩基础的经验。

3)选择桩型、桩长和截面尺寸

桩基础设计时,首先应根据建筑物的结构类型、荷载条件、地质条件、施工能力和环境限制(噪声、震动、对周围建筑物地基的影响等)选择桩的类型。例如城市中不宜选用的挤土桩,在深厚软土中不宜采用大片密集有挤土效应的桩基,可考虑用挤土效应软弱的预应力混凝土管桩或钻孔灌注桩等非挤土桩。

桩长主要取决于桩端持力层的选择。桩端最好进入稳定土层或岩层,采用端承桩的形式。当坚硬土层埋藏很深时,则宜采用摩擦桩,但桩端也应尽量达到压缩性较低、强度中等的土层(持力土)。桩端进入持力层的深度宜为桩身直径的1~3倍,嵌岩桩嵌入完整或较完整的未风化、微风化、中风化硬质岩体的最小深度为 0.5 m,确保桩端与岩体面接触。若持力层下有软弱下卧层,桩端以下持力层厚度不宜小于 4 倍桩径,否则端承力将降低甚至丧失。

桩的截面尺寸应与桩长相适应,桩的长径比主要根据桩身不产生压屈失稳及考虑施工现场条件来确定。对预制桩而言,摩擦桩长径比不宜大于 100;端承桩或摩擦桩需穿越一定厚度的硬土层,其长径比不宜大于 80。对灌注桩而言,端承桩的长径比不宜大于 60,当穿越淤泥、自重湿陷性黄土时不宜大于 40;而摩擦桩的长径比则不受限制。当有保证桩身质量的可靠措施和成熟经验时,长径比可适当增大。

4)确定桩数和桩位平面布置

(1)桩数的确定

承台下桩的数量可按以下公式确定:

轴心竖向力作用下
$$n \geq \frac{F_k + G_k}{R_a} \qquad (8.8)$$

偏心竖向力作用下
$$n \geq \mu \frac{F_k + G_k}{R_a} \qquad (8.9)$$

式中　F_k——相应于荷载效应标准组合时,作用于桩基承台顶面的竖向力,kN;

G_k——桩基承台自重及承台上土重标准值,kN;

n——桩基中的桩数;

R_a——单桩竖向承载力特征值,kN;

μ——考虑偏心荷载的增大系数,一般取 1.1 ~ 1.2。

(2)桩的平面布置

①桩的中心距不小于桩径的 3 倍,以减少摩擦桩侧阻力的叠加效应,但也不宜大于桩径的 6 倍,避免承台过大。基桩的最小中心距应符合表 8.9 的规定;当施工中采取减小挤土效应的可靠措施时,可根据当地经验适当减小。

②布桩时要使长期荷载的全力作用点与桩群形心尽可能接近,减少偏心荷载;要尽量对结构受力有利,如对墙体落地的结构宜沿墙下布桩;尽量使桩基在承受水平力和力矩较大的方向有较大的断面抵抗矩,如承台的长边与力矩较大的平面取得一致。

表 8.9　桩的最小中心距

土类与成桩工艺		排数不少于 3 排且桩数不少于 9 根的摩擦型桩桩基	其他情况
非挤土灌注桩		3.0d	3.0d
部分挤土桩		3.5d	3.0d
挤土桩	非饱和土	4.0d	3.5d
	饱和黏性土	4.5d	4.0d
钻、挖孔扩底桩		2D 或 D+2.0 m(当 D>2 m 时)	1.5D 或 D+1.5 m(当 D>2 m 时)

续表

土类与成桩工艺		排数不少于3排且桩数不少于9根的摩擦型桩桩基	其他情况
沉管夯扩、钻孔挤扩桩	非饱和土	2.2D 且 4.0d	2.0D 且 3.5d
	饱和黏性土	2.5D 且 4.5d	2.2D 且 4.0d

注:d——圆桩直径或方桩边长,D——扩大端设计直径。

5)桩基承载力验算

(1)桩顶竖向力的计算

应按下式计算群桩中的基桩或复合基桩的桩顶作用效应:

轴心竖向力作用下
$$N_k = \frac{F_k + G_k}{n} \tag{8.10}$$

偏心竖向力作用下

$$N_{ik} = \frac{F_k + G_k}{n} \pm \frac{M_{xk}y_i}{\sum y_j^2} \pm \frac{M_{yk}x_i}{\sum x_j^2} \tag{8.11}$$

$$N_{kmax} = \frac{F_k + G_k}{n} \pm \frac{M_{xk}y_{max}}{\sum y_j^2} \pm \frac{M_{yk}x_{max}}{\sum x_j^2} \tag{8.12}$$

式中　F_k——荷载效应标准组合下,作用于承台顶面的竖向力;

　　G_k——桩基承台和承台上土自重标准值,对稳定的地下水位以下部分应扣除水的浮力;

　　N_k——荷载效应标准组合轴心竖向力作用下,基桩或复合基桩的平均竖向力;

　　N_{ik}——荷载效应标准组合偏心竖向力作用下,第 i 基桩或复合基桩的竖向力;

　　N_{kmax}——荷载效应标准组合偏心竖向力作用下,单桩的最大竖向力;

　　M_{xk}, M_{yk}——荷载效应标准组合下,作用于承台底面,绕通过桩群形心的 x,y 主轴的力矩;

　　x_i, x_j, y_i, y_j——第 i,j 基桩或复合基桩至 y,x 轴的距离;

　　n——桩基中的桩数。

(2)桩顶竖向承载力的验算

轴心竖向力作用下

$$N_k \leq R \tag{8.13}$$

偏心竖向力作用下除满足上式外,尚应满足下式的要求:

$$N_{kmax} \leq 1.2R \tag{8.14}$$

式中　N_k——荷载效应标准组合轴心竖向力作用下,基桩或复合基桩的平均竖向力;

　　N_{kmax}——荷载效应标准组合偏心竖向力作用下,桩顶最大竖向力;

　　R——基桩或复合基桩竖向承载力特征值。

6)桩身结构设计

灌注桩桩身混凝土强度等级不得小于 C25,混凝土预制桩强度等级不得小于 C30;灌注桩主筋的混凝土保护层厚度不应小于 35 mm,水下灌注桩的主筋混凝土保护层厚度不得小于 50 mm；当桩身直径为 300~2 000 mm 时，正截面配筋率可取 0.2%~0.65%（小直径桩取高值）；对受荷载特别大的桩、抗拔桩和嵌岩端承桩，应根据计算确定配筋率，并不应小于上述规定值。

灌注桩配筋长度：端承型桩和位于坡地岸边的基桩应沿桩身等截面或变截面通长配筋；桩径大于 600 mm 的摩擦型桩配筋长度不应小于 2/3 桩长；当受水平荷载时，配筋长度尚不宜小于 $4.0/\alpha$（α 为桩的水平变形系数）；对于受地震作用的基桩，桩身配筋长度应穿过可液化土层和软弱土层，进入稳定土层；受负摩阻力的桩、因先成桩后开挖基坑而随地基土回弹的桩，其配筋长度应穿过软弱土层并进入稳定土层，进入的深度不应小于 2~3 倍桩身直径；专用抗拔桩及因地震作用、冻胀或膨胀力作用而受拔力的桩，应等截面或变截面通长配筋。对于受水平荷载的桩，主筋不应小于 $8\phi12$；对于抗压桩和抗拔桩，主筋不应少于 $6\phi10$；纵向主筋应沿桩身周边均匀布置，其净距不应小于 60 mm。

箍筋应采用螺旋式，直径不应小于 6 mm，间距宜为 200~300 mm；受水平荷载较大桩基、承受水平地震作用的桩基以及考虑主筋作用计算桩身受压承载力时，桩顶以下 $5d$ 范围内的箍筋应加密，间距不应大于 100 mm；当桩身位于液化土层范围内时箍筋应加密；当考虑箍筋受力作用时，箍筋配置应符合现行国家标准《混凝土结构设计规范》（GB 50010—2010，2015 年版）的有关规定；当钢筋笼长度超过 4 m 时，应每隔 2 m 设一道直径不小于 12 mm 的焊接加劲箍筋。

混凝土预制桩的截面边长不应小于 200 mm；预应力混凝土预制实心桩的截面边长不宜小于 350 mm。

预制桩的混凝土强度等级不宜低于 C30；预应力混凝土实心桩的混凝土强度等级不应低于 C40；预制桩纵向钢筋的混凝土保护层厚度不宜小于 30 mm。预制桩的桩身配筋应按吊运、打桩及桩在使用中的受力等条件计算确定。采用锤击法沉桩时，预制桩的最小配筋率不宜小于 0.8%。静压法沉桩时，最小配筋率不宜小于 0.6%，主筋直径不宜小于 $\phi14$，打入桩桩顶以下 4~5 倍桩身直径长度范围内箍筋应加密，并设置钢筋网片。

预制桩的分节长度应根据施工条件及运输条件确定；每根桩的接头数量不宜超过 3 个；预制桩的桩尖可将主筋合拢焊在桩尖辅助钢筋上，当持力层为密实砂和碎石类土时，宜在桩尖处包以钢板桩靴，加强桩尖。

7) 承台设计

当基桩数量、桩距和平面布置形式确定后，即可确定承台尺寸。承台应有足够的强度和刚度，以便将各基桩连接成整体，将上部结构荷载安全可靠地传递到各个基桩。同时承台本身也具有类似浅基础的承载能力。承台形式较多，如柱下独立承台、柱下或墙下条形基础（梁式承台）、筏板承台、箱形承台等。本书仅介绍最常用的柱下独立承台的设计。承台除满足构造要求外，还应满足抗弯曲、抗冲切、抗剪切承载力和上部结构的要求。承台埋置深度参照基础确定。

承台的设计

（1）承台的构造要求

①承台的宽度不应小于 500 mm。边桩中心至承台边缘的距离不宜小于桩的直径或边长，且桩的外边缘至承台梁边缘距离不小于 75 mm。

②承台的最小厚度不应小于 300 mm。

③承台的配筋,对于矩形承台,其钢筋应按双向均匀通长布置。

④承台混凝土强度等级不应低于 C20,纵向钢筋的混凝土保护层厚度不应小于 70 mm,当有混凝土垫层时,不应小于 40 mm。

(2)承台的抗弯承载力设计

多数承台的钢筋含量较低,常为受弯破坏。承台抗弯承载力设计的本质是配筋设计,按承台截面最大弯矩进行配筋。柱下桩基承台的弯矩可按以下算法确定:

①两桩条形承台和多桩矩形承台弯矩计算截面取在柱边和承台变阶处[见图 8.4(a)],可按下列公式计算:

$$M_x = \sum N_i y_i \tag{8.15}$$

$$M_y = \sum N_i x_i \tag{8.16}$$

式中 M_x, M_y——绕 x 轴和绕 y 轴方向计算截面处的弯矩设计值;

x_i, y_i——垂直 y 轴和 x 轴方向自桩轴线到相应计算截面的距离;

N_i——不计承台及其上土重,在荷载效应基本组合下的第 i 基桩或复合基桩竖向反力设计值。

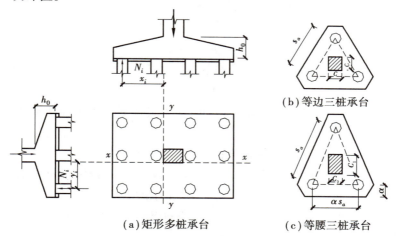

(a)矩形多桩承台   (b)等边三桩承台   (c)等腰三桩承台

图 8.4 承台弯矩计算示意图

②三桩承台的正截面弯矩值应符合下列要求:

等边三桩承台[见图 8.4(b)]

$$M = \frac{N_{max}}{3}\left(s_a - \frac{\sqrt{3}}{4}c\right) \tag{8.17}$$

式中 M——通过承台形心至各边边缘正交截面范围内板带的弯矩设计值;

N_{max}——不计承台及其上土重,在荷载效应基本组合下三桩中最大基桩或复合基桩竖向反力设计值;

s_a——桩中心距;

c——方柱边长,圆柱时 $c = 0.8d$(d 为圆柱直径)。

等腰三桩承台[见图 8.4(c)] $$M_1 = \frac{N_{max}}{3}\left(s_a - \frac{0.75}{\sqrt{4-\alpha^2}}c_1\right) \tag{8.18}$$

$$M_2 = \frac{N_{max}}{3}\left(\alpha s_a - \frac{0.75}{\sqrt{4-\alpha^2}}c_2\right) \tag{8.19}$$

式中　　M_1, M_2——通过承台形心至两腰边缘和底边边缘正交截面范围内板带的弯矩设计值；

s_a——长向桩中心距；

α——短向桩中心距与长向桩中心距之比，当 α 小于 0.5 时，应按变截面的二桩承台设计；

c_1, c_2——垂直于、平行于承台底边的柱截面边长。

（3）承台抗冲切承载力设计

柱下桩基础独立承台承受的冲切作用包括柱对承台的冲切和角桩对承台的冲切。如果承台厚度不够，就会产生冲切破坏锥体。

轴心竖向力作用下桩基承台受柱（墙）的冲切，可按下列规定计算：

①冲切破坏锥体应采用自柱（墙）边或承台变阶处至相应桩顶边缘连线所构成的锥体，锥体斜面与承台底面之夹角不应小于45°（图8.5）。

②受柱（墙）冲切承载力可按下列公式计算：

$$F_1 \leqslant \beta_{hp}\beta_0 u_m f_t h_0 \tag{8.20}$$

$$F_1 = F - \sum Q_i \tag{8.21}$$

$$\beta_0 = \frac{0.84}{\lambda + 0.2} \tag{8.22}$$

式中　　F_1——不计承台及其上土重，在荷载效应基本组合下作用于冲切破坏锥体上的冲切力设计值；

f_t——承台混凝土抗拉强度设计值；

β_{hp}——承台受冲切承载力截面高度影响系数。当 $h \leqslant 800$ mm 时，β_{hp} 取 1.0；$h \geqslant 2\,000$ mm 时，β_{hp} 取 0.9；其间按线性内插法取值；

u_m——承台冲切破坏锥体一半有效高度处的周长；

h_0——承台冲切破坏锥体的有效高度；

β_0——柱（墙）冲切系数；

λ——冲跨比，$\lambda = a_0/h_0$，a_0 为柱（墙）边或承台变阶处到桩边水平距离。当 $\lambda < 0.25$ 时，取 $\lambda = 0.25$；当 $\lambda > 1.0$ 时，取 $\lambda = 1.0$；

F——不计承台及其上土重，在荷载效应基本组合作用下柱（墙）底的竖向荷载设计值；

$\sum Q_i$——不计承台及其上土重，在荷载效应基本组合下冲切破坏锥体内各基桩或复合基桩的反力设计值之和。

③对柱下矩形独立承台受柱冲切的承载力，可按下列公式计算（图8.5）：

$$F_1 \leqslant 2\left[\beta_{0x}(b_c + a_{0y}) + \beta_{0y}(h_c + a_{0x})\right]\beta_{hp}f_t h_0 \tag{8.23}$$

式中　　β_{0x}, β_{0y}——由式（8.22）求得，$\lambda_{0x} = a_{0x}/h_0$，$\lambda_{0y} = a_{0y}/h_0$，$\lambda_{0x}$、$\lambda_{0y}$ 均应满足 0.25～1.0 的要求；

h_c,b_c——x,y 方向的柱截面的边长；

a_{0x},a_{0y}——x,y 方向柱边离最近桩边的水平距离。

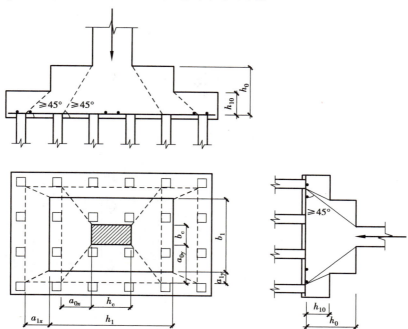

图 8.5 柱对承台的冲切计算示意图

④对柱下矩形独立阶形承台受上阶冲切的承载力,可按下列公式计算(图 8.5):

$$F_1 \leq 2\left[\beta_{1x}(b_1 + a_{1y}) + \beta_{1y}(h_1 + a_{1x})\right]\beta_{hp}f_th_{10} \tag{8.24}$$

式中 β_{1x},β_{1y}—— 由式(8.22)求得,$\lambda_{1x}=a_{1x}/h_{10}$,$\lambda_{1y}=a_{1y}/h_{10}$,$\lambda_{1x}$、$\lambda_{1y}$ 均应满足 0.25 ~ 1.0 的要求；

h_1,b_1——x,y 方向承台上阶的边长；

a_{1x}、a_{1y}——x,y 方向承台上阶边离最近桩边的水平距离。

对于圆柱及圆桩,计算时应将其截面换算成方柱及方桩,即取换算柱截面边长 $b_c=0.8d_c$ (d_c 为圆柱直径),换算桩截面边长 $b_p=0.8d$(d 为圆桩直径)。

⑤对位于柱(墙)冲切破坏锥体以外的基桩,可按下列规定计算承台受基桩冲切的承载力:

a.四桩以上(含四桩)承台受角桩冲切的承载力可按下列公式计算(图 8.6):

$$N_1 \leq \left[\beta_{1x}(c_2 + a_{1y}/2) + \beta_{1y}(c_1 + a_{1x}/2)\right]\beta_{hp}f_th_0 \tag{8.25}$$

$$\beta_{1x} = \frac{0.56}{\lambda_{1x} + 0.2} \tag{8.26}$$

$$\beta_{1y} = \frac{0.56}{\lambda_{1y} + 0.2} \tag{8.27}$$

式中 N_1——不计承台及其上土重,在荷载效应基本组合作用下角桩(含复合基桩)反力设计值；

β_{1x}, β_{1y}——角桩冲切系数;

a_{1x}, a_{1y}——从承台底角桩顶内边缘引45°冲切线与承台顶面相交点至角桩内边缘的水平距离;当柱(墙)边或承台变阶处位于该45°线以内时,则取由柱(墙)边或承台变阶处与桩内边缘连线为冲切锥体的锥线(图8.6);

h_0——承台外边缘的有效高度;

λ_{1x}, λ_{1y}——角桩冲跨比,$\lambda_{1x} = \dfrac{a_{1x}}{h_0}$, $\lambda_{1y} = \dfrac{a_{1y}}{h_0}$, 其值均应满足0.25 ~ 1.0的要求。

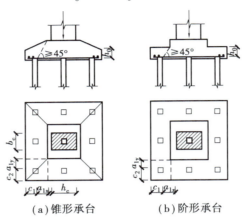

(a)锥形承台　　　　(b)阶形承台

图8.6　四桩以上(含四桩)承台角桩冲切计算示意图

b. 三桩三角形承台可按下列公式计算受角桩冲切的承载力(图8.7):

底部角桩
$$N_1 \leqslant \beta_{11}(2c_1 + a_{11})\beta_{hp}\tan\frac{\theta_1}{2}f_t h_0 \qquad (8.28)$$

$$\beta_{11} = \frac{0.56}{\lambda_{11} + 0.2} \qquad (8.29)$$

顶部角桩　　$$N_1 \leqslant \beta_{12}(2c_2 + a_{12})\beta_{hp}\tan\frac{\theta_2}{2}f_t h_0 \qquad (8.30)$$

$$\beta_{12} = \frac{0.56}{\lambda_{12} + 0.2} \qquad (8.31)$$

式中　λ_{11}, λ_{12}——角桩冲跨比,$\lambda_{11} = a_{11}/h_0$, $\lambda_{12} = a_{12}/h_0$, 其值均应满足0.25 ~ 1.0的要求。

a_{11}, a_{12}——从承台底角桩顶内边缘引45°冲切线与承台顶面相交点至角桩内边缘的水平距离;当柱(墙)边或承台变阶处位于该45°线以内时,则取由柱(墙)边或承台变阶处与桩内边缘连线为冲切锥体的锥线。

(4)承台斜截面抗剪切承载力设计
承台在基桩反力作用下,剪切破坏面位于柱

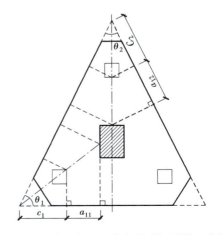

图8.7　三桩三角形承台角桩冲切计算示意图

边和桩边连线形成的斜截面或承台变阶处和桩边连线形成的斜截面。当柱外边有多排桩形成多个剪切斜截面时,应对每个斜截面进行抗剪切承载验算。验算时,圆柱和圆桩也换算成正方形截面。柱下独立桩基承台斜截面受剪承载力应按下列规定计算(图8.8):

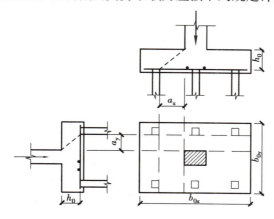

图 8.8　承台斜截面受剪计算示意图

$$V \leqslant \beta_{hs} \alpha f_t b_0 h_0 \tag{8.32}$$

$$\alpha = \frac{1.75}{\lambda + 1} \tag{8.33}$$

$$\beta_{hs} = \left(\frac{800}{h_0}\right)^{1/4} \tag{8.34}$$

式中　V——不计承台及其上土自重,在荷载效应基本组合下斜截面的最大剪力设计值;

　　　　f_t—— 混凝土轴心抗拉强度设计值;

　　　　b_0——承台计算截面处的计算宽度;

　　　　h_0——承台计算截面处的有效高度;

　　　　α——承台剪切系数,按式(8.33)确定;

　　　　λ——计算截面的剪跨比,$\lambda_x = a_x/h_0$,$\lambda_y = a_y/h_0$,此处,a_x,a_y 为柱边(墙边)或承台变阶处至 y,x 方向计算一排桩的桩边的水平距离,当 $\lambda < 0.25$ 时取 $\lambda = 0.25$,当 $\lambda > 3$ 时取 $\lambda = 3$;

　　　　β_{hs}——受剪切承载力截面高度影响系数,当 $h_0 < 800$ mm 时取 $h_0 = 800$ mm,当 $h_0 > 2\ 000$ mm 时取 $h_0 = 2\ 000$ mm,其间按线性内插法取值。

(5)局部受压计算

对于柱下桩基,当承台混凝土强度等级低于柱或桩的混凝土强度等级时,应验算柱下或桩上承台的局部受压承载力。

(6)抗震验算

当进行承台的抗震验算时,应根据现行国家标准《建筑抗震设计规范》(GB 50011—2010,2016 年版)的规定对承台顶面的地震作用效应和承台的受弯、受冲切、受剪承载力进行抗震调整。

【例题 8.2】　某场地土层情况(自上而下)为:第一层杂填土,厚度 1.0 m;第二层为淤泥,软塑状态,厚度 6.5 m,$q_{sa} = 6$ kPa;第三层为粉质黏土,厚度较大,$q_{sa} = 40$ kPa;$q_{pa} = 1\ 800$ kPa。

现需设计一框架内柱(截面为 300 mm×450 mm)的预制桩基础。柱底在地面处的荷载为:竖向力 $F_k = 1\,850$ kN,弯矩 $M_k = 135$ kN·m,水平力 $H_k = 75$ kN,初选预制桩截面为 350 mm× 350 mm。试设计该桩基础。

【解】 (1)确定单桩竖向承载力特征值

设承台埋深 1.0 m,桩端进入粉质黏土层 4.0 m,则

$$R_a = q_{pa}A_p + u_p \sum q_{sia}l_i$$
$$= 1\,800 \times 0.35 \times 0.35 + 4 \times 0.35 \times (6 \times 6.5 + 40 \times 4)$$
$$= 499.1(kN)$$

结合当地经验,取 $R_a = 500$ kN。

(2)初选桩的根数和承台尺寸

$$n > \frac{F_k}{R_a} = \frac{1\,850}{500} = 3.7(根),暂取 4 根$$

取桩距 $s = 3b_p = 3 \times 0.35 = 1.05(m)$,承台边长:$1.05 + 2 \times 0.35 = 1.75(m)$。桩的布置和承台平面尺寸如图 8.9 所示。

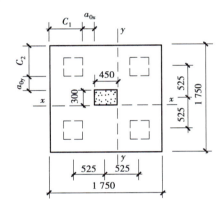

图 8.9　桩的布置及承台平面图

暂取承台厚度 $h = 0.8$ m,桩顶嵌入承台 50 mm,钢筋网直接放在桩顶上,承台底设 C10 混凝土垫层,则承台有效高度 $h_0 = h - 0.05 = 0.8 - 0.05 = 0.75(m)$。采用 C20 混凝土,HRB400 级钢筋。

(3)桩顶竖向力计算及承载力验算

$$Q_k = \frac{F_k + G_k}{n}$$
$$= \frac{1\,850 + 20 \times 1.75^2 \times 1}{4} = 477.8(kN) < R_a = 500 \text{ kN}(可以)$$

$$Q_{kmax} = \frac{F_k + G_k}{n} + \frac{(M_k + H_k h)x_{max}}{\sum x_j^2}$$
$$= 477.8 + \frac{(135 + 75 \times 1) \times 0.525}{4 \times 0.525^2}$$
$$= 577.8(kN) < 1.2R_a = 600(kN)$$

$$H_{ik} = \frac{H_k}{n} = \frac{75}{4} = 18.8 (\text{kN})（此值不大,可不考虑桩的水平承载力问题）$$

（4）计算桩顶竖向力设计值

扣除承台和其上填土自重后的桩顶竖向力设计值为：

$$N = \frac{F}{n} = \frac{1.35 \times 1\ 850}{4} = 624.4 (\text{kN})$$

$$N_{\max} = N + \frac{1.35(M_k + H_k h) x_{\max}}{\sum x_j^2}$$

$$= 624.4 + \frac{1.35 \times (135 + 75 \times 1) \times 0.525}{4 \times 0.525^2}$$

$$= 759.4 (\text{kN})$$

（5）承台受冲切承载力验算

①柱边冲切：

$$a_{0x} = 525 - 225 - 175 = 125 (\text{mm}), \quad a_{0y} = 525 - 150 - 175 = 200 (\text{mm})$$

$$\lambda_{0x} = \frac{\alpha_{0x}}{h_0} = \frac{125}{750} = 0.167 < 0.2,取\ \lambda_{0x} = 0.2$$

$$\lambda_{0y} = \frac{\alpha_{0y}}{h_0} = \frac{200}{750} = 0.267 > 0.2$$

$$\beta_{0x} = \frac{0.84}{\lambda_{0x} + 0.2} = \frac{0.84}{0.2 + 0.2} = 2.10$$

$$\beta_{0y} \frac{0.84}{\lambda_{0y} + 0.2} = \frac{0.84}{0.267 + 0.2} = 1.80$$

$$2\left[\beta_{0x}(b_c + \alpha_{0y}) + \beta_{0y}(h_c + \alpha_{0x})\right]\beta_{kp} f_t h_0$$

$$= 2 \times \left[2.10 \times (0.3 + 0.2) + 1.80 \times (0.45 + 0.125)\right] \times 1 \times 1\ 100 \times 0.75$$

$$= 3\ 440 (\text{kN}) > F_1 = 1.35 \times 1\ 850 = 2\ 498\ \text{kN}（可以）$$

②角桩冲切验算：

$$c_1 = c_2 = 0.525\ \text{m}, a_{1x} = a_{0x} = 0.125\ \text{m}, a_{1y} = a_{0y} = 0.2\ \text{m}, \lambda_{1x} = \lambda_{0x} = 0.2, \lambda_{1y} = \lambda_{0y} = 0.267$$

$$\beta_{1x} = \frac{0.56}{\lambda_{1x} + 0.2} = \frac{0.56}{0.2 + 0.2} = 1.40$$

$$\beta_{1y} = \frac{0.56}{\lambda_{1y} + 0.2} = \frac{0.56}{0.267 + 0.2} = 1.20$$

$$\left[\beta_{1x}\left(c_2 + \frac{\alpha_{1y}}{2}\right) + \beta_{1y}\left(c_1 + \frac{\alpha_{1x}}{2}\right)\right]\beta_{kp} f_t h_0$$

$$= \left[1.4 \times \left(0.525 + \frac{0.2}{2}\right) + 1.2 \times \left(0.525 + \frac{0.125}{2}\right)\right] \times 1 \times 1\ 100 \times 0.75$$

$$= 1\ 304 (\text{kN}) > N_{\max} = 759.4\ \text{kN}（可以）$$

（6）承台受剪切承载力计算

对柱短边边缘截面：

$$\lambda_x = \lambda_{0x} = 0.2 < 0.3, \text{取} \lambda_x = 0.3$$

$$\beta = \frac{1.75}{\lambda + 1.0} = \frac{1.75}{0.3 + 1.0} = 1.346$$

$$\beta_{ks} \beta f_t b_0 h_0 = 1 \times 1.346 \times 1\ 100 \times 1.75 \times 0.75$$
$$= 1\ 943(\text{kN}) > 2N_{max} = 2 \times 759.4 = 1\ 518.8\ \text{kN}(\text{可以})$$

对柱长边边缘截面：

$$\lambda_y = \lambda_{0y} = 0.267 < 0.3, \text{取} \lambda_y = 0.3$$
$$\beta = 1.346$$

$$\beta_{hs} \beta f_t b_0 h_0 = 1\ 943\ \text{kN} > 2N = 2 \times 624.4 = 1\ 248.8(\text{kN})(\text{可以})$$

(7)承台受弯承载力计算

$$M_x = \sum N_i y_i = 2 \times 624.4 \times 0.375 = 468.3\ \text{kN} \cdot \text{m}$$

$$A_s = \frac{M_x}{0.9 f_y h_0} = \frac{468.3 \times 10^6}{0.9 \times 360 \times 750} = 1\ 927(\text{mm}^2)$$

选用 13 ⏚ 14，$A_s = 2\ 001\ \text{mm}^2$，平行于 y 轴方向均匀布置。

$$M_y = \sum N_i x_i = 2 \times 759.4 \times 0.3 = 455.6(\text{kN} \cdot \text{m})$$

$$A_s = \frac{M_y}{0.9 f_y h_0} = \frac{455.6 \times 10^6}{0.9 \times 360 \times 750} = 1\ 875(\text{mm}^2)$$

选用 13 ⏚ 14，$A_s = 2\ 001\ \text{mm}^2$，平行于 x 轴方向均匀布置。配筋示意图略。

任务 5　检查和验收桩基工程质量

8.5.1　一般规定

①桩基工程应进行桩位、桩长、桩径、桩身质量和单桩承载力的检验。

②桩基工程的检验按时间顺序可分为三个阶段：施工前检验、施工检验和施工后检验。

③对砂、石子、水泥、钢材等桩体原材料质量的检验项目和方法应符合国家现行有关标准的规定。

桩基工程质量
检查和验收

8.5.2　基桩及承台工程验收资料

①当桩顶设计标高与施工场地标高相近时，基桩的验收应待基桩施工完毕后进行；当桩顶设计标高低于施工场地标高时，应待开挖到设计标高后进行验收。

②基桩验收应包括下列资料：

a.岩土工程勘察报告、桩基施工图、图纸会审纪要、设计变更单及材料代用通知单等；经审定的施工组织设计、施工方案及执行中的变更单。

b.桩位测量放线图，包括工程桩位线复核签证单。

c.原材料的质量合格和质量鉴定书。

d.半成品如预制桩、钢桩等产品的合格证。

e.施工记录及隐蔽工程验收文件。

f. 成桩质量检查报告。

g. 单桩承载力检测报告。

h. 基坑挖至设计标高的基桩竣工平面图及桩顶标高图。

i. 其他必须提供的文件和记录。

③承台工程验收时应包括下列资料：

a. 承台钢筋、混凝土的施工与检查记录。

b. 桩头与承台的锚筋、边桩离承台边缘距离、承台钢筋保护层记录。

c. 桩头与承台防水构造及施工质量。

d. 承台厚度、长度和宽度的量测记录及外观情况描述等。

④承台工程验收除符合本节规定外，尚应符合现行国家标准《混凝土结构工程施工质量验收规范》（GB 50204—2015）的规定。

任务6 了解其他深基础

除桩基础外，沉井、墩基、地下连续墙、沉箱都属于深基础。沉井多用于工业建筑和地下构筑物，与大开挖相比，它具有挖土量少、施工方便、占地少和对邻近建筑物影响较小的特点。墩基是指一种利用机械或人工在地基中开挖成孔后灌注混凝土形成的大直径桩基础，由于其直径粗大如墩，故称墩基础，它与桩基础有一定的相似之处，因此，墩基和大直径桩尚无明确的界限。沉箱是将压缩空气压入一个特殊的沉箱室内以排除地下水，工作人员在沉箱内操作，比较容易排除障碍物，使沉箱顺利下沉，由于施工人员易患职业病，甚至发生事故，目前较少采用。地下连续墙是20世纪50年代后兴起来的一种基础形式，具有无噪声、无振动，对周围建筑物影响小，并有节约土方量、缩短工期、安全可靠等优点，它的应用日益广泛。下面仅简要介绍沉井基础和地下连续墙。

8.6.1 沉井基础

沉井是一种竖直的井筒结构，常用钢筋混凝土或砖石、混凝土等材料制成，一般分数节制作。施工时，在筒内挖土，使沉井失去支承而下沉，随下沉再逐节接长井筒，井筒下沉至设计标高后，浇筑混凝土封底。沉井适用于平面尺寸紧凑的重型结构物如重型设备、烟囱的基础。沉井还可作为地下结构物使用，如取水结构物、污水泵房、矿山竖井、地下油库等。沉井适合在黏性土和较粗的砂土中施工，但土中有障碍物时会给下沉造成一定的困难。

沉井按横断面形状可分为圆形、方形或椭圆形等，根据沉井孔的布置方式又有单孔、双孔及多孔之分。

1）沉井结构

沉井结构由刃脚、井筒、内隔墙、封底底板及顶盖等部分组成。

①刃脚。刃脚在井筒下端，形如刀刃。下沉时刃脚切入土中，其底面称为踏面，应不小于150 cm。土质坚硬时，踏面用钢板或角钢保护。刃脚内侧的倾斜角为40°~60°。

②井筒。竖直的井筒是沉井的主要部分，它必须具有足够的强度以挡土，又需有足够的重量克服外壁与土之间的摩阻力和刃脚土的阻力，使其在自重作用下节节下沉。为便于施

工,沉井井孔净边长最小尺寸为 0.9 m。

③内隔墙。内隔墙能提高沉井结构的刚度,它把沉井分隔成几个井孔,便于控制下沉和纠偏;墙底面标高应比刃脚踏面高 0.5 m,以利沉井下沉。

④封底。沉井下沉到设计标高后,用混凝土封底。刃脚上方井筒内壁常设计有凹槽,以使封底与井筒牢固连接。

⑤顶盖。沉井作地下构筑物时,顶部需浇筑钢筋混凝土顶盖。

2)沉井施工

沉井施工时,应将场地平整夯实,在基坑上铺设一定厚度的砂层,在刃脚位置再铺设垫土或浇筑混凝土垫层,然后在垫木或垫层上制作刃脚和第一节沉井。当第一节沉井的混凝土强度达到设计强度,才可拆除垫木或混凝土垫层,挖土下沉。其余各节沉井混凝土强度达到设计强度的 70% 时,方可下沉,如图 8.10 所示。

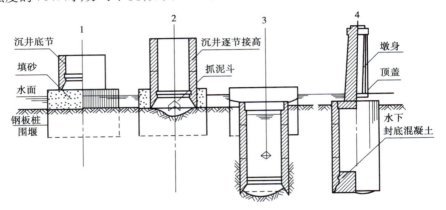

图 8.10 沉井基础施工步骤图
1—沉井底节在人工筑岛上灌筑;2—沉井开始下沉及接高;
3—沉井已下沉至设计标高;4—进行封底及墩身等工作

下沉方法分排水下沉和不排水下沉,前者适用于土层稳定不会因抽水而产生大量流砂的情况。当土层不稳定时,在井内抽水易产生大量流砂,此时不能排水,可在水下进行挖土,必须使井内水位始终保持高于井外水位 1~2 m。井内出土视土质情况,可用机械抓斗水下挖土,或者用高压水枪破土,用吸泥机将泥浆排出。

当一节井筒下沉至地面以上只剩下 1 m 左右时,应停止下沉,接长井筒。当沉井下沉至设计标高后,挖平筒底土层进行封底。

沉井下沉时,有时会发生偏斜、下沉速度过快或过慢,此时应仔细调查原因,调整挖土顺序和排除施工障碍,甚至借助卷扬机进行纠偏。

为保证沉井能够能顺利下沉,其重力必须大于或等于沉井外侧四周总摩阻力的 1.15~1.25 倍。沉井的高度由沉井顶面标高(一般埋入地面以下 0.2 m 或地下水位以上 0.5 m)及底面标高决定,底面标高根据沉井用途、荷载大小、地基土性质确定。沉井平面形状和尺寸根据上部建筑物平面形状要求确定。井筒壁厚一般为 0.3~1.0 m,内隔墙一般为 0.5 m 左右,应根据施工和使用要求计算确定。

作为基础,沉井应满足地基承载力及沉降要求。

8.6.2 地下连续墙

地下连续墙是采用专门的挖槽机械,沿着深基础或地下建筑物的周边在地面下分段挖出一条深槽,并就地将钢筋笼吊放入槽内,用导管法浇筑混凝土,形成一个单元槽段,然后在下一个单元槽段依此施工,两个槽段之间以各种特定的接头方式相互连接,从而形成地下连续墙。地下连续墙既可以承受侧壁的土压力和水压力,在开挖时起支护、挡土、防渗等作用,同时又可将上部结构的荷载传到地基持力层,作为地下建筑和基础的一个部分。目前地下连续墙已发展有后张预应力、预制装配和现浇等多种形式,应用越来越广。

现浇地下连续墙施工时,一般先修导墙,用以导向和防止机械碰坏槽壁。地下连续墙厚度一般为 450~800 mm,长度按设计不限,每一个单元槽段长度一般为 4~7 m,墙体深度可达几十米。目前,地下连续墙常用的挖槽机械按其工作机理可分为挖斗式、冲击式和回转式三大类。为了防止坍孔,钻进时应向槽中压送循环泥浆,直至挖槽深度达到设计深度时,沿挖槽前进方向埋接头管,再吊入钢筋网、冲洗槽孔,用导管浇灌混凝土,待混凝土凝固后再拔出接头管。按以上顺序循环施工,直到完成。

地下连续墙分段施工的接头方式和质量是墙体质量的关键。除接头管施工以外,也有采用其他接头的,如接头箱接头、隔板式接头及预制构件接头等。在施工期间,各槽段的水平钢筋互不连接,待连续墙混凝土强度达到设计要求以及墙内土方挖走后,将接头处的混凝土凿去一部分,将接头处的水平钢筋和墙体与梁、柱、楼面、地板、地下室内墙钢筋的连接钢筋焊上。

地下连续墙的强度必须满足施工阶段和使用期间的强度及构造要求,其内力计算在国内常采用的有:弹性法、塑性法、弹塑性法、经验法和有限元法。

8.6.3 墩基础

在国内,"墩基础"的术语较早出现在《土工原理与计算》一书的"深基础地基的承载力"一节之首。该书称"当基础的埋深小于或等于其宽度(即 $D<B$)时,该基础称为浅基础;当基础埋深大于其宽度(即 $D>B$)时,则称为深基础。沉箱、沉井、管柱等墩式基础,以及工程中常用的桩都是属于深基础的一种"。该书明确墩基础是有别于桩基础的另类型深基础。虽然国内已经颁布的规范性文献中尚未出现过"墩基础"这一术语,但在工程实践中由于各种条件决定,有时很难将基础形式设计成为没基础或桩基础。这样,墩基础设计就成了一项应该面对的课题。

建筑工程中,墩基础是通过挖(或冲、钻)成孔、现浇混凝土设置的基础形式,可以扩底或不扩底。工程实践中,宜按墩基础设计的场合往往是:当采用浅基础时,部分地段的基底持力埋深很大;或采用桩基础时,部分地段的桩端持力层埋深太小。目前的共识基本上是:埋深大于 3 m、直径不小于 800 mm,且埋深与墩身直径之比小于 6 或埋深与扩底直径之比小于 4 的独立基础,可视为墩基础。墩身有效长度一般超过 5 m。

对墩基础设计,规范还未有规定,可引用的只有对桩基础和浅基础的设计规定。工程实践中的对墩基础的具体做法可以简单地归结为:构造按桩基础,承载力按浅基础。因为就几何形状而言,墩基础接近于桩基础,所以构造按桩基础。而遵循偏于安全的原则,在承载力

确定上,只能按有关浅基础的规定,其要点如下:

①单墩承载力特征值计算不考虑墩侧摩阻力。

②对土质地基,墩基持力层承载力特征值采用修正后的承载力特征值或按抗剪强度指标确定的承载力特征值。

③对岩质地基,墩基持力层承载力特征值不进行深宽修正。

④对深超过5 m且墩周土体强度较高者,当采用公式计算、室内试验、查表或其他原位测试方法(载荷试验除外)确定墩底持力层承载力特征值时,可乘以1.1的调整系数,岩石地基不予调整。

值得注意的是,通过岩石地基载荷试验确定承载力的方法对浅基础与桩基础同样适用,而且取值基本相同。

敬业的房子

有一位老木匠要退休了,说要回去与妻儿享受天伦之乐,老板很不舍,再三挽留,老木匠决心已定,老板只能应允。最后老板问他是否可以帮忙再建一座房子,老木匠答应了。

在盖房子的过程中,老木匠的心已不在工作上,用料也不再那么严格,做出来的活也全无往日的水准,可以说,他的敬业精神已经不存在了。老板看在眼里,记在心里,但没有说什么,只是在房子建好后,把钥匙交给了老木匠。"这是你的房子,"老板说,"我送给你的礼物。"老木匠愣住了,他已记不清自己这一生盖了多少房子,没想到最后却为自己建了这样一座粗制滥造的房子。究其原因,就是因为老木匠没有把敬业精神当作一种优秀的职业品质坚持到底。

一个人做到一时敬业很容易,但要做到在工作中始终如一,将敬业精神当作自己的一种职业品质却是难能可贵的。敬业精神要求我们做任何事情都要善始善终,前面做得再好,也可能会由于最后的不坚持而功亏一篑,前功尽弃。

单元小结

(1)桩基础的类型按承台位置可分为高桩承台基础、低桩承台基础;按承载性状可分为摩擦型桩和端承型桩;按成桩方法可分为非挤土桩、部分挤土桩、挤土桩;按桩径可分为小直径桩($d \leqslant 250$ mm)、中等直径桩(250 mm$< d <$800 mm)和大直径桩($d \geqslant 800$ mm);按桩身材料可分为木桩、钢筋混凝土桩和钢桩;按施工方法可分为预制桩和灌注桩。

(2)桩的承载力可按单桩竖向静载荷试验、原位测试法、经验参数法进行确定,并且最终得到单桩竖向承载力特征值 R_a。

(3)桩基础的设计步骤和内容主要包括:

①进行调查研究,场地勘察,收集有关设计资料。

②综合地质勘察报告、荷载情况、使用要求、上部结构条件等确定持力层。

③确定桩的类型、外形尺寸和构造。

PPT、教案、题库(单元8)

桩基础课程设计任务书

④确定单桩承载力特征值。

⑤根据上部结构荷载情况,初拟桩的数量和平面布置。

⑥根据桩平面布置,初拟承台尺寸及承台底标高。

⑦单桩承载力验算。

⑧验算桩基的沉降量。

⑨绘制桩和承台的结构及施工详图。

(4)桩基础工程质量检查及验收的一般规定如下:

①桩基工程应进行桩位、桩长、桩径、桩身质量和单桩承载力的检验。

②桩基工程的检验按时间顺序可分为三个阶段:施工前检验、施工检验和施工后检验。

③对砂、石子、水泥、钢材等桩体原材料质量的检验项目和方法应符合国家现行有关标准的规定。

(5)除桩基础外,沉井、墩基、地下连续墙、沉箱都属于深基础。沉井按横断面形状可分为圆形、方形或椭圆形等,根据沉井孔的布置方式又有单孔、双孔及多孔之分,沉井结构由刃脚、井筒、内隔墙、封底底板及顶盖等部分组成。地下连续墙既可以承受侧壁的土压力和水压力,在开挖时起支护、挡土、防渗等作用,同时又可将上部结构的荷载传到地基持力层,作为地下建筑和基础的一个部分。

思考与练习

1. 某工程采用泥浆护壁钻孔灌注桩,桩径 1.2 m,桩端进入中等风化岩 1.0 m,中等风化岩岩体较完整,饱和单轴抗压强度标准值为 41.5 MPa,桩顶以下土层参数见表 8.10,估算单桩极限承载力标准值最接近下列哪个选项的数值?(取桩嵌岩段侧阻和端阻综合系数 ζ_r = 0.76)

A. 32 200 kN　　B. 36 800 kN　　C. 40 800 kN　　D. 44 200 kN

表 8.10　土层参数表

层　序	类　型	层底深度/m	层厚/m	q_{sik}/kPa	q_{pk}/kPa
①	黏土	13.70	13.70	32	/
②	粉质黏土	16.00	2.30	40	/
③	粗砂	18.00	2.00	75	/
④	强风化岩	26.85	8.85	180	2 500
⑤	中等风化岩	34.85	8.00	/	/

2. 某钻孔灌注桩,桩径 $d=1.0$ m,扩底直径 $D=1.4$ m,扩底高度 1.0 m,桩长 $l=12.5$ m,桩端入中砂层持力层 0.8 m。土层分布:0～6 m 黏土,$q_{sik}=40$ kPa;6～10.7 m 粉土,$q_{sik}=44$ kPa;10.7 m 以下为中砂层,$q_{sik}=55$ kPa,$q_{pk}=5\,500$ kPa。试计算单桩承载力特征值。

3. 某柱(0.5 m×0.5 m)竖向荷载 $F_k = 2\,500$ kN,弯矩 $M_k = 560$ kN·m,采用 0.3 m×0.3 m 预制桩,桩长 11.3 m,承台埋深 1.2 m,已做设计性试桩,单桩承载力特征值 $R_a = 320$ kN,试:(1)确定桩数;(2)确定承台尺寸、桩间距;(3)验算复合基桩竖向承载力;(4)承台采用 C25 混凝土,确定承台高度和验算冲切承载力;(5)确定承台配筋(采用 HRB400 级钢)。

单元 9

地基处理

单元导读

- **基本要求** 通过本单元学习,要求掌握换填法的作用及适用范围、垫层的设计计算方法与步骤、垫层的施工要点、质量检测的方法;熟悉排水固结法的概念、加固机理、排水系统、加载系统;了解地基处理的对象、目的、分类、原则及注意事项;了解密实法、化学加固法、加筋法的分类及特点。
- **重点** 排水固结、换土垫层的设计要点。
- **难点** 复合地基设计的相关要求。
- **思政元素** (1)"基础不牢,地动山摇"的质量与安全意识;(2)基建大国,超级工程筑起爱国情怀;(3)工程创新意识,创造出世界一枝独秀的工程建设奇迹。

任务 1　认识地基处理

当建筑物的地基存在着强度不足、压缩性过大或不均匀时,为保证建筑物的安全与正常使用,有时必须考虑对地基进行人工处理。需要处理的地基大多为软弱土和不良土,主要有软黏土、湿陷性黄土、杂填土、饱和粉细砂与粉土地基、膨胀土、泥炭土、多年冻土、岩溶和土洞等。随着我国经济建设的发展和科学技术的进步,高层建筑物和重型结构物不断修建,对地基的强度和变形要求越来越高。因此,地基处理问题也就越来越广泛和重要。

地基处理

早在两千年前,我国就开始利用夯实法和在软土中夯入碎石等压密土层的方法。中华人民共和国成立后,先后采用过砂垫层、砂井和硅化法、振冲法、强夯法、加筋法等处理软弱地基。我国各地自然地理环境不同,土质各异,地基条件区域性较强,因而使地基基础这门学科特别复杂。我们不但要善于针对不同的地质条件、不同的结构物选定最合适的基础形式、尺寸和布置方案,而且要善于选取最恰当的地基处理方法。

9.1.1　地基处理的目的

在软弱地基上建造工程,可能会发生以下问题:沉降或差异沉降大、地基沉降范围大、地基剪切破坏、承载力不足、地基液化、地基渗漏、管涌等一系列问题。地基处理的目的,就是针对这些问题,采取适当的措施来改善地基条件,这些措施主要包括以下5个方面:

①改善剪切特性。地基的剪切破坏以及在土压力作用下的稳定性,取决于地基土的抗剪强度。因此,为了防止剪切破坏以及减轻土压力,需要采取一定的措施以增加地基土的抗剪强度。

②改善压缩特性。需要研究采用何种措施以提高地基土的压缩模量,借以减少地基土的沉降。另外,防止侧向流动(塑性流动)产生的剪切变形,也是改善剪切特性的目的之一。

③改善透水特性。由于在地下水的运动中所出现的问题,因此,需要研究采取某种措施使地基土变成不透水或减轻其水压力。

④改善动力特性。地震时,饱和松散粉细砂(包括一部分粉土)将会产生液化,因此,需要研究采取某种措施防止地基土液化,并改善其振动特性以提高地基的抗震性能。

⑤改善特殊土的不良地基特性。主要是消除或减少黄土的湿陷性和膨胀土的胀缩性等特殊土的不良地基的特性。

9.1.2　地基处理的对象

地基处理的对象包括软弱地基与不良地基两种。

1)软弱地基

软弱地基在地表下相当深范围内为软弱土。

(1)软弱土的特性

软弱土包括淤泥、淤泥质土、冲填土和杂填土。这类土的工程特性为压缩性高、抗剪强度低,通常很难满足地基承载力和变形的要求,不能作为永久性大型建筑物的天然地基。

淤泥和与淤泥质土具有下列特性:

①天然含水量高。这类土的天然含水量很高,大于土的液限,呈流塑状态。

②孔隙比大。这类土的孔隙比 $e \geqslant 1.0$,即土中孔隙的体积等于或大于固体的体积。其中 $e \geqslant 1.5$ 的土称为淤泥,$1 \leqslant e < 1.5$ 的土称为淤泥质土。

③压缩性高。这类土的压缩性很高,一般压缩系数为 $0.7 \sim 1.5$ MPa^{-1},属高压缩性土;最差的淤泥可达 4.5 MPa^{-1},属超高压缩性土。

④渗透性差。这类土的固体直径小,渗透系数也小,这类地基的沉降可能会持续几年或几十年才能稳定。

⑤具有结构性。这类土一旦受到扰动,其絮状结构受到破坏,土的强度显著降低,灵敏度大(通常大于4)。

(2)软弱土的分布

淤泥和淤泥质土比较广泛地分布在上海、天津、宁波、连云港、广州、厦门等沿海地区,以及昆明、武汉内陆平原和山区。

　　冲填土分布在我国长江、黄浦江、珠江两岸等地区,是在整治和疏通江河航道时,用挖泥船通过泥浆泵将泥砂夹大量水分吹到江河两岸而形成的沉积土。

　　杂填土是指由于人类活动而任意堆填的建筑垃圾、工业废料和生活垃圾。杂填土的分布最广,成因没有规律,组成的物质杂乱,结构松散,分布极不均匀。

2)不良地基

　　不良地基包括饱和松散粉细砂、湿陷性黄土、膨胀土和季节性冻土、泥炭土、岩溶与土洞地基、山区地基等特殊土,都需要进行地基处理。

9.1.3　地基处理方法的分类

　　地基处理的方法分类多种多样,按处理深度可分为浅层处理和深层处理;按时间可分为临时处理和永久处理;按土的性质可分为砂性土处理和黏性土处理;按地基处理的作用机理大致可分为:土质改良;土的置换;土的补强。

　　地基处理的基本方法有置换、夯实、挤密、排水、加筋、热学等,如表9.1所示。

表9.1　常用地基处理方法表

编　号	分　类	处理方法	原理及作用	适用范围
1	碾压及夯实	重锤夯实法、机械碾压法、振动压实法、强夯法(动力固结)	利用压实原理,通过机械碾压夯击,把表层地基土压实,强夯则利用强大的夯击能,在地基中产生强烈的冲击波和动应力,使土体动力固结密实	碎石、砂土、粉土、低饱和度的黏性土、杂填土等。对饱和黏性土可采用强夯法
2	换土垫层	砂石垫层、素土垫层、灰土垫层、矿渣垫层	以砂石、素土、灰土和矿渣等强度较高的材料置换地基表层软弱土,提高持力层的承载力,减少沉降量	暗沟、暗塘等软弱土地基
3	排水固结	天然地基预压、砂井预压、塑料排水板预压、真空预压、降水预压	通过改善地基排水条件和施加预压荷载,加速地基的固结和强度增长,提高地基的稳定性,并使基础沉降提前完成	饱和软弱土层;对于渗透性很低的泥炭土,则应慎重
4	振密挤密	振冲挤密、灰土挤密桩、砂桩、石灰桩、爆破挤密	采用一定的技术措施,通过振动或挤密,使土体孔隙减少,强度提高;也可在振动挤密的过程中,回填砂、砾石、灰土、素土等,与地基土组成复合地基,从而提高地基的承载力,减少沉降量	松砂、粉土、杂填土及湿陷性黄土

续表

编 号	分 类	处理方法	原理及作用	适用范围
5	置换及拌入	振冲置换、深层搅拌、高压喷射注浆、石灰桩等	采用专门的技术措施,以砂、碎石等置换软弱土地基中部分软弱土,或在部分软弱土地基中掺入水泥、石灰或砂浆等形成加固体,与周边土组成复合地基,从而提高地基的承载力,减少沉降量	黏性土、冲填土、粉砂、细砂等。振冲置换法对于不排水抗剪强度 $\tau_f < 20$ kPa 时慎用
6	土工聚合物	土工膜、土工织物、土工格栅等合成物	一种用于土工的化学纤维新型材料,可用于排水、隔离、反滤和加固补强等方面	软土地基、填土及陡坡填土、砂土
7	其他	树根桩、灌浆,冻结,托换技术,纠偏技术	通过独特的技术措施处理软弱土地基	根据建筑物和地基基础情况确定

有些地基处理方法具有多种处理效果。如碎石桩具有挤密、置换、排水和加筋多重作用;石灰桩又挤密又吸水,吸水后进一步挤密等。因此,我们在选择地基处理的方法时,要综合考虑其所获得的多种处理效果。

9.1.4　地基处理方法的选用原则

地基处理方法的选用原则如下:
①选用方案应与工程的规模、特点和当地土的类别相适应。
②处理后土的加固深度。
③上部结构的要求。
④能使用的材料。
⑤能选用的机械设备,并掌握加固原理与技术。
⑥周围环境因素和邻近建筑的安全。
⑦对施工工期的要求,应留有余地。
⑧专业技术施工队伍的素质。
⑨施工技术条件与经济技术比较,尽量节省材料与资金。

总之,应做到技术先进、经济合理、安全适用、确保质量、因地制宜、就地取材、保护环境、节约资源。

选定了地基处理方案后,地基加固处理应尽量提早进行,地基加固后强度的提高往往需要有一定时间,随着时间的延长,强度会继续增长。施工时应调整施工速度,确保地基的稳定和安全。同时,还要在施工过程中加强管理,防止管理不善而导致未能取得预期的处理效果。在施工中对各个环节的质量标准要严格掌握,如换土垫层压实时的最优含水量和最大干重度;堆载预压的填土速率和边桩位移控制。施工结束后应按国家规定进行工程质量检验和验收。

经地基处理的建筑应在施工期间进行沉降观测,要对被加固的软弱地基进行现场勘探,以及了解地基加固效果、修正加固设计、调整施工速度;有时在地基加固前,为了保证邻近建筑物的安全,还要对邻近建筑物进行沉降和裂缝等观测。

任务 2　换填法的设计与施工

9.2.1　换填法的作用及适用范围

换填法是将基础底面以下一定范围内的软弱土层挖除,然后回填砂、碎石、灰土或素土等强度较大的材料,分层夯压密实后作为地基垫层,也称换土垫层法。按回填材料的不同可分为砂垫层、碎石垫层、灰土垫层和素土垫层等。不同的材料其力学性质不同,但其作用和计算原理相同。

1)换土垫层的作用

①提高地基的承载力。挖除了原来的软弱土质,换填了强度高、压缩性低的砂石垫层,可以提高地基的承载力。

②减少地基沉降量。通过砂石垫层的应力扩散作用,减小了垫层下天然软弱土层所受附加压力,因而减小了地基的沉降量。

③加速软弱土层的排水固结。砂、石垫层透水性大,软弱土层受压力后,砂、石垫层作为良好的排水面,使孔隙水压力迅速消散,从而加速了软土固结过程。

④防止冻胀和消除膨胀土地基的胀缩作用。由于砂、石等粗颗粒材料的孔隙大,不会出现毛细管现象,因此用砂石垫层可以防止水的集聚而产生的冻胀。在膨胀土地基上用砂石垫层代替部分或全部膨胀土,可以有效地避免土的胀缩作用。

2)换土垫层的适用范围

换土垫层法适用于淤泥、淤泥质土、湿陷性黄土、素填土、杂填土及暗沟、暗塘等的浅层处理。

换土垫层法多用于多层或低层建筑的条形基础或独立基础的情况,换土的宽度与深度有限,既经济又安全。特别指出的是,砂垫层不宜用于处理湿陷性黄土地基,因为砂垫层较大的透水性反而易引起黄土的湿陷。用素土或灰土垫层处理湿陷性黄土地基,可消除 1~3 m 厚黄土的湿陷性。

对于不同的工程,砂垫层的作用是不一样的,在房屋建筑工程中主要起换土作用,而在路堤和土坝工程中则主要起排水固结作用。

下面就以砂垫层为例介绍垫层计算方法和施工要求。

9.2.2　砂垫层的设计与计算

砂垫层设计应满足建筑物对地基的强度和变形的要求。具体内容就是确定合理的砂垫层断面,即厚度和宽度。对于起换土作用的垫层既要有足够的厚度置换可能被剪切破坏的软弱土层,又要有足够的宽度以防止砂垫层的两侧挤出。

1)砂垫层的厚度

用一定厚度的砂垫层置换软弱土层后,上部荷载通过砂垫层按一定扩散角传递到下卧土层顶面上的全部压力,不应超过下卧土层的容许承载力,如图9.1所示。

$$P_z + P_{cz} \leqslant f_{az} \tag{9.1}$$

式中　P_z——相应于荷载效应标准组合时,垫层顶面处的附加应力,kPa;

　　　P_{cz}——垫层底面处自重压力标准值,kPa;

　　　f_{az}——垫层底面处下卧土层经修正后的地基承载力特征值,kPa。

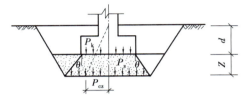

图9.1　垫层剖面

垫层的厚度不宜大于3 m。垫层底面处的附加压力值 P_z 可分别按式(9.2)与式(9.3)简化计算。

条形基础　　$P_z = \dfrac{b(p_k - p_c)}{b + 2z \tan \theta}$ $\tag{9.2}$

矩形基础　　$P_z = \dfrac{bl(p_k - p_c)}{(b + 2z \tan \theta)(l + 2z \tan \theta)}$ $\tag{9.3}$

式中　b——矩形基础或条形基础底面宽度,m;

　　　l——矩形基础底面长度,m;

　　　p_k——相应于荷载效应标准组合时,基础底面平均压力值,kPa;

　　　p_c——基础底面处土的自重压力值,kPa;

　　　z——基础底面下垫层的厚度,m;

　　　θ——垫层的压力扩散角,按表9.2采用。

表9.2　压力扩散角

z/b	换填材料		
	碎石土、砾砂、粗中砂、石屑、矿渣	粉质黏土和粉煤灰($8 < l_p < 14$)	灰土
0.25	20°	6°	28°
≥0.50	30°	23°	28°

2)砂垫层的宽度

砂垫层宽度应满足两方面要求:一是满足应力扩散要求;二是防止侧面土的挤出。目前常用地区经验确定,或依下式计算:

$$b' = b + 2z \tan \theta \tag{9.4}$$

式中　b'——垫层底面宽度,m。

特别提示:当 $z/b<0.25$ 时,取 $\theta=0°$;当 $0.25<z/b<0.5$ 时,θ 可由内插值法求得。

垫层顶面宽度宜超出基础底面每边不小于 300 mm,或从垫层底面两侧向上按开挖基坑的要求放坡。

砂垫层的承载力应通过现场试验确定。一般工程当无试验资料时可按《建筑地基基础设计规范》(GB 50007—2011)选用,并应验算下卧层的承载力。

对于重要的建筑物或垫层下存在软弱下卧层的建筑,还应进行地基变形计算。对超出原地面标高的垫层或换填材料密度显然高于天然土密度的垫层,应考虑其附加荷载对建筑物的沉降影响。

【例题9.1】　某住宅楼采用钢筋混凝土结构的条形基础,宽 1.2 m,埋深 0.8 m,基础的平均重度为 25 kN/m³,作用于基础顶面的竖向荷载为 125 kN/m。地基土情况:表层为粉质黏土,重度 $\gamma_1=17.5$ kN/m³,厚度 $h_1=1.2$ m;第二层土为淤泥质土,$\gamma_2=17.8$ kN/m³,$h_2=10$ m,地基承载力特征值 $f_{ak}=50$ kPa。地下水位深 1.2 m。因地基土较软弱,不能承受上部建筑物的荷载,试设计砂垫层的厚度和宽度。

【解】　(1)假设砂垫层的厚度为 1 m。

(2)垫层厚度的验算。

(3)基础底面处的平均压力值 $P_k=(F_k+G_k)/b=(125+25\times1.2\times0.8)/1.2=125(kPa)$

垫层底面处的附加压力值 P_z 的计算:

由于 $z/b=1/1.2=0.83\geqslant0.5$,通过查表9.2,得垫层的压力扩散角 $\theta=30°$。

$P_z=b(P_k-P_c)/(b+2z\tan\theta)=[1.2\times(125-17.5\times0.8)]/[(1.2+2\times1\times\tan30°)]=56.6(kPa)$

垫层底面处土的自重压力值 P_{cz} 的计算:

$$
\begin{aligned}
p_{cz} &= r_1h_1 + r_2(d+z-h_1)\\
&= [17.5\times1.2+(17.8-10)\times(0.8+1-1.2)]\\
&= 25.7(kPa)
\end{aligned}
$$

(4)垫层底面处经深度修正后的地基承载力特征值 f_{az} 的计算。

根据下卧层淤泥地基承载力特征值 $f_{az}=50$ kPa,再经深度修正后得地基承载力特征值:

$$
\begin{aligned}
f_{az} &= f_{ak} + \eta_b r(b-3) + \eta_d r_m(d-0.5)\\
&= 50 + 1.0 \times \frac{17.5\times1.2+(17.8-10)\times(0.8+1-1.2)}{0.8+1} \times (1.8-0.5)\\
&= 68.5(kPa)
\end{aligned}
$$

(5)验算垫层下卧层的强度。

$$p_z + p_{cz} = 56.6 + 25.7 = 82.3(kPa) > f_{az} = 68.5(kPa)$$

这说明垫层的厚度不够,假设垫层厚 1.7 m,重新计算:

$$p_z = \frac{1.2\times(125-17.5\times0.8)}{1.2+2\times1.7\times\tan30°} = 42.1(kPa)$$

$$p_{cz} = 17.5\times1.2+(17.8-10)\times(0.8+1.7-1.2) = 31.1(kPa)$$

$$f_{az} = 50+1.0\times\frac{17.5\times1.2+(17.8-10)\times(0.8+1.7-1.2)}{0.8+1.7}\times(0.8+1.7-0.5)$$

$$= 74.9(kPa)$$

$$p_z + p_{cz} = 42.1 + 31.1 = 73.2(kPa) \leqslant f_{az} = 74.9(kPa)$$

垫层厚度满足要求。

（6）确定垫层底面的宽度

$$b' = b + 2z \tan \theta = 1.2 + 2 \times 1.7 \times \tan 30° = 3.2(m)$$

（7）绘制砂垫层剖面图，如图 9.2 所示。

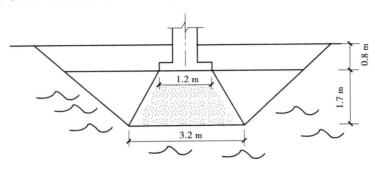

图 9.2　砂垫层剖面图

9.2.3　砂垫层的施工要点

砂垫层的施工要点如下：

①砂垫层所用材料必须具有良好的压实性，宜采用中砂、粗砂、砾砂、碎（卵）石等粒料。细砂也可作为垫层材料，但不易压实，且强度不高，宜掺入一定数量的碎（卵）石。砂和砂石材料，不得含有草根和垃圾等有机物质；用作排水固结的垫层材料含泥量不宜超过 3%。碎石和卵石的最大粒径不宜大于 50 mm。

②在地下水位以下施工时，应采用排水或降低地下水位的措施，使基坑保持无积水状态。

③砂和砂石垫层底面宜铺设在同一标高处，若深度不同，基坑底土面应挖成阶梯或斜坡搭接，并按先深后浅的顺序进行垫层施工，搭接处应夯压密实。

④砂垫层的施工方法可采用碾压法、振动法、夯实法等多种方法。施工时应分层铺筑，在下层密实度经检验达到质检标准后，方可进行上层施工。砂垫层施工时含水量对压实效果影响很大，含水量低，碾压效果不好，砂若浸没于水，效果也很差。其最优含水量应湿润或接近饱和最好。

⑤人工级配的砂石地基，应将砂石拌和均匀后，再进行铺填捣实。

9.2.4　施工质量检测

垫层质量可用标准贯入试验、静力触探、动力触探和环刀取样法检测。对垫层的总体质量验收也可通过载荷试验进行。

对粉质黏土、灰土、粉煤灰和砂石垫层的分层施工质量检验，可用环刀法、贯入仪、静力触探、轻型动力触探或标准贯入试验检验；对砂石、矿渣垫层，可用重型动力触探检验。压实系数也可采用环刀法、灌砂法、灌水法或其他方法检验。采用环刀法检验垫层的施工质量时，取样点应位于每层厚度的 2/3 深度处。检验点数量，对大基坑每 50 ~ 100 m^2 不应少于 1

个检验点;对基槽每 10~20 m 不应少于 1 个检测点;每个独立柱基不应少于 1 个检测点。采用贯入仪或动力触探检验垫层的施工质量时,每分层检验点的间距应小于 4 m。

工程质量验收可通过荷载试验进行,在有充分试验依据时,也可采用标准贯入试验或静力触探试验。采用载荷试验检验垫层承载力时,每个单体工程不宜少于 3 个点;对于大型工程,则应按单体工程的数量或工程的面积确定检验点数。

任务 3　了解排水固结法的原理与施工工艺

9.3.1　排水固结法的基本知识

我国沿海地区广泛分布着饱和软黏土,这种土的特点是含水量大、孔隙比大、颗粒细、压缩性高、强度低、透水性差,在软土地区修建建筑物或进行填方工程时,会产生很大的固结沉降和沉降差,而且地基土强度不够,承载力和稳定性也往往不能满足工程要求。在工程中,常采用排水固结法对软土地基进行处理。

排水固结法与密实法

排水固结法是指给地基预先施加荷载,为加速地基中水分的排出速率,同时在地基中设置竖向和横向的排水通道,使得土体中的孔隙水排出,逐渐固结,地基发生沉降,同时强度逐步提高的方法。该法常用于解决软黏土地基的沉降和稳定问题,可使地基的沉降在加载预压期间基本完成或大部分完成,使建筑物在使用期间不致产生过大的沉降和沉降差。同时,可增加地基土的抗剪强度,从而提高地基的承载力和稳定性。实际上,排水固结法是由排水系统和加压系统两部分共同组合而成的。

9.3.2　加固机理

根据太沙基固结理论,饱和黏性土固结所需的时间和排水距离的平方成正比。为了加速土层固结,最有效的方法就是增加土层排水途径、缩短排水距离。排水固结法就是在被加固地基中置入砂井、塑料排水板等竖向排水体(图 9.3),使土层中孔隙水主要从水平向通过砂井和部分从竖向排出,从而极大加速地基的固结速率。

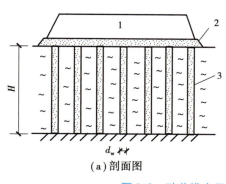
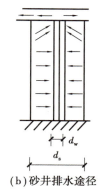

(a)剖面图　　(b)砂井排水途径

图 9.3　砂井排水示意图

1—堆载;2—砂垫层;3—砂井

9.3.3 排水系统

排水系统的作用主要在于改变地基原有的排水边界条件,增加孔隙水排出的途径,缩短排水距离。排水系统由竖向的排水体和水平向的排水垫层构成。竖直排水体有普通砂井、袋装砂井和塑料排水板。在地基中设置竖向排水体,常用的是砂井,它是先在地基中成孔,然后灌砂使之密实而成。近几年来袋装砂井在我国得到较广泛的应用,它具有用砂料省、连续性好、不致因地基变形而折断、施工简便等优点,但砂井阻力对袋装砂井的效应影响较为显著。由塑料芯板和滤膜外套组成的塑料排水板作为竖向排水通道在工程上的应用日益增加,塑料排水板可在工厂制作,运输方便,尤其适合缺乏砂源的地区使用,可同时节省投资。

9.3.4 加载系统

加载系统,即是施加起固结作用的荷载,使土中的孔隙水因产生压差而渗流使土固结。加压系统的作用是通过对地基施加预压荷载,使地基土的固结压力增加而产生固结,其材料有固体(土、石料等)、液体(水等)、真空负压力荷载等。加载系统包括堆载预压法、真空预压法、降低地下水位法、电渗法、联合法等。

堆载预压法是工程中常用的一种方法。堆载一般用填土、砂石等堆载材料,由于堆载需要大量的土石等材料,往往需要到外地运输,工程量大,造价高。

真空预压法就是先在软土表面铺设一层透水的砂或砾石,然后打设竖向排水通道袋装砂井或塑料排水板,并在砂或砾石层上覆盖不透气的薄膜材料,如橡皮布、塑料布、黏土膏或沥青等,使软土与大气隔绝。通过在砂垫层里预埋的吸水管道,用真空泵抽气,形成真空,利用大气压力加压。膜下真空度可达 600 mmHg 以上,且可保持稳定,相当于 80 kPa 堆载预压的效果。

降低地下水位法是利用地下水位下降、土的有效自重应力增加,促使地基土体固结。该方法适用于砂性土地基,也适用于软黏土层存在砂性土的情况。但降低地下水位可能会引起邻近建筑物基础的附加沉降,要引起足够重视。

排水固结法的设计,主要是根据上部结构荷载的大小、地基土的性质以及工期要求,确定竖向排水体的直径、间距、深度和排列方式,确定预压荷载的大小和预压时间,通过预压,使地基能满足建筑物对变形和稳定性的要求。

排水固结法的施工工艺和施工机械随着该法的广泛使用也得到了发展,如打设袋装砂井和塑料板的两用设备就具有轻型、简便的优点。真空预压、降水预压在工程中的应用也取得了良好的效果,积累了宝贵的经验。

排水系统是一种手段,如没有加载系统,孔隙中的水没有压力差就不会自然排出,地基也就得不到加固。如果只增加固结压力,不缩短土层的排水距离,则不能在预压期间尽快地完成设计所要求的沉降量,强度不能及时提高,加载也不能顺利进行。所以,上述两个系统在设计时总是联系起来考虑的。

任务 4　熟悉密实法的原理与施工工艺

9.4.1　碾压法

碾压法是用压路机、推土机或羊足碾、平碾等机械在需压实的场地上,按计划与次序反复碾压,分层铺土,分层压实。通过处理,可使填土或地基表层疏松土孔隙体积减小、密实度提高,从而降低土的压缩性,提高其抗剪强度和承载力。这种方法常用于地下水位以上大面积填土和杂填土地基的压实。用 8～12 t 的压路机碾压杂填土,压实深度为 30～40 cm,地基承载力可采用 80～120 kPa。

在工程实践中,除了进行室内击实试验外,还应进行现场碾压试验。通过试验,确定在一定压实能条件下土的合适含水量,恰当的分层碾压厚度和遍数,以便确定满足设计要求的工艺参数。黏性土压实前,被碾压的土料应先进行含水量测定,只有含水量在合适范围内的土料才允许进场,每层铺土厚度约为 300 mm。

9.4.2　夯实法

夯实法分为重锤夯实法和强夯法两种。

1)重锤夯实法

重锤夯实法的原理是:利用起重机械将夯锤提升到一定高度,然后自由下落产生很大的冲击能来挤密地基、减小孔隙、提高强度,经不断重复夯击,使整个建筑物地基得以加固,达到满足建筑物对地基土强度和变形的要求。

一般砂性土、黏性土经重锤夯击后,地基表面会形成一层比较密实的土层(硬壳),从而使地基表层土的强度得以提高。经夯击,湿陷性黄土可以减少表层土的湿陷性,杂填土则可以减少其不均匀性。

重锤夯实法的主要设备为起重机械、夯锤、钢丝绳和吊钩等。

重锤夯实法一般适用于在地下水位 0.8 m 以上的稍湿黏性土、砂土、湿陷性黄土、杂填土和分层填土,但当有效夯实深度内存在黏性土层时不宜采用。

重锤夯实的效果或影响深度与夯锤的质量、锤底直径、落距、夯实的遍数、土的含水量以及土质条件等因素有关。只有合理地选定上述参数和控制夯实的含水量,才能达到预定的夯实效果;也只有在土的最优含水量条件下,才能得到最有效的夯实效果,否则会出现"橡皮土"等不良现象。

由于拟加固土层必须高出地下水位 0.8 m 以上,且该范围内不宜存在饱和软土层,否则可能将表层土夯成"橡皮土",反而破坏土的结构和增大压缩性,因此,当地下水位埋藏深度在夯击的影响深度范围内时,需采取降水措施。

2)强夯法

强夯法是用大吨位的起重机,把很重的锤(一般为 80～400 kN)从高处自由下落(落距为 8～30 m)给地基以冲击力和振动,强力夯实地基以提高其强度,降低压缩性。

　　强夯法还可改善地基土抵抗振动液化能力和消除湿陷性黄土的湿陷性;同时,夯击还可提高土的均匀程度,减少可能出现的差异沉降。

　　强夯法适用于碎石土、砂土、低饱和度的粉土与黏性土、湿陷性黄土、杂填土及人工填土等地基的施工,对淤泥和淤泥质土等饱和黏性土地基,需经试验证明施工有效时方可采用。强夯法不仅能在陆地上施工,而且也可在不深的水下对地基进行夯实。工程实践表明,强夯法加固地基具有施工简单、使用经济、加固效果好等优点,因而被各国工程界所重视;其缺点是施工时噪声和振动较大,一般不宜在人口密集的城市内使用。

9.4.3　挤密法及振冲法

　　挤密法是在软弱或松散地基中先打入桩管成孔,然后在桩管中填粗砂、砾石等坚实土料。桩管打入地基时,对土横向挤密,使土粒彼此移动,颗粒间互相靠紧,空隙减小,土骨架作用随之增强。

　　振冲法是应用松砂加水振动后变密的原理,再通过振冲器成孔,然后填入砂或石、石灰、灰土等材料,再予以捣实,形成桩与周围挤密后的松砂所组成的复合地基,来承受建筑物的荷重。

1)挤密法

　　挤密砂桩是属于柔性桩加固地基的范畴,它主要靠桩管打入地基时对土的横向挤密作用,使土粒彼此移动,颗粒之间互相靠紧、空隙减小,土的骨架作用随之增强。所以,挤密法加固地基使松软土发生挤密固结,从而使土的压缩性减小,抗剪强度提高。软弱土被挤密后与桩体共同作用组成复合地基,共同传递建筑物的荷载。

　　挤密砂桩适用于处理松砂、杂填土和黏粒含量不多的黏性土地基,砂桩能有效防止砂土地基振动液化;但对饱和黏性土地基,由于土的渗透性较小,抗剪强度低,灵敏度大,夯击沉管过程中产生的超孔隙水压力不能迅速消散,挤密效果差,且将土的天然结构破坏,抗剪强度降低,故施工时需慎重对待。

　　挤密砂桩和排水砂井虽然都在地基中形成砂柱体,但二者作用不同。砂桩是为了挤密而由两侧向中间进行的。设置砂桩时,基坑应在设计标高以上预留 3 倍桩径覆土,打桩时坑底发生隆起,施工结束后挖除覆土。

　　制作砂桩宜采用中、粗砂,含泥量不大于 5% ,含水时依土质及施工器具确定。砂桩的灌砂量按井孔体积和砂在中密状态的干容重计算,实际灌砂量(不含水重)应不低于计算灌砂量的 95% 。

　　桩身及桩与桩之间挤密土的质量,均可采用标准贯入或轻便触探检验,也可用锤击法检查密实度,必要时则进行载荷试验。

2)振冲法

　　在砂土中,利用加水和振动可以使地基密实,振冲法就是根据这一原理而发展起来的一种加固深厚软弱土的方法。振冲法施工的主要设备为振冲器,它类似插入式混凝土振捣器,由潜水电动机、偏心块和通水管三部分组成。振冲器内的偏心块在电动机带动下高速旋转而产生高频振动,在高压水流的联合作用下,可使振冲器贯入土中,当到达设计深度后,关闭下喷水口,打开上喷水口,然后向振冲形成的孔中填以粗砂、砾石或碎石。振冲器振一段,上提一段,最后在地基中形成一根密实的砂、砾石或碎石桩体,一般称为碎石桩。

碎石桩在国外20世纪30年代开始用于加固松砂地基,50年代用于加固黏性土地基。振冲法加固黏性土的机理与加固砂土的机理不尽相同。加固砂土地基时,其加固机理是利用砂土液化的原理,即通过振冲与水冲使振冲器周围一定范围内的砂土产生振动液化,液化后的砂土颗粒在重力、上覆土压力及填料挤压作用下重新排列而密实。振冲后的砂土地基不但承载力与变形模量有所提高,而且预先经历了人工振动液化,提高了抗震能力。而砂(碎石)桩的存在又提供了良好的排水通道,降低了地震时的超孔隙水压力,也是提高抗震能力的又一个原因。

加固黏性土地基(特别是饱和黏性土地基)时,在振动力作用下,由于土的渗透性比较小,土中水不易排出,所以碎石桩的作用主要是置换,填入的碎石在土中形成较大直径的抗体并与周围土共同作用组成复合地基。大部分荷载由碎石桩承担,被挤密的黏性土也可承担一部分荷载。

3) 复合地基的变形模量和地基承载力

(1) 变形模量

软弱地基经振冲加固后,变成碎石桩与桩间挤密土组成的物理力学性质各异的"复合地基",如图9.4所示。

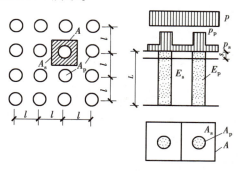

p, p_p, p_s—作用于复合地基、碎石桩及桩间土的压力(t/m^2);L—碎石桩的桩长(m);l—碎石桩的桩距(m);A——一根碎石桩所承担的加固面积(m^2),有 $A = A_p + A_s$;A_p——一根碎石桩的面积(m^2);A_s——一根碎石桩所承担的加固范围内土的面积(m^2)

图9.4 大面积碎石桩计算图式

当荷载 p 作用于复合地基上时,假定基础是刚性的,则在地表面的平面内碎石桩和桩间土的沉降相同。由于 $E_p > E_s$,根据虎克定律,荷载将向碎石桩上集中,与此相应地,作用于桩间土上的荷载就降低,这就是复合地基提高承载力的基本原理。

在一根碎石桩所承担的加固面积 $A(A = A_p + A_s)$ 范围内,复合地基的变形模量 E 是由碎石桩的变形模量 E_p 和桩间土的变形模量 E_s 所组成。当 A 不变时,随着 A_p 的增大,A_s 的减小,则 E 必然增大;反之,则必然减小。因此,在设计上可用碎石桩与桩间土的面积加权平均法确定复合地基的 E 值。

$$E = \frac{E_p A_p + E_s A_s}{A} \tag{9.5}$$

(2) 地基承载力

$$pA = p_p A_p + p_s A_s$$

而

$$p = \frac{p_p A_p + p_s A_s}{A}$$

将应力集中比 $n = \frac{p_p}{p_s}$，置换率 $a = \frac{A_p}{A}$ 代入上式，则

$$p = [a_s(n-1)+1]p_s \tag{9.6}$$

由式(9.6)可知,只要经荷载试验测出 p_p 和 p_s,就可求得复合地基极限承载力。

任务5　了解化学加固法的原理与施工工艺

凡将化学溶液或胶结剂灌入土中,使土粒胶结起来,以提高地基强度,减少沉降量的加固方法,统称为化学加固法。目前采用的化学浆液有以下几种:

①水泥浆液:用高标号的硅酸盐水泥和速凝剂组成的浆液。

②硅酸钠(水玻璃)为主的浆液:常用水玻璃和氯化钙组成的溶液。

③丙烯酸氨为主的浆液。

④纸浆为主的浆液:如重铬酸盐木质素浆液,其加固效果尚可,但有毒性,易污染地下水。

化学加固法的施工方法有压力灌注法、高压喷射注浆法、水泥土搅拌法和电渗硅化法等。现主要介绍高压喷射注浆法和水泥土搅拌法。

9.5.1　高压喷射注浆法

1)加固地基原理

高压喷射注浆法是用钻机钻孔至所需深度后,将喷射管插入地层预定的深度,用高压脉冲泵将水泥浆液从喷射管喷出,强力冲击破坏土体,使浆液与土搅拌混合,经过凝结固化,便在土中形成固结体,用以达到加固的目的。其施工顺序如图9.5所示。

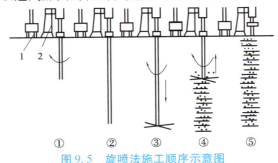

图9.5　旋喷法施工顺序示意图

①—开始钻进;②—钻进结束;③—高压旋喷开始;
④—边旋转边提升;⑤—喷射完毕,桩体形成
1—超高压水力泵;2—钻机

2)分类

高压喷射注浆法分类如下:

①按注浆形式分:有旋转喷射、定向喷射和摆动喷射三种注浆形式。

②按喷射管结构分:有单管、二重管和三重管三种。

单管法只喷射水泥浆液,一般形成直径为 0.3 ~ 0.8 m 的旋喷桩。二重管法开始先从外管喷射水,然后外管喷射瞬时固化材料,内管喷射胶凝时间较长的渗透性材料,两管同时喷射,形成直径为 1 m 的旋喷桩。三重管法为三根同心管子,内管通水泥浆,中管通 20 ~ 25 MPa 的高压水,外管通压缩空气,施工时先用钻机成孔,然后把三重旋喷管吊放到孔底,随即打开高压水和压缩空气阀门,通过三重旋喷管底端侧壁上直径为 2.5 mm 的喷嘴,射出高压水、气,把孔壁的土体冲散。同时,泥浆泵把高压水泥浆从另一喷嘴压出,使水泥浆与冲散的土体拌和,三重管慢速旋转提升,把孔周地基加固成直径为 1.3 ~ 1.6 m 的坚硬桩柱。

3)注浆法的特点

注浆法的特点有:

①能够比较均匀地加固透水性很小的细粒土。

②不会发生浆液从地下流失。

③能在室内或洞内净空很小的条件下对土层深部进行加固施工。

注浆法加固后的地基承载力,一般可按复合地基或桩基考虑。由于加固后的桩柱直径上下不一致,且强度不均匀,若单纯按桩基考虑则不安全,条件许可情况下,尽可能做现场载荷试验来确定地基承载力。

注浆法可适用于砂土、黏砂土、湿陷性黄土以及有人工填土等地基的加固,其用途较广,可以提高地基的承载力,可做成连续墙防止渗水,可防止基坑开挖对相邻结构物的影响,增加边坡的稳定性,并防止板桩墙渗水或涌砂,也可应用于托换工程中的事故处理。

9.5.2 水泥土搅拌法

水泥土搅拌法加固软黏土技术是利用水泥或石灰作为固化剂,通过特制的深层搅拌机械,在地基深部就地将软黏土和固化剂强制拌和,使软黏土硬结成一系列水泥(或石灰)土桩或地下连续墙,这些加固体与天然地基形成复合地基,共同承担建筑物的荷载。

加固机理主要是水泥表面的矿物与软土中的水发生水解和水化反应,形成水泥石骨架,利用水泥的水解和水化反应,部分水化物与周围具有一定活性的黏土颗粒发生反应,形成较大的土团粒,起到加固土体的作用。

水泥土搅拌法的施工顺序如下:

①就位。将搅拌机的搅拌头定位对中,启动电动机时若地面起伏不平,应使起重机保持平衡。

②预搅下沉。启动搅拌机沿导向架搅拌下沉。

③制备水泥浆。当搅拌头沉到设计深度后,略微提升搅拌头,开始制备水泥浆,由灰浆泵输送配制的水泥浆,通过中心管,压开球形阀,使水泥浆进入软土。

④喷浆搅拌。边喷浆、边搅拌、边提升,使水泥浆和土体充分拌和,直至地面。

⑤重复上下搅拌。为使软土和水泥浆搅拌均匀,可将搅拌头重复下沉到设计深度后再将搅拌机提升出地面。至此,一根柱状加固体即告完成。

由于水泥土搅拌法将固化剂和原地基黏性土搅拌混合,因而减少了水对周围地基的影响,也不使地基侧向挤出,故对周围已有建筑物的影响很小;其水泥用量较少;施工时无振动、无噪声,可在城市内进行施工。

与砂井堆载预压法相比,在短时期内即可获得很高的地基承载力;与换土法相比,减少大量土方程量;土体处理后容重基本不变,不会使软弱下卧层产生附加沉降;经水泥土搅拌法加固后的地基承载力,可按复合地基设计。

任务 6   了解其他地基处理方法

9.6.1   加筋

加筋即在土体中加入起抗拉作用的筋材(如土工合成材料、金属材料等),通过筋土间作用,达到减小或抵抗土压力、调整基底接触应力的目的,可用于支挡结构或浅层地基处理。

9.6.2   土工合成材料

土工合成材料由合成纤维制成,也称土工聚合物,又称土工织物,是土工用合成纤维材料的总称。目前世界各国用于生产土工纤维的多以聚丙烯、涤纶为主要材料,它具有强度高、弹性好、耐磨、耐化学腐蚀、滤水、不霉烂、不缩水、不怕虫蛀等良好性能。

1)土工合成材料的分类

土工合成材料的分类有以下几种:

①土工织物:织造(有纺),包括经纬编织和针织;非织造(无纺),包括针刺黏结、热黏和化黏。

②土工膜:包括沥青土工膜、聚合物土工膜。

③特种土工合成材料:包括人工格栅、土工膜袋、玻纤网、土工网、土工垫、土工格室、超轻型合成材料。

④复合型土工合成材料:包括复合土工膜、复合排水材料。

2)土工合成材料的功能

土工合成材料的功能包括隔离、加筋、反滤、排水、防渗和防护六大类。土工合成材料一般具有多功能,在实际应用中,往往是一种功能起主导作用,而其他功能则不同程度地发挥作用。

(1)反滤作用

在渗流口铺设一定规格的土工聚合物作为反滤层,可起到一般砂砾层的作用,提高被保护土的抗渗强度,保护土颗粒不流失且保证排水通畅,从而防止发生流土、管涌和堵塞等对工程不利的情况。

(2)排水作用

土工合成材料具有很好的透水性,在地基处理中,可以用它排除地下水(不会堵塞),形成水平排水通道。

(3)隔离作用

对两层具有不同性质的土或材料,或土与其他材料可采用土工合成材料进行隔离,避免混杂产生不良效果。如道路工程中常采用土工合成材料防止软弱土层侵入路基的碎石层,避免引起翻浆冒泥。

（4）加固和补强作用

利用土工合成材料的高强度和韧性等力学性质,可分散荷载,增大土体的刚度模量以改善土体;当土工合成材料用作土体加筋时,其基本作用是给土体提供抗拉强度。

①用于加固土坡和堤坝。

a. 使边坡变陡,节省占地面积;

b. 防止滑动圆弧通过路堤和地基土;

c. 防止路堤下面因承载力不足而发生破坏;

d. 跨越可能的沉陷区等。

②用于加固地基。由于土工合成材料有较高的强度和韧性等力学性能,且能紧贴于地基表面,使其上部施加的荷载能均匀分布在地层中,因此,当地基可能产生冲切破坏时,铺设的土工合成材料将阻止破坏面的出现,从而提高地基承载力。

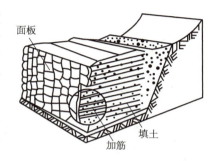

图9.6 加筋土挡土墙示意图

当受集中荷载作用时,在较大的荷载作用下,高模量的土工合成材料受力后将产生一垂直分力,抵消部分荷载。

③用于加筋土挡墙。在挡土结构的土体中,每隔一定距离铺设加固作用的土工合成材料时可作为拉筋起到加筋作用,如图9.6所示。

3）土工合成材料加筋层的加固原理

土工合成材料加筋垫层的加固原理主要是:

①增强垫层的整体性和刚度,调整不均匀沉降。

②扩散应力。由于垫层刚度增大的影响,扩大了荷载扩散的范围,使应力均匀分布。

③约束作用,亦即约束下卧软弱土地基的侧向变形。

9.6.3 树根桩

树根桩是指小直径、高强度的钢筋混凝土灌注桩。由于成桩方向可竖可斜,犹如在基础下生出了若干"树根"而得名。树根桩适用于既有建筑物的修复和加层、古建筑整修、地下铁道穿越、桥梁工程等各类地基处理和基础加固,以及增强边坡稳定等。

树根桩穿过既有建筑物基础时,应凿开基础,将主钢筋与树根桩主筋焊接,并应将基础顶面上的混凝土与树根桩混凝土牢固结合。采用斜向树根桩时,应采取防止钢筋笼端部插入孔壁土体中的措施。

 政案例

万丈高楼平地起,一砖一瓦皆根基

我国自古就是基建大国,唐代长安城是我国古代最大的超级城市,它是在隋朝大兴土木基础上改建扩建而成,通过修整城墙,建立城楼,并随后修建了大明宫、兴庆宫两座宫殿,使长安城的规模更加宏大。仅大明宫的面积($3.3\ km^2$)就相当于3个凡尔赛宫、4个紫禁城、12个克里姆林宫、13个卢浮宫、15个白金汉宫。

除了城市,中国人对建造大型建筑群也有悠久的历史。中国最大的宫殿类建筑遗址——阿房宫遗址,1992年经联合国教科文组织实地勘察,确认在宫殿类建筑中名列世界第一。

明朝年间由蒯祥设计的北京故宫,是现存世界最大宫殿之一,面积为72万m^2,比白金汉宫、克里姆林宫都大得多。

我国的万里长城修建在地势险要的崇山峻岭。它在英语里面独享"Great Wall"一词。长城到底有多长?2012年6月5日,国家文物局在北京居庸关长城宣布,历经近5年的调查认定,中国历代长城总长度为21 196.18 km,包括长城墙体、壕堑、单体建筑、关堡和相关设施等长城遗产43 721处。这是中国首次科学、系统地测量历代长城的总长度。

中国具有世界现存最老、最高的木塔和最早、最大的单拱石拱桥。山西应县木塔,使用木料超过2 600 t,高度67.3 m,有20多层楼高,建于公元11世纪,距今1 000多年时间,经历了多次地震仍然屹立不倒,设计非常科学。河北石家庄的赵州桥,全长50 m,单拱跨度37 m,建成于605年,距今已经1 400多年,是世界上现存第二早的石拱桥,经历了10次水灾、8次战乱和多次地震,特别是1966年3月8日邢台发生的7.6级地震,赵州桥距离震中只有40多千米,都没有被破坏。

可以想象,我们的祖先在崇山峻岭、洪水泛滥和各种地势土体上修筑这么多的超级工程,何其伟大!然而,由于近代清政府的闭关锁国,导致中国科技一度落后。直至新中国成立后,我国科技工作者奋起直追,才逐渐追赶上了世界的脚步。现在最高的桥、最长的桥、最长的隧道等,都在中国。比如,世界最长的跨海大桥,第一是青岛海湾大桥(41.6 km),第二是杭州湾大桥(35.7 km),第三是港珠澳大桥(35.6 km),第四是上海的东海大桥(32.5 km)。再比如,世界最高的桥梁,前六名都在中国,第一是贵州北盘江大桥(高度565 m),就是第六高的贵州清水河大桥,桥面到谷底也有406 m。

目前,世界排名前五的建筑有两个来自我们国家。第一名是哈利法塔,又称迪拜大厦,高828 m,楼层总数162层,共总使用了33万m^3混凝土、6.2万t强化钢筋、14.2万m^2玻璃。大厦内设有56部升降机,速度最快达17.4 m/s,另外还有双层的观光升降机,每次最多可载42人。哈利法塔始建于2004年,2010年建成。第二名是中国"上海中心",是上海市的一座巨型高层地标式摩天大楼,位于陆家嘴金融贸易区核心区,是一幢集商务、办公、酒店、商业、娱乐、观光等功能于一体的超高层建筑,建筑总高度632 m,地上127层,地下5层,总建筑面积57.8万m^2,其中地上41万m^2,地下16.8万m^2,基底面积30 368 m^2,绿化率33%,"上海中心"是目前已建成项目中国第一、世界第二高楼。第三名麦加皇家钟楼,是一栋位于沙特阿拉伯麦加的复合型建筑,建筑高度601 m,共120层。第四名是中国平安金融中心,项目建筑核心筒结构高度592.5 m,建成后总高度为599.1 m。第五名是韩国乐天世界大厦,共123层,总高度达555 m,建筑面积为304 081 m^2。

在工程建设领域,崛起中的中国凭借着"青藏铁路""三峡水利工程""港珠澳大桥"等工程建设的奇迹,在世界工程领域竞争中绽放光彩。归根结底,这些成就离不开改革开放综合国力的提升,离不开中国工程师的不懈奋斗,更离不开坚守和发展的精神———一种在新时代背景下熔铸而成的中国特色工匠精神。

万丈高楼平地起,高楼大厦不是凭空拔地而起的,而是打好地基,一砖一瓦堆砌起来的。

创新驱动岩土工程发展

党的二十大报告提出:实施科教兴国战略,强化现代化人才支撑,着力造就拔尖创新人才。坚持面向世界科技前沿、面向经济主战场、面向国家重大需求、面向人民生命健康,加快实现高水平科技自立自强。以国家战略需求为导向,集聚力量进行原创性引领性科技攻关,坚决打赢关键核心技术攻坚战。加快实施一批具有战略性全局性前瞻性的国家重大科技项目,增强自主创新能力。加强基础研究,突出原创,鼓励自由探索。下面回顾我国岩土学者的突出贡献。我国学者对土力学的研究始于1945年黄文熙在中央水利实验室创立第一个土工试验室,但是大规模的土力学研究是在新中国成立之后随着大量国外留学人员的归来才开始的。70多年来我国的岩土科学家们取得了许多重要成果。(1)在土的特性方面,刘祖典等对黄土湿陷特性的研究;(2)在软黏土的强度变形特性方面,魏汝龙率先展开研究,提出了魏汝龙-Khosla-Wu临界状态模型;(3)在砂土动力特性以及地震液化大变形方面,汪闻韶发现和首先研究少黏性土地震液化问题,提出了少黏性土地震液化评价方法;(4)在理论计算方面,黄文熙对地基应力和沉降计算方法做出过许多改进;(5)在本构模型方面,陈宗基提出了流变模型;(6)在软土流变理论、动力固结理论、土坝震后永久变形和土工数值分析方面,钱家欢在国内做了开拓性工作;(7)在瞬态土动力学、黄土静动力学特性、土结构性定量化参数、非饱和土有效应力方面,谢定义做了开创性的工作;(8)在土石坝和地基基础工程方面,沈珠江建立了土体极限分析理论,提出了软土地基稳定分析的有效固结应力法;(9)在边坡稳定理论和数值分析方面,陈祖煜发展完善了以极限平衡为基础的边坡稳定分析理论,得出了边坡稳定分析上限解的微分方程以及相应的解析解,使边坡三维稳定分析成为现实可行。

单元小结

(1)在软弱地基上建造工程,可能会出现的问题主要有:沉降或差异沉降大、地基沉降范围大、地基剪切破坏、承载力不足、地基液化、地基渗漏、管涌等。

地基处理的措施主要包括:改善地基土剪切特性、改善地基土压缩特性、改善地基土透水特性、改善地基土动力特性、改善特殊土的不良地基特性。

PPT、教案、题库(第9章)

(2)地基处理的方法分类:按处理深度可分为浅层处理和深层处理;按时间可分为临时处理和永久处理;按土的性质可分为砂性土处理和黏性土处理;按加固机理分为置换、夯实、挤密、排水、加筋、热学等。

(3)地基处理常用方法主要有:换填法、排水固结法、密实法、化学加固法、加筋法等。各种地基处理方法的措施、原理、适用范围详见表9.3。

地基处理课程设计指导书

表 9.3　常用地基处理方法表

编　号	分　类	处理方法	原理及作用	适用范围
1	碾压及夯实	重锤夯实法,机械碾压法,振动压实法,强夯法(动力固结)	利用压实原理,通过机械碾压夯击,把表层地基土压实,强夯则利用强大的夯击能,在地基中产生强烈的冲击波和动应力,使土体动力固结密实	碎石、砂土、粉土、低饱和度的黏性土、杂填土等,对饱和黏性土可采用强夯法

续表

编 号	分 类	处理方法	原理及作用	适用范围
2	换土垫层	砂石垫层、素土垫层,灰土垫层,矿碴垫层	以砂石、素土、灰土和矿渣等强度较高的材料,置换地基表层软弱土,提高持力层的承载力,减少沉降量	暗沟、暗塘等软弱土地基
3	排水固结	天然地基预压,砂井预压,塑料排水板预压,真空预压,降水预压	通过改善地基排水条件和施加预压荷载,加速地基的固结和强度增长,提高地基的稳定性,并使基础沉降提前完成	饱和软弱土层,对于渗透性很低的泥炭土则应慎重
4	振密挤密	振冲挤密,灰土挤密桩,砂桩,石灰桩,爆破挤密	采用一定的技术措施,通过振动或挤密,使土体孔隙减少、强度提高;也可在振动挤密的过程中,回填砂、砾石、灰土、素土等,与地基土组成复合地基,从而提高地基的承载力,减少沉降量	松砂、粉土、杂填土及湿陷性黄土
5	置换及拌入	振冲置换,深层搅拌,高压喷射注浆,石灰桩等	采用专门的技术措施,以砂、碎石等置换软弱土地基中部分软弱土,或在部分软弱土地基中掺入水泥、石灰或砂浆等形成加固体,与周边土组成复合地基,从而提高地基的承载力,减少沉降量	黏性土、冲填土、粉砂、细砂等。振冲置换法对于不排水抗剪强度 $\tau_f < 20$ kPa 时慎用
6	土工聚合物	土工膜、土工织物、土工格栅等合成物	采用一种用于土工的化学纤维新型材料,可用于排水、隔离、反滤和加固补强等方面	软土地基、填土及陡坡填土、砂土
7	其他	树根桩、灌浆,冻结,托换技术,纠偏技术	通过独特的技术措施处理软弱土地基	根据建筑物和地基基础情况确定

思考与练习

一、填空题

1. 软弱地基主要是由_____、_____、_____、_____、_____构成的地基。

2. 地基处理方法有_____、_____、_____、_____、_____、_____。

3. 地基处理中机械压实法、换填法、预压法适用于_____。

4. 我国区域性特殊土主要有_____、_____、_____、_____、_____等。

二、选择题

1. 夯实深层地基土宜采用的方法是(   )。

A. 强夯法

B. 重锤夯实法

C. 分层压实法

D. 振动碾压法

2. 砂石桩加固地基的原理是(   )。

A. 换土垫层

B. 碾压夯实

C. 排水固结

D. 挤密土层

3. 厚度较大的饱和软黏土,地基加固较好的方法为(   )。

A. 换土垫层法

B. 挤密振密法

C. 排水固结法

D. 强夯法

4. 堆载预压法加固地基的机理是(   )。

A. 置换软土

B. 挤密土层

C. 碾压夯实

D. 排水固结

5. 堆载预压法适用于处理(   )地基。

A. 碎石类土和砂土

B. 湿陷性黄土

C. 饱和的粉土

D. 淤泥、淤泥质土和饱和软黏土

三、简答题

1. 试述地基处理的目的及其一般程序与方法。

2. 试述换填法的处理原理、适用范围。如何计算垫层宽度和厚度? 垫层的施工质量关键问题是什么?

3. 试述加载预压法与真空预压法的作用原理和适用范围。

4. 试述强夯法加固地基的机理和适用条件。

5. 深层挤密加固原理是什么? 它又分为哪几种方法? 它们各自的适用范围是什么?

6. 挤密砂石桩与排水砂井的作用原理和适用条件有何区别?

7. 试述振冲法加固的机理、适用范围,并与强夯法进行比较。

8. 高压喷射注浆法和水泥土搅拌法加固各有什么不同特点?

9. 何谓土工合成材料? 试述土工合成材料在工程中的作用。

10. 在什么情况下需要对基础进行托换? 基础托换有哪些方法?

四、案例分析

1. 某中学三层教学楼,采用砖混结构条形基础,宽 1 m,埋深 0.8 m,基础的平均重度为 26 kN/m^3,作用于基础顶面的竖向荷载为 130 kN/m。地基土情况:表层为素填土,重度 $\gamma_1 = 17.5$ kN/m^3,厚度 $h_1 = 1.3$ m;第二层土为淤泥质土,$\gamma_2 = 17.8$ kN/m^3,$h_2 = 6.5$ m,地基承载力特征值 $f_{ak} = 65$ kPa。地下水位深 1.3 m。试设计该教学楼的砂垫层。

2. 某一软土地基上堤坝工程,坝顶宽 5 m,上下游边坡为 1∶1.5,坝高为 8 m,坝体为均质粉质黏土,重度为 $\gamma = 19.9$ kN/m^3;含水量为 20%,抗剪强度为 20 kPa,地基为一厚 20 m 的淤泥黏土,下卧为砂石层,淤泥黏土含水量 50%,不排水抗剪强度 18 kPa,砂石层透水性好,密实,强度较大。试分析提出合理的地基处理方法。

单元 10

认识特殊土与区域性地基

单元导读

- **基本要求** 本单元系统地介绍了各种特殊土的基本知识、特有的工程性质、分布、成因、类别,工程勘察要求、病害、工程设计与工程中的应对措施及主要的处理方法。通过本单元学习,需要掌握软土与地震区地基的分布情况、工程地质特征、评价与判别、防治措施;熟悉各种特殊土地基的工程性质与工程措施,了解湿陷性黄土地基、膨胀土地基、红黏土地基、盐渍土地基、冻土地基、山区地基等特殊地基的组成成分、成因分布、评价方法与地基处理。
- **重点** 各种特殊土地基处理的工程措施、施工要求。
- **思政元素** (1)科学钻研精神;(2)伟大的工程实践精神。

任务 1 了解软土地基工程性质与加固方法

10.1.1 软土及其特征

软土是天然含水量大、压缩性高、承载力和抗剪强度很低的呈软塑-流塑状态的黏性土。软土是一类土的总称,还可以将它细分为软黏性土、淤泥质土、淤泥、泥炭质土和泥炭等。我国软土分布广泛,主要位于沿海平原地带,内陆湖盆、洼地及河流两岸地区。我国软土成因类型主要有:沿海沉积型(滨海相、泻湖相、溺谷相、三角洲相)、内陆湖盆沉积型、河滩沉积型、沼泽沉积型。

软土地基

软土主要是静水或缓慢流水环境中沉积的以细颗粒为主的第四纪沉积物。通常在软土形成过程中有生物化学作用参与,这是因为在软土沉积环境中生长有喜湿植物,植物死亡后

遗体埋在沉积物中,在缺氧条件下分解,参与软土的形成。我国软土有下列特征:

①软土的颜色多为灰绿、灰黑色,手摸有滑腻感,能染指,有机质含量高,时有腥臭味。

②软土的颗粒成分主要为黏粒及粉粒,黏粒含量高达60%～70%。

③软土的矿物成分,除粉粒中的石英、长石、云母外,黏土矿物主要是伊利石,高岭石次之。此外软土中常有一定量的有机质,可高达8%～9%。

④软土具有典型的海绵状或蜂窝状结构,其孔隙比大,含水量高,透水性小,压缩性大,是软土强度低的重要原因。

⑤软土具有层理构造,软土和薄层粉砂、泥炭层等相互交替沉积,或呈透镜体相间沉积,形成性质复杂的土体。

10.1.2 软土的工程性质

(1)软土的孔隙比和含水量

软土的颗粒分散性高、联结弱、孔隙比大、含水量高,其孔隙比一般大于1,一般可高达5.8。如云南滇池淤泥,含水量大于液限,达50%～70%,最大可达300%。沉积年代久、埋深大的软土,孔隙比和含水量会降低。

(2)软土的透水性和压缩性

软土孔隙比大,孔隙细小,黏粒亲水性强,土中有机质多,分解出的气体封闭在孔隙中,使土的透水性很差,渗透系数$k<10$ cm/s。荷载作用下排水不畅,固结慢,压缩性高,压缩系数$a=0.7～20$ MPa^{-1},压缩模量E_s为1～6 MPa。软土在建筑物荷载作用下容易发生不均匀下沉和大量沉降,而且下沉缓慢,完成下沉的时间很长。

(3)软土的强度

软土强度低,无侧限抗压强度为10～40 kPa。不排水直剪试验的$\varphi=2°～5°$,$c=10～15$ kPa;排水条件下$\varphi=10°～15°$,$c=20$ kPa。所以在确定软土抗剪强度时,应根据建筑物加载情况选择不同的试验方法。

(4)软土的触变性

软土受到振动,颗粒连接破坏,土体强度降低,呈流动状态,称为触变,也称振动液化。触变可以使地基土大面积失效,导致建筑物破坏。触变的机理是吸附在土颗粒周围的水分子的定向排列被破坏,土粒悬浮在水中,呈流动状态。当振动停止,土粒与水分子相互作用的定向排列恢复,土强度可慢慢恢复。

(5)软土的流变性

在长期荷载作用下,变形可延续很长时间,最终引起破坏,这种性质称为流变性。破坏时土强度低于常规试验测得的标准强度。软土的长期强度只有平时强度的40%～80%。

10.1.3 软土的变形破坏和地基加固

1)软土的变形破坏

软土地基变形破坏的主要原因是承载力低,地基变形大或发生挤出。建筑物变形破坏的主要形式是不均匀沉降,使建筑物产生裂缝,影响正常使用。修建在软土地基上的公路、铁路路堤高度受软土强度的控制,路堤过高,将导致挤出破坏,产生坍塌。如浙江肖穿铁路线,经过厚62 m 的淤泥层,8 m 高的桥头路堤一次整体下沉4.3 m,坡脚隆起2 m,变形范围波及路堤外56 m 远。

2)软土地基的加固措施

① 砂井排水。在软土地基中按一定规律设计排水砂井(图10.1),井孔直径多在0.4 ~ 2.0 m,井孔中灌入中、粗砂,砂井起排水通道作用,可以加快软土排水固结过程,使地基土强度提高。

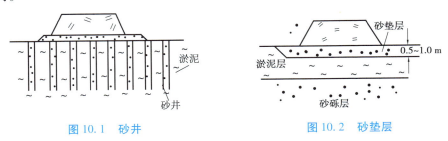

图 10.1 砂井   图 10.2 砂垫层

②砂垫层。在建筑物(如路堤)底部铺设一层砂垫层(图10.2),其作用是在软土顶面增加一个排水面。在路堤填筑过程中,由于荷载逐渐增加,软土地基排水固结,渗出的水可以从砂垫层排走。

③生石灰桩。在软土地基中打生石灰桩的原理是:生石灰水化过程中强烈吸水,体积膨胀,产生热量,桩周围温度升高,使软土脱水而压密强度增大。

④强夯法。这是目前加固软土常用的方法之一,采用10 ~ 20 t 重锤,从10 ~ 40 m 高处自由落下,夯实土层。强夯法产生很大的冲击能,使软土迅速排水固结,加固深度可达11 ~ 12 m。

⑤旋喷注浆法。将带有特殊喷嘴的注浆管置入软土层的预定深度,以20 MPa 左右压力高压喷射水泥砂浆或水玻璃和氯化钙混合液,强力冲击土体,使浆液与土搅拌混合,经凝结固化,在土中形成固结体,形成复合地基。此法能提高地基强度,加固软土地基。

⑥换填土。将软土挖除,换填强度较高的黏性土、砂、砾石、卵石等渗水土。这一方法从根本上改善了地基土的性质。

此外还有化学加固、电渗加固、侧向约束加固、堆载预压等加固方法。

任务2   了解黄土地基工程性质与病害防治措施

10.2.1   黄土的特征及分布

黄土是以粉粒为主,含碳酸盐,具大孔隙,质地均一,无明显层理而有显著垂直节理的黄色陆相沉积物。典型黄土具备以下特征:

①颜色为淡黄、褐黄和灰黄色。

②以粉土颗粒(0.075 ~ 0.005 mm)为主,占60% ~ 70%。

③含各种可溶盐,主要富含碳酸钙,含量达10% ~ 30%,对黄土颗粒有一

黄土地基

定的胶结作用,常以钙质结核的形式存在,又称姜石。

④结构疏松,孔隙多且大,孔隙度达 33% ~ 64%,有肉眼可见的大孔隙、虫孔、植物根孔等。

⑤无层理,具柱状节理和垂直节理,天然条件下稳定边坡近直立。

⑥具有湿陷性。

具备上述 6 种特征的黄土是典型黄土,只具备其中部分特征的黄土称为黄土状土,二者的特征列于表 10.1 中。

黄土分布广泛,在欧洲、北美、中亚等地均有分布,在全球分布面积达 $13×10^6 km^2$,占地球表面的 2.5% 以上。我国是黄土分布面积最大的国家,总面积约 $64×10^4 km^2$,在西北、华北、山东、内蒙古及东北等地均有分布,黄河中游的陕、甘、宁及山西、河南等省黄土面积广、厚度大,属黄土高原。

表 10.1 黄土和黄土状土的特征

名称特征		黄 土	黄土状土
外部特征	颜色	淡黄色为主,还有灰黄、褐黄色	黄色、浅棕黄色或暗灰褐黄色
	结构构造	无层理,有肉眼可见之大孔隙及由生物根茎遗迹形成之管状孔隙,常被钙质或泥填充,质地均一,松散易碎	有层理构造,粗粒(砂粒或细砾)形成的夹层成透镜体,黏土组成微薄层理,大孔隙较少,质地不均一
	产状	垂直节理发育,常呈现大于 70° 的边坡	有垂直节理但延伸较小,垂直陡壁不稳定,常成缓坡
物质成分	粒度成分	粉土粒为主(0.007 5 ~ 0.005 mm),含量一般大于 60%;大于 0.25 mm 的颗粒几乎没有。粉粒中 0.075 ~ 0.01 mm 的粗粉粒占 50% 以上,颗粒较粗	粉土粒含量一般大于 60%,但其中粗粉粒小于 50%;含少量大于 0.25 mm 或小于 0.005 mm 的颗粒,有时可达 20% 以上;颗粒较细
	矿物成分	粗粒矿物以石英、长石、云母为主,含量大于 60%;黏土矿物有蒙脱石、伊利石、高岭石等;矿物成分复杂	粗粒矿物以石英、长石、云母为主,含量小于 50%;黏土矿物含量较高,仍以蒙脱石、伊利石、高岭石为主
	化学成分	以 SiO_2 为主,其次为 Al_2O_3、Fe_2O_3,富含 $CaCO_3$,并有少量 $MgCO_3$ 及少量易溶盐类如 NaCl 等,常见钙质结核	以 SiO_2 为主,Al_2O_3、Fe_2O_3 次之,含 $CaCO_3$、$MgCO_3$ 及少量易溶盐 NaCl 等,时代老的含碳酸盐多,时代新的含碳酸盐少

续表

名称特征		黄　土	黄土状土
物理性质	孔隙度	高,一般大于50%	较低,一般不大于40%
	干密度	较低,一般为1.4 g/cm³或更低	较高,一般为1.4 g/cm³以上,可达1.8 g/cm³
	渗透系数	一般为0.6~0.8 m/d,有时可达1 m/d	透水性小,有时可视为不透水层
	塑性指数	10~12	一般大于12
	湿陷性	显著	不显著,或无湿陷性
成岩作用程度		一般固结较差,时代老的黄土较坚固,称为石质黄土	松散沉积物,或有局部固结
成因		多为风成,少量水成	多为水成

10.2.2　黄土的成因

黄土按生成过程及特征可划分为风积、坡积、残积、洪积、冲积等成因类。

①风积黄土。分布在黄土高原平坦的顶部和山坡上,厚度大,质地均匀,无层理。

②坡积黄土。多分布在山坡坡脚及斜坡上,厚度不均,基岩出露区常夹有基岩碎屑。

③残积黄土。多分布在基岩山区上部,由表层黄土及基岩风化而成。

④洪积黄土。主要分布在山前沟口地带,一般有不规则的层理,厚度不大。

⑤冲积黄土 。主要分布在大河的阶地上,如黄河及其支流的阶地上。阶地越高,黄土厚度越大,有明显层理,常夹有粉砂、黏土、砂卵石等,大河阶地下部常有厚数米及数十米的砂卵石层。

10.2.3　黄土的工程性质

(1)黄土的颗粒成分

黄土中粉粒占60%~70%,其次是砂粉和黏粒,各占1%~29%和8%~26%。我国从西向东、由北向南,黄土颗粒有明显变细的分布规律。陇西和陕北地区黄土的砂粒含量大于黏粒,而豫西地区黏粒含量大于砂粒。黏土颗粒含量大于20%的黄土,湿陷性明显减小或无湿陷性。因此,陇西和陕北黄土的湿陷性通常大于豫西黄土,这是由于均匀分布在黄土骨架中的黏土颗粒起胶结作用,使湿陷性减小。

(2)黄土的密度

土粒密度为2.54~2.84 g/cm³,黄土的密度为1.5~1.88 g/cm³,干密度为1.3~1.6 g/cm³。干密度反映了黄土的密实程度,干密度小于1.5 g/cm³的黄土具有湿陷性。

(3)黄土的含水量

黄土天然含水量一般较低。含水量与湿陷性有一定关系:含水量低,湿陷性强;含水量增加,湿陷性减弱,当含水量超过25%时就不再湿陷了。

（4）黄土的压缩性

土的压缩性用压缩系数 a 表示：$a<0.1$ MPa^{-1}低压缩性土；$a=0.1\sim0.5$ MPa^{-1}中压缩性土；$a>0.5$ MPa^{-1}高压缩性土。

黄土多为中压缩性土，近代黄土为高压缩性土，老黄土压缩性较低。

（5）黄土的抗剪强度

一般黄土的内摩擦角 $\varphi=15°\sim25°$，黏聚力 $c=30\sim40$ kPa，抗剪强度中等。

（6）黄土的湿陷性和黄土陷穴

黄土在一定压力下受水浸湿，土结构迅速破坏并产生显著附加下沉的性质，称为黄土的湿陷性。黄土的湿陷性是黄土地区工程建筑破坏的重要原因，但并非所有的黄土都具有湿陷性。在饱和自重压力作用下的湿陷称为自重湿陷；在自重压力和附加压力共同作用下的湿陷称为非自重湿陷。

黄土的湿陷性以及湿陷性的强弱程度是黄土地区工程地质条件评价的主要内容。黄土的湿陷性是根据黄土试样在室内浸水（饱和）压缩试验，在一定压力下测定的湿陷系数 δ_s 进行判定的，即

$$\delta_s = \frac{h_p - h_p'}{h_0} \tag{10.1}$$

式中　h_p——保持天然湿度和结构的黄土试样，加压至一定压力时，下沉稳定后的高度，mm；

h_p'——上述加压稳定后的试样，在浸水（饱和）作用下下沉稳定后的高度，mm；

h_0——试样的原始高度，mm。

当湿陷系数 $\delta_s<0.015$ 时，应定为非湿陷性黄土；当湿陷系数 $\delta_s\geq0.015$ 时，应定为湿陷性黄土。

湿性黄土的湿陷程度，可根据湿陷系数 δ_s 值的大小分为三种：当 $0.015\leq\delta_s\leq0.03$ 时，湿陷性轻微；当 $0.03<\delta_s\leq0.07$ 时，湿陷性中等；当 $\delta_s>0.07$ 时，湿陷性强烈。

此外，黄土地区常常有天然或人工洞穴，由于这些洞穴的存在和不断发展扩大，往往引起上覆建筑物突然塌陷，称为陷穴。黄土陷穴的发展主要是由于黄土湿陷和地下水的潜蚀作用造成的。为了及时整治黄土洞穴，必须查清黄土洞穴的位置、形状及大小，然后有针对性地采取有效的整治措施。

10.2.4　黄土病害的防治

黄土区的地质病害主要是由黄土的湿陷性和黄土穴引起的。为防治黄土地质灾害，可采用以下两类措施：

（1）防水措施

水的渗入是黄土地质病害的根本原因，只要能做到严格防水，各种事故是可以避免或减少的。防水措施包括：场地平整，以保证地面排水畅通；做好室内地面防水措施，室外散水和排水沟，特别是施工开挖基坑时要注意防止水的渗入；切实做到上下水道和暖气管道等用水设施不漏水。

（2）地基处理

地基处理是对基础或建筑物下一定范围内的湿陷性黄土层进行加固处理或换填非湿陷

性土,达到消除湿陷性,减小压缩性和提高承载力的目的。在湿陷性黄土地区,国内外采用的地基处理方法有重锤表层夯实、强夯、换填土垫层、土桩挤密、预浸水、硅化加固、碱液加固和桩基等方法。

任务3　了解冻土地基工程性质与病害防治措施

冻土是指温度等于或低于 0 ℃,并含有冰的各类土。冻土可分为多年冻土和季节冻土。多年冻土是冻结状态持续三年以上的土。季节冻土是随季节变化周期性冻结融化的土。

冻土地基

10.3.1　季节冻土及其冻融现象

我国季节冻土主要分布在华北、西北和东北地区。随着纬度和地面高度的增加,冬季气温越来越低,季节冻土厚度增加。季节冻土对建筑物的危害表现在冻胀和融沉两个方面。冻胀是冻结时水分向冻结部位转移、集中、体积膨胀,对建筑物产生危害。融化时,地基土局部含水量增大,土呈软塑或塑流状态,出现融沉,严重时使建筑物开裂变形。季节冻土的冻胀和融沉与土的颗粒成分和含水量有关。按土的颗粒成分可将土的冻胀性分为 4 类,如表 10.2 所示;按土的含水量可将土的冻胀性分为 4 级,如表 10.3 所示。

从表 10.2 和表 10.3 可知,土的细颗粒(粉粒和黏粒)含量越多、含水量越大,冻胀越严重,对建筑物危害越大。在地下水埋藏较浅时,季节冻土区内地下水的不断补充,地面明显冻胀隆起,形成冻胀土丘,又称冰丘,是冻土区的一种不良地质现象。

表 10.2　土的冻胀性分类

分　类	土的组成	冻　胀		融化后土的状态
		冻结期内胀起/cm	为 2 m 冻土层厚的百分数/%	
不冻胀土	碎石-砾石层、胶结砂砾层			固态外部特征不变
稍冻胀土	小碎石、砾石、粗砂、中砂	3 ~ 7 以下	1.5 ~ 3.5 以下	致密的或松散的,外部特征不变
中等冻胀土	细砂、粉质黏土、黏土	10 ~ 20 以下	5 ~ 10 以下	致密的或松散的,可塑结构常被破坏
极冻胀土	粉土、粉质黄土、粉质黏土、泥炭土	30 ~ 50 以下	15 ~ 20 以下	塑性流动,结构扰动,在压力下变为流砂

表 10.3　土的冻胀性分级

分　类	天然含水量 $w/\%$	潮湿程度	冻结期间地下水位低于冻深的最小距离 /m	冻胀性分级
粉、黏粒含量≤15%的粗颗粒土	$w \leq 12$	稍湿、潮湿	不考虑	不冻胀
	$w > 12$	饱和		弱冻胀
粉、黏粒含量>15%的粗颗粒土，细砂、粉砂	$w \leq 12$	稍湿	>1.5	不冻胀
	$12 < w \leq 17$	潮湿		弱冻胀
	$w > 17$	饱和		冻胀
黏性土	$w < w_p$	半坚硬	>2.0	不冻胀
	$w_p < w \leq +7$	硬塑		弱冻胀
	$w_p + 7 < w \leq w_p + 15$	软塑		冻胀
黏性土	$w > w_p + 15$	流塑	不考虑	强冻胀

10.3.2　多年冻土及其工程性质

1）多年冻土的分布及其特征

（1）多年冻土的分布

我国多年冻土可分为高原冻土和高纬度冻土。高原冻土主要分布在青藏高原及西部高山（天山、阿尔泰山、祁连山等）地区；高纬度冻土主要分布在大、小兴安岭，满洲里—牙克石—黑河以北地区。多年冻土埋藏在地表面以下一定深度。从地表到多年冻土，中间常有季节冻土分布。高纬度冻土由北向南厚度逐渐变薄。从连续的多年冻土区到岛状多年冻土区，最后尖灭于非多年冻土区，其分布剖面如图 10.3 所示。

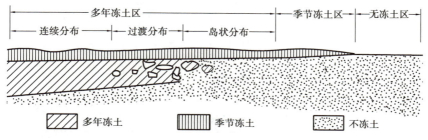

图 10.3　多年冻土分布剖面图

（2）多年冻土的特征

①组成特征。冻土由矿物颗粒、冰、未冻结的水和空气组成。其中，矿物颗粒是主体，它的大小、形状、成分比表面积、表面活性等对冻土性质及冻土中发生的各种作用都有重要影响。冻土中的冰是冻土存在的基本条件，也是冻土各种工程性质的形成基础。

②结构特征。冻土结构有整体结构、网状结构和层状结构三种。整体结构是温度降低很快，冻结时水分来不及迁移和集中，冰晶在土中均匀分布，构成整体结构。网状结构是在

冻结过程中,由于水分转移和集中,在土中形成网状交错冰晶。这种结构对土原状结构有破坏,融冻后土呈软塑和流塑状态,对建筑物稳定性有不良影响。层状结构是在冻结速度较慢的单向冻结条件下,伴随水分转移和外界水的充分补给,形成土层、冰透镜体和薄冰层相间的结构,原有土结构完全被分割破坏,融化时产生强烈融合。

③构造特征。多年冻土的构造是指多年冻土层与季节冻土层之间的接触关系,如图 10.4 所示。衔接型构造是指季节冻土的下限达到或超过多年冻土层的上限构造,这是稳定的和发展的多年冻土区的构造。非衔接型构造是季节冻土的下限与多年冻土上限之间有一层不冻土,这种构造属退化的多年冻土区。

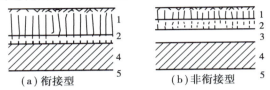

图 10.4　多年冻土构造类型

1—季节冻土层;2—季节冻土最大冻结深度变化范围;

3—融土层;4—多年冻土层;5—不冻层

2)多年冻土的工程性质

(1)物理及水理性质

为了评价多年冻土的工程性质,必须测定天然冻土结构下的重度、密度、总含水量(冰及未冻水)和相对含冰量(土中冰重与总含水量之比)这 4 项指标。其中未冻结水含量采用下式计算:

$$w_c = K w_p \tag{10.2}$$

式中　w_c——未冻结水含量;

　　　w_p——土的塑限含水量;

　　　K——温度修正系数,见表 10.4。

总含水量和相对含水量按下式计算:

$$w_n = w_b + w_c \tag{10.3}$$

$$w_i = w_b / w_n \tag{10.4}$$

式中　w_b——在一定温度下冻土中的含冰量,%;

　　　I_F——在一定温度下冻土中的未冻水量,%。

表 10.4　温度修正系数 K 值表

分　类	地温/℃							
	−0.3	−0.5	−1.0	−2.0	−4.0	−6.0	−8.0	−10.0
砂类土、粉土								
粉土	0.6	0.5	0.4	0.35	0.3	0.28	0.26	0.25
粉质黏土	0.7	0.65	0.6	0.5	0.45	0.43	0.41	0.4
粉质黏土		0.75	0.65	0.55	0.5	0.48	0.46	0.45
黏土		0.95	0.9	0.7	0.6	0.58	0.56	0.55

（2）力学性质

多年冻土的强度和变形主要反映在抗压强度、抗剪强度和压缩系数等方面。由于多年冻土中冰的存在，使冻土的力学性质随温度和加载时间而变化的敏感性大大增加。在长期荷载作用下，冻土强度明显衰减，变形显著增大。温度降低时，土中含冰量增加、未冻结水减少，冻土在短期荷载作用下强度大增，变形可忽略不计。

3）多年冻土的分类

多年冻土的冻胀和融沉是重要的工程性质，按冻土的冻胀率和融沉情况对其进行分类。

冻胀率 n 是土在冻结过程中土体积的相对膨胀量，以百分数表示。

$$n = \frac{h_2 - h_1}{h_1} \times 100\% \qquad (10.5)$$

式中 h_1，h_2——土体冻结前、后的高度，cm。

按冻胀率 n 值的大小，可将多年强冻胀土分为 4 类：强冻胀土，$n > 6\%$；冻胀土，$6\% \geqslant n > 3.5\%$；弱冻胀土，$3.5\% \geqslant n > 2\%$；不冻胀土，$n \leqslant 2\%$。

冻土融化下沉包括两部分：一是外力作用下的压变形，二是温度升高引起的自身融化下沉。

4）多年冻土的工程地质问题

（1）道路边坡及基底稳定问题

在融陷性多年冻土区开挖道路路堑，使多年冻土上限下降，由于融陷可能产生基底下沉而致边坡滑塌；如果修筑路堤，则多年冻土上限上升，路堤内形成冻土结核，发生冻胀变形，融化后路堤外部沿冻土上限发生局部滑塌。

（2）建筑物地基问题

桥梁、房屋等建筑物地基的主要工程地质问题包括冻胀、融陷及长期荷载作用下的流变，以及人为活动引起的热融下沉等问题。

（3）多年冻土区主要不良地质现象——冰丘和冰锥

多年冻土区的冰丘和冰锥与季节冻土区的类似，但规模更大，而且可能延续数年不融。它们对工程建筑有严重危害，基坑工程和路堑应尽量绕避。

10.3.3 冻土病害的防治措施

1）排水

水是影响冻胀融沉的重要因素，必须严格控制土中的水分。可在地面修建一系列排水沟、排水管，用以拦截地表周围流来的水，汇集、排除建筑物地区和建筑物内部的水，防止这些地表水渗入地下；在地下修建盲沟、渗沟等拦截周围流来的地下水，降低地下水位，防止地下水向地基土集聚。

2）保温

应采用各种保温隔热材料，防止地基土温度受人为因素和建筑物的影响，最大限度地防止冻胀融沉。如在基坑、路堑的底部和边坡上或在填土路堤底面上铺设一定厚度的草皮、泥炭、苔藓、炉渣或黏土，都有保温隔热作用，可使多年冻土上限保持稳定。

3) 改善土的性质

（1）换填土

用粗砂、砾石、卵石等不冻胀土代替天然地基的细颗粒冻胀土，是最常采用的防治冻害的措施。一般基底砂垫层厚度为 0.8~1.5 m，基侧面为 0.2~0.5 m。在铁路路基下常采用这种砂垫层，但在砂垫层上要设置 0.2~0.3 m 厚的隔水层，以免地表水渗入基底。

（2）物理化学法

物理化学法是在土体中加入某些物质，以改变土粒与水之间的相互作用，使土体中的水分迁移强度及其冰点发生变化，从而削弱土冻胀的一种方法。其中常见的处理方法有人工盐渍化法和憎水性物质改良地基土的方法。

①人工盐渍化法改良地基土的方法是在土中加入一定量的可溶性无机盐类，如氯化钠（NaCl）、氯化钙（$CaCl_2$）等，使之成为人工盐渍土，从而可使土中水分迁移，强度和冻结温度降低。例如可在地基中采用灌入氯化钠的方法，降低冰点，从而将冻胀变形限制在允许的范围内。

②用憎水性物质改良地基土是指在土中掺入少量憎水性物质（石油产品或副产品）和表面活性剂的方法来改良土的性质。由于表面活性剂使憎水的油类物质被土粒牢固吸附，能削弱土粒与水的相互作用，减弱或消除地表水下渗和阻止地下水上升，使土体含水量减少，从而削弱土体冻胀及地基与基础间的冻结强度。

任务 4   了解膨胀土地基工程性质与病害防治措施

膨胀土是一种富含亲水性黏土矿物，并且具有吸水膨胀、失水收缩两种变形特性的高塑性黏土，其黏土矿物主要是蒙脱石和伊利石。膨胀土经长期反复多次胀缩，强度衰减，可能导致工程建筑物开裂、下沉、失稳破坏。膨胀土在全世界分布广泛，美国 50 个州中就有 40 个州有膨胀土。我国也是世界上膨胀土分布广、面积大的国家之一，广西、云南、湖北、安徽、四川、河南、山东等地

膨胀土地基

均有不同范围的分布。另外，我国亚热带气候区的广西、云南等地的膨胀土，与其他地区相比，胀缩性强烈，形成时代自第三纪的上新世（N_2）开始到上更新世（Q_3），多为上更新统地层，成因有洪积、冲积、湖积、坡积、残积等。

10.4.1 膨胀土的工程性质

膨胀土有如下的工程特性：

①膨胀土多为灰白、棕黄、棕红、褐色等，颗粒成分以黏粒为主，含量在 35%~50% 以上，粉粒次之，砂粒很少。黏粒的矿物成分多为蒙脱石和伊利石，这些黏土颗粒比表面积大，有较强的表面能，在水溶液中能吸引极性水分子和水中离子，呈现强亲水性。

②天然状态下，膨胀土结构紧密，孔隙比小，干密度达 1.6~1.8 g/cm^3；塑性指数为 18~23，天然含水量接近塑限，一般为 18%~26%；土体处于坚硬或硬塑状态，有时被误认为良好地基。

③膨胀土中裂隙发育，这是不同于其他土的典型特征。膨胀土裂隙可分为原生裂隙和次生裂隙两类。原生裂隙多闭合，裂面光滑，常有蜡状光泽；次生裂隙以风化裂隙为主，在水

的淋滤作用下,裂面附近蒙脱石含量增高,呈白色,构成膨胀土中的软弱面,膨胀土边坡失稳滑动常沿灰白色软弱面发生。

④天然状态下膨胀土抗剪强度和弹性模量比较高,但遇水后强度显著降低,黏聚力一般小于 0.05 MPa,有的 c 值接近于零,φ 值从几度到十几度。

⑤膨胀土具有超固结性。超固结性是指膨胀土在历史上曾受到过比现在的上覆自重压力更大的压力,因而孔隙比小,压缩性低,一旦被开挖外露,卸荷回弹,产生裂隙,遇水膨胀,强度降低,造成破坏。膨胀土固结度用固结比 R 表示:

$$R = P_c / P_0 \tag{10.6}$$

式中　P_c——土的前期固结压力;

　　　P_0——目前上覆土层的自重压力。

正常土层 $R=1$,超固结膨胀土 $R>1$,如成都黏土 $R=2\sim4$。成昆铁路的狮子山滑坡就是由成都黏土组成,施工后强度衰减,导致滑坡。

10.4.2　膨胀土的胀缩性指标

1)膨胀率(C_{sw})

膨胀率由室内试验测定,是烘干土在一定压力(P_{sw})下,而且不允许侧向膨胀的条件下浸水膨胀测定的。膨胀变形仅反映在高度上的变化,可用下式计算:

$$C_{sw} = \frac{\Delta h}{h_0} \times 100\% = \frac{h - h_0}{h_0} \times 100\% \tag{10.7}$$

式中　h_0——土样原始高度,cm;

　　　Δh——土样变形后的高度增量,cm;

　　　h——土样膨胀后的高度,cm。

当 $C_{sw}>4\%$,$P_{sw}>0.025$ MPa 时为膨胀土。

2)自由膨胀率(F_r)

自由膨胀率是烘干土粒全部浸水膨胀后增加的体积 ΔV 与原体积 V_0 之比,以百分数表示。

$$F_s = \frac{\Delta V}{V_0} = \frac{V - V_0}{V_0} \times 100\% \tag{10.8}$$

式中　V——烘干土样浸水膨胀后的体积。

$F_s \geqslant 40\%$ 为膨胀土。原铁道部(现国家铁路局)规定 $F_s>40\%$、液限含水量 $w_L>40\%$ 时为膨胀土。

3)线缩率(e_{sl})

线缩率为饱水土样收缩后高度减小量(h_0-h)与原高度(h_0)之比,$e_{sl} \geqslant 50\%$ 时为膨胀土。

$$e_{sl} = \frac{h - h_0}{h_0} \times 100\% \tag{10.9}$$

式中　h_0——饱水土样高度,cm;

　　　h——收缩后土样高度,cm。

10.4.3　膨胀土的防治措施

1)地基的防治措施

(1)防水保湿措施

防水保湿措施是为了防止地表水下渗和土中水分蒸发,保持地基土湿度稳定,控制胀缩变形。具体措施包括:

①在建筑物周围设置散水坡,设水平和垂直隔水层。

②加强上下水管道防漏措施及热力管道隔热措施。

③建筑物周围合理绿化,防止植物根系吸水造成地基土不均匀收缩。

④选择合理的施工方法,基坑不宜曝晒或浸泡,应及时处理夯实。

(2)地基土改良措施

地基土改良的目的是消除或减少土的胀缩性能,常采用以下方法:

①换土法。挖除膨胀土,换填砂、砾石等非膨胀性土。

②压入石灰水法。石灰与水相互作用产生氢氧化钙,吸收周围水分,氢氧化钙与二氧化碳形成碳酸钙,起胶结土粒的作用。

③让阴离子与土粒表面的阳离子进行离子交换,使水膜变薄脱水,使土的强度和抗水性提高。

2)边坡的防治措施

①地表水防护。防止水渗入土体,冲蚀坡面,设截排水天沟、平台纵向排水沟、侧沟等排水系统。

②坡面加固。植被防护,植草皮、小乔木、灌木,形成植物覆盖层防止地表水冲刷。

③骨架护坡。采用浆砌片石方形及拱形骨架护坡,骨架内植草效果更好。

④支挡措施　。采用抗滑档墙、抗滑桩、片石垛等。

任务5　了解红黏土地基工程性质与工程措施

10.5.1　红黏土的工程特性与分布

红黏土地基

1)红黏土的成因及其分布

红黏土是碳酸盐岩系出露区的岩石,自更新世以来,在湿热的环境中经过由岩变土的一系列红土化作用,形成并覆盖于基岩上,呈棕红、褐黄等色的高塑性黏土。液限 $w_L > 50\%$,垂直方向湿度有上部小、下部大的明显变化规律,失水后有较大的收缩性,土中裂隙发育。

所谓红土化作用,是指碳酸盐系岩石在湿热气候环境条件下,逐渐由岩石演变成土的过程。已经形成的红黏土,经后期水流搬运,土中成分相对调整,但仍然保留着红黏土的基本特征,其 w_L 一般大于 45% ,称为次生红土。

根据红黏土成土条件,这类土主要集中分布在我国长江以南,即北纬33°以南的地区,西起云贵高原,经四川盆地南缘、鄂西、湘西、广西向东延伸到粤北、湘南、皖南、浙西等丘陵山地。

2) 红黏土的工程特性

红黏土的工程特性主要表现在以下几个方面:

(1) 高塑性和高孔隙比

红黏土黏粒含量高,具有高分散性,粒间胶体氧化铁具有较强的黏结力,并形成团粒,反映出具有高塑性的特征,特别是液限 w_L 比一般黏性土高,都大于50%。由于团粒结构的形成过程中,造成总的孔隙体积大,孔隙比常大于1.0。它与黄土的不同在于单个孔隙体积很小,黏粒间胶结力强且非亲水性,故红黏土无湿陷性,压缩性低,力学性能好。

红黏土天然状态饱和度大多在90%以上,使红黏土成为二相体系。所以红黏土湿度状态的指标也同时反映了土的密实度状态,含水量 w 和孔隙比 e 具有良好的线性关系。

红黏土含水量高,而且在天然竖向剖面上,地表呈坚硬、硬塑状态,向下逐渐变软,土的含水量和孔隙比有随深度递增的规律,力学性能相应变差。红黏土虽然有随深度力学性能变弱的特性,但作为天然地基时,对一般建筑物而言,其基底附加应力随深度的衰减幅度大于强度减小的幅度,因此在多数情况下满足了持力层,也就满足对下卧层承载力验算要求。

(2) 土层的不均匀性

红黏土厚度不均匀特性主要表现在以下两个方面:

①母岩岩性和成土特性决定了红黏土层厚度不大。尤其是在高原山区,分布零星,由于石灰岩和白云岩岩溶化强烈,岩面起伏大,形成许多石笋、石芽,导致红黏土厚度水平方向上变化大。常见水平相距1 m,土层厚度相差5 m或更多。

②下伏碳酸盐岩系地层中的岩溶发育。在地表水和地下岩溶水的单独或联合作用下,由水的冲蚀、吸蚀等作用,在红黏土地层中可形成洞穴,称为土洞。只要冲蚀吸蚀作用不停止,土洞可迅速发展扩大,由于这些洞体埋藏浅,在自重或外荷作用下,可演变为地表塌陷。

(3) 土体结构的裂隙性

自然状态下的红黏土呈致密状态,无层理,表面受大气影响呈坚硬、硬塑状态。失水后土体发生收缩,土体中出现裂缝。接近地表的裂缝呈竖向开口状,往深处逐渐减弱,呈网状微裂隙且闭合。由于裂隙的存在,土体整体性遭到破坏,总体强度大为削弱。此外,裂隙又促使深部失水,有些裂隙发展成为地裂。土中裂隙发育深度一般为2~4 m,有些可达7~8 m,在这类地层内开挖,开挖面暴露后受气候的影响,裂隙的发生和发展迅速,将开挖面切割得支离破碎,影响边坡的稳定性。

10.5.2 红黏土的工程分类

红黏土的工程分类方法很多,通常有按成因分类、按土性分类、按湿度状态分类、按土体结构分类和按地基岩土条件分类5种。其中后面三种分类方法对地基承载力的确定和地基的评价最有影响,现作简要介绍。

1)按土体结构分类

天然状态的红黏土为整体致密状,当土中形成网状裂隙时,土体变成了由不同延伸方向、宽度和长度的裂隙面分割的土块所构成。而致密状少裂隙与富裂隙的土体的工程性质有明显差异。根据土中裂隙特征以及天然与扰动状态土样无侧限抗压强度之比 S_t 作为分类依据,将地基土分为致密状、巨块状和碎块状三类,如表 10.5 所示。从表中可看出,富裂隙的碎块状土体,天然状态的强度比扰动状态低。

表 10.5　土体结构分类

土体结构	外观特征	S_t
致密状的	偶见裂隙<1 条/m	>1.2
巨块状的	较多裂隙为 1~5 条/m	1.2~0.8
碎石状的	富裂隙>5 条/m	<0.8

2)按地基岩土条件分类

红土地基的不均匀性对建筑物地基设计和处理造成严重影响。特别在岩溶发育区内,表面红土层下溶沟溶槽、石笋石芽起伏变化不易捉摸。所以人们提出了结合上部建筑物的特点,事先假定某一条件,通过系统沉降计算确定基底下某一临界深度 Z 范围内岩土构成情况并进行分类。

例如,地基沉降检验段长度为 6.0 m,相邻基础的形式、尺寸及基底荷载相似,基底土为坚硬、硬塑状态。对单独基础总荷载 $p_1 = 500 \sim 300$ kN/m,条形基础每米荷载 $p_2 = 100 \sim 150$ kN/m,则根据临界深度 Z 内岩层分成两类。

Ⅰ类:全部为红土组成。

Ⅱ类:由红土与下伏岩层所组成。

临界深度 $Z(\text{m})$ 按下式确定:

单独基础:$Z = 0.003p_1 + 1.5$;

条形基础:$Z = 0.05p_2 - 4.5$。

对于Ⅰ类地基,无须考虑地基的不均匀沉降问题,可视作均质地基础;对于Ⅱ类岩土条件地基,应根据岩土间的不同组合进行评价和处理。

3)按湿度状态分类

红黏土的状态指标,除惯用的液性指类 I_L 外,含水比 $a_w = \dfrac{w}{w_L}$ 与土的力学性指标有相关紧密性。根据上述两个指标,可将红黏土划分成坚硬、硬塑、可塑、软塑和流塑 5 类,如表 10.6 所示。

表 10.6　温度状态分类标准

状态	$a_w = \dfrac{w}{w_L}$	I_L	状态	$a_w = \dfrac{w}{w_L}$	I_L
坚硬	≤0.55	≤0	软塑	0.85 ~ 1.0	0.67 ~ 1.0
硬塑	0.55 ~ 0.70	0 ~ 0.33	流塑	>1.0	>1.0
可塑	0.70 ~ 0.85	0.33 ~ 0.67			

10.5.3　红黏土地基的工程措施

1) 设计措施

工程建设中,应充分利用红黏土上硬下软的分布特征,基础尽量浅埋。对三级建筑物,当满足持力层承载力时,即可认为已满足下卧层承载力的要求。对基岩面起伏大、岩质坚硬的地基,可采用大直径嵌岩桩或墩基。

2) 地基处理

红黏土的厚度随下卧基岩面起伏而变化,常引起不均匀沉降。对不均匀地基,宜采用改变基宽、调整相邻地段基底压力、增减基础埋深、使基底下可压缩土层厚相对均匀等地基处理措施;对外露石芽,宜用高压缩材料做褥垫进行处理;对土层厚度、状态不均匀的地段,可用低压缩材料做置换处理。基坑开挖时宜采取保温保湿措施,防止失水干缩。

任务 6　了解盐渍土地基的分类与工程措施

10.6.1　盐渍土的成因及分布

1) 盐渍土的成因

土体中易溶盐含量超过 0.3% 时,这种土称为盐渍土。盐渍土的成因取决于盐源、迁移和积聚三个方面。

(1) 盐源

盐渍土中的盐主要来源有三种:第一是岩石在风化过程中分离出少量的盐;第二是海水侵入、倒灌等渗入土中;第三是工业废水或含盐废弃物,使土体中含盐量增高。

盐渍土地基

(2) 盐的迁移和积聚

盐的迁移和积聚主要靠风力或水流来完成。在沙漠干旱地区,大风常将含盐的土粒或盐的晶体吹落到远处,积聚起来,使盐重新分布。

水流是盐类迁移和重新分布的主要因素。地表水和地下水在流动过程中把所溶解的盐带至低洼处,有时形成大的盐湖。在含盐量(矿化度)很高的水流经过的地区,如遇到干旱的气候环境,由于强烈蒸发,盐类析出并积聚在土体中形成盐渍土。在滨海地区,地下水中的盐分通过毛细作用,将下部的盐输送到地表,由于地表的蒸发作用,盐分析出,含盐量在竖直方向上有很大差异。有些地区长期大量开采地下水,农田灌溉不当,也会造成盐分积聚。

2）盐渍土的分布

盐渍土在世界各地均有分布。我国的盐渍土主要分布在西北干旱地区的新疆、青海、宁夏、甘肃、内蒙古等地地势低洼的盆地和平原中；其次分布在华北平原，松辽平原等；另外，在滨海地区的辽东湾、渤海湾、莱州湾、杭州湾以及包括台湾在内的诸岛屿沿岸，也有相当面积的存在。

盐渍土中有些以含碳酸钠或碳酸氢钠为主，碱性较大，一般 pH 值为 8～10.5，这种土称为碱土，或碱性盐渍土，农业上称为苏打土。这种土零星分布于我国东北的松辽平原，华北的黄、淮、海河平原。

10.6.2 盐渍土的分类

盐渍土按其含盐的性质和盐渍化程度进行分类。

1）按含盐性质分类

盐渍土中含盐成分主要为氯盐、硫酸盐和碳酸盐，因此按 100 g 土中阴离子含量（按毫克当量计）的比值作为分类指标，在《公路路基设计规范》（JTG D30—2015）中有规定，如表10.7 所示。这种分类方法只对土中含盐成分作出定性的间接说明，而没有对工程的危害作出评价。

表 10.7　盐渍土按含盐成分分类

含盐成分	氯盐渍土	亚氯盐渍土	亚硫酸盐渍土	盐酸盐渍土	碳酸盐渍土
Cl^-/SO_4^{2-}	>2	1～2	0.3～1.0	<0.3	—
$(CO_3^{2-}+HCO_3^-)/(Cl^-+SO_4^{2-})$	—	—	—	—	>0.3

2）按盐渍化程度分类

根据盐渍化程度可分为 4 类，如表 10.8 所示。

表 10.8　盐渍土按盐渍化程度分类

盐渍土类型	细粒土土层的平均含盐量（以质量百分数计）		粗粒土通过 1 mm 筛孔土的平均含盐量（以质量百分数计）	
	氯盐渍土及亚氯盐渍土	硫酸盐渍土及亚硫酸盐渍土	氯盐渍土及亚氯盐渍土	硫酸盐渍土及亚硫酸盐渍土
弱盐渍土	0.3～1.0	0.3～0.5	2.0～5.0	0.5～1.5
中盐渍土	1.0～5.0	0.5～2.0	5.0～8.0	1.5～3.0
强盐渍土	5.0～8.0	2.0～5.0	8.0～10.0	3.0～6.0
过盐渍土	>8.0	>5.0	>10.0	>6.0

注：离子含量以 100 g 干土内的含盐总量计。

10.6.3　盐渍土的工程措施

在盐渍土地区进行工程建设,首先要注意提高建筑材料本身的防腐能力,应选用优质水泥,提高密实性,增大保护层厚度,提高钢筋的防锈能力等。同时还可采取在混凝土或砌石砌体表面做防水、防腐涂层等方法,具体措施如表10.9所示。防盐类侵蚀的重点部位是在接近地面或地下水干湿交替区段。

表 10.9　盐渍土地区防腐蚀措施

腐蚀等级	防腐等级	水泥品种	水泥用量/(kg·m^{-3})	水灰比	外加剂	外部防腐蚀措施	
						干湿交替	深埋
弱	3	普通水泥 矿渣水泥	280~330	≤0.60		常规防护	常规或不防护
中	2	普通水泥 矿渣水泥 抗腐蚀水泥	330~370	≤0.50	酌情选用 阻锈剂 减水剂 引气剂	沥青类防水涂层	常规或不处理
强	1	普通水泥 矿渣水泥 抗腐蚀水泥	370~400	≤0.40	减水剂 阻锈剂	沥青或树脂类防腐涂层	沥青类涂层

此外,对搅拌混凝土或砂浆的用水和砂石料的含盐量也必须严格控制,应满足有关规定。水对盐渍土地基的稳定性影响最大,应设计完整的排水系统,避免基础附近积水。

任务 7　了解山区地基存在的问题与处理措施

山区地基覆盖层厚薄不均,下卧基岩面起伏较大,有时出露地表,并且地表高差悬殊,常见有大块孤石或石芽出露,形成了山区不均匀的土岩组合地基。另外,山区山高坡陡,地表径流大,如遇暴雨极易形成滑坡、崩塌、泥石流以及岩溶、土洞等不良地质现象。这些特征说明山区地基的均匀性和稳定性都很差。根据《建筑地基基础设计规范》(GB 50007—2011)第6.1.1条规定,山区地基的设计应考虑下列因素:

山区地基

①建设场区内,在自然条件下有无滑坡现象,有无影响场地稳定的断层、破碎带。

②在建设场地周围,有无不稳定边坡。

③施工过程中,因挖方、填方、堆载和卸载等对山坡稳定性的影响。

④地基内岩石厚度及空间分布情况、基岩面的起伏情况、有无影响地基稳定性的临空面。

⑤建筑地基的不均匀性。

⑥岩溶、山洞的发育程度,有无采空区。

⑦出现危岩崩塌、泥石流等不良地质现象的可能性。

⑧地表水、地下水对建筑地基和建设场区的影响。

10.7.1　土岩组合地基

在山区建筑地基(或被沉降缝分隔区段的建筑地基)的主要受力层范围内,如遇下列情况之一者,属于土岩地基:

①下卧基岩表面坡度较大的地基。

②石芽密布并有出露的地基。

③大块孤石或个别石芽出露的地基。

对于下卧基岩面坡度大于10%的地基,当建筑地基处于稳定状态,下卧基岩面为单向倾斜且基岩表面距基础底面的土层厚度大于 300 mm 时,如果结构类型的地质条件符合表 10.10 要求,可以不做变形验算;否则,应做变形验算。当变形值超出建筑物地基变形容许值时,应调整基础的宽度、埋深或采用褥垫等方法进行处理。对于局部为软弱土层的,可采用基础梁、桩基、换土或其他方法进行处理。

表 10.10　下卧基岩表面允许坡度值

上覆土层承载力标准/kPa	4 层和 4 层以下的砌体承重结构;3 层和 3 层以下的框架结构	配设 15 t 及以下吊车的一般单层排架结构	
		靠墙的边柱和山墙	无墙的中柱
≥150	≤15%	≤15%	≤30%
≥200	≤25%	≤30%	≤50%
≥300	≤40%	≤50%	≤70%

对于石芽密布并有出露的地基,当石芽间距小于 2 m、其间为硬塑或坚硬状态的红黏土时,对于房屋为 6 层或 6 层以下的砌体承重结构、3 层或 3 层以下的框架结构或配设 15 t 和 15 t 以下吊车的单层排架结构,其基底压力小于 200 kPa,可以不作地基处理。如不能满足上述要求,可利用经检验稳定性可靠的石芽作为支墩式基础,也可在石芽出露部位作褥垫。当石芽间有较厚的软弱土层时,可用碎石、土夹石等压缩性低的土料进行置换。

对于大块孤石或个别石芽出露的地基,容易在软硬交界处产生不均匀沉降,导致建筑物开裂,因此,地基处理的目的应使地基局部坚硬部位的变形与周围土的变形相适应。当土层的承载力标准值大于 150 kPa,房屋为单层排架结构或一、二层砌体承重结构时,宜在基础与岩石的接触部位采用褥垫进行处理;对于多层砌体承重结构,应根据土质情况,适当调整建筑物平面位置,也可采用桩基或梁、拱跨越等处理措施。在地基压缩性相差较大的部位,宜结合建筑平面形状、荷载条件设置沉降缝。沉降缝宽度宜取 30 ~ 50 mm,在特殊情况下可适当加宽。

10.7.2　岩溶

岩溶(又称喀斯特)是指可溶性岩石在水的溶(侵)蚀作用下,产生沟槽、裂隙和空洞以及由于空洞顶板塌落使地表出现陷穴、洼地等类现象和作用的总称。可溶岩包括碳酸盐类岩石(如石岩灰、白云岩)以及石膏、岩盐的等其他可溶性岩石。由于可溶岩的溶解速度快,因此,评价岩溶对工程危害不但要评价其现状,更要着眼于工程使用期限内溶蚀作用继续对工程的影响。

可溶性岩石在我国分布很广泛,尤其是碳酸盐类岩石,无论在北方或南方都有成片或零星的分布,其中以贵州、广西、云南分布最广。

1)岩溶区地基稳定性评价

在岩溶地区首先要了解岩溶的发育规律、分布情况和稳定程度,查明溶洞、暗河、陷穴存在的地段:

①土层较薄,土中裂隙发育,地表无植被或为新挖方区,地表水入渗条件好,其下基岩有通道、暗流或呈页岩面的地段。

②石芽或出露的岩体上覆土层的交界处、岩体裂隙通道发育且为地面水经常集中入渗的部位。

③土层下岩体中两组结构面交汇,或出露于宽大裂隙带上。

④隐伏的深入溶沟、溶槽、漏斗等地段,邻近基岩面以上有软弱土层分布。

⑤人工降水的降落漏斗中心,如岩溶导水性相对均匀,在漏斗中地下水流向的上游部位。

⑥地势低洼,地面水体近旁。

2)岩溶区地基处理措施

对建筑场地和地基范围内存在的土洞和塌陷应采取如下处理措施:

(1)地表水形成的土洞

对地表水形成的土洞,应认真做好地面水截留、防渗、堵漏等工作,杜绝地表水渗入土层。对已形成的土洞可采用挖填及梁板跨越等措施。

(2)地下水形成的土洞

对浅埋土洞,全部清除困难时,可以在余土上抛石夯实,其上做反滤层,层面用黏土夯填。由于残留的土发生压缩变形以及地下水的活动,可在其上做梁、板或拱跨越。

对直径较小的深埋土洞,可采用顶部钻孔灌砂(砾)或灌碎石混凝土,以充填空洞。

对重要建筑物,可采用桩基进行处理。

(3)人工降水形成的土洞

人工降水形成的土洞与塌陷,可在极短时间内成群出现。一旦发生即使处理了,由于并未改变其水动力条件,仍可再生。因此,工程措施的原则应以预防为主。预防措施包括下述几个方面:

①选择地势较高的地段及地下水静动水位均低于基岩面的地段进行建筑。

②建筑场地应与取水点中心保持一定距离。建筑物应设置在降落漏斗半径之外,如在降落漏斗半径范围之内布置建筑物时,需控制地下水降深值,使动水位不低于上覆土层底部或稳定在基岩面以下,使其不在土层底部上下波动。

③塌陷区内不应把土层作为基础持力层,一般多采用桩(墩)基。

任务 8　地震区地基与基础的抗震设计

10.8.1　地震的震害现象

地球上发生的强烈地震常造成大量人员伤亡、大量建筑物破坏,交通、生产中断,水灾、火灾和疾病等次生灾害发生。我国处于世界上两大地震带——环太平洋地震带和欧亚地震带之间,是一个地震多发国家,约有 2/3 的省区发生过破坏性地震,其中大中城市数量多,近一半位于基本烈度 7 度或 7 度以上地区。而且我国地震震源浅、强度大,对建筑物破坏严重。以 2008 年四川省汶川发生的里氏 8.0 级地震为例,震后山河破碎,河流改道,死亡人数近十万人,直接经济损失超八千亿元,用于震后救灾和恢复重建的费用也达千亿元,损失惨重。

地震区地基

1)地震灾害

地震所带来的破坏活动主要表现在以下几个方面:

(1)地基震害

①地裂缝。按成因不同,分为构造性地裂缝和非构造性地裂缝。构造性地裂缝是发震断裂带附近地表的错动,当断裂露出地表时即形成地裂缝,它多出现在强震时震中附近;非构造性地裂缝也称重力地裂缝,受地形、地貌、土质等条件限制,分布极广,多发生在河岸、古河道、道路等地方。

②喷砂冒水。在地下水位较高、砂层或粉土层较浅的地区,强震使砂土液化,地下水夹带砂土经地面裂缝或土质松软部位冒出地面,即形成喷砂冒水现象。严重时会引起地面不均匀沉陷和开裂,对建筑物造成危害。

③震陷。软弱土(如淤泥、淤泥质土)地基或地面,在强震作用下往往会引起下沉或不均匀下沉,即震陷。

④滑坡。在强震作用下,常引起陡坡及河岸滑坡。大面积土体滑坡,会切断公路、冲毁房屋和桥梁。

(2)建筑物损坏

建筑物破坏情况与结构类型、抗震措施有关,主要有承重结构强度不足而造成的破坏(如墙体裂缝、钢筋混凝土柱剪断或混凝土被压碎、房屋倒塌、砖烟囱错位折断等)和由于节点强度不足、延性不够、锚固不够等使结构丧失整体性而造成的破坏。

(3)引发次生灾害

次生灾害是指由原生灾害导致的灾害,它包括地震引发的火灾、水灾、爆炸、溢毒、滑坡、泥石流、细菌蔓延和海啸等,由此引起的破坏也非常严重。

2)场地因素

建筑物场地的地形条件、地质构造、地下水位及场地土覆盖层厚度、场地类别等对地震破坏程度有显著影响。

多次地震震害调查表明，局部地形条件对地震作用下建筑物的破坏有较大影响，孤突的山脊、山包、条状山嘴、高差较大的台地、陡坡及古河道岸边等，均对建筑抗震不利。场地地质构造中具有断层这种薄弱环节时，不宜将建筑物横跨其上，以免可能发生的错位或不均匀沉降带来危害。地震对建筑物的危害程度与地下水位有明显关系，水位越高震害越严重。

场地土质条件不同，建筑物的破坏程度也有很大差异，一般规律是：软弱地基与坚硬地基相比，容易产生不稳定状态和不均匀下陷，甚至发生液化、滑动、开裂等现象。震害随覆盖层厚度增加而加重。

通过总结国内外对场地划分的经验、现有实际勘察资料，《建筑抗震设计规范》(GB 50011—2010,2016 年版)提出将场地类别按土层等效剪切波速和场地覆盖层厚度划分为 4 类，如表 10.11 所示。

坚硬场地土、稳定岩石和Ⅰ类场地，是抗震最理想的地基；中硬场地土和Ⅱ类场地，为较好的抗震地基；软弱场地土和Ⅳ类场地，震害最严重。

表 10.11　建筑场地类别划分

等效剪切波速 /(m·s⁻¹)	场地类别			
	Ⅰ	Ⅱ	Ⅲ	Ⅳ
$V_{se}>500$	0			
$500 \geqslant V_{se}>250$	<5	≥5		
$250 \geqslant V_{se}>140$	<3	3~50	>50	
$V_{se} \leqslant 140$	<3	3~15	>15~80	>80

10.8.2　地基与基础的抗震设计

1) 基本原则

抗震设防的基本原则是"小震不坏，中震可修，大震不倒"。在地震活动区，要使工程有一定的抗震能力，以减少一旦发生地震时造成的损失和人员伤亡，同时又要避免过高的设防标准造成的浪费。

建筑应根据其使用功能的重要性分为甲类、乙类、丙类、丁类 4 个抗震设防类别。甲类建筑属于重大建筑工程和地震时可能发生严重次生灾害的建筑，乙类建筑属于地震时使用功能不能中断或需尽快恢复的建筑，丙类建筑属于除甲、乙、丁类以外的一般建筑，丁类建筑属于抗震次要建筑。抗震设防烈度为 6 度时，除《建筑抗震设计规范》(GB 50011—2010,2016 年版)有具体规定外，对乙、丙、丁类建筑可不进行地震作用计算。

对地基及基础，抗震设防应遵循下列原则：

①选择建筑场地时，应根据工程需要，掌握地震活动情况、工程地质和地震地质等有关资料，并对抗震有利、不利和危险地段作出综合评价。宜选择对建筑抗震有利地段，如稳定基岩、开阔平坦的坚硬场地土或密实均匀的中硬场地土等地段。宜避开对建筑物不利地段，如软弱

场地土、易液化土、条状突出山嘴、河岸和边坡边缘等,如无法避开时,应采取适当的抗震措施。对于危险地段,如地震时可能发生滑坡、崩塌、泥石流、地陷等部位,不应建造建筑物。为保证建筑物安全,还应考虑建筑物基本周期,避开地层卓越周期,防止发生共振危害。

②同一结构单元的基础不宜设置在性质不同的地基上,也不宜部分采用天然地基部分采用桩基;当地基为软弱黏性土、液化土、新近填土或严重不均匀土时,应考虑地震时地基不均匀沉降或其他不利影响,并采取相应措施,如加强基础和上部结构的整体性和刚性。

③合理加大基础埋置深度,正确选择基础类型来加强基础防震性能,以减轻上部结构的震害。

2)天然地基抗震验算

目前国内外大多数抗震规范,在验算地基的抗震强度时,地基抗震承载力的取值应采用土的静力承载力特征值乘以调整系数计算。我国《建筑抗震设计规范》(GB 50011—2010,2016年版)规定,天然地基基础抗震验算时,地基抗震承载力应按下式计算:

$$f_{aE} = \zeta_a f_a \tag{10.10}$$

式中　f_{aE}——调整后的地基抗震承载力,kPa;

　　　ζ_a——地基抗震承载力调整系数,按表10.12采用;

　　　f_a——修正后的地基承载力特征值,kPa,应按现行国家《建筑地基基础设计规范》(GB 50007—2011)采用。

表10.12　地基承载力抗震调整系数

岩土名称和性状	ζ_a
岩石,密实的碎石土,密实的砾、粗、中砂,$f_{ak} \geqslant 300$ 的黏性土和粉土	1.5
中密、稍密的碎石土,中密和稍密的砾、粗、中砂,密实和中密的红、粉砂,$150 \leqslant f_{ak} < 300$ 的黏性土和粉土,坚硬黄土	1.3
稍密的细、粉砂,$100 \leqslant f_{ak} < 150$ 的黏性土和粉土,可塑黄土	1.1
淤泥、淤泥质土、松散的砂、杂填土,新近堆积黄土及流塑黄土	1.0

验算天然地基地震作用下的竖向承载力时,基础底面平均压力和边缘最大压力应符合下式要求:

$$\rho \leqslant f_{aE} \tag{10.11}$$

$$\rho_{max} \leqslant 1.2 f_{aE} \tag{10.12}$$

式中　f_{aE}——地震作用效应标准组合的基础底面平均压力,kPa;

　　　ρ_{max}——地震作用效应标准组合的基础边缘的最大压力,kPa。

高宽比大于4的高层建筑,在地震作用下基础底面不宜出现拉应力;其他建筑,基础底面与地基土之间零应力区面积不应超过基础底面面积的15%。

3)液化土地基抗震设计

本节主要介绍关于饱和砂土、饱和粉土(不含黄土)的震害产生的液化现象。

（1）液化判别

采用标准贯入试验来确定其是否液化。当饱和砂土或饱和粉土标准贯入锤击数 $N_{63.5}$ 实测值小于式（10.13）和式（10.14）确定的临界值时，应判为液化土。

在地面下 15 m 深度范围内，按式（10.13）计算。

$$N_{cr} = N_0 \left[0.9 + 0.1(d_s - d_w) \right] \sqrt{3/\rho_c} \ (d_s \leq 15) \tag{10.13}$$

在地面下 15~20 m 深度范围内，按式（10.14）计算。

$$N_{cr} = N_0 (2.4 - 0.1 d_s) \sqrt{3/\rho_c} \ (15 \leq d_s \leq 20) \tag{10.14}$$

式中　N_{cr}——液化判别标准贯入锤击数临界值；

N_0——液化判别标准贯入锤击数基准值，按表 10.13 采用；

d_s——饱和土标准贯入点深度，m；

d_w——地下水位深度，m；

ρ_c——黏粒含量百分率，当小于 3 或为砂土时，应采用 3。

表 10.13　标准贯入锤击数基准值

设计地震分组	7 度	8 度	9 度
第一组	6(8)	10(13)	16
第二组	8(10)	12(15)	18

（2）液化等级评定

有液化土层的地基，还应进一步探明各液化土层的深度和厚度，并按规范公式计算液化指数，以便将地基划分为如表 10.14 所示的三个液化等级，结合建筑抗震设防类别选择抗液化措施。

表 10.14　液化等级

液化等级	轻　微	中　等	严　重
判别深度为 15 m 时的液化指数	$0 < I_{lE} \leq 5$	$5 < I_{lE} \leq 15$	$I_{lE} > 15$
判别深度为 20 m 时的液化指数	$0 < I_{lE} \leq 6$	$8 < I_{lE} \leq 18$	$I_{lE} > 18$

4）地基基础抗震措施

当建筑物地基的主要受力层范围内有软弱黏性土层时，可以考虑采取减轻荷载、增强结构整体性和均衡对称性、合理设置沉降缝以及加强基础的整体性和刚度、加深基础、扩大基础底面积、人工处理地基等措施。

经工程地质勘察，发现不均匀的地基范围和性质后，地基基础设计中应尽量避开不均匀地段，填平残存的沟坑，在沟渠处支挡或人工处理加固地基。在遇液化土层时，强夯和振冲是有效消除地基液化的办法。

知 识拓展

建筑碳排放计算

1) 相关规范标准

2021年9月8日,住房和城乡建设部发布关于国家标准《建筑节能与可再生能源利用通用规范》的公告。公告明确国家标准《建筑节能与可再生能源利用通用规范》(GB 55015—2021)将于2022年4月1日起实施。作为强制性工程建设规范,要求全部条文必须严格执行。其中,建筑碳排放计算,首次明确成为建筑设计文件中的强制性要求。

相关标准条文:

新建的居住和公共建筑碳排放强度应分别在2016年执行的节能设计标准的基础上平均降低40%,碳排放强度平均降低7 kg $CO_2/(m^2 \cdot a)$以上。

新建、扩建和改建建筑以及既有建筑节能改造均应进行建筑节能设计。建设项目可行性研究报告、建设方案和初步设计文件应包含建筑能耗、可再生能源利用以及建筑碳排放分析报告。施工图设计文件应明确建筑节能措施及可再生能源利用系统运营管理的技术要求。

2) 计算要求

根据《建筑碳排放计算标准》(GB/T 51366—2019),建筑全生命周期碳排放计算主要包括运行阶段、建造及拆除阶段和建材生产及运输阶段碳排放。

目前,对碳排放报告有明确要求的主要有两个标准——《建筑节能与可再生能源利用通用规范》(GB 55015—2021)和《绿色建筑评价标准》(GB/T 50378—2019)。

《建筑节能与可再生能源利用通用规范》中要求,新建、扩建和改建建筑以及既有建筑节能改造建筑在可行性研究报告、建设方案和初步设计文件中均应提交碳排放报告。

《绿色建筑评价标准》中,碳排放计算是"提高与创新"章节中的得分项(9.2.7条),在预评价(施工图完成后)和评价(竣工验收后/运行满一年)阶段需提供碳排放报告。根据《北京市绿色建筑施工图设计要点》,该得分项如选用,则在施工图外审时也需提交碳排放计算报告。

我国当前主要依据2019年住房和城乡建设部发布的《建筑碳排放计算标准》(GB/T 51366—2019)计算碳排放。此外,行业标准《民用建筑绿色性能计算标准》(JGJ/T 449—2018)和国家标准图集《绿色建筑评价标准应用技术图示》(15J904)中也提出了不同的建筑碳排放计算方法。其中,《建筑碳排放计算标准》(GB/T 51366—2019)最为全面细致地介绍了建筑全生命周期的碳排放计算方法,是我国当前碳排放计算的主要依据。

建造阶段和拆除阶段碳排放量应根据建造阶段不同类型能源消耗量(如电力、汽油、柴油等)(kW·h 或 kg)和不同类型能源的碳排放因子($kgCO_2/kW \cdot h$ 或 $kgCO_2/kg$)确定。

拆除阶段的能源用量可以根据拆除阶段不同类型能源总用量(kW·h 或 kg)和不同类型能源的碳排放因子($kgCO_2/kW \cdot h$ 或 $kgCO_2/kg$)得到,部分拆除方式应根据拆除专项方案确定。

3) 降低碳排放的措施

①减源。通过提高能效和碳效来减少碳排放量。例如,降低建筑能耗需求、提高建筑用能效率;减少建材总体用量、利用低碳循环建材;采用低碳建造方式等,从而减少化石能源消耗。

②增汇。保护和增加项目区域内的植被,来抵消项目的碳排放。

③替代。积极利用水电、风能和太阳能、生物质能及地热能等可再生能源,代替化石能源。

思政案例

风火山隧道冻土施工故事

"把铁路修到拉萨去",这是全国人民的心愿。2001 年 10 月 18 日,随着一声令下,阵阵爆破声响彻雪域高原,风火山隧道开凿了。隧道地处风火山垭口,全长 1 338 m,该区域高寒缺氧、气温低、昼夜温差大,平均海拔约 4 900 m,年均气温−7 ℃,寒季最低气温达−41 ℃,空气中氧气含量只有平原地区的 50% 左右,比人类生存极限低 0.13 kPa,被称为"生命禁区"。

隧道洞身全部位于冻土、冻岩中,地质岩层复杂,集饱冰冻土、富冰冻土、裂隙冰、泥砂岩等恶劣地质环境于一体,为青藏铁路全线施工难度最大的工程,需解决冻土热熔等多种技术难题。一次次爆破,炸出的不是石块,而是坚硬的冰碴子,施工人员往刚刚凿开的隧道洞壁喷射混凝土,由于温度太低,混凝土无法凝固,他们就拿来暖风机,给隧洞增温,洞壁的冰岩又遇热融化,造成洞壁塌滑。科技人员迎难而上,昼夜在隧洞里实地观察,采集分析的数据超过 1 500 万条,他们经过分析发现了冰岩温度变化的规律,经过反复观测、分析和实验,终于找到了喷射混凝土的最佳温度,制服了逞凶一时的冻土。筑路大军斗志高昂,克服重重困难,隧道在一点一点地延伸,终于在 2002 年 10 月 19 日胜利贯通。

单元小结

(1)软土具有天然含水量大、压缩性高、呈软塑-流塑状态、承载力和抗剪强度很低的特性,可采用砂井排水、砂垫层、生石灰桩、强夯法、旋喷注浆法、换填土等措施对其进行加固处理。

PPT、教案、题库(单元10)

(2)黄土是以粉粒为主,含碳酸盐,具大孔隙,质地均一,无明显层理而有显著垂直节理的黄色陆相沉积物。黄土具有湿陷性,对湿陷性黄土地基必须进行加固处理或换填非湿陷性土,达到消除其湿陷性、减小压缩性和提高承载力的目的。黄土地基处理方法有排水、重锤表层夯实、强夯、换填土垫层、土桩挤密、预浸水、硅化加固、碱液加固和桩基等方法。

(3)冻土是指温度等于或低于零摄氏度并含有冰的各类土。冻土可分为多年冻土和季节冻土,季节冻土对建筑物的危害表现在冻胀和融沉两个方面。冻土病害的防治主要采取排水、保温、改善土的性质(换填土、物理化学法)等措施。

(4)膨胀土是一种富含亲水性黏土矿物,并且具有吸水膨胀、失水收缩两种变形特性的高塑性黏土。膨胀土地基的防治措施有防水保湿和地基土改良,膨胀土边坡的防治有地表水防护、坡面加固、骨架护坡、支挡措施等措施。

(5)红黏土是碳酸盐岩系出露区的岩石,经过更新世以来在湿热的环境中由岩变土的一系列红土化作用,形成并覆盖于基岩上,呈棕红、褐黄等色的黏土,具有高塑性、高孔隙比、土层的不均匀性、土中裂隙发育、失水后有较大的收缩性等工程特性,宜采用改变基宽,调整相邻地段基底压力,增减基础埋深,使基底下可压缩土层厚相对均匀等措施进行地基处理。

(6)土体中易溶盐含量超过 0.3% 时,这种土称为盐渍土。在盐渍土地区进行工程建设,宜选用优质水泥,提高其密实性,增大保护层厚度,提高钢筋的防锈能力,同时还可采取在混凝土或砌石砌体表面做防水、防腐涂层等方法。

（7）山区地基覆盖层厚薄不均，下卧基岩面起伏较大（有时出露地表），并且地表高差悬殊（常见有大块孤石或石芽出露），形成了山区不均匀的土岩组合地基。另外，山区山高坡陡，地表径流大，如遇暴雨极易形成滑坡、崩塌、泥石流以及岩溶、土洞等不良地质现象，因此，山区地基处理应重点考虑不良地质的处理。

（8）地震所带来的破坏包括地基震害和建筑物损坏，抗震设防的基本原则是"小震不坏，中震可修，大震不倒"。

思考与练习

一、选择题

1. 软土的工程特性（　　）。

A. 天然含水量低　　B. 抗剪强度低　　C. 流变性　　D. 高压缩性　　E. 透水性低

2. 软土地基的工程措施中，（　　）属于结构措施。

A. 建筑物与设备之间应留有空间

B. 对于砌体承重结构的房屋，采用有效措施增强整体刚度和强度

C. 在建筑物附近或建筑物内开挖深基坑时，应考虑边坡稳定及降水所引起的问题

D. 采用砂井、砂井预压、电渗法等促使土层排水固结，以提高地基承载力

3. 湿陷性黄土地基的工程措施有（　　）。

A. 防水措施　　　B. 建筑措施　　　C. 结构措施　　D. 地基处理措施　　E. 物理措施

4. 湿陷性黄土当总湿陷量 $\Delta s \geqslant 50$ cm，计算自重湿陷量 $\Delta Z_s \geqslant 30$ cm 时，可判为（　　）级。

A. 很严重（Ⅳ）　　　B. 严重（Ⅲ）　　　C. 中等（Ⅱ）　　　D. 轻微（Ⅰ）

5. 膨胀土的危害特点有（　　）。

A. 建筑物的开裂破坏具有地区性成群出现的特点

B. 膨胀土的膨胀收缩是一个互为可逆的过程

C. 房屋在垂直和水平方向都受弯和受扭，故在房屋转角处首先开裂

D. 膨胀土的矿物成分主要为蒙脱石、伊利石

E. 膨胀土边坡不稳定，地基会产生水平向和垂直向的变形

6. 膨胀土地基的工程措施中，（　　）不属于地基处理措施。

A. 增大基础埋深　　B. 做砂包基础，宽散水　C. 可增设沉降缝　　　D. 采用桩基

7. 红黏土的工程特性有（　　）。

A. 高塑性和高孔隙比　　B. 土层的不均匀性　　C. 土体结构的裂隙性

D. 天然状态的红黏土为整体致密状　　　E. 充分利用红黏土上硬下软分布的特征

8. 根据液性指数 I_L 和含水比 a_w 两个指标，可将红黏土划分为（　　）类。

A. 2　　　　　　　B. 3　　　　　　　C. 4　　　　　　　D. 5

9. 盐渍土的工程措施有（　　）。

A. 选用优质水泥　　　B. 提高密实性　　　C. 增大保护层厚度

D. 盐渍土中含盐成分主要为氯盐、硫酸盐和碳酸盐　　E. 提高钢筋的防锈能力

10. 地基冻融对结构物产生的破坏现象有(　　)。

A. 桥墩、电塔等结构物逐年上升

B. 因基础产生不均匀的上台,致使结构物开裂或倾斜

C. 路基冻融后,在车辆的多层碾压下,路面变软,出现弹簧现象

D. 路基冻融后,在车辆的多层碾压下,路面开裂,翻冒泥浆

E. 凡温度等于或低于 0 ℃,且含有固态冰的土称为冻土

11. 下列说法错误的是(　　)。

A. 液化土地基抗震设计时应先液化判别,再液化等级评定

B. 液化等级评定是根据液化指数进行的

C. 采用标准贯入试验来确定是否液化

D. 液化等级评定和判别点的深度无关

二、简答题

1. 试述膨胀土的特征。影响膨胀土胀缩变形的主要因素是什么？膨胀土地基对哪些房屋的危害最大？

2. 自由膨胀率、膨胀率、膨胀力和收缩系数的物理意义是什么？如何划分胀膨等级？

3. 膨胀土地基的变形形态有哪几种？在设计中如何区别地基的变形形态？怎样计算膨胀土地基的变形？

4. 红黏土地基设计时应考虑哪些措施？

5. 什么叫湿陷性黄土？试述湿陷性黄土的工程特征。

6. 何谓湿陷性黄土？如何判别黄土地基的湿陷程度？怎样区分自重和非自重湿陷性场地？如何划分湿陷性黄土地基的等级？

7. 湿陷起始压力 P_{sh} 在工程上有何实用意义？

8. 对湿陷性黄土地基而言,在防水和结构方面可采取哪些措施？可用哪些地基处理方法？

9. 山区地基的特点是什么？在土岩组合地基设计时要注意哪些问题？

10. 岩石与土有何区别？岩石地基有何特点？岩石地基的承载力如何确定？

11. 冻土地基的特点是什么？在冻土地基进行建筑时,应采取哪些措施？

三、案例分析题

1. 某工程拟建在软土地基上,经计算地基承载力不能满足要求,请定性地分析应采取什么工程措施。

2. 某地区抗震设防烈度是 8 度,拟建一工程,经地质勘查知,基础下一定的范围内存在饱和黏土,请进行液化土地基抗震设计。

参考文献

[1] 刘颖. 土力学与地基基础[M]. 南京:东南大学出版社,2010.

[2] 惠渊峰. 土力学与地基基础[M]. 武汉:武汉理工大学出版社,2012.

[3] 袁聚云,汤永净. 土力学复习与习题[M]. 上海:同济大学出版社,2010.

[4] 李广信. 岩土工程 20 讲[M]. 北京:人民交通出版社,2007.

[5] 高大钊. 土力学与岩土工程师[M]. 北京:人民交通出版社,2008.

[6] 陈书申,陈晓平. 土力学与地基基础[M]. 武汉:武汉理工大学出版社,2011.

[7] 谢定义,刘奉银. 土力学教程[M]. 北京:中国建筑工业出版社,2010.

[8] 顾晓鲁,钱鸿缙,刘慧珊,等. 地基与基础[M]. 北京:中国建筑工业出版社,2006.

[9] 松冈元. 土力学[M]. 罗汀,姚仰平,译. 北京:中国水利水电出版社,2010.

[10] 中华人民共和国国家标准. 岩土工程勘察规范:GB 50021—2001,2009 年版[S].
   北京:中国建筑工业出版社,2009.

[11] 中华人民共和国国家标准. 建筑地基基础设计规范:GB 50007—2011[S]. 北京:中
   国建筑工业出版社,2012.

[12] 袁灿勤,王旭东,李俊才,等. 城市建设岩土工程勘察[M]. 成都:西南交通大学出
   版社,1994.

[13] 李智毅,唐辉明. 岩土工程勘察[M]. 武汉:中国地质大学出版社,2010.

[14] 蒋爵光. 铁路工程地质学[M]. 北京:中国铁道出版社,1991.

[15] 张力霆. 土力学与地基基础[M]. 北京:高等教育出版社,2007.

[16] 肖明和,王渊辉,张毅. 地基与基础[M]. 北京:北京大学出版社,2009.

[17] 陈希哲. 土力学与地基基础 [M]. 北京:清华大学出版社,2004.

[18] 中华人民共和国行业标准. 建筑桩基技术规范:JGJ 94—2008[S]. 北京:中国建筑
   工业出版社,2008.

[19] 中华人民共和国国家标准. 湿陷性黄土地区建筑标准:GB 50025—2018[S]. 北
   京:中国建筑工业出版社,2019.

［20］中华人民共和国国家标准. 膨胀土地区建筑技术规范：GB 50112—2013［S］. 北京：中国建筑工业出版社，2013.

［21］中华人民共和国国家标准. 建筑抗震设计规范：GB 50011—2010，2016 年版［S］. 北京：中国建筑工业出版社，2016.

［22］中华人民共和国国家标准. 冻土工程地质勘察规范：GB 50324—2014［S］. 北京：中国建筑工业出版社，2015.

［23］朱浮声. 地基基础设计与计算［M］. 北京：人民交通出版社，2005.

［24］中华人民共和国国家标准. 建筑节能与可再生能源利用通用规范：GB 55015—2021［S］. 北京：中国建筑工业出版社，2022.

［25］中华人民共和国国家标准. 建筑碳排放计算标准：GB/T 51366—2019［S］. 北京：中国建筑工业出版社，2019.

［26］中华人民共和国国家标准. 绿色建筑评价标准：GB/T 50378—2019［S］. 北京：中国建筑工业出版社，2019.

配套微课资源列表

序号	资源类型	资源内容	序号	资源类型	资源内容
1	微课视频	课程绪论	18	微课视频	库仑土压力计算
2	微课视频	土的组成及其结构与构造	19	微课视频	挡土墙结构
3	微课视频	土的物理性质指标	20	微课视频	土坡稳定
4	微课视频	土的渗透性与达西定律	21	微课视频	常见基坑支护形式
5	微课视频	土的工程分类	22	微课视频	工程地质基本常识
6	微课视频	太沙基与有效应力原理	23	微课视频	工程地质勘察内容
7	微课视频	土的自重应力	24	微课视频	工程地质勘察方法
8	微课视频	基底压力与基底附加压力	25	微课视频	勘察报告、验槽、基槽处理
9	微课视频	地基附加应力	26	微课视频	浅基础的埋深
10	微课视频	土的压缩性	27	微课视频	地基基础设计原则
11	微课视频	地基变形计算	28	微课视频	地基承载力与变形验算
12	微课视频	地基沉降与时间的关系	29	微课视频	无筋扩展基础设计
13	微课视频	土的抗剪强度与极限平衡状态	30	微课视频	扩展基础设计
14	微课视频	土的抗剪强度的测定方法	31	微课视频	减轻和消除不均匀沉降危害的措施
15	微课视频	地基承载力的确定方法	32	微课视频	墙下条形基础设计
16	微课视频	土压力的分类及静止土压力计算	33	微课视频	天然地基基础设计概述
17	微课视频	朗肯土压力计算	34	微课视频	桩基的分类